本书获西安电子科技大学研究生精品教材项目资助

电磁波时域计算方法

（上册）

——时域积分方程法和时域有限差分法

葛德彪　魏　兵　著

西安电子科技大学出版社

内 容 简 介

本书分为上下册，除引言外共三部分19章，分别讨论了时域积分方程(IETD)、时域有限差分(FDTD)和时域有限元(FETD)三种方法。对于IETD，首先导出势函数表述的电场磁场积分方程，经过试验过程和展开过程导出离散形式，再利用时间导数的差分近似获得时域步进公式，分析讨论了细导线、二维导体柱和三维导体的散射。对于FDTD，基于Yee元胞和中心差分近似直接将Maxwell旋度方程离散导出时域步进公式，讨论吸收边界、完全匹配层、总场边界和近场—远场外推公式，并用于散射计算；此外，还讨论了共形网格技术和色散介质的处理方法。对于FETD，从TM/TE标量波动方程或电场矢量波动方程及边界条件出发，应用Galerkin加权余量导出弱解积分形式；随后经过单元离散和结点或棱边基函数展开，导出单元矩阵方程，再运用组合获得时域矩阵微分方程，将时间导数应用Newmark方法离散后给出时域步进公式，讨论了激励源加入、总场边界和近场—远场外推公式并用于散射计算。三种方法都配有算例，附录中给出一维计算程序。上册和下册书末分别附有FDTD和FETD的电磁波近场分布彩图。

本书可作为无线电物理、电磁场与微波技术、电子科学与技术、电波传播等专业研究生的教材或教学参考书，也可供有关学科教师、科技工作者、研究生和高年级大学生阅读参考。

图书在版编目(CIP)数据

电磁波时域计算方法. 上册. 时域积分方程法和时域有限差分法/葛德彪，魏兵著.
—西安：西安电子科技大学出版社，2014.12
西安电子科技大学研究生精品教材
ISBN 978-7-5606-3530-9

Ⅰ. ① 电… Ⅱ. ① 葛… ② 魏… Ⅲ. ① 电磁波—时域分析—有限差分法—研究生—教材
Ⅳ. ① O441.4

中国版本图书馆CIP数据核字(2014)第273366号

策　　划　李惠萍　胡华霖
责任编辑　马晓娟　李惠萍
出版发行　西安电子科技大学出版社(西安市太白南路2号)
电　　话　(029)88242885　88201467　　邮　　编　710071
网　　址　www.xduph.com　　电子邮箱　xdupfxb001@163.com
经　　销　新华书店
印刷单位　陕西天意印务有限责任公司
版　　次　2014年12月第1版　2014年12月第1次印刷
开　　本　787毫米×1092毫米　1/16　印张15　彩插2
字　　数　350千字
印　　数　1～3000册
定　　价　30.00元
ISBN 978-7-5606-3530-9/O
XDUP　3822001-1

作 者 简 介

葛德彪，男，1961年毕业于武汉大学物理系。西安电子科技大学教授，博士生导师。中国电子学会会士，电磁科学院会士(Fellow of The Electromagnetics Academy)。1980～1982年为美国宾夕法尼亚大学(University of Pennsylvania)访问学者。1993年及1995年为美国德克萨斯大学达拉斯分校(University of Texas at Dallas)高级访问学者。被评为电子部优秀教师(1985年)，机械电子部有突出贡献专家(1991年)，政府特殊津贴专家(1992年)，陕西省学位委员会、陕西省教育委员会优秀博士生指导教师(1998年)。

主要研究领域为电磁散射、逆散射及电磁成像，计算电磁学，复杂介质中的电磁波传播等。已发表学术刊物及会议论文多篇。出版著作有《电磁逆散射原理》(1987年)，获机械电子部优秀教材一等奖(1992年)；《电磁波时域有限差分方法》(2002年)，被教育部推荐为研究生教学用书；《电磁波理论》(2011年)。

魏兵，男，1993年7月毕业于北京师范大学物理系。2004年7月获西安电子科技大学无线电物理专业博士学位。现为西安电子科技大学教授，博士生导师，2011计划“信息感知技术协同创新中心”目标与环境特性研究部副部长、西安电子科技大学物理与光电工程学院电波研究所副主任，中国物理学会计算物理学分会计算电磁学组理事，中国电子学会高级会员，陕西物理学会理事。近年来先后主持和参与了973项目、863项目、国家自然科学基金、国防预研项目、博士后基金等科研项目。发表论文100余篇，其中被SCI检索30余篇，EI检索50余篇。与葛德彪教授合著出版有专著《电磁波理论》(2011年，科学出版社)。

前　言

电磁波在现代科学技术和日常生活中的应用日益广泛。对于电磁波的研究包括理论分析、数值模拟和实验测试等途径。作为理论分析和数值计算基础的麦克斯韦(Maxwell)方程提出(1873年)至今已近150年。随着计算机的发展，数值模拟结合理论分析与可视化技术凸显了电磁波辐射散射传播过程中的物理属性和量化特征；在此基础上发展的电磁仿真技术更是实验研究和工程设计的重要手段。电磁学数值计算可分为频域方法和时域方法。许多数值方法起源于频域计算，例如矩量法、有限元法和高频技术中的几何光学和物理光学方法等。时域计算发展的重要标志是时域有限差分方法的提出(Yee，1966)和应用。随后许多频域方法都发展了其时域版本。本书讨论时域数值计算方法，不包含高频技术的时域方法。

本书共三部分，分别讨论时域积分方程(IETD)、时域有限差分(FDTD)和时域有限元(FETD)三种方法。全书分为上册和下册，共三部分(引言独立于三部分之外)19章。上册为引言和前两部分，共9章，下册为第三部分共10章。第1章为引言，着重讨论关联时域和频域分析的傅里叶(Fourier)变换。书中时谐场复数表示的时谐因子采用 $\exp(j\omega t)$。第2～4章为IETD方法，根据电场和磁场积分方程，经过试验过程、展开过程和差分近似导出时域步进公式，分析细导线和二维与三维导体散射。第5～9章为FDTD方法，基于Yee元胞和中心差分将Maxwell旋度方程离散导出时域步进公式，讨论了吸收边界、总场边界和近场-远场外推公式并用于散射计算。第10～19章为FETD方法，第10～15章讨论基于结点基函数的二维TM/TE标量波动方程FETD；第16～19章讨论基于棱边基函数的电场矢量波动方程FETD。标量和矢量FETD都采用Galerkin加权余量分析途径。在导出波动方程边值问题弱解积分形式基础上，应用有限元离散、基函数展开以及组合过程得出矩阵方程，再运用Newmark方法获得时域步进公式，分析激励源加入、总场边界和近场-远场外推并用于散射计算。时域计算方法要将电磁波积分微分方程转换为代数方程(包括矩阵形式)，并且具有时域步进特点，从而可编程计算。为了理解和掌握几种方法，应当明了演绎的出发点、数学过程、条件、结论及计算步骤。本书注重推导明晰，概念清楚，论述简明。三种方法都配有算例，并附有简单程序。学习本书内容需要具备电磁场或电动力学的基本知识。

本书是在使用多年的研究生课程讲义基础上形成的，从讲义到书稿的形成经历了科研和教学过程，许多工作都有研究生的合作参与。参加IETD有关工作的有朱今松、李小勇、徐雨果、曹乐等；参加FETD有关工作的有宋刘虎、李林茜、杨谦等。关于FDTD的研究已持续多年，有许多过去和现在的研究生参与，他们中有闫玉波研究员、杨利霞教授、张玉强副教授、王飞副教授、胡晓娟副教授、吴跃丽副教授和杨谦、李林茜等，本书的完成和他们的工作密不可分。本书的准备和出版得到西安电子科技大学研究生精品教材项目资助和863项目“复杂电磁环境数值建模”(2012AA01A308)支持，出版过程中西安电子科技大学出版社作了大量细致的编辑工作，在此一并表示感谢。

十分欢迎与感谢专家和读者对本书提出意见与建议。

葛德彪　魏兵

2014年4月于西安电子科技大学

目　　录

第一部分　时域积分方程(IETD)方法

第二部分 时域有限差分(FDTD)方法

第1章

引 言

电磁波在科学、工程技术和日常生活中已经得到广泛应用。实验技术、理论分析和模拟仿真是研究电磁波的重要手段。计算机的应用促使仿真技术和计算电磁学迅速发展。电磁波的研究可以在频域(Frequency Domain, FD)进行，也可以在时域(Time Domain, TD)进行。实际上 Maxwell 方程是时域电磁场的支配方程，时谐场只是时域过程的一种特殊情形。从历史上看，频域研究发展较早，这是因为许多电磁现象可以直接用时谐过程描写，而在计算机广泛应用以前，频域测量技术已经获得成熟发展。但是一些实际电磁现象，如雷电、核爆炸所引起的电磁脉冲以及现代数字技术中的电磁信号、高功率微波辐射的电磁脉冲等都属于时域电磁现象。由于计算机的发展，时域电磁过程的实验和模拟分析应用广泛，时域电磁学已成为一个重要的研究领域，电磁波时域计算方法已是计算电磁学的一个重要分支。

1.1 时域和频域 Maxwell 方程

Maxwell 方程(1873 年)的一般形式为

$$\begin{cases} \nabla\times\boldsymbol{E}+\dfrac{\partial\boldsymbol{B}}{\partial t}=\boldsymbol{0} \\ \nabla\times\boldsymbol{H}-\dfrac{\partial\boldsymbol{D}}{\partial t}=\boldsymbol{J} \\ \nabla\cdot\boldsymbol{B}=0 \\ \nabla\cdot\boldsymbol{D}=\rho \end{cases} \tag{1-1}$$

式中：

$\boldsymbol{E}$——电场强度，单位为伏特/米(V/m)；

$\boldsymbol{D}$——电通量密度，单位为库仑/米^2(C/m^2)；

$\boldsymbol{H}$——磁场强度，单位为安培/米(A/m)；

$\boldsymbol{B}$——磁通量密度，单位为韦伯/米^2(Wb/m^2)；

$\boldsymbol{J}$——电流密度，单位为安培/米^2(A/m^2)。

以上方程中的电荷和电流满足电荷守恒定律，

$$\nabla \cdot \boldsymbol{J} + \frac{\partial \rho}{\partial t} = 0 \tag{1-2}$$

对于线性各向同性介质，本构关系为

$$\begin{cases} \boldsymbol{D} = \varepsilon \boldsymbol{E} = \varepsilon_0 \varepsilon_r \boldsymbol{E} \\ \boldsymbol{B} = \mu \boldsymbol{H} = \mu_0 \mu_r \boldsymbol{H} \\ \boldsymbol{J} = \sigma \boldsymbol{E} \end{cases} \tag{1-3}$$

式中，

ε——介质介电系数，单位为法拉第/米(F/m)；

μ——磁导系数，单位为亨利/米(H/m)；

σ——电导率，单位为西门子/米(S/m)。

在真空中，有

$$\varepsilon = \varepsilon_0 = 8.85 \times 10^{-12}\ \text{F/m}$$

$$\mu = \mu_0 = 4\pi \times 10^{-7}\ \text{H/m}$$

对于时谐场，所有电磁场量 $\boldsymbol{E}$，$\boldsymbol{H}$，$\boldsymbol{B}$，$\boldsymbol{D}$ 均为正弦或余弦形式。采用复数表示法，本书采用时谐因子为 $\exp(\text{j}\omega t)$，也可用 $\exp(-\text{i}\omega t)$。时谐场情形下时间导数算子与频域算子的对应关系为

$$\frac{\partial}{\partial t} \to \text{j}\omega \tag{1-4}$$

这时，Maxwell 方程(1-1)变为

$$\begin{cases} \nabla \times \boldsymbol{E} + \text{j}\omega \boldsymbol{B} = \boldsymbol{0} \\ \nabla \times \boldsymbol{H} - \text{j}\omega \boldsymbol{D} = \boldsymbol{J} \\ \nabla \cdot \boldsymbol{B} = 0 \\ \nabla \cdot \boldsymbol{D} = \rho \end{cases} \tag{1-5}$$

式(1-1)是一组时域微分方程，式(1-5)为时谐场情形的 Maxwell 方程，是一组频域微分方程。通过数学分析推演，上述微分方程也可转化为相应的积分方程形式。

时域 Maxwell 方程是支配电磁现象的基本方程。在时域电磁场计算方法研究中，通常从时域 Maxwell 方程出发讨论。

1.2 计算电磁学的几种主要计算方法

目前计算电磁学已发展有多种计算方法，几种主要计算方法如表 1-1 所示。表中按照频域和时域分类列举了几种主要的数值方法和高频方法(Sadiku，2001)。数值方法从电磁学支配方程出发进行离散，属于全波分析，所讨论问题的尺寸通常和波长相近；随着计算机技术的发展，数值方法已可用来研究数百以致近千个波长尺度的问题。高频方法所讨论的是电大尺寸问题，根据局域性近似给出高频情形的相互作用机制并导出计算公式；随着研究深入，高频方法已广泛用于电磁问题分析。

表 1-1 时域及频域的几种主要电磁学计算方法

	频域方法	时域方法
数值方法(Numerical Method)	矩量法(Method of Moment, MoM),快速多极子方法(Fast Multipole Method, FMM)	时域矩量法(TD-MoM),时域积分方程(IETD)方法
	有限元法(Finite Element Method, FEM)	时域有限元(TD-FEM,或FETD)方法
	有限差分(Finite Difference, FD)方法,频域有限差分(Finite Difference Frequency Domain, FDFD)方法	时域有限差分(Finite Difference Time Domain, FDTD)方法
高频方法(High Frequency Technique)	物理光学(Physical Optics, PO)方法,迭代物理光学(Iterative Physical Optics, IPO)方法	时域物理光学(TD-PO)方法
	几何光学(Geometric Optics, GO)方法;弹跳射线追踪(Shooting and Bouncing Ray-Tracing, SBR)方法	
	等效边缘电流(Equivalent Electric Current, EEC)方法	时域等效边缘电流(TD-EEC)方法
	几何绕射理论(Geometric Theory of Diffraction, GTD),物理绕射理论(Physical Theory of Diffraction, PTD)	时域几何绕射理论(TD-GTD)

本书讨论几种时域计算数值方法:时域积分方程(IETD)方法,时域有限差分(FDTD)方法和时域有限元(FETD)方法。三种方法的空间离散和时间离散处理彼此不同,几种方法各有长处,在微波、天线、通信、电波传播、电磁兼容、异向介质(Metamaterials)新材料等许多领域应用非常广泛,并有多种商用和专用软件。它们主要特性的简要比较如表1-2(Sadiku, 2001)所示。

表 1-2 电磁波时域计算三种方法的比较

	IETD	FETD	FDTD
出发点方程	由积分方程和Green函数出发离散,概念难度中等	用变分法或加权余量法将微分方程转化为积分形式后离散,概念难度较大	由Maxwell方程取差分近似后直接离散,概念难度较小
空间离散	物体边界离散,内存相对小	计算域全域离散,内存相对较大	计算域全域离散,内存相对较大
离散单元	非结构网格,物体外形拟合好	非结构网格,物体外形拟合好	结构网格,物体外形拟合有台阶误差
介质物体特性	不易处理非线性、非均匀介质	可以处理非线性、非均匀介质	可以处理非线性、非均匀介质
计算区域	便于开域问题	开域需要吸收边界	开域需要吸收边界
时域离散	时间导数差分离散	Newmark离散	中心差分离散
离散后方程形式	矩阵方程,满矩阵;有显式和隐式解	矩阵方程,稀疏矩阵;每一时间步需要矩阵反演	显式时间步进,无需矩阵反演

1.3　用 Fourier 变换实现时域和频域之间的转换

电磁学的时域及频域计算结果之间可以运用 Fourier 变换(Fourier Transform，FT)实现相互转换，如图 1-1 所示。

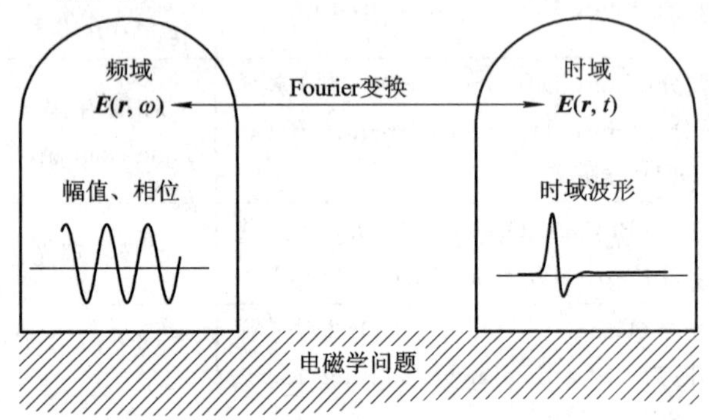

图 1-1　时域及频域结果之间的相互转换

1.3.1　Fourier 变换

时域波形与频域特性之间的转换可以通过 Fourier 变换实现(Brigham，1974)。Fourier 变换的定义为

$$h(t)=\int_{-\infty}^{\infty}H(f)\exp(\mathrm{j}2\pi ft)\,\mathrm{d}f \tag{1-6}$$

上式等号左边 $h(t)$ 表示时域波形，右边积分号内 $H(f)$ 表示频率为 f 的复数振幅(幅值和相位)，也称为信号频谱。

Fourier 变换的逆变换(Inverse Fourier Transform，IFT)为

$$H(f)=\int_{-\infty}^{\infty}h(t)\exp(-\mathrm{j}2\pi ft)\,\mathrm{d}t \tag{1-7}$$

在本书以后分析中几个常用函数的 Fourier 变换对如表 1-3(Bracewell，1978)所示，其中角频率(或圆频率)$\omega=2\pi f$，$U(t)$ 为阶梯函数，定义为

$$U(t)=\begin{cases}0, & t<0\\ 1, & t\geqslant 0\end{cases} \tag{1-8}$$

表 1-3　几个常用函数 Fourier 变换对

频域 $H(f)$	时域 $h(t)$
1	$\delta(t)$
$\dfrac{1}{\mathrm{j}\omega}$	$U(t)$
$\dfrac{1}{\alpha+\mathrm{j}\omega}$	$\exp(-\alpha t)U(t)$
$\dfrac{\mathrm{j}\omega+\alpha}{\alpha^2+\beta^2+\mathrm{j}2\alpha\omega-\omega^2}$	$\exp(-\alpha t)\cos(\beta t)U(t)$
$\dfrac{\beta}{\alpha^2+\beta^2+\mathrm{j}2\alpha\omega-\omega^2}$	$\exp(-\alpha t)\sin(\beta t)U(t)$

时域电磁学分析中，时域波形通常为实数函数。下面考虑实数时域波形的 Fourier 变换特性。当 $h(t)$为实数函数时，将式(1-7)取复数共轭，可得

$$H^*(f) = \left[\int_{-\infty}^{\infty} h(t)\exp(-\mathrm{j}2\pi ft)\,\mathrm{d}t\right]^* = \int_{-\infty}^{\infty} h(t)\exp(\mathrm{j}2\pi ft)\,\mathrm{d}t$$

将上式中 f 用 $-f$ 代替后得到

$$H^*(-f) = \int_{-\infty}^{\infty} h(t)\exp(-\mathrm{j}2\pi ft)\,\mathrm{d}t = H(f) \tag{1-9}$$

上式给出了 $f<0$ 和 $f>0$ 范围的频谱之间关系。实际测量中频率 f 恒为正值，所以式(1-6)中“负”频率的复数振幅实际上是利用式(1-9)从正频率范围的特性延拓后获得的。

将式(1-9)代入式(1-6)后得到

$$\begin{aligned} h(t) &= \int_{-\infty}^{0} H(f)\exp(\mathrm{j}2\pi ft)\,\mathrm{d}f + \int_{0}^{\infty} H(f)\exp(\mathrm{j}2\pi ft)\,\mathrm{d}f \\ &= -\int_{\infty}^{0} H(-f)\exp(-\mathrm{j}2\pi ft)\,\mathrm{d}f + \int_{0}^{\infty} H(f)\exp(\mathrm{j}2\pi ft)\,\mathrm{d}f \\ &= \left[\int_{0}^{\infty} H(f)\exp(\mathrm{j}2\pi ft)\,\mathrm{d}f\right]^* + \int_{0}^{\infty} H(f)\exp(\mathrm{j}2\pi ft)\,\mathrm{d}f \\ &= 2\,\mathrm{Re}\left\{\int_{0}^{\infty} H(f)\exp(\mathrm{j}2\pi ft)\,\mathrm{d}f\right\} \end{aligned} \tag{1-10}$$

上式表明，如果已知信号在频域的正频率($f>0$)范围特性，直接应用上式即可获得其时域脉冲波形。

实际的时域波形通常具有因果性(causality)，如图 1-2 所示。所谓因果性，是指函数值自某一时刻(通常取该时刻为计时起点 $t=0$)以后才不为零，即

$$h(t) = \begin{cases} 0, & t<0 \\ h(t), & t\geqslant 0 \end{cases} \tag{1-11}$$

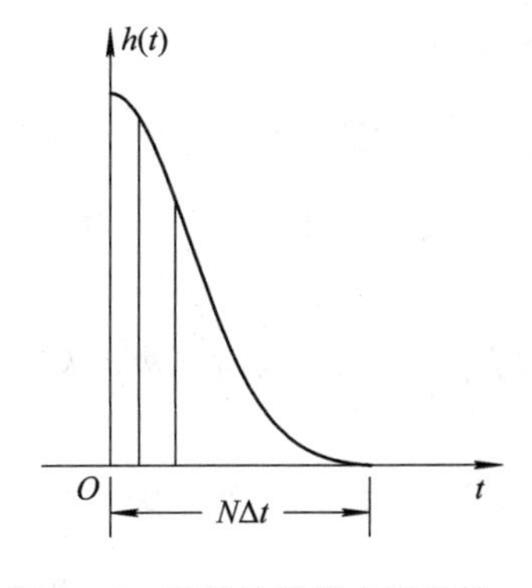

图 1-2　时域波形具有因果性

对于式(1-11)所示因果函数，式(1-7)变为

$$\begin{aligned} H(f) &= \int_{-\infty}^{\infty} h(t)\exp(-\mathrm{j}2\pi ft)\,\mathrm{d}t \\ &= \int_{0}^{\infty} h(t)\exp(-\mathrm{j}2\pi ft)\,\mathrm{d}t \\ &\simeq \Delta t\sum_{n=0}^{N-1} h(n\Delta t)\exp[-\mathrm{j}2\pi f(n\Delta t)] \end{aligned} \tag{1-12}$$

上式的最后近似等号是采用离散方式计算积分的结果。考虑到实际时域波形拖尾的有限性，上式中的求和截止到有限项。进一步将上式中频率取等间隔离散 $f=m\Delta f$，且令

$$\Delta f = \frac{1}{N\Delta t} \tag{1-13}$$

将式(1-13)代入式(1-12)得到

$$\begin{aligned} H(m\Delta f) &= \Delta t\sum_{n=0}^{N-1} h(n\Delta t)\exp[-\mathrm{j}2\pi(m\Delta f)\cdot(n\Delta t)] \\ &= \Delta t\sum_{n=0}^{N-1} h(n\Delta t)\exp\left[-\mathrm{j}\left(\frac{2\pi}{N}\right)m\cdot n\right] \end{aligned} \tag{1-14}$$

上式给出时域波形与频域特性离散值之间的关系。应当注意，时域间隔 Δt 与频域间隔 Δf

之间满足关系式(1-13)。

1.3.2 离散 Fourier 变换

离散 Fourier 变换(Discrete Fourier Transform, DFT)是两个数组之间的一种映射关系。数组 $q(n)$ 的离散 Fourier 变换定义为

$$Q(m)=\sum_{n=0}^{N-1}q(n)\exp\left[-\mathrm{j}\left(\frac{2\pi}{N}\right)m\cdot n\right],\quad m=0,1,\cdots,N-1 \tag{1-15}$$

式中,$q(n)$ 和 $Q(m)$ 为 N 个元素的有限序列(数组)。可以证明,上式的逆变换为

$$q(n)=\frac{1}{N}\sum_{m=0}^{N-1}Q(m)\exp\left[\mathrm{j}\left(\frac{2\pi}{N}\right)m\cdot n\right],\quad n=0,1,\cdots,N-1 \tag{1-16}$$

为了证明式(1-16),首先证明下述正交关系式:

$$\sum_{n=0}^{N-1}\exp\left[-\mathrm{j}\left(\frac{2\pi}{N}\right)n(m-k)\right]=N\delta_{mk}=\begin{cases}N, & 若\ m=k\\0, & 若\ m\neq k\end{cases},\quad m,k=0,1,\cdots,N-1 \tag{1-17}$$

根据因式分解有

$$a^N-1=(a-1)(a^{N-1}+a^{N-2}+\cdots+a+1) \tag{1-18}$$

或

$$\sum_{n=0}^{N-1}a^n=\frac{a^N-1}{a-1} \tag{1-19}$$

令上式中

$$a=\exp\left[-\mathrm{j}\left(\frac{2\pi}{N}\right)(m-k)\right] \tag{1-20}$$

代入式(1-19)得到

$$\sum_{n=0}^{N-1}\exp\left[-\mathrm{j}\left(\frac{2\pi}{N}\right)n(m-k)\right]=\frac{\exp\left[-\mathrm{j}\left(\frac{2\pi}{N}\right)N(m-k)\right]-1}{\exp\left[-\mathrm{j}\left(\frac{2\pi}{N}\right)(m-k)\right]-1}=\begin{cases}N, & \text{if } m=k\\0, & \text{if } m\neq k\end{cases} \tag{1-21}$$

上式中 $m=k$ 时变为 0/0 不定型,其值可按照罗必达法则求出,为

$$\lim_{x\to 0}\frac{\exp(Nx)-1}{\exp(x)-1}=\lim_{x\to 0}\frac{N\exp(Nx)}{\exp(x)}=N \tag{1-22}$$

式(1-21)就是式(1-17)。

将离散 Fourier 变换式(1-15)两端乘以 $\exp\left[\mathrm{j}\left(\frac{2\pi}{N}\right)m\cdot k\right]$ 得到

$$Q(m)\exp\left[\mathrm{j}\left(\frac{2\pi}{N}\right)m\cdot k\right]=\sum_{n=0}^{N-1}q(n)\exp\left[-\mathrm{j}\left(\frac{2\pi}{N}\right)m\cdot(n-k)\right] \tag{1-23}$$

对 m 求和,再利用式(1-21)可得结果为

$$\begin{aligned}\sum_{m=0}^{N-1}Q(m)\exp\left[\mathrm{j}\left(\frac{2\pi}{N}\right)m\cdot k\right]&=\sum_{m=0}^{N-1}\sum_{n=0}^{N-1}q(n)\exp\left[-\mathrm{j}\left(\frac{2\pi}{N}\right)m\cdot(n-k)\right]\\&=\sum_{n=0}^{N-1}q(n)\sum_{m=0}^{N-1}\exp\left[-\mathrm{j}\left(\frac{2\pi}{N}\right)m\cdot(n-k)\right]\\&=\sum_{n=0}^{N-1}q(n)N\delta_{nk}=Nq(k)\end{aligned} \tag{1-24}$$

式(1-24)就是DFT的逆变换式(1-16)。证毕。

根据研究,式(1-15)所定义的DFT在实际编程计算中有快速算法,通常称为快速Fourier变换(Fast Fourier Transform, FFT)(Brigham, 1974)。表1-4给出了DFT的最简单例子。

若将式(1-14)中的时域波形样本值$h(n\Delta t)$看做$q(n)$,则有

$$H(m\Delta f)=\Delta t\cdot \mathrm{DFT}\{h(n\Delta t)\} \tag{1-25}$$

反之,若将频域样本值$H(m\Delta f)$作为已知,则有

$$h(n\Delta t)=\mathrm{IDFT}\left\{\frac{1}{\Delta t}H(m\Delta f)\right\}=\frac{1}{N\Delta t}\sum_{m=0}^{N-1}H(m\Delta f)\exp\left[\mathrm{j}\left(\frac{2\pi}{N}\right)m\cdot n\right] \tag{1-26}$$

由此可见,时域和频域样本值之间具有DFT变换对的关系。

应当注意,式(1-15)所定义的DFT具有周期性,即

$$\begin{aligned}Q(m+N)&=\sum_{n=0}^{N-1}q(n)\exp\left[-\mathrm{j}\left(\frac{2\pi}{N}\right)(m+N)\cdot n\right]\\&=\sum_{n=0}^{N-1}q(n)\exp\left[-\mathrm{j}\left(\frac{2\pi}{N}\right)m\cdot n\right]\exp(-\mathrm{j}2\pi n)\\&=Q(m)\end{aligned} \tag{1-27}$$

上式后一等式用到$\exp(-\mathrm{j}2n\pi)=1$。根据此周期性,如果把DFT所得N个数据看做正频率的第一个周期,则其中后面$N/2$个数据,即后半个周期实际上和"负"频率分量相同,如图1-3所示。作为示意,图中纵坐标采用频谱的模值$|H(f)|$。

表1-4 DFT的最简单例子

数组	$q(n)$	$Q(m)$
$N=2$	1, 0	1, 1
	0, 1	1, −1
$N=4$	1, 0, 0, 0	1, 1, 1, 1
	0, 1, 0, 0	1, −j, −1, j
	1, 1, 1, 1	4, 0, 0, 0

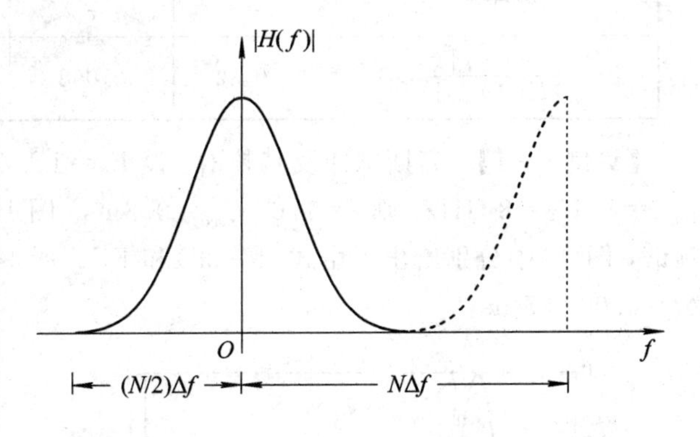

图1-3 离散Fourier变换的周期性

1.4 几种常用脉冲波形及其频谱

1.4.1 高斯脉冲

高斯脉冲函数的时域形式为

$$E_i(t)=E_0\exp\left[-\frac{4\pi(t-t_0)^2}{\tau^2}\right] \tag{1-28}$$

式中，τ 为常数，决定了高斯脉冲的宽度。脉冲峰值出现在 $t=t_0$ 时刻。实际上，通过选择 t_0，如 $t_0=0.8\tau$，使高斯脉冲在 $t=0$ 起始时刻近似于零。上式的 Fourier 变换为

$$E_i(f)=\frac{\tau}{2}E_0\exp\left(-\mathrm{j}2\pi f t_0-\frac{\pi f^2\tau^2}{4}\right) \tag{1-29}$$

其频谱如图 1-4 所示，图中负频率部分已去掉。表 1-5 给出了频率为不同 $1/\tau$ 取值时频谱值与最大值之比。在 $f=1/\tau$ 时为最大值的 45.6%；大约在 $f=1.7/\tau$ 时为最大值的 10%。通常可取 $f=2/\tau$ 为高斯脉冲的频宽，这时频谱为最大值的 4.3%。

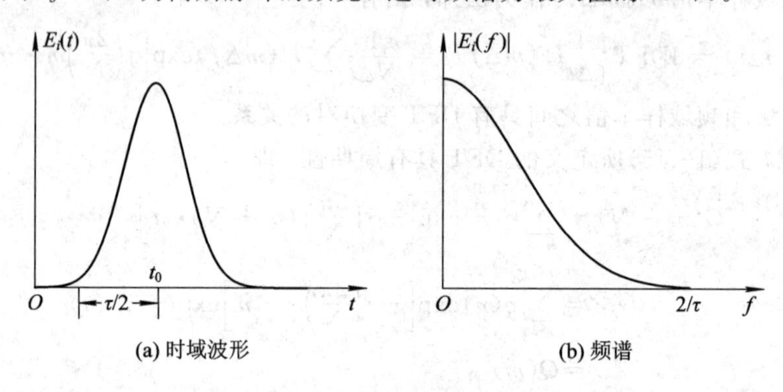

图 1-4 高斯脉冲及其频谱

表 1-5 不同频率时高斯脉冲的频谱值与最大值之比

频率 f	$\frac{2}{\tau}$	$\frac{1.85}{\tau}$	$\frac{\sqrt{3}}{\tau}$	$\frac{1.6}{\tau}$	$\frac{1.3}{\tau}$
$\frac{\lvert E(f)\rvert}{\lvert E(f)_{\max}\rvert}$	0.0432	0.068	0.0948	0.1339	0.2652

【算例 1-1】 高斯脉冲及其频谱。设 $E_0=1$ V/m，所关心频率为 0 Hz～8 GHz，即取 $f_{\max}=1.6/\tau=8$ GHz，则 $\tau=1.6/f_{\max}=0.2$ ns。图 1-5 给出了相应高斯脉冲的时域波形和频谱，图(b)中分别给出了由式(1-29)和 FFT 所得的结果，两者一致。Fourier 变换中取 $\Delta t=0.006\ 25$ ns。

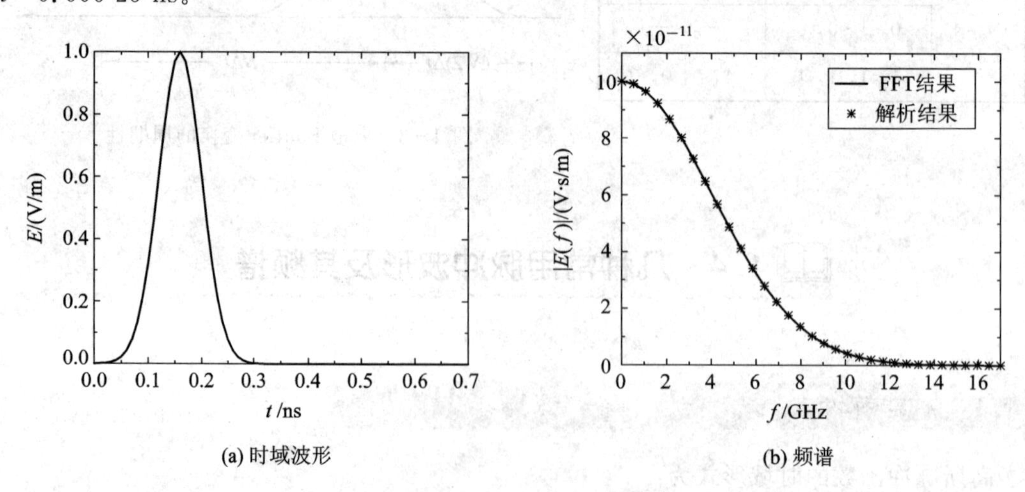

图 1-5 高斯脉冲，带宽为 0 Hz～8 GHz

1.4.2 升余弦脉冲

升余弦函数的时域形式为

$$E_i(t)=\begin{cases}0.5E_0\left[1-\cos\left(\dfrac{2\pi t}{\tau}\right)\right], & 0\leqslant t\leqslant\tau\\0, & \text{其它}\end{cases}\tag{1-30}$$

式中，τ 为脉冲底座宽度，其波形与频谱都与高斯脉冲的相似。

Fourier 变换后的频域形式为

$$E_i(f)=E_0\frac{\tau\exp(-\mathrm{j}\pi f\tau)}{1-f^2\tau^2}\frac{\sin(\pi f\tau)}{\pi f\tau}\tag{1-31}$$

它的频谱在 $f=2/\tau$ 时为第一个零点；在 $f=1.6/\tau$ 时为最大值的 10%。其时域波形和频谱特性如图 1-6 所示。

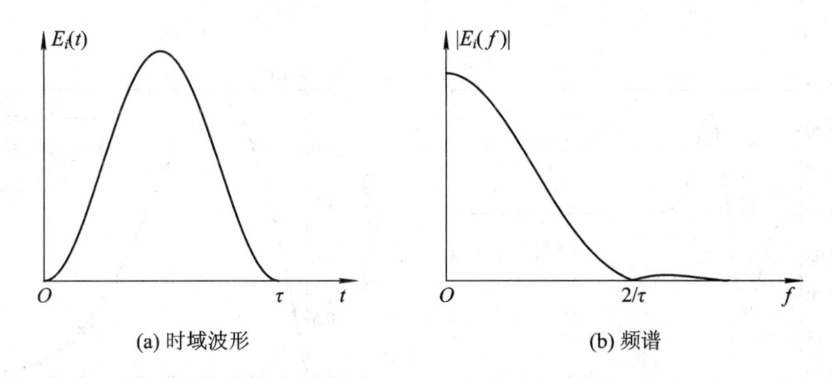

图 1-6 升余弦脉冲及其频谱

1.4.3 微分高斯脉冲

将高斯脉冲求导后得到微分高斯函数脉冲：

$$E_i(t)=\frac{(t-t_0)}{\tau}E_0\exp\left[-\frac{4\pi(t-t_0)^2}{\tau^2}\right]\tag{1-32}$$

和高斯脉冲一样，通常选择 $t_0=0.8\tau$，使高斯脉冲在 $t=0$ 起始时刻近似于零。Fourier 变换后的频域形式为

$$E_i(f)=-\frac{\mathrm{j}\tau^2 f}{8}E_0\exp\left(-\mathrm{j}2\pi f t_0-\frac{\pi f^2\tau^2}{4}\right)\tag{1-33}$$

其时域波形和频谱特性如图 1-7 所示。微分高斯脉冲的频谱没有零频，即没有直流成分。表 1-6 给出了频率为不同 $1/\tau$ 取值时频谱值与最大值之比。

表 1-6 不同频率时微分高斯脉冲的频谱值与最大值之比

频率 f	$\dfrac{2.4}{\tau}$	$\dfrac{2.1}{\tau}$	$\dfrac{2}{\tau}$	$\dfrac{1.973}{\tau}$	$\dfrac{1.85}{\tau}$
$\left\lvert\dfrac{E(f)}{E(f)_{\max}}\right\rvert$	0.0538	0.1359	0.1786	0.1917	0.26

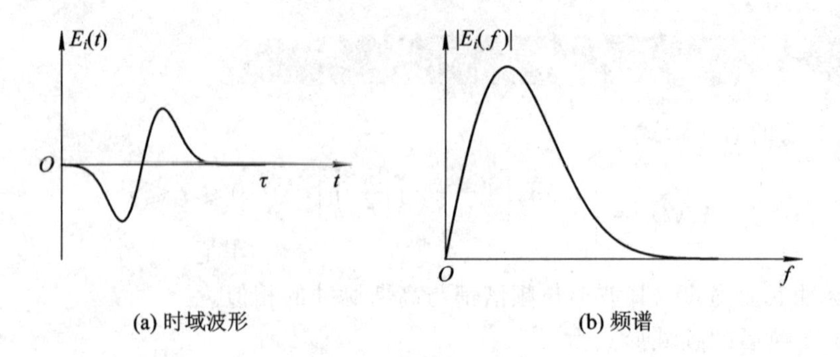

(a) 时域波形　　(b) 频谱

图 1-7　微分高斯脉冲及其频谱

【算例 1-2】 微分高斯脉冲及其频谱。设 $E_0=1$ V/m，若取频率上限 $f_{\max}=2.4/\tau=6$ GHz，则 $\tau=2.4/f_{\max}=0.4$ ns，图 1-8 给出了微分高斯脉冲的时域波形和频谱，图(b)中分别给出了由式(1-33)和 FFT 所得的结果，两者一致。Fourier 变换中取 $\Delta t=0.0083$ ns。

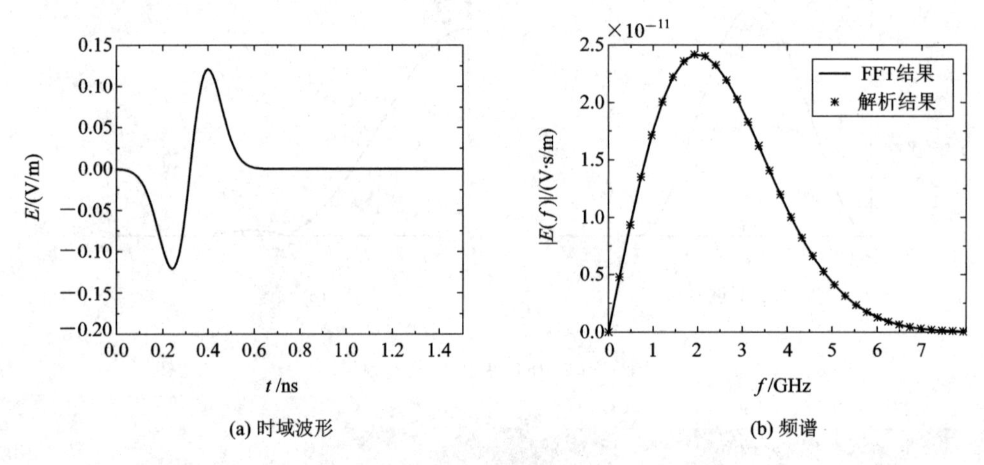

(a) 时域波形　　(b) 频谱

图 1-8　微分高斯脉冲，频率上限为 6 GHz

1.4.4　调制高斯脉冲

调制高斯脉冲的时域形式为

$$E_i(t)=-E_0\cos(\omega t)\exp\left[-\frac{4\pi(t-t_0)^2}{\tau^2}\right] \tag{1-34}$$

上式右边第一项为基波表达式，中心频率为 $f_0=\omega/2\pi$；第二项为高斯函数形式，通常选择 $t_0=0.8\tau$，使高斯脉冲在 $t=0$ 起始时刻近似于零。

调制高斯脉冲的频谱为

$$\begin{aligned}E_i(f)=&\frac{\tau}{4}E_0\exp\left[-\frac{\pi(f-f_0)^2\tau^2}{4}\right]\exp[-\mathrm{j}2\pi(f-f_0)t_0]\\&+\frac{\tau}{4}E_0\exp\left[-\frac{\pi(f+f_0)^2\tau^2}{4}\right]\exp[-\mathrm{j}2\pi(f+f_0)t_0]\end{aligned} \tag{1-35}$$

由上式可见调制高斯脉冲的频谱与高斯脉冲的频谱相比向零频率点两侧移动了 f_0。其时域波形和频谱特性如图 1-9 所示，图中仅绘出大于零的频率范围。

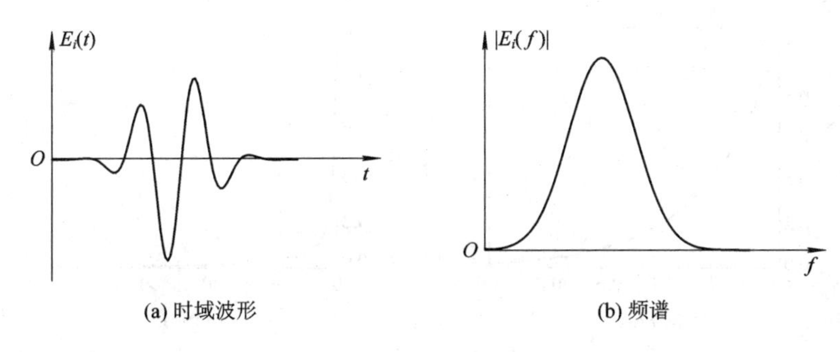

(a) 时域波形 (b) 频谱

图 1-9 调制高斯脉冲及其频谱

【算例 1-3】 调制高斯脉冲及其频谱。设 $E_0=1$ V/m，调制高斯脉冲中心频率为 $f_0=6.5$ GHz，取 $t_0=2.25/f_0=0.3462$ ns。若取 $\tau=0.7031$ ns，则按照表 1-5 可得高斯脉冲的上限频率 $f_{\max}^{\text{Gauss}}=2/\tau\simeq2.84$ GHz。由此估计调制高斯脉冲的频率范围约为 6.5−2.8 =3.7 GHz到 6.5+2.8=9.3 GHz。图 1-10 给出了调制高斯脉冲的时域波形和频谱，图(b)中分别给出了由式(1-35)和 FFT 所得的结果，两者一致。Fourier 变换中取 $\Delta t=\tau/60=0.0117$ ns。

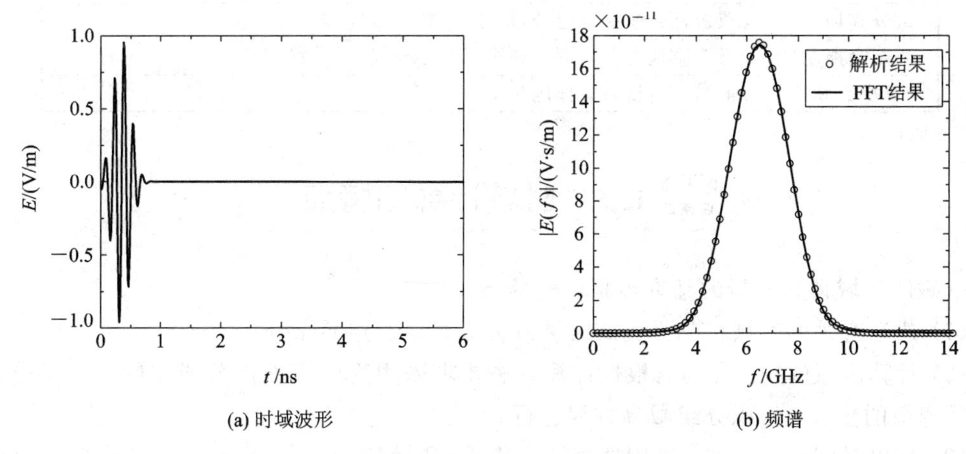

(a) 时域波形 (b) 频谱

图 1-10 调制高斯脉冲，中心频率为 6.5 GHz

1.4.5 双指数脉冲

双指数函数的时域形式为

$$E_i(t)=E_0[\exp(-\alpha t)-\exp(-\beta t)] \tag{1-36}$$

上式的 Fourier 变换为

$$E_i(f)=E_0\left(\frac{1}{\alpha+\mathrm{j}2\pi f}-\frac{1}{\beta+\mathrm{j}2\pi f}\right) \tag{1-37}$$

当双指数脉冲参数取为 $E_0=5.25\times10^4$ V/m，$\alpha=4\times10^6\ \mathrm{s}^{-1}$，$\beta=4.76\times10^8\ \mathrm{s}^{-1}$时，通常称为 Bell 波形，其时域波形和频谱如图 1-11 所示。由于双指数脉冲函数中的 α 远小于 β，致使其时域波形具有陡峻的上升前沿和较长的拖尾，经常应用于核电磁脉冲和雷电脉冲的研究中。

在时域计算中，通常要求入射脉冲具有因果性，亦即入射脉冲的前沿在 $t\geqslant0$ 时刻方到达目标。在入射脉冲尚未到达目标时 $t<0$，物体上将没有感生电流，不会激发散射场；并以此作为时域步进计算的初始条件。

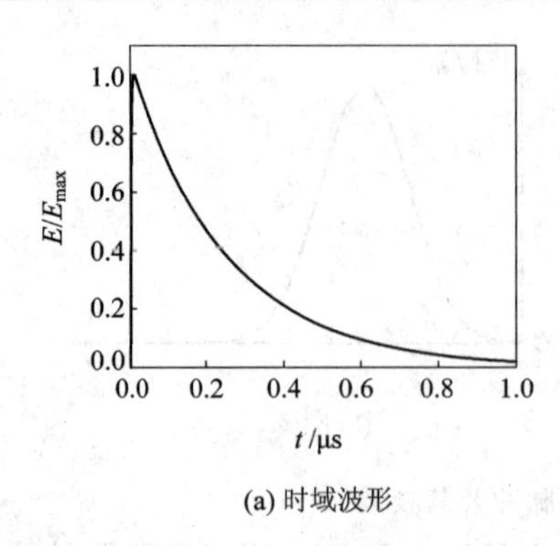

(a) 时域波形

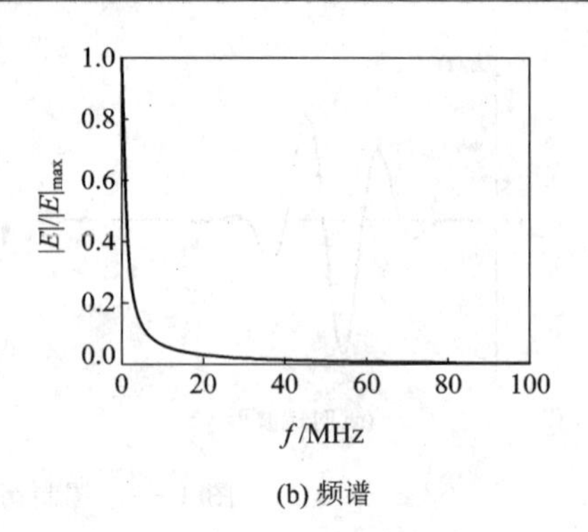

(b) 频谱

图 1-11 双指数脉冲及其频谱

以上几种时域波形特点比较如表 1-7 所示。

表 1-7 几种时域波形特点比较

时域脉冲	特点
高斯脉冲	时域和频域形式相同；平滑性好；起始值近似为零
升余弦脉冲	时域波形为有限宽；起始值及起始时刻的一阶导数为零
微分高斯脉冲	双极性；没有直流分量，即零频分量为零
调制高斯脉冲	没有直流分量；调制频率 f_0 可按照需要设置
双指数脉冲	前沿上升陡峻，拖尾长

1.5 时域计算的特点

电磁波时域计算分析的基本步骤可概括为：

(1) 建立有关的时域积分方程或时域微分方程以及边界条件。

(2) 计算区域的空间剖分。根据计算方法要求采用物体表面剖分或空间体积剖分，确定时间离散的步长，将积分或微分方程进行离散。

(3) 导出时域步进公式。采用适当差分格式在时域离散后导出显式或隐式形式的步进公式。在每一个时间步，如果不需要矩阵求逆，通常称为显式解；如果需要矩阵求逆运算，则称为隐式解。

(4) 给出初始条件。按时间步进求解。

时域分析的优点可概述如下：

—— 物理意义直观。例如由时域计算得到天线辐射和目标散射的电流和电磁场波形与物理过程密切联系。通过时域波形分析和参数提取对于天线设计、隐身技术和电磁成像等领域具有实际应用。

—— 可获得频域的宽带信息。时域波形通过 Fourier 变换即可获得宽频带内的频域信息。在雷达截面(RCS)分析和预估得到广泛应用。

—— 一些实际电磁现象(例如雷电、核爆引发的电磁脉冲)和应用领域(例如高功率微波、冲激雷达)本身就属于时域过程；一些物理材料，如时变介质采用时域方法便于直接模拟研究。

—— 所获得的脉冲响应时域波形便于采用时间门限技术除去某些干扰信号。

第一部分

时域积分方程(IETD)方法

时域积分方程(IETD)方法是运用矩量法(MoM)对电磁场积分方程进行空间离散并将时间导数用差分近似后获得时间步进计算公式。20世纪60年代，Harrington首先将MoM用于电磁问题的求解。MoM是求解线性空间算子方程的一种数值方法，包含两个基本过程：其一是试验过程，即选择一组加权函数通过内积运算将算子方程转化为代数形式；其二为展开过程，即将未知函数用基函数展开进而获得矩阵方程。通常MoM需要求解稠密的矩阵方程。为了处理电大尺寸问题，已发展了有效的快速算法——快速多极子方法。本部分将根据电场和磁场积分方程，经过试验过程、展开过程和差分近似导出离散形式的时域步进公式，分析细导线和二维与三维导体散射。

第 2 章

细导线散射

本章从有源 Maxwell 方程出发讨论势函数及推迟势公式；在细导线近似基础上导出细导线散射的微分一积分方程，并应用 MoM 给出时域积分方程的数值解。本章讨论分为直导线和弯曲导线两种情形。

2.1　势函数及推迟势公式

均匀介质 ε, μ 中的时域 Maxwell 方程为

$$\begin{cases} \nabla \times \boldsymbol{E} = -\mu \dfrac{\partial \boldsymbol{H}}{\partial t} \\ \nabla \times \boldsymbol{H} = \varepsilon \dfrac{\partial \boldsymbol{E}}{\partial t} + \boldsymbol{J} \\ \nabla \cdot \boldsymbol{E} = \dfrac{q}{\varepsilon} \\ \nabla \cdot \boldsymbol{H} = 0 \end{cases} \tag{2-1}$$

其中，电荷和电流满足电荷守恒定律，

$$\nabla \cdot \boldsymbol{J} = -\frac{\partial q}{\partial t} \tag{2-2}$$

为了便于分析，通常引入辅助函数。由式(2-1)第四式可引入矢量势，令

$$\boldsymbol{H} = \frac{1}{\mu} \nabla \times \boldsymbol{A} \tag{2-3}$$

其中，$\boldsymbol{A}$ 为矢量势函数。将式(2-3)代入式(2-1)第一式，可得

$$\nabla \times \left(\boldsymbol{E} + \frac{\partial \boldsymbol{A}}{\partial t} \right) = 0$$

再由上式可引入标量势，令

$$\boldsymbol{E} = -\frac{\partial \boldsymbol{A}}{\partial t} - \nabla \phi \tag{2-4}$$

其中，ϕ 为标量势函数。将式(2-3)、式(2-4)代入式(2-1)第二式，可得

$$\nabla \times \nabla \times \boldsymbol{A} = -\mu\varepsilon \frac{\partial}{\partial t}\left(\frac{\partial \boldsymbol{A}}{\partial t} + \nabla \phi \right) + \mu \boldsymbol{J} \tag{2-5}$$

利用旋度公式 $\nabla \times \nabla \times \boldsymbol{A} = \nabla(\nabla \cdot \boldsymbol{A}) - \nabla^2 \boldsymbol{A}$，上式变为

$$\nabla(\nabla \cdot \boldsymbol{A}) - \nabla^2 \boldsymbol{A} = -\mu\varepsilon \frac{\partial^2 \boldsymbol{A}}{\partial t^2} - \mu\varepsilon \frac{\partial(\nabla \phi)}{\partial t} + \mu \boldsymbol{J}$$

或

$$\nabla^2 \boldsymbol{A} - \mu\varepsilon \frac{\partial^2 \boldsymbol{A}}{\partial t^2} = \nabla(\nabla \cdot \boldsymbol{A}) + \mu\varepsilon \frac{\partial(\nabla \phi)}{\partial t} - \mu \boldsymbol{J}$$

$$= \nabla\left[(\nabla \cdot \boldsymbol{A}) + \mu\varepsilon \frac{\partial \phi}{\partial t}\right] - \mu \boldsymbol{J} \tag{2-6}$$

将式(2-4)代入式(2-1)第三式，可得

$$\nabla \cdot \left(\frac{\partial \boldsymbol{A}}{\partial t} + \nabla \phi\right) = \left[\frac{\partial(\nabla \cdot \boldsymbol{A})}{\partial t} + \nabla^2 \phi\right] = -\frac{q}{\varepsilon} \tag{2-7}$$

上式又可写为

$$\nabla^2 \varphi - \mu\varepsilon \frac{\partial^2 \phi}{\partial t^2} + \frac{\partial}{\partial t}\left[\nabla \cdot \left(\frac{\partial \boldsymbol{A}}{\partial t} + \nabla \phi\right) + \mu\varepsilon \frac{\partial \phi}{\partial t}\right] = -\frac{q}{\varepsilon} \tag{2-8}$$

根据场论中矢量场的唯一性定理，只有当矢量场的散度和旋度都给定后该矢量场才被唯一确定。以上所引进矢量势 $\boldsymbol{A}$ 的旋度由式(2-3)给定，其散度值尚未给定。为了化简势函数方程式(2-7)和式(2-8)，将 $\boldsymbol{A}$ 的散度给定为

$$\nabla \cdot \boldsymbol{A} = -\frac{1}{c^2} \frac{\partial \phi}{\partial t} \tag{2-9}$$

其中，$c = 1/\sqrt{\mu\varepsilon}$，为介质中光速。式(2-9)可重写为

$$\nabla \cdot \boldsymbol{A} + \mu\varepsilon \frac{\partial \phi}{\partial t} = 0 \tag{2-10}$$

上式称为洛伦兹(Lorentz)规范条件，它给出辅助函数矢量势和标量势之间的约束关系。在Lorentz 规范下，式(2-6)和式(2-8)变为

$$\begin{cases} \nabla^2 \boldsymbol{A} - \dfrac{1}{c^2} \dfrac{\partial^2 \boldsymbol{A}}{\partial t^2} = -\mu \boldsymbol{J} \\ \nabla^2 \phi - \dfrac{1}{c^2} \dfrac{\partial^2 \phi}{\partial t^2} = -\dfrac{q}{\varepsilon} \end{cases} \tag{2-11}$$

上式为 Lorentz 规范条件下势函数的有源波动方程。

无界均匀介质情形，以上有源波动方程的推迟势解为

$$\begin{cases} A(\boldsymbol{r},\ t) = \dfrac{\mu}{4\pi} \displaystyle\iiint_V \dfrac{\boldsymbol{J}\left(\boldsymbol{r}',t - \dfrac{R}{c}\right)}{R} \mathrm{d}v' \\ \phi(\boldsymbol{r},\ t) = \dfrac{1}{4\pi\varepsilon} \displaystyle\iiint_V \dfrac{q\left(\boldsymbol{r}',t - \dfrac{R}{c}\right)}{R} \mathrm{d}v' \end{cases} \tag{2-12}$$

式中，$R = |\boldsymbol{r} - \boldsymbol{r}'|$，是观察点 $\boldsymbol{r}$ 与源点(积分点)$\boldsymbol{r}'$之间的距离。

推迟势解式(2-12)给出了空间电荷电流及其辐射场之间的关系。在已知电流分布时可用来计算空间辐射电磁场。这时先由电荷电流分布用式(2-12)计算势函数，再用式(2-3)、式(2-4)计算电磁场。另外，推迟势公式(2-12)也可用来处理散射问题，这时物体表面电荷电流为未知。将式(2-12)的观察点设在物体表面，联合物体表面边界条件构成一组积分一微分方程，通过联立求解得到物体表面电流分布。应当注意，在散射问题中，式(2-3)～式(2-12)所指电磁场为物体上感应电荷电流所激发，属于散射场。

2.2　直导线情形

2.2.1　细导线近似和基本方程

设导线为一段理想导体(PEC)圆柱，半径很小，如图 2-1 所示。在入射波照射下，细导线上将产生感应电流，感应电流的再辐射即为散射场。细导线近似假设：(1) 入射波 $\boldsymbol{E}^i$ 在导线截面范围内基本不变，导线上感应电流可视作线电流；(2) 源点在细导线轴线上，观察点在导线外部，因而观察点与源点二者之间距离 $|\boldsymbol{r}-\boldsymbol{r}'|$ 不会小于细导线半径 a。上述细导线近似由 King(1956)、Richmond(1965)和 Mei(1965)分别提出，并已广泛用于细导线的辐射及散射分析(Rao，1999)。

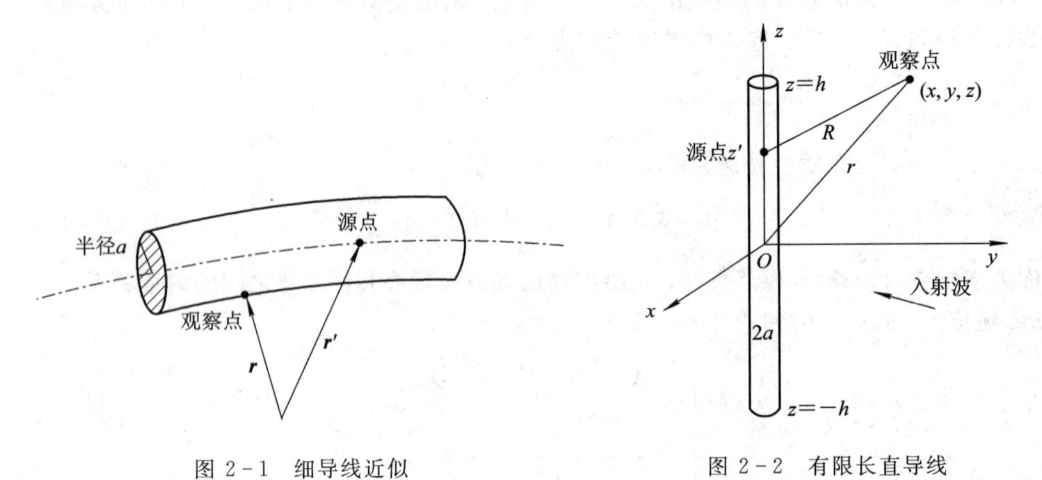

图 2-1　细导线近似　　　　图 2-2　有限长直导线

考虑一段长度为 $2h$ 的直导线位于 z 轴，如图 2-2 所示。该直导线电流所产生电磁场的矢势 $\boldsymbol{A}$ 只有 z 分量。由式(2-12)第一式可得

$$A_z(x,y,z,t)=\frac{\mu}{4\pi}\int_{-h}^{h}\frac{I\left(z',t-\dfrac{R}{c}\right)}{R}\mathrm{d}z' \tag{2-13}$$

其中，I 为导线上电流，以及

$$R=\sqrt{x^2+y^2+(z-z')^2+a^2} \tag{2-14}$$

注意到源点在轴线上，观察点可从外部空间逼近到细导线表面处，所以观察点和源点之间最小距离为导线半径 a。将式(2-4)对时间求导，再利用式(2-9)可得

$$\frac{\partial \boldsymbol{E}^s}{\partial t}=-\frac{\partial}{\partial t}\left(\frac{\partial \boldsymbol{A}}{\partial t}+\nabla\phi\right)=-\frac{\partial^2\boldsymbol{A}}{\partial t^2}+c^2\nabla(\nabla\cdot\boldsymbol{A}) \tag{2-15}$$

根据边界条件，导线表面电场切向分量为零，即

$$\boldsymbol{E}_{\tan}(r=a)=\boldsymbol{E}^s_{\tan}(r=a)+\boldsymbol{E}^i_{\tan}(r=a)=0 \tag{2-16}$$

注意以上边界条件适用于总场，而式(2-13)和式(2-15)中电场为导线上感应电流所激发的散射场 $\boldsymbol{E}^s$。在直导线情形 $\boldsymbol{A}=\hat{z}A_z$，以及 $\nabla(\nabla\cdot\boldsymbol{A})=\hat{z}\dfrac{\partial^2A_z}{\partial z^2}$。于是式(2-15)的 z 分量为

$$\frac{1}{c^2}\frac{\partial E_z^s}{\partial t}\bigg|_{r=a}=-\frac{1}{c^2}\frac{\partial^2 A_z}{\partial t^2}+\frac{\partial^2 A_z}{\partial z^2}\bigg|_{r=a}\qquad -h\leqslant z\leqslant h \tag{2-17}$$

式(2-16)对 t 求导并将上式代入得到

$$\frac{\partial^2 A_z}{\partial z^2}-\frac{1}{c^2}\frac{\partial^2 A_z}{\partial t^2}\bigg|_{r=a}=-\frac{1}{c^2}\frac{\partial E_z^i}{\partial t}\bigg|_{r=a}\qquad -h\leqslant z\leqslant h \tag{2-18}$$

细导线上式(2-13)变为

$$A_z(z,\ t)=\frac{\mu}{4\pi}\int_{-h}^{h}\frac{I\left(z',\ t-\dfrac{|z-z'|}{c}\right)}{\sqrt{|z-z'|^2+a^2}}\mathrm{d}z' \tag{2-19}$$

以上边界条件式(2-18)与推迟势公式(2-19)构成细导线上电流和矢量势函数满足的一组微分—积分方程。

设入射脉冲在 $t=0$ 后才到达细导线，所以导线上电流的初始条件为 $I(z,\ 0)=0$。导线两端边界条件为 $I(z=\pm h,\ t)=0$。由初始条件和边界条件出发可求解方程式(2-18)和式(2-19)。

2.2.2 基函数和 IETD 解

以下按照 MoM 离散求解。将直导线划分为 $M+1$ 小段，长度均为 Δz；注意在两个端点子域不同于其他子域。导线两端的电流边界条件为

$$I(z=z_0,\ t)=0,\quad I(z=z_{M+1},\ t)=0 \tag{2-20}$$

设时间离散间隔为 Δt，时间轴划分为 $t_n=n\Delta t$，$n=0,\ 1,\ 2,\ \cdots,\ \infty$。

选择基函数为

$$f_m(z)=\begin{cases}1, & z\in\left(z_m-\dfrac{\Delta z}{2},\ z_m+\dfrac{\Delta z}{2}\right)\\ 0, & \text{其它}\end{cases} \tag{2-21}$$

其中样本点在子域中心，如图 2-3 所示。于是，细线上电流可展开为

$$I(z,\ t)\simeq\sum_{k=1}^{M}I_k(t)f_k(z) \tag{2-22}$$

其中，$I_k(t)$表示第 k 子域的电流系数，是时间 t 的函数，为待求量。

将式(2-19)离散，令 $z=z_m=m\Delta z$，$t=t_n=n\Delta t$，根据式(2-19)、式(2-22)和式(2-21)可得

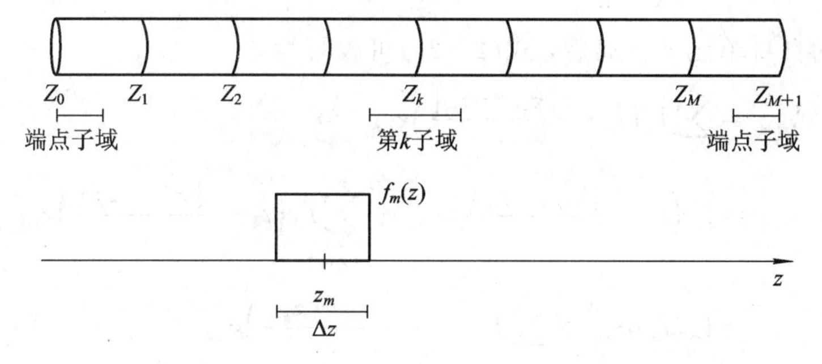

图 2-3 细导线划分为子域和一维基函数

$$
\begin{aligned}
A_{m,n} &\equiv A(z_m, t_n) = \frac{\mu}{4\pi}\int_{-h}^{h} \frac{I\left(z', t_n - \frac{|z_m - z'|}{c}\right)}{\sqrt{|z_m - z'|^2 + a^2}} \mathrm{d}z' \\
&\simeq \frac{\mu}{4\pi}\int_{-h}^{h} \frac{\sum_{k=1}^{M} I_k\left(t_n - \frac{|z_m - z'|}{c}\right) f_k(z')}{\sqrt{|z_m - z'|^2 + a^2}} \mathrm{d}z' \\
&\simeq \frac{\mu}{4\pi}\sum_{k=1}^{M} I_k\left(t_n - \frac{|z_m - z_k|}{c}\right)\int_{z_k - \Delta z/2}^{z_k + \Delta z/2} \frac{\mathrm{d}z'}{\sqrt{|z_m - z'|^2 + a^2}}
\end{aligned} \tag{2-23}
$$

式(2-23)中的积分项为几何参数，和入射场无关，令

$$
\kappa_{mk} \equiv \frac{\mu}{4\pi}\int_{z_k - \Delta z/2}^{z_k + \Delta z/2} \frac{\mathrm{d}z'}{\sqrt{|z_m - z'|^2 + a^2}} \tag{2-24}
$$

称为阻抗系数。上式中的积分计算可以利用积分公式，

$$
\int \frac{\mathrm{d}x}{\sqrt{x^2 + b^2}} = \ln\left(x + \sqrt{x^2 + b^2}\right) \tag{2-25}
$$

引入新变量 $u = z_m - z'$，$\mathrm{d}u = -\mathrm{d}z'$，于是式(2-24)变为

$$
\begin{aligned}
\kappa_{mk} &= \frac{\mu}{4\pi}\int_{z_k - \Delta z/2}^{z_k + \Delta z/2} \frac{\mathrm{d}z'}{\sqrt{(z_m - z')^2 + a^2}} \\
&= \frac{\mu}{4\pi}\int_{z_m - (z_k - \Delta z/2)}^{z_m - (z_k + \Delta z/2)} \frac{-\mathrm{d}u}{\sqrt{u^2 + a^2}} = \frac{\mu}{4\pi}\int_{z_m - (z_k + \Delta z/2)}^{z_m - (z_k - \Delta z/2)} \frac{\mathrm{d}u}{\sqrt{u^2 + a^2}} \\
&= \frac{\mu}{4\pi}\left\{\ln\left[\left(z_m - z_k + \frac{\Delta z}{2}\right) + \sqrt{\left(z_m - z_k + \frac{\Delta z}{2}\right)^2 + a^2}\right]\right. \\
&\quad \left. - \ln\left[\left(z_m - z_k - \frac{\Delta z}{2}\right) + \sqrt{\left(z_m - z_k - \frac{\Delta z}{2}\right)^2 + a^2}\right]\right\}
\end{aligned} \tag{2-26}
$$

式中，$k = m$ 项称为自身单元项。在自身单元 $z_m = z_k$，阻抗系数变为

$$
\begin{aligned}
\kappa_{mm} &= \frac{\mu}{4\pi}\left[\ln\left(\sqrt{\left(\frac{\Delta z}{2}\right)^2 + a^2} + \frac{\Delta z}{2}\right) - \ln\left(\sqrt{\left(\frac{\Delta z}{2}\right)^2 + a^2} - \frac{\Delta z}{2}\right)\right] \\
&= \frac{\mu}{4\pi}\ln\frac{\sqrt{\left(\frac{\Delta z}{2}\right)^2 + a^2} + \frac{\Delta z}{2}}{\sqrt{\left(\frac{\Delta z}{2}\right)^2 + a^2} - \frac{\Delta z}{2}}
\end{aligned} \tag{2-27}
$$

将 $k = m$ 的自身单元项分离后，式(2-23)可改写为

$$
\begin{aligned}
A_{m,n} &= \sum_{k=1}^{N} I_k\left(t_n - \frac{|z_m - z_k|}{c}\right)\kappa_{mk} \\
&= I_m\left(t_n - \frac{|z_m - z_m|}{c}\right)\kappa_{mm} + \sum_{\substack{k=1 \\ k \neq m}}^{N} I_k\left(t_n - \frac{|z_m - z_k|}{c}\right)\kappa_{mk} \\
&= I_m(t_n)\kappa_{mm} + \sum_{\substack{k=1 \\ k \neq m}}^{N} I_k\left(t_n - \frac{|z_m - z_k|}{c}\right)\kappa_{mk}
\end{aligned} \tag{2-28}
$$

上式最后等式中的求和项不包含自身单元项，记为

$$\not{A}_{m,n} = \sum_{\substack{k=1 \\ k\neq m}}^{N} I_k\left(t_n - \frac{|z_m - z_k|}{c}\right)\kappa_{mk} \tag{2-29}$$

又记 $I_{m,n} \equiv I_m(t_n)$，代表第 m 子域 t_n 时刻的电流。于是式(2-28)可写为

$$A_{m,n} = I_{m,n}\kappa_{mm} + \not{A}_{m,n} \tag{2-30}$$

将式(2-18)离散，取 $z=z_m=m\Delta z$，$t=t_n=n\Delta t$，将时间和空间导数采用中心差分近似后可得

$$\frac{A_{m+1,n} - 2A_{m,n} + A_{m-1,n}}{(\Delta z)^2} - \frac{A_{m,n+1} - 2A_{m,n} + A_{m,n-1}}{(c\Delta t)^2} = -\frac{1}{c^2}\frac{\partial E_z^i(z_m, t_n)}{\partial t} \tag{2-31}$$

将上式中和入射波相关的激励项记为

$$F_{m,n} = \frac{\partial E_z^i(z_m, t_n)}{\partial t} \tag{2-32}$$

其中，E_z^i 为入射波电场和导线平行的分量。将式(2-32)代入式(2-31)并整理，可得

$$A_{m,n+1} = 2A_{m,n} - A_{m,n-1} + (\Delta t)^2 F_{m,n} + \left(\frac{c\Delta t}{\Delta z}\right)^2 [A_{m+1,n} - 2A_{m,n} + A_{m-1,n}] \tag{2-33}$$

将式(2-33)中的 $n+1$ 替换为 n 得到

$$A_{m,n} = 2A_{m,n-1} - A_{m,n-2} + (\Delta t)^2 F_{m,n-1} + \left(\frac{c\Delta t}{\Delta z}\right)^2 [A_{m+1,n-1} - 2A_{m,n-1} + A_{m-1,n-1}] \tag{2-34}$$

将式(2-28)代入式(2-34)，可得

$$I_{m,n}\kappa_{m,m} = -\not{A}_{m,n} + 2A_{m,n-1} - A_{m,n-2} + (\Delta t)^2 F_{m,n-1} + \left(\frac{c\Delta t}{\Delta z}\right)^2 [A_{m+1,n-1} - 2A_{m,n-1} + A_{m-1,n-1}] \tag{2-35}$$

上式给出了当前时间步电流系数 $I_{m,n}$ 的计算公式。

注意到式(2-29)右端不含自身单元，所以该式中最小距离 $\min\{|z_m - z_k|_{k\neq m}\} = \Delta z$。若选择时间步长

$$\Delta t \leqslant \frac{\Delta z}{c} \tag{2-36}$$

则式(2-29)中 $\left(t_n - \frac{|m-k|\Delta z}{c}\right) \leqslant t_{n-1}$，因而 $\not{A}_{m,n}$ 的计算只需要用到 $n-1$ 时间步以前的电流值。这里需要区分"以往时刻"和"以往时间步"的概念。以往时间步是 Δt 整数倍的以往时刻。二者的区别示意如图 2-4 所示。式(2-36)表明，满足 $\Delta t \leqslant \Delta z/c$ 时可交替应用式(2-29)、式(2-30)和式(2-35)随时间步进计算，称为显式解。这时无需进行矩阵求逆计算。式(2-36)称为显式解条件。

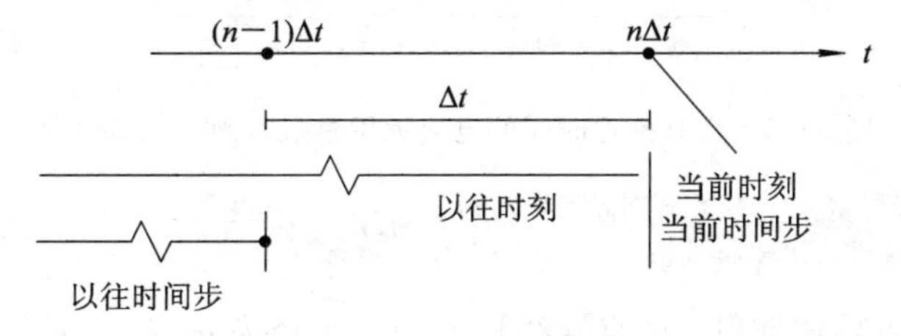

图 2-4　区分以往时刻和以往时间步

显式解求解的基本步骤如下：根据边界条件，导线两端 $z=0$，$(M+1)\Delta z$ 处电流恒为零，即

$$I_{0,n}=I_{(M+1),n}=0 \tag{2-37}$$

设入射脉冲在开始时刻尚未到达导线，即初始条件为当 $n=0$，1 时：

$$I_{m,0}=I_{m,1}=0,\ A_{m,0}=A_{m,1}=0,\ \mathcal{A}_{m,0}=\mathcal{A}_{m,1}=0 \tag{2-38}$$

时域步进计算从 $n=2$ 开始，计算步骤如下：

(1) 计算 $\mathcal{A}_{m,n}$，用式(2-29)；

(2) 计算 $I_{m,n}$，用式(2-35)；

(3) 计算 $A_{m,n}$，用式(2-30)；

(4) 将 $n\to n+1$，重复以上步骤。

特别地，若时间步长选取为式(2-36)的临界值，即

$$\Delta t=\frac{\Delta z}{c} \tag{2-39}$$

则式(2-29)变为

$$\begin{aligned}\mathcal{A}_{m,n}&=\sum_{\substack{k=1\\k\neq m}}^{M} I_k\left(t_n-\frac{|z_m-z_k|}{c}\right)\kappa_{mk}=\sum_{\substack{k=1\\k\neq m}}^{M} I_k\left(t_n-\frac{|m-k|\Delta z}{c}\right)\kappa_{mk}\\&=\sum_{\substack{k=1\\k\neq m}}^{M} I_k(t_n-|m-k|\Delta t)\kappa_{mk}\end{aligned} \tag{2-40}$$

上式表明，在直导线情形，如果时间步长为临界值，则计算 $\mathcal{A}_{m,n}$ 用的只是以往整数时间步的电流值，更为简便。

如果时间步长 $\Delta t<\Delta z/c$，则式(2-29)中的电流值并不正好在整数时间步上，需要用到插值公式。当电流 $I_k(t_n-R_{mk}/c)$ 中的推迟时刻不是 Δt 的整数时间步时，设

$$\frac{R_{mk}}{c}=(i+e)\Delta t \tag{2-41}$$

其中，i 为整数，e 是小于 1 的正数，即 $0<e<1$，如图 2-5 所示。这时电流项 $I_k(t_n-R_{mk}/c)=I_k(t_n-(i+e)\Delta t)$ 需要用其邻近时间步 $I_k(t_{n-i})$ 和 $I_k(t_{n-i-1})$ 两项的线性插值表示，即

$$I_k\left(t_n-\frac{R_{mk}}{c}\right)=I_k(t_n-(i+e)\Delta t)=(1-e)I_k(t_{n-i})+eI_k(t_{n-i-1}) \tag{2-42}$$

上式右端的电流项为整数时间步的值。

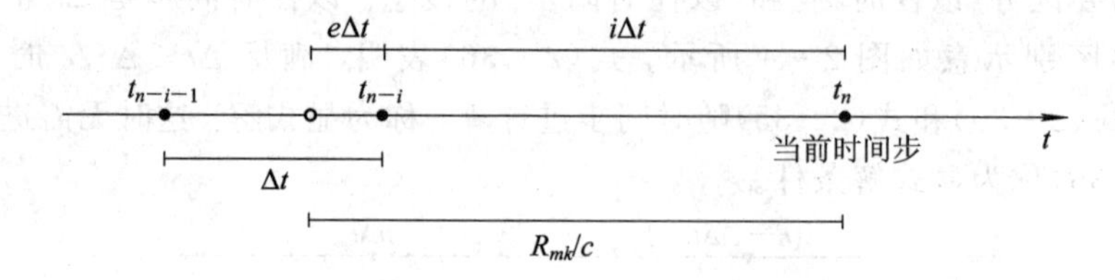

图 2-5 具有推迟时间的电流项用整数时间步插值计算

2.2.3 算例

【算例 2-1】 直导线散射。设直导线长为 $2h$，半径为 a，均匀划分为 M 段，小段长度

为 $\Delta z=2h/M$，$z_m=m\Delta h$，$m=0$，…，M，如图 2-6 所示。入射波为高斯脉冲

$$\boldsymbol{E}_i(\boldsymbol{r},\ t) = \boldsymbol{E}_0^{\text{Gauss}}\exp\left[-4\pi\left(\frac{t-t_0-\dfrac{\boldsymbol{r}\cdot\hat{\boldsymbol{a}}_{\text{inc}}}{c}}{\tau}\right)^2\right] \tag{2-43}$$

其中，$\hat{\boldsymbol{a}}_{\text{inc}}$为入射方向单位矢。选择 t_0 使得在脉冲到达导线时的初始值等于(或近似等于)零，即 $\boldsymbol{E}_i(\boldsymbol{r},\ t=0)=0$。求细导线中点处感应电流随时间的变化。

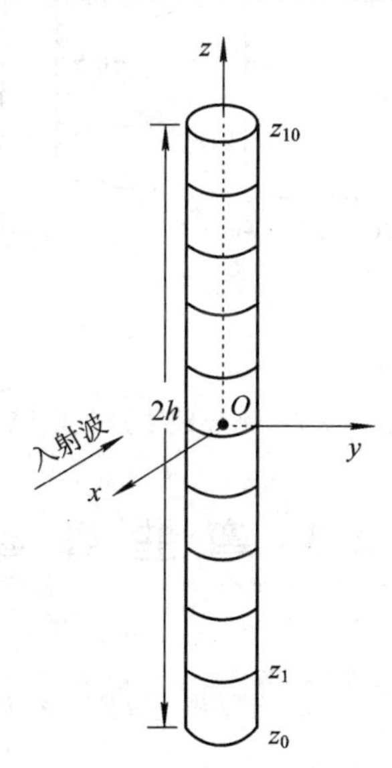

图 2-6 高斯脉冲垂直入射照射细导线

设以上入射脉冲电场平行于 z 轴，参数为

$$\boldsymbol{E}_0^{\text{Gauss}} = \hat{\boldsymbol{z}}240\sqrt{\pi}\ \frac{V}{m},\quad \tau=\frac{\sqrt{\pi}}{3}\times 10^{-8}\ \text{s},\quad t_0=10^{-8}\ \text{s}$$

由式(2-43)求导，可得

$$\frac{\partial \boldsymbol{E}_i(\boldsymbol{r},t)}{\partial t} = -\frac{8\pi}{\tau}\left(\frac{t-t_0-\dfrac{\boldsymbol{r}\cdot\hat{\boldsymbol{a}}_{\text{inc}}}{c}}{\tau}\right)\boldsymbol{E}_0^{\text{Gauss}}\exp\left[-4\pi\left(\frac{t-t_0-\dfrac{\boldsymbol{r}\cdot\hat{\boldsymbol{a}}_{\text{inc}}}{c}}{\tau}\right)^2\right] \tag{2-44}$$

取上式中 $\hat{\boldsymbol{a}}_{\text{inc}}=-\hat{\boldsymbol{x}}$，并注意导线位于 $x=0$ 平面内，代入激励项(2-32)，得

$$\begin{aligned} F_{m,n} &= \left.\frac{\partial E_z^i(z_m,t_n)}{\partial t}\right|_{x=0} \\ &= -\frac{8\pi}{\tau}\left(\frac{t_n-t_0}{\tau}\right)E_0^{\text{Gauss}}\exp\left[-4\pi\left(\frac{t_n-t_0}{\tau}\right)^2\right] \end{aligned} \tag{2-45}$$

设导线长 $2h=2$ m，半径 $a=0.01$ m。导线两端电流系数 $I_0(t)=I_M(t)=0$，求导线中心点处电流 $I_{M/2}(t)$。图 2-7(a)给出了直导线分段 $M=20$，时间步长为 $\Delta t=\Delta z/c$ 时中点处电流随时间的变化。作为比较，图中还给出相关文献(Rao，1999：57)结果，二者一致。图 2-7(b)给出了 $M=20$ 但 $\Delta t\leqslant\Delta z/c$ 时的计算结果，当 $\Delta t=\Delta z/c$ 时为临界值，无需插值；但 $\Delta t<\Delta z/c$ 时需要用到插值公式(2-42)。为了便于和相关文献比较，这里时间单位

改用LM(光米)，代表光速穿越1米所需时间，即1 LM＝1m/(3×10^8 m/s)≃0.333×10^{-8} s。

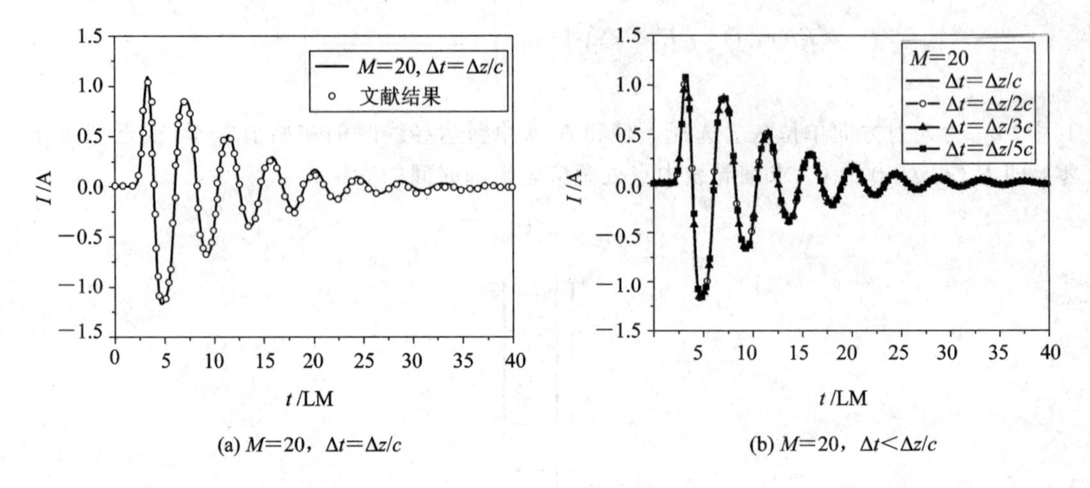

图 2-7　细导线中点处电流

2.3　弯曲导线

2.3.1　基本方程和IETD解

弯曲细导线如图2-8所示。导线上的感应电流产生散射场，可以用势函数描写，即式(2-4)。

$$\boldsymbol{E}^s = -\frac{\partial \boldsymbol{A}}{\partial t} - \nabla \phi \tag{2-46}$$

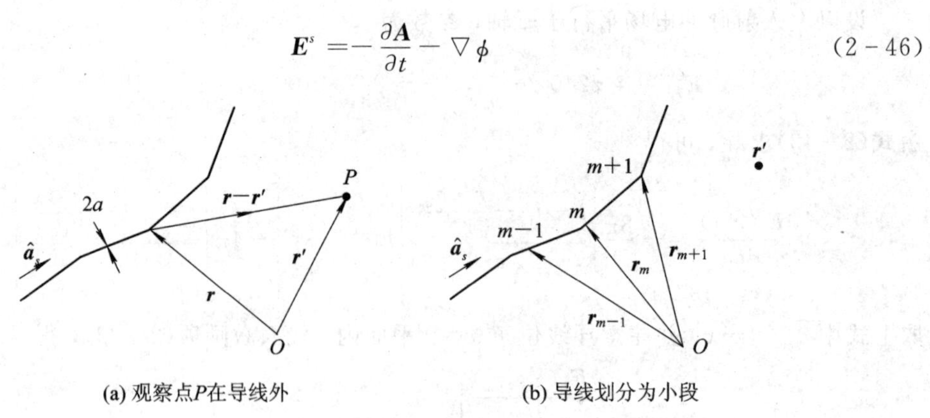

图 2-8　弯曲细导线

势函数与导线上电流满足推迟势公式(2-12)，

$$\begin{cases} A(\boldsymbol{r},t) = \dfrac{\mu}{4\pi}\displaystyle\int_l \frac{\hat{\boldsymbol{a}}'_s I\left(\boldsymbol{r}', t - \dfrac{R}{c}\right)}{R} \mathrm{d}l' \\ \phi(\boldsymbol{r},t) = \dfrac{1}{4\pi\varepsilon}\displaystyle\int_l \frac{q\left(\boldsymbol{r}', t - \dfrac{R}{c}\right)}{R} \mathrm{d}l' \end{cases} \tag{2-47}$$

式中，$\hat{\boldsymbol{a}}_s$ 为导线表面的切向单位矢(与轴线平行)，且有

$$R=\sqrt{|\boldsymbol{r}-\boldsymbol{r}'|^2+a^2} \tag{2-48}$$

根据细导线近似，设电流集中在轴线上，观察点在导线外部。当观察点逼近导线表面时，源点和观察点之间距离将不小于导线半径 a。

导线表面边界条件为式(2-16)，即

$$\boldsymbol{E}_{\tan}^{\text{total}}=\boldsymbol{E}_{\tan}^{s}+\boldsymbol{E}_{\tan}^{i}=0 \tag{2-49}$$

式(2-49)中，$\boldsymbol{E}_{\tan}^{s}$ 和 $\boldsymbol{E}_{\tan}^{i}$ 分别表示散射波和入射波的切向分量。将式(2-46)代入上式得到

$$\left[\frac{\partial \boldsymbol{A}}{\partial t}+\nabla\phi\right]_{\tan}=-\boldsymbol{E}_{\tan}^{s}=\boldsymbol{E}_{\tan}^{i} \tag{2-50}$$

上式为边界条件的势函数形式(称为 ϕ 形式)。

导线上电流电荷之间满足电荷守恒定律：

$$\frac{\partial q}{\partial t}=-\frac{\partial I}{\partial l} \tag{2-51}$$

引入新的辅助势函数 ψ：

$$\psi=\frac{\partial \varphi}{\partial t} \tag{2-52}$$

将式(2-47)对 t 求导，并应用式(2-51)，可得

$$\psi=\frac{\partial \phi}{\partial t}=\frac{1}{4\pi\varepsilon}\int_l \frac{\dfrac{\partial q(\boldsymbol{r}',t-R/c)}{\partial t}}{R}\mathrm{d}l'=-\frac{1}{4\pi\varepsilon}\int_l \frac{\dfrac{\partial I(\boldsymbol{r}',t-R/c)}{\partial l'}}{R}\mathrm{d}l' \tag{2-53}$$

新的辅助势函数 ψ 直接和电流 I 相关，无需用到电荷分布。

将导线表面边界条件式(2-50)对 t 求导，并利用式(2-52)，可得

$$\left[\frac{\partial^2 \boldsymbol{A}}{\partial t^2}+\nabla\psi\right]_{\tan}=\frac{\partial \boldsymbol{E}_{\tan}^{i}}{\partial t} \tag{2-54}$$

这是边界条件的另一形式(称为 ψ 形式)。

以下应用 MoM 将上述微分－积分方程做数值离散。将弯曲导线划分为小段，如图 2-8(b)所示。定义基函数为

$$f_m(\boldsymbol{r})=\begin{cases}1, & \boldsymbol{r}\in(\boldsymbol{r}_{m-1/2},\ \boldsymbol{r}_{m+1/2})\\ 0, & \text{其它}\end{cases} \tag{2-55}$$

两个矢量函数的内积(inner product)定义为

$$\langle \boldsymbol{a},\boldsymbol{b}\rangle=\int_l \boldsymbol{a}\cdot\boldsymbol{b}\,\mathrm{d}l' \tag{2-56}$$

将试验函数 $\boldsymbol{a}$ 与方程式(2-54)作内积，并选取试验函数等于基函数，即上式中取 $\boldsymbol{a}=f_m\hat{\boldsymbol{a}}_{sm}$(这里 $\hat{\boldsymbol{a}}_{sm}$ 为导线表面第 m 小段切向单位矢)，则有

$$\left\langle f_m\hat{\boldsymbol{a}}_{sm},\ \left(\frac{\partial^2 \boldsymbol{A}}{\partial t^2}+\nabla\psi\right)\right\rangle=\left\langle f_m\hat{\boldsymbol{a}}_{sm},\ \frac{\partial \boldsymbol{E}^{i}}{\partial t}\right\rangle \tag{2-57}$$

按照弯曲导线离散点坐标 $\hat{\boldsymbol{a}}_{sm}$ 可由下式计算：

$$\hat{\boldsymbol{a}}_{sm}=\frac{\boldsymbol{r}_{m+1/2}-\boldsymbol{r}_{m-1/2}}{|\boldsymbol{r}_{m+1/2}-\boldsymbol{r}_{m-1/2}|} \tag{2-58}$$

将式(2-57)中的时间导数在 $t=t_n=n\Delta t$ 作差分离散得到

$$\left\langle f_m\hat{\boldsymbol{a}}_{sm},\ L[I]\right\rangle=\left\langle f_m\hat{\boldsymbol{a}}_{sm},\ \frac{\partial \mathbf{E}^i(\boldsymbol{r},\ t_n)}{\partial t}\right\rangle \tag{2-59}$$

其中，算子

$$L[I]=\frac{\mathbf{A}(\boldsymbol{r},\ t_{n+1})-2\mathbf{A}(\boldsymbol{r},\ t_n)+\mathbf{A}(\boldsymbol{r},\ t_{n-1})}{(\Delta t)^2}+\nabla\psi(\boldsymbol{r},\ t_n) \tag{2-60}$$

将式(2－60)代入式(2－59)，其中各项内积结果分别为

$$\left\langle f_m\hat{\boldsymbol{a}}_{sm},\ \mathbf{A}(\boldsymbol{r},\ t_n)\right\rangle=\int_l f_m\hat{\boldsymbol{a}}_{sm}\cdot\mathbf{A}(\boldsymbol{r},\ t_n)\mathrm{d}l'\simeq\mathbf{A}(\boldsymbol{r}_m,\ t_n)\cdot\hat{\boldsymbol{a}}_{sm}\Delta l_m \tag{2-61}$$

式中，

$$\Delta l_m=|\boldsymbol{r}_{m+1/2}-\boldsymbol{r}_{m-1/2}| \tag{2-62}$$

表示第 m 子域的长度，以及

$$\begin{cases}\left\langle f_m\hat{\boldsymbol{a}}_{sm},\ \nabla\psi\right\rangle=\int_l f_m\hat{\boldsymbol{a}}_{sm}\cdot\nabla\psi(\boldsymbol{r},\ t_n)\mathrm{d}l'\simeq\psi(\boldsymbol{r}_{m+1/2},\ t_n)-\psi(\boldsymbol{r}_{m-1/2},\ t_n)\\ \left\langle f_m\hat{\boldsymbol{a}}_{sm},\ \dfrac{\partial \mathbf{E}^i(\boldsymbol{r},\ t_n)}{\partial t}\right\rangle=\int_l f_m\hat{\boldsymbol{a}}_{sm}\cdot\dfrac{\partial \mathbf{E}^i(\boldsymbol{r},\ t_n)}{\partial t}\mathrm{d}l'\simeq\dfrac{\partial \mathbf{E}^i(\boldsymbol{r}_m,\ t_n)}{\partial t}\cdot\hat{\boldsymbol{a}}_{sm}\Delta l_m\end{cases} \tag{2-63}$$

再将式(2－60)～式(2－63)代入式(2－59)，得

$$\left[\frac{\mathbf{A}(\boldsymbol{r}_m,\ t_{n+1})-2\mathbf{A}(\boldsymbol{r}_m,\ t_n)+\mathbf{A}(\boldsymbol{r}_m,\ t_{n-1})}{(\Delta t)^2}\right]\cdot\hat{\boldsymbol{a}}_{sm}\Delta l_m+\psi(\boldsymbol{r}_{m+1/2},\ t_n)-\psi(\boldsymbol{r}_{m-1/2},\ t_n)$$
$$=\frac{\partial \mathbf{E}^i(\boldsymbol{r}_m,\ t_n)}{\partial t}\cdot\hat{\boldsymbol{a}}_{sm}\Delta l_m \tag{2-64}$$

以上作内积运算通常称为 MoM 的试验过程。

MoM 的另一个步骤为展开过程。将细线上的电流用基函数式(2－55)作如下近似展开：

$$I(\boldsymbol{r},\ t)\simeq\sum_{k=1}^{M}I_k(t)f_k(\boldsymbol{r}) \tag{2-65}$$

将式(2－65)代入积分方程式(2－47)，令其中观察点 $\boldsymbol{r}=\boldsymbol{r}_m$，根据式(2－55)可得到

$$\begin{aligned}\mathbf{A}(\boldsymbol{r}_m,t_n)&=\frac{\mu}{4\pi}\int_l\frac{\hat{\boldsymbol{a}}'_s\sum\limits_{k=1}^{M}I_k\left(t_n-\dfrac{R}{c}\right)f_k(\boldsymbol{r}')}{R}\mathrm{d}l'\\&\simeq\frac{\mu}{4\pi}\sum_{k=1}^{M}I_k\left(t_n-\frac{R_{mk}}{c}\right)\hat{\boldsymbol{a}}'_{sk}\int_l\frac{f_k(\boldsymbol{r}')}{R_m}\mathrm{d}l'\\&=\sum_{k=1}^{M}I_k\left(t_n-\frac{R_{mk}}{c}\right)\hat{\boldsymbol{a}}'_{sk}\kappa_{mk}\end{aligned} \tag{2-66}$$

式中，R_{mk} 为观察点和源点之间距离，如图 2－9 所示，$\hat{\boldsymbol{a}}'_s$和 $\hat{\boldsymbol{a}}'_{sk}$ 分别代表第 k 子域中弧线元 $\mathrm{d}l'$和第 k 子域近似为直线段的切向单位矢。式(2－66)中阻抗系数 κ_{mk} 为

$$\begin{cases}\kappa_{mk}=\dfrac{\mu}{4\pi}\displaystyle\int_l\frac{f_k(\boldsymbol{r}')}{R_m}\mathrm{d}l'\\ R_m=\sqrt{|\boldsymbol{r}_m-\boldsymbol{r}'|^2+a^2}\\ R_{mk}=|\boldsymbol{r}_m-\boldsymbol{r}_k|\end{cases} \tag{2-67}$$

式(2－55)代入式(2－67)得到阻抗系数：

$$\kappa_{mk}=\frac{\mu}{4\pi}\int_{l}\frac{f_k(\boldsymbol{r}')}{R_m}\mathrm{d}l'=\frac{\mu}{4\pi}\int_{\boldsymbol{r}_{k-1/2}}^{\boldsymbol{r}_{k+1/2}}\frac{\mathrm{d}l'}{\sqrt{|\boldsymbol{r}_m-\boldsymbol{r}'|^2+a^2}} \tag{2-68}$$

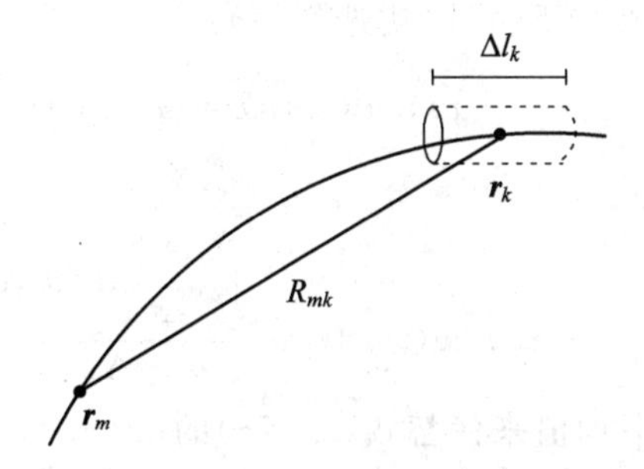

图 2-9　弯曲导线上观察点和源点的几何参数

下面介绍阻抗系数 κ_{mk} 的计算。当 $k\neq m$ 时为非自身单元，这时观察点在积分区域以外，式(2-67)可以近似为

$$\kappa_{mk}=\frac{\mu}{4\pi}\int_{\boldsymbol{r}_{k-1/2}}^{\boldsymbol{r}_{k+1/2}}\frac{\mathrm{d}l'}{\sqrt{|\boldsymbol{r}_m-\boldsymbol{r}'|^2+a^2}}\simeq\frac{\mu\Delta l_k}{4\pi\sqrt{|\boldsymbol{r}_m-\boldsymbol{r}_k|^2+a^2}} \tag{2-69}$$

当 $k=m$ 时为自身单元，观察点在积分区域以内，式(2-67)的被积函数包含分母为零的奇异点，式(2-69)不可用。这时可以采用直导线结果式(2-27)，即

$$\begin{aligned}\kappa_{mm}&=\frac{\mu}{4\pi}\left[\ln\left(\sqrt{s_2^2+a^2}+s_2\right)-\ln\left(\sqrt{s_1^2+a^2}-s_1\right)\right]\\&=\frac{\mu}{4\pi}\ln\frac{\sqrt{s_2^2+a^2}+s_2}{\sqrt{s_1^2+a^2}-s_1}\end{aligned} \tag{2-70}$$

式中，

$$\begin{cases}s_1=|\boldsymbol{r}_m-\boldsymbol{r}_{m-1/2}|\\s_2=|\boldsymbol{r}_m-\boldsymbol{r}_{m+1/2}|\end{cases} \tag{2-71}$$

κ_{mm} 称为自作用项。和 2.2 节一样，在分离出自身单元的贡献后，式(2-66)又可写为

$$\boldsymbol{A}(\boldsymbol{r}_m,t_n)=\kappa_{mm}I_m(t_n)\hat{\boldsymbol{a}}_{sm}+\tilde{\boldsymbol{A}}(\boldsymbol{r}_m,t_n) \tag{2-72}$$

式中，$I_m(t_n)$ 为当前 t_n 时刻的电流，$\tilde{\boldsymbol{A}}(\boldsymbol{r}_m,t_n)$ 表示式(2-66)中除去 $k=m$ 自身单元后的求和，即

$$\tilde{\boldsymbol{A}}(\boldsymbol{r}_m,t_n)=\sum_{\substack{k=1\\k\neq m}}^{N}I_k\left(t_n-\frac{R_{mk}}{c}\right)\hat{\boldsymbol{a}}_{sk}\kappa_{mk} \tag{2-73}$$

由于式(2-67)所示 R_{mk} 恒大于零，实际上 $\tilde{\boldsymbol{A}}(\boldsymbol{r}_m,t_n)$ 表示与以往时刻有关的项。

下面讨论标量势的计算。将式(2-65)代入式(2-53)，可得

$$\begin{aligned}\psi(\boldsymbol{r},t_n)&=-\frac{1}{4\pi\epsilon}\sum_{k=1}^{M}\int_{l}\frac{\dfrac{\partial[I_k(t_n-R/c)f_k(\boldsymbol{r}')]}{\partial l'}}{R}\mathrm{d}l'\\&=\sum_{k=1}^{M}[\psi_k^+(\boldsymbol{r},t_n)-\psi_k^-(\boldsymbol{r},t_n)]\end{aligned} \tag{2-74}$$

其中，$\psi_k^{\pm}(\boldsymbol{r},t_n)$ 称为标量势系数。式(2-74)中后一等式的推导过程如下：注意到基函数式(2-55)的导数在 $\boldsymbol{r}_{k-1/2}$ 和 $\boldsymbol{r}_{k+1/2}$ 处为两个 δ 函数，即

$$\frac{\partial[I_k(t_n - R/c) f_k(\boldsymbol{r}')]}{\partial l'} \simeq I_k(t')[\delta(\boldsymbol{r}' - \boldsymbol{r}_{k-1/2}) - \delta(\boldsymbol{r}' - \boldsymbol{r}_{k+1/2})] \tag{2-75}$$

在含 δ 函数积分的计算中用到如下特性(挑选作用)：

$$\int \delta(x - x_0)\, w(x) \mathrm{d}x = w(x_0) \tag{2-76}$$

上式也可以写为以下近似形式：

$$\int \delta(x - x_0)\, w(x) \mathrm{d}x \simeq \frac{\int_{x_0 - \Delta x/2}^{x_0 + \Delta x/2} w(x) \mathrm{d}x}{\Delta x} \tag{2-77}$$

它相当于用小区间 Δx 内的平均值来代替式(2-76)的 $w(x_0)$，如图 2-10 所示。

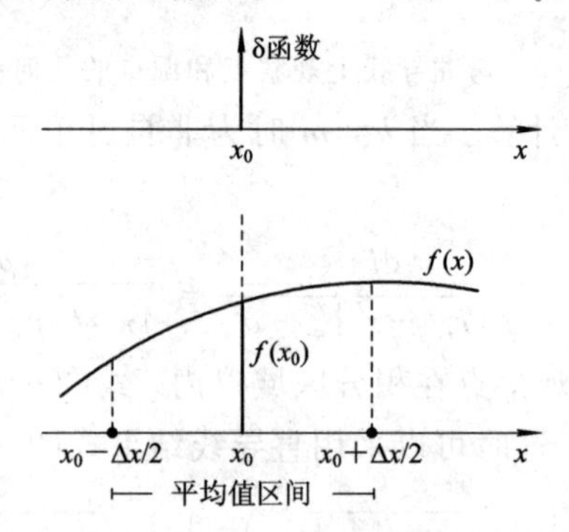

图 2-10　含 δ 函数积分的平均值近似

为了对式(2-74)中的导数作数值计算，将式(2-75)中含两个 δ 函数的积分用小区间内的平均值来近似，并取两个小区间分别为 $(\boldsymbol{r}_{k-1}, \boldsymbol{r}_k)$ 和 $(\boldsymbol{r}_k, \boldsymbol{r}_{k+1})$，如图 2-11 所示。

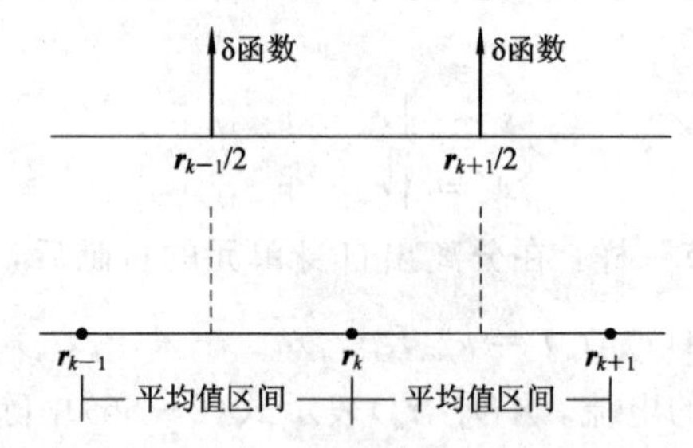

图 2-11　两个 δ 函数和相应平均值区间

由于式(2-64)中 $\psi(\boldsymbol{r}_{m\pm1/2}, t_n)$ 空间位置 $\boldsymbol{r}$ 的下标均为半整数，下面只给出式(2-74)中 $\boldsymbol{r} = \boldsymbol{r}_{m-1/2}$，$m=1$，…，$M+1$ 的结果：

$$\begin{aligned}
\psi(\boldsymbol{r}_{m-1/2}, t_n) &= -\frac{1}{4\pi\varepsilon} \sum_{k=1}^{M} \int_l \frac{\frac{\partial[I_k(t_n - R_m/c) f_k(\boldsymbol{r}')]}{\partial l'}}{R_m} \mathrm{d}l' \\
&= -\frac{1}{4\pi\varepsilon} \sum_{k=1}^{M} \int_l \frac{I_k(t')\{\delta(\boldsymbol{r}' - \boldsymbol{r}_{k-1/2}) - \delta(\boldsymbol{r}' - \boldsymbol{r}_{k+1/2})\}}{R_m} \mathrm{d}l' \\
&\simeq \sum_{k=1}^{M} \left[-\frac{1}{4\pi\varepsilon} \frac{I_k(t_n - R_{mk}^-/c)}{\Delta l_k^-} \int_{r_{k-1}}^{r_k} \frac{\mathrm{d}l'}{R_m} + \frac{1}{4\pi\varepsilon} \frac{I_k(t_n - R_{mk}^+/c)}{\Delta l_k^+} \int_{r_k}^{r_{k+1}} \frac{\mathrm{d}l'}{R_m} \right] \\
&= \sum_{k=1}^{M} [\psi_k^+(\boldsymbol{r}_{m-1/2}, t_n) - \psi_k^-(\boldsymbol{r}_{m-1/2}, t_n)]
\end{aligned} \tag{2-78}$$

其中，$\Delta l_k^+ = |\boldsymbol{r}_{k+1} - \boldsymbol{r}_k|$，$\Delta l_k^- = |\boldsymbol{r}_k - \boldsymbol{r}_{k-1}|$，标量势系数为

$$\begin{cases} \psi_k^+(\boldsymbol{r}_{m-1/2},\ t_n) = \dfrac{1}{4\pi\varepsilon} \dfrac{I_k(t_n - R_{mk}^+/c)}{\Delta l_k^+} \displaystyle\int_{r_k}^{r_{k+1}} \dfrac{\mathrm{d}l'}{\sqrt{|\boldsymbol{r}_{m-1/2} - \boldsymbol{r}'|^2 + a^2}} \\ \psi_k^-(\boldsymbol{r}_{m-1/2},\ t_n) = \dfrac{1}{4\pi\varepsilon} \dfrac{I_k(t_n - R_{mk}^-/c)}{\Delta l_k^-} \displaystyle\int_{r_{k-1}}^{r_k} \dfrac{\mathrm{d}l'}{\sqrt{|\boldsymbol{r}_{m-1/2} - \boldsymbol{r}'|^2 + a^2}} \end{cases} \tag{2-79}$$

上式中的积分形式与式(2-68)相同，区分自身和非自身单元后其结果为

$$\int_{r_k}^{r_{k+1}} \frac{\mathrm{d}l'}{\sqrt{|\boldsymbol{r}_{m-1/2} - \boldsymbol{r}'|^2 + a^2}} = \begin{cases} \ln\left(\sqrt{s_2^2 + a^2} + s_2\right) - \ln\left(\sqrt{s_1^2 + a^2} - s_1\right), & k = m-1 \\ \dfrac{\Delta l_k}{\sqrt{|\boldsymbol{r}_{m-1/2} - \boldsymbol{r}_{k+1/2}|^2 + a^2}}, & \text{其它} \end{cases} \tag{2-80}$$

其中，

$$\begin{cases} s_1 = |\boldsymbol{r}_{m-1/2} - \boldsymbol{r}_{m-1}| \\ s_2 = |\boldsymbol{r}_{m-1/2} - \boldsymbol{r}_m| \end{cases} \tag{2-81}$$

以及

$$\begin{cases} R_m = \sqrt{|\boldsymbol{r}_{m-1/2} - \boldsymbol{r}'|^2 + a^2} \\ R_{mk}^{\pm} = \sqrt{|\boldsymbol{r}_{m-1/2} - \boldsymbol{r}_{k\pm1/2}|^2 + a^2} \\ \Delta l_k^- = |\boldsymbol{r}_k - \boldsymbol{r}_{k-1}|, \quad \Delta l_k^+ = |\boldsymbol{r}_{k+1} - \boldsymbol{r}_k| \end{cases} \tag{2-82}$$

式(2-74)～式(2-79)给出了由电流分布计算标量势 ψ 的公式，也可用于下标 $m+1/2$ 的半整数情形。

将式(2-64)中的 $n+1$ 替换为 n，再将式(2-72)代入后可得到

$$\begin{aligned} \frac{\kappa_{mm} I_m(t_n) \Delta l_m}{(\Delta t)^2} = {} & \frac{\partial \boldsymbol{E}^i(\boldsymbol{r}_m, t_{n-1})}{\partial t} \cdot \hat{\boldsymbol{a}}_{sm} \Delta l_m \\ & - \left[\frac{\boldsymbol{A}(\boldsymbol{r}_m, t_n) - 2\boldsymbol{A}(\boldsymbol{r}_m, t_{n-1}) + \boldsymbol{A}(\boldsymbol{r}_m, t_{n-2})}{(\Delta t)^2} \right] \cdot \hat{\boldsymbol{a}}_{sm} \Delta l_m \\ & - \psi(\boldsymbol{r}_{m+1/2}, t_{n-1}) + \psi(\boldsymbol{r}_{m-1/2}, t_{n-1}) \end{aligned} \tag{2-83}$$

式(2-83)左端为当前时间步的电流系数，右端为以往时间步的矢量势 $\boldsymbol{A}$ 和标量势 ψ 以及入射场 $\boldsymbol{E}^i$，均为已知量。

显式解的条件。注意，式(2-73)所示 $\boldsymbol{A}(\boldsymbol{r}_m, t_n)$ 中，$R_{mk} = |\boldsymbol{r}_m - \boldsymbol{r}_k|$ 代表观察点 $\boldsymbol{r}_m$ 与源点 $\boldsymbol{r}_k$ 之间的距离，若令 $R_{\min}$ 为所有 R_{mk} 中的最小值，且选择

$$\Delta t \leqslant \frac{R_{\min}}{c}, \quad R_{\min} = \min\{R_{mk}\} \tag{2-84}$$

则式(2-73)中所有电流项均为 $t \leqslant t_{n-1}$ 时间步的以往时刻值。满足条件式(2-84)时，可交替应用式(2-72)～式(2-83)沿时间步进计算，即为显式解。这时无需进行矩阵求逆计算。式(2-84)为显式解条件。应当说明，由于电流步进公式(2-83)中只用到标量势 $\psi(\boldsymbol{r}_{m\pm1/2}, t_{n-1})$ 在 t_{n-1} 时间步的值，所以标量势式(2-78)中的距离

$$R_{mk}^{\pm} = \sqrt{|\boldsymbol{r}_{m-1/2} - \boldsymbol{r}_{k\pm1/2}|^2 + a^2} \simeq |\boldsymbol{r}_{m-1/2} - \boldsymbol{r}_{k\pm1/2}|$$

即半整数点相邻距离的最小值不会对显式解的时间步长 Δt 给出限制。

由显式解条件可见，在选取弯曲导线基函数分段时，各个区间的间隔 $|\boldsymbol{r}_k-\boldsymbol{r}_{k-1}|$ 应当尽可能相等，以免时间步长间隔 Δt 被限制较小。

还应当注意的是，式(2-85)和式(2-79)中的电流项 $I_k(t_n-R_{mk}/c)$ 或 $I_k(t_n-R_{mk}^{\pm}/c)$ 通常不是 Δt 整数时间步的值。这时需要应用插值，具体插值方法可参见式(2-42)。

注意到式(2-83)为标量式，为了计算简便可将式(2-73)与切向单位矢点乘后的标量记为

$$\mathcal{A}_{m,n}=\boldsymbol{\mathcal{A}}(\boldsymbol{r}_m,t_n)\cdot\hat{\boldsymbol{a}}_{sm}=\sum_{\substack{k=1\\k\neq m}}^{M}I_k\left(t_n-\frac{R_{mk}}{c}\right)(\hat{\boldsymbol{a}}_{sk}\cdot\hat{\boldsymbol{a}}_{sm})\kappa_{mk} \tag{2-85}$$

同样，将式(2-72)与切向单位矢点乘后得

$$A_{m,n}=\boldsymbol{A}(\boldsymbol{r}_m,t_n)\cdot\hat{\boldsymbol{a}}_{sm}=\kappa_{mm}I_m(t_n)+\mathcal{A}(\boldsymbol{r}_m,t_n) \tag{2-86}$$

又记式(2-83)中入射波激励项为

$$F_{m,n}\equiv\frac{\partial\boldsymbol{E}^i(\boldsymbol{r}_m,t_n)}{\partial t}\cdot\hat{\boldsymbol{a}}_{sm} \tag{2-87}$$

上式为入射波电场和导线切向平行的分量。于是式(2-83)改写为

$$\frac{\kappa_{mm}I_m(t_n)}{(\Delta t)^2}=F_{m,n-1}-\left[\frac{\mathcal{A}_{m,n}-2A_{m,n-1}+A_{m,n-2}}{(\Delta t)^2}\right]-\frac{\psi(\boldsymbol{r}_{m+1/2},t_{n-1})-\psi(\boldsymbol{r}_{m-1/2},t_{n-1})}{\Delta l_m} \tag{2-88}$$

显式解计算步骤可归纳如下：首先给出初始条件，当 $n=0$，1 时，

$$\begin{cases}I_m(t_0)=I_m(t_1)=0, & A(\boldsymbol{r}_m,t_0)=A(\boldsymbol{r}_m,t_1)=0\\ \mathcal{A}(\boldsymbol{r}_m,t_0)=\mathcal{A}(\boldsymbol{r}_m,t_1)=0, & m=1,2,\cdots,M\\ \psi(\boldsymbol{r}_{m-1/2},t_0)=\psi(\boldsymbol{r}_{m-1/2},t_1)=0, & m=1,2,\cdots,M+1\end{cases} \tag{2-89}$$

弯曲导线的边界条件区分两类情形：一类是开放式导线，如图 2-8 所示，在导线两端即 $z=0$，$(M+1)\Delta z$ 处电流恒为零，即

$$I_0(t_n)=I_{M+1}(t_n)=0 \tag{2-90}$$

另一类是导线为环状闭合形式，这时没有电流恒为零的边界条件，但是首尾端点重合，即 $I_0(t_n)=I_{M+1}(t_n)$。

时域步进计算步骤如下：从 $n=2$ 开始，有

(1) 计算 $\mathcal{A}(\boldsymbol{r}_m,t_n)$，$m=1,\cdots,M$，用式(2-85)；

(2) 计算 $I_m(t_n)$，$m=1,\cdots,M$，用式(2-88)；

(3) 计算 $A(\boldsymbol{r}_m,t_n)$，$m=1,\cdots,M$，用式(2-86)；

(4) 计算 $\psi(\boldsymbol{r}_{m-1/2},t_n)$，$m=1,\cdots,M+1$，用式(2-78)、式(2-79)；

(5) 将 $n\to n+1$，重复以上步骤。

2.3.2 算例

【算例 2-2】 90°折线散射。设导线每边长 h，共划分为 M 段，$\Delta s=2h/M$，如图 2-12

所示。高斯脉冲垂直于90°折线所在平面入射。计算导线折点处的电流随时间的变化。

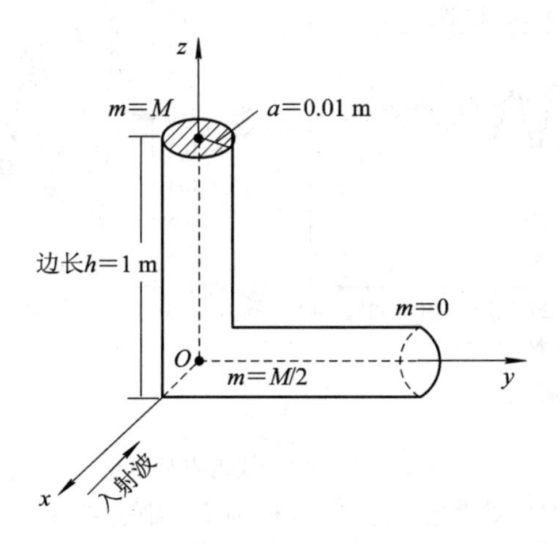

图 2-12 90°折线，高斯脉冲垂直入射

设折线每边长 $h=1$ m，半径 $a=0.01$ m。若令 $M=10$，则

$$\Delta s=\frac{2h}{M}=0.2\ \text{m}$$

注意，在90°折点处有

$$R_{\min}=\frac{\Delta s}{\sqrt{2}}=0.707\Delta s$$

为了应用显式解，需选择 $\Delta t\leqslant R_{\min}/c$。本例中入射高斯脉冲参数和2.2.3节相同。90°折线位于 $x=0$ 平面内，将入射波式(2-43)代入式(2-87)得到

$$\begin{aligned}F_{m,n}&=\frac{\partial\boldsymbol{E}^i(\boldsymbol{r}_m,t_n)}{\partial t}\cdot\hat{\boldsymbol{a}}_{sm}\bigg|_{x=0}\\&=-\frac{8\pi}{\tau}\left(\frac{t_n-t_0-x/c}{\tau}\right)(\boldsymbol{E}_0^{\text{Gauss}}\cdot\hat{\boldsymbol{a}}_{sm})\exp\left[-4\pi\left(\frac{t_n-t_0-x/c}{\tau}\right)^2\right]\bigg|_{x=0}\\&=-\frac{8\pi}{\tau}\left(\frac{t_n-t_0}{\tau}\right)(\hat{\boldsymbol{z}}\cdot\hat{\boldsymbol{a}}_{sm})E_0\exp\left[-4\pi\left(\frac{t_n-t_0}{\tau}\right)^2\right]\end{aligned}\tag{2-91}$$

弯曲导线的各小段通常具有不同切线方向 $\hat{\boldsymbol{a}}_{sm}$，对于90°折线，上式中

$$\hat{\boldsymbol{z}}\cdot\hat{\boldsymbol{a}}_{sm}=\begin{cases}0, & m\leqslant\dfrac{M}{2}\\1, & \text{其它}\end{cases}\tag{2-92}$$

图2-13(a)给出了导线划分为 $M=10$，并选取 $\Delta t=\dfrac{\Delta s}{(2c)}\leqslant R_{\min}/c$ 的计算结果，和文献(Rao，1999)结果一致，图(b)给出了 $M=20$，并选取不同 $\Delta t\leqslant R_{\min}/c$ 的计算结果。注意，对弯曲导线作步进计算时需要用到插值公式。

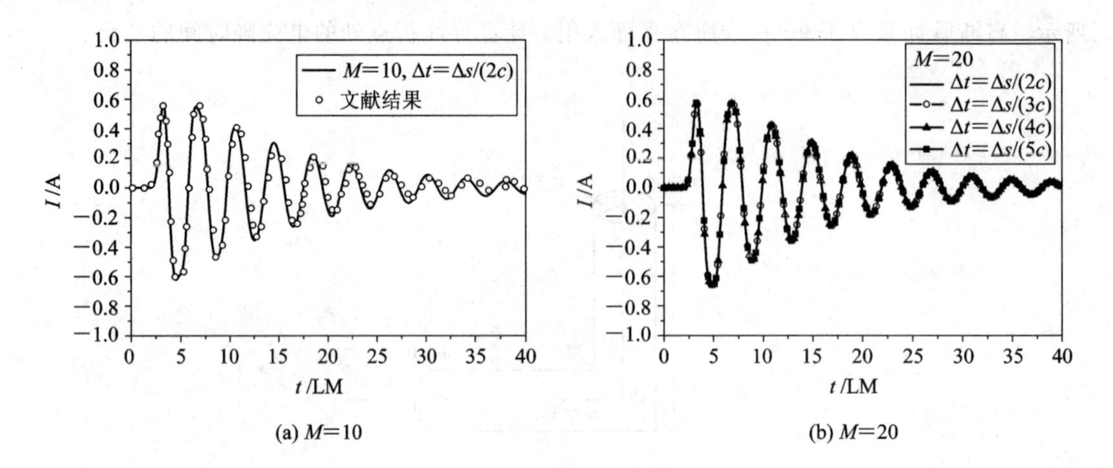

图 2-13　90°折线折点处电流

【算例 2-3】 圆环细导线散射。圆环半径为 L，细导线半径为 a，圆环放置于 yOz 平面，高斯脉冲波沿 x 轴负方向入射，如图 2-14 所示。圆环划分为 M 小段。求圆环细导线与 y 轴交点($m=M/4$)处的电流。

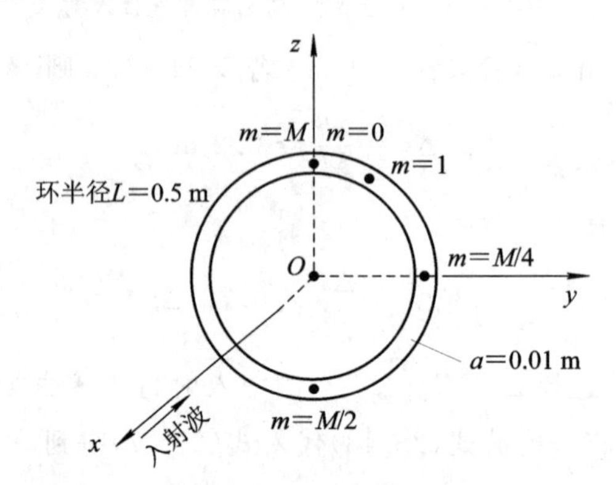

图 2-14　细导线圆环，高斯脉冲垂直入射

划分为 M 小段后，离散点坐标 $\boldsymbol{r}_m$ 和 z 轴夹角为

$$\begin{cases}\Delta\theta=\dfrac{2\pi}{M}, & \theta_m=m\Delta\theta=\dfrac{m\cdot 2\pi}{M}\\ \boldsymbol{r}_m=\hat{\boldsymbol{y}}y_m+\hat{\boldsymbol{z}}z_m, & m=0,\cdots,M\\ y_m=a\sin\theta_m, & z_m=a\cos\theta_m\end{cases}\tag{2-93}$$

切线方向为

$$\hat{\boldsymbol{a}}_{sm}=\hat{\boldsymbol{y}}\cos\theta_m-\hat{\boldsymbol{z}}\sin\theta_m$$

各小段长度 $\Delta s=\dfrac{2\pi L}{M}$，或者按照弧线的弦长 $\Delta s=2L\sin\left(\dfrac{\Delta\theta}{2}\right)$，所以 $R_{\min}=\Delta s$。为了应用显式解，需选择 $\Delta t\leqslant\Delta s/c$。

由于圆环导线为封闭导线，边界条件应当为

$$I_0(t_n)=I_M(t_n)\neq 0$$

入射波激励项和 2.2.3 节相同，对于圆环导线，有 $\hat{\boldsymbol{z}}\cdot\hat{\boldsymbol{a}}_{sm}=-\sin\theta_m$。设圆环半径 $L=0.5$ m，

细导线半径 $a=0.01$ m。若令 $M=16$，则 $\Delta s=2L\sin\left(\frac{\pi}{M}\right)\simeq 0.195$ m。当选取 $\Delta t=\frac{\Delta s}{(2c)}$时可以用显式解。圆环细导线与 y 轴交点处电流计算结果如图 2-15(a)所示，作为比较，图中还给出了相关文献(Rao，1999)的结果，二者相符。图(b)给出了圆环划分段数 M 不同和适当选取适当时间步长的计算结果，表明步进求解的稳定性。

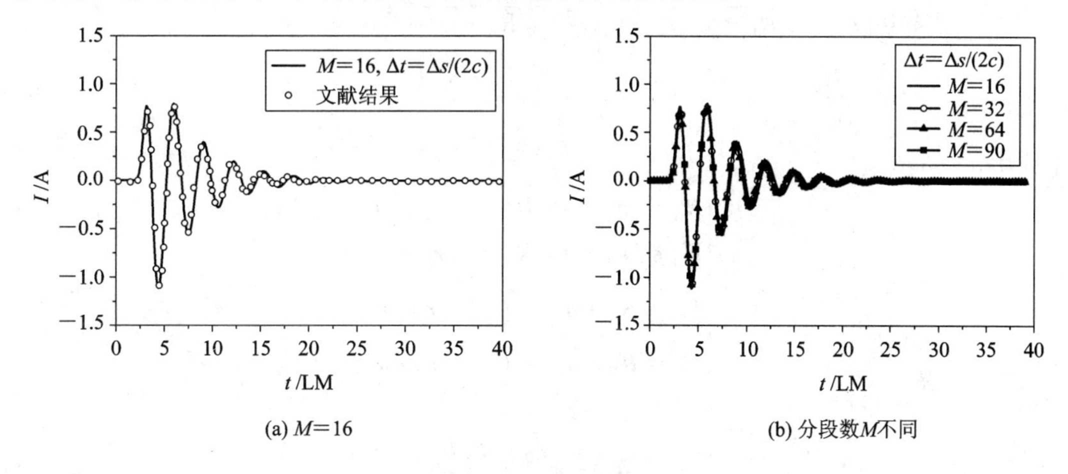

图 2-15　圆环细导线与 y 轴交点处电流

2.4　阻抗系数和标量势系数中积分的解析结果

在阻抗系数式(2-68)和标量势系数式(2-79)中均有以下形式积分：

$$I=\int_{r_A}^{r_B}\frac{\mathrm{d}l'}{\sqrt{|\boldsymbol{r}-\boldsymbol{r}'|^2+a^2}} \tag{2-94}$$

上式的积分区间为点 $A(\boldsymbol{r}_A)$到 $B(\boldsymbol{r}_B)$，观察点为 $P(\boldsymbol{r})$，如图 2-16 所示。计算时将用到不定积分公式(2-25)。为了计算式(2-94)，将图 2-16 中的 A、B 两点连线延长，过 P 点作垂线，垂足为 P_0。记式(2-94)中

$$\begin{cases}\boldsymbol{R}=\boldsymbol{r}'-\boldsymbol{r}\\ R^2=|\boldsymbol{r}'-\boldsymbol{r}|^2=R_{01}^2+(l')^2\end{cases} \tag{2-95}$$

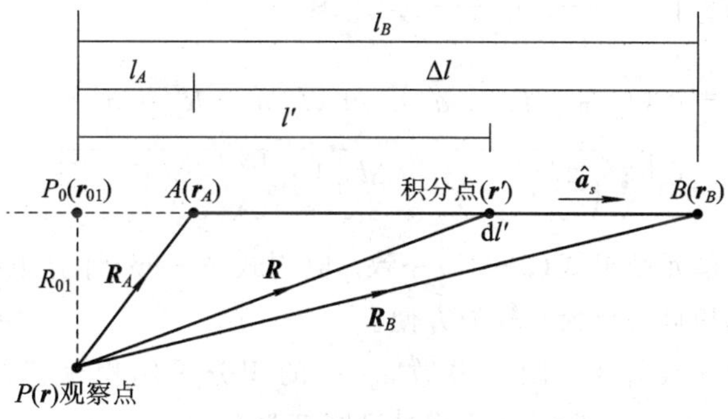

图 2-16　沿小段积分的几何图示

应用式(2-25)和式(2-95)，可得积分式(2-94)结果为

$$
\begin{aligned}
I &= \int_{r_A}^{r_B} \frac{\mathrm{d}l'}{\sqrt{|\boldsymbol{r}'-\boldsymbol{r}|^2+a^2}} = \int_{r_A}^{r_B} \frac{\mathrm{d}l'}{\sqrt{R^2+a^2}} = \int_{r_A}^{r_B} \frac{\mathrm{d}l'}{\sqrt{(l')^2+(R_{01}^2+a^2)}} \\
&= \ln\left[l_B+\sqrt{l_B^2+R_{01}^2+a^2}\right]-\ln\left[l_A+\sqrt{l_A^2+R_{01}^2+a^2}\right] \\
&= \ln\left[l_B+\sqrt{R_B^2+a^2}\right]-\ln\left[l_A+\sqrt{R_A^2+a^2}\right] \\
&= \ln\frac{\sqrt{R_B^2+a^2}+l_B}{\sqrt{R_A^2+a^2}+l_A}
\end{aligned}
\tag{2-96}
$$

上式中，

$$
\begin{cases}
\boldsymbol{R}_A = \boldsymbol{r}_A-\boldsymbol{r},\ R_A = |\boldsymbol{r}_A-\boldsymbol{r}| \\
\boldsymbol{R}_B = \boldsymbol{r}_B-\boldsymbol{r},\ R_B = |\boldsymbol{r}_B-\boldsymbol{r}| \\
l_A = \boldsymbol{R}_A\cdot\hat{\boldsymbol{a}}_s = (\boldsymbol{r}_A-\boldsymbol{r})\cdot\hat{\boldsymbol{a}}_s \\
l_B = \boldsymbol{R}_B\cdot\hat{\boldsymbol{a}}_s = (\boldsymbol{r}_B-\boldsymbol{r})\cdot\hat{\boldsymbol{a}}_s
\end{cases}
\tag{2-97}
$$

其中，

$$
\hat{\boldsymbol{a}}_s = \frac{\boldsymbol{r}_B-\boldsymbol{r}_A}{|\boldsymbol{r}_B-\boldsymbol{r}_A|}
\tag{2-98}
$$

为该积分段的切向单位矢。注意式(2-97)中 l_A，l_B为代数量，要求满足积分线段长度大于零，即

$$
l_B-l_A = (\boldsymbol{R}_B-\boldsymbol{R}_A)\cdot\hat{\boldsymbol{a}}_s = (\boldsymbol{r}_B-\boldsymbol{r}_A)\cdot\hat{\boldsymbol{a}}_s = \Delta l > 0
\tag{2-99}
$$

式(2-96)对于非自身单元和自身单元都适用。在自身单元情形，观察点位于积分线段中点，即 $\boldsymbol{r}=\frac{(\boldsymbol{r}_B+\boldsymbol{r}_A)}{2}$，以及

$$
l_A = (\boldsymbol{r}_A-\boldsymbol{r})\cdot\hat{\boldsymbol{a}}_s = \frac{\boldsymbol{r}_A-\boldsymbol{r}_B}{2}\cdot\hat{\boldsymbol{a}}_s = -\frac{\Delta l}{2}
$$

$$
l_B = (\boldsymbol{r}_B-\boldsymbol{r})\cdot\hat{\boldsymbol{a}}_s = \frac{\boldsymbol{r}_B-\boldsymbol{r}_A}{2}\cdot\hat{\boldsymbol{a}}_s = \frac{\Delta l}{2}
$$

于是积分式(2-96)变为

$$
\begin{aligned}
I_{\text{self}} &= \int_{r_A}^{r_B} \frac{\mathrm{d}l'}{\sqrt{|\boldsymbol{r}-\boldsymbol{r}'|^2+a^2}} \\
&= \ln\left(l_B+\sqrt{R_B^2+a^2}\right)-\ln\left(l_A+\sqrt{R_A^2+a^2}\right) \\
&= \ln\left[\sqrt{\left(\frac{\Delta l}{2}\right)^2+a^2}+\frac{\Delta l}{2}\right]-\ln\left[\sqrt{\left(\frac{\Delta l}{2}\right)^2+a^2}-\frac{\Delta l}{2}\right]
\end{aligned}
\tag{2-100}
$$

和直导线情形的自身单元结果式(2-27)一致。应用式(2-96)计算阻抗系数和标量势系数无需区分非自身单元和自身单元，较为方便。

对于以上圆环细导线算例，阻抗系数 κ_{mk} 中的积分采用积分解析式(2-100)和近似式(2-69)所得结果如表 2-1 所示，计算时设圆环划分段数为 $M=16$，观察点位于 $m=1$。由表可见，在积分段距离观察点较近(例如 $k=2$ 和 $k=16$)时误差较大。由于自身单元($m=1$，$k=1$)的积分计算都是采用的解析公式，所以表中二者结果相同，没有误差。

表 2-1　阻抗系数的积分解析结果和近似计算比较

积分线段 k	近似计算	解析结果	相对误差/(%)
1	5.959 79	5.959 79	0
2	0.998 69	1.102 72	9.43
3	0.509 62	0.523 73	2.69
4	0.3511	0.356 52	1.52
5	0.275 87	0.279	1.12
6	0.234 62	0.236 85	0.94
7	0.211 15	0.212 97	0.86
8	0.1989	0.200 53	0.81
9	0.195 08	0.196 66	0.80
10	0.1989	0.200 53	0.81
11	0.211 15	0.212 97	0.86
12	0.234 62	0.236 85	0.94
13	0.275 87	0.279	1.12
14	0.3511	0.356 52	1.52
15	0.509 62	0.523 73	2.69
16	0.998 69	1.102 71	9.43

第 3 章

二维导体柱散射

二维电磁散射问题可区分为TM和TE两种情形。二维导体柱的积分方程有两种：电场积分方程(EFIE)和磁场积分方程(HFIE)，由此出发讨论其IETD解。应当注意的是，无限长柱体的散射虽是二维问题，但在IETD计算中其推迟势公式仍然用三维Green函数，而不是二维Green函数。

3.1 电场积分方程和磁场积分方程

根据导体表面边界条件，积分方程有两种，即电场积分方程(EFIE)和磁场积分方程(HFIE)。首先讨论电场积分方程。设无限长导体柱如图3-1所示。理想导体(PEC)表面的电场边界条件为

$$(\boldsymbol{E}^s + \boldsymbol{E}^i)_{\tan} = 0 \tag{3-1}$$

式中，$\boldsymbol{E}^s$为导体柱表面感应电流所产生的散射场。如2.1节所述，散射场可用势函数表示为

$$\boldsymbol{E}^s = -\frac{\partial \boldsymbol{A}}{\partial t} - \nabla \phi \tag{3-2}$$

式中，势函数和表面电流、电荷之间满足推迟势公式，

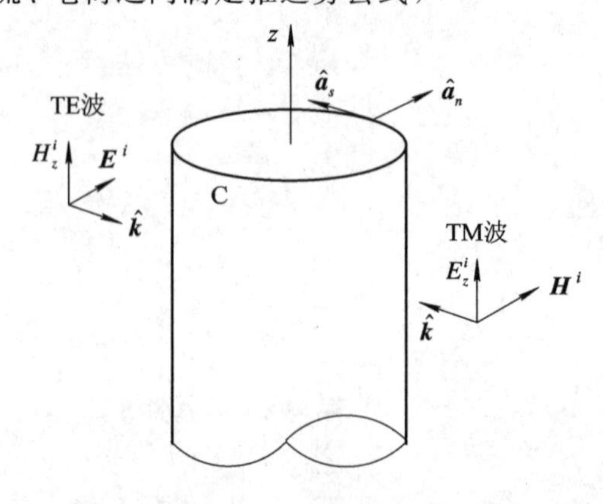

图3-1 无限长导体柱

$$\begin{cases} A(\boldsymbol{\rho},t) = \dfrac{\mu}{4\pi}\displaystyle\int_C\int_{z'=-\infty}^{\infty}\dfrac{\boldsymbol{J}(\boldsymbol{\rho}',t-R/c)}{R}\mathrm{d}z'\mathrm{d}c' \\ \phi(\boldsymbol{\rho},t) = \dfrac{1}{4\pi\varepsilon}\displaystyle\int_C\int_{z'=-\infty}^{\infty}\dfrac{q(\boldsymbol{\rho}',t-R/c)}{R}\mathrm{d}z'\,\mathrm{d}c' \end{cases} \tag{3-3}$$

式中，C 为导体柱横截面边线；q，$\boldsymbol{J}$ 是 PEC 表面电荷和面电流密度。为了分析方便，设观察点 $P(\boldsymbol{r})$位于 $z=0$ 面，即 $\boldsymbol{r}=(\boldsymbol{\rho},\ z=0)$，积分点(源点)$Q(\boldsymbol{r}')$位置为 $\boldsymbol{r}'=(\boldsymbol{\rho}',\ z')$，如图 3-2 所示。所以观察点和源点之间的距离为

$$R = |\boldsymbol{r}-\boldsymbol{r}'| = \sqrt{|\boldsymbol{\rho}-\boldsymbol{\rho}'|^2+z'^2} \tag{3-4}$$

PEC 表面的电荷守恒定律为

$$\nabla_s \cdot \boldsymbol{J} = -\frac{\partial q}{\partial t} \tag{3-5}$$

其中，∇_s代表面散度。将式(3-2)代入式(3-1)得

$$\left(\frac{\partial \boldsymbol{A}}{\partial t}+\nabla\phi\right)_{\tan} = \boldsymbol{E}^i_{\tan} \tag{3-6}$$

式(3-3)和式(3-6)构成了电场积分方程(EFIE)。

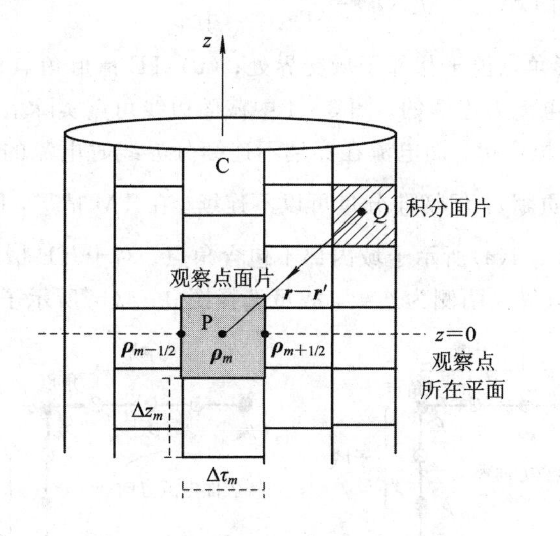

图 3-2　柱体表面划分为方形片(TE 波)

此外，理想导体表面磁场边界条件为

$$\boldsymbol{J} = \boldsymbol{n}\times\boldsymbol{H}^{\text{total}} = \boldsymbol{n}\times(\boldsymbol{H}^s+\boldsymbol{H}^i) \tag{3-7}$$

其中，$\boldsymbol{n}$ 为导体柱表面法向单位矢，$\boldsymbol{H}^s$为表面电流 $\boldsymbol{J}$ 所产生的散射场。散射场可以用矢量势函数表示：

$$\boldsymbol{H}^s = \frac{1}{\mu}\nabla\times\boldsymbol{A} \tag{3-8}$$

其中，$\boldsymbol{A}$ 的推迟势公式为式(3-3)第一式。式(3-7)、式(3-8)和式(3-3)第一式为磁场积分方程(HFIE)。

按照柱体横截面边线可以将其区分为闭合回路和开放式两种形式，如图 3-3 所示。片状物体截面属于开放形式。通常 EFIE 既可用于横截面为闭合回路的情形，也可用于截面为开放式的情形；而 HFIE 只适用于金属物体截面为闭合回路的情形，不适用于片状开放情形。

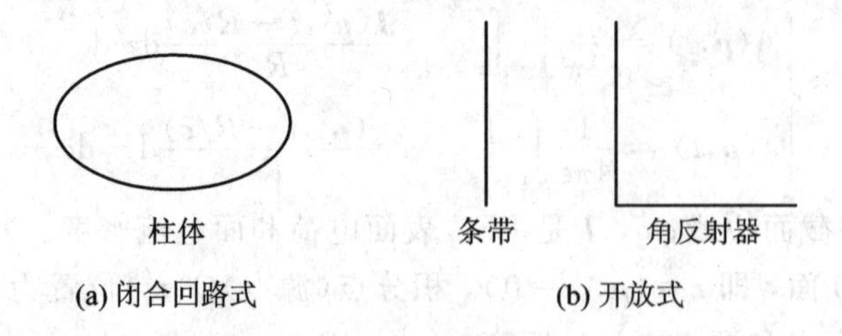

图 3-3　物体横截面边线的两种形式

二维柱体表面的离散。首先将柱体横截面边线划分为若干小段，各小段近似为直线段 $\Delta\tau_m$；再沿 z 方向离散，使相应条带内 $\Delta z=\Delta\tau_m$，构成方形面片，如图 3-2 所示。

关于角点。如果边线 C 含有图 3-4 所示的折线段，即出现角点，并设角点的离散点编号为整数，如图中角点为 $\boldsymbol{\rho}_2$，在本章后续讨论中对 TM 和 TE 基函数的定义有以下区别：

$$\begin{cases} \text{TM:} \quad f_m(\boldsymbol{\rho})=\begin{cases}1, & \boldsymbol{\rho}\in(\boldsymbol{\rho}_{m-1},\boldsymbol{\rho}_m) \\ 0, & \text{其它}\end{cases} \\ \text{TE:} \quad f_m(\boldsymbol{\rho})=\begin{cases}1, & \boldsymbol{\rho}\in(\boldsymbol{\rho}_{m-1/2},\boldsymbol{\rho}_{m+1/2}) \\ 0, & \text{其它}\end{cases}\end{cases} \tag{3-9}$$

上式中：(a) TM 情形角点位于相邻子域交界处；(b) TE 情形角点在子域内部。这样设置的原因是保证子域内电流为连续的。图 3-4 中截面边线角点实际上是两个面的交线(平行于 z 轴)。根据电荷守恒定律，面电流在穿越不连续分界线时电流的法向分量为连续的(忽略分界线上线电荷的贡献)，但切向分量可以不连续。在 TM 情形，PEC 表面电流 $\boldsymbol{J}/\!/\hat{z}$，为分界线切向分量，图 3-4(a)所示子域内部不包含角点。对于 TE 情形，表面电流 $\boldsymbol{J}\perp\hat{z}$，为分界线垂直分量，在分界线两侧为连续，故可选择图 3-4(b)所示子域包含角点。

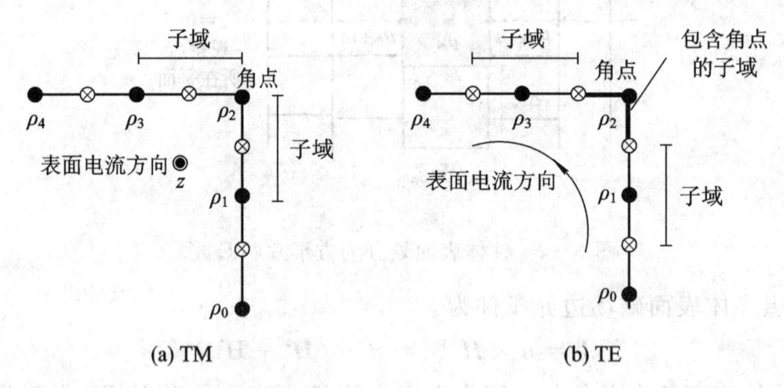

图 3-4　截面边线角点处 TM 和 TE 子域划分

3.2　TM 波电场积分方程的 IETD 解

3.2.1　基函数和 IETD 解

在 TM 情形，$\boldsymbol{E}=\hat{z}E$，表面电流 $\boldsymbol{J}=\hat{z}J$。用单位矢 $\hat{z}$ 点乘边界条件式(3-6)得到

$$\hat{z}\cdot\frac{\partial \boldsymbol{A}}{\partial t}+\hat{z}\cdot\nabla\phi=\hat{z}\cdot\boldsymbol{E}_{\tan}^{i} \tag{3-10}$$

其中，$\hat{z}_z\cdot\nabla\varphi=\frac{\partial\phi}{\partial z}=0$（因为二维情形下$\frac{\partial}{\partial z}=0$）。于是上式变为

$$\frac{\partial \boldsymbol{A}}{\partial t}=\boldsymbol{E}_{\tan}^{i},\quad \boldsymbol{A}=\hat{z}A,\quad \boldsymbol{E}_{\tan}^{i}=\hat{z}E^{i} \tag{3-11}$$

对 t 积分，可得

$$\boldsymbol{A}=\int_0^t \boldsymbol{E}_{\tan}^{i}\,\mathrm{d}t' \tag{3-12}$$

式(3－11)和式(3－12)结合推迟势公式(3－3)即为 TM 情形无限长导体柱的时域电场积分方程(EFIE)。式(3－11)和式(3－12)分别为矢量势 $\boldsymbol{A}$ 的一阶导数和零阶导数方案。

下面讨论用 MoM 求解电场积分方程(零阶导数方案)。设 TM 基函数如式(3－9)，即

$$f_m(\boldsymbol{\rho})=\begin{cases}1, & \boldsymbol{\rho}\in(\boldsymbol{\rho}_{m-1},\boldsymbol{\rho}_m)\\0, & 其它\end{cases} \tag{3-13}$$

定义内积

$$\left\langle \boldsymbol{a},\boldsymbol{b}\right\rangle=\int_C \boldsymbol{a}\cdot\boldsymbol{b}\,\mathrm{d}c' \tag{3-14}$$

式中，积分区域 C 为导体柱截面边线。对式(3－12)作内积运算，并令试验函数等于基函数，即 $\boldsymbol{a}=\hat{z}f_m$，可得

$$\left\langle f_m\hat{z},\boldsymbol{A}\right\rangle=\left\langle f_m\hat{z},\int_0^t\boldsymbol{E}_{\tan}^{i}\,\mathrm{d}t'\right\rangle \tag{3-15}$$

上式左端为

$$\left\langle f_m\hat{z},\boldsymbol{A}(\boldsymbol{\rho},t)\right\rangle=\int_C f_m\hat{z}\cdot\boldsymbol{A}(\boldsymbol{\rho},t)\mathrm{d}c'\simeq\Delta\tau_m\hat{z}\cdot\boldsymbol{A}(\boldsymbol{\rho}_{m-1/2},t) \tag{3-16}$$

其中，$\Delta\tau_m=|\boldsymbol{\rho}_m-\boldsymbol{\rho}_{m-1}|$。式(3－15)右端等于

$$\left\langle f_m\hat{z},\int_0^t\boldsymbol{E}^{i}(\boldsymbol{\rho},t')\mathrm{d}t'\right\rangle\simeq\Delta\tau_m\hat{z}\cdot\int_0^t\boldsymbol{E}_{\tan}^{i}(\boldsymbol{\rho}_{m-1/2},t')\mathrm{d}t' \tag{3-17}$$

将以上二式代入式(3－15)得到

$$\hat{z}\cdot\boldsymbol{A}(\boldsymbol{\rho}_{m-1/2},t)=\hat{z}\cdot\int_0^t\boldsymbol{E}_{\tan}^{i}(\boldsymbol{\rho}_{m-1/2},t')\mathrm{d}t' \tag{3-18}$$

由于矢量势和电场都只有 z 分量(TM 波)，上式可写为标量式，即

$$A(\boldsymbol{\rho}_{m-1/2},t)=\int_0^t E^{i}(\boldsymbol{\rho}_{m-1/2},t')\mathrm{d}t' \tag{3-19}$$

以上为 MoM 的试验过程。

以下考虑 MoM 的展开过程。将表面电流用基函数式(3－13)展开，

$$J(\boldsymbol{\rho},t)\simeq\sum_{k=1}^{M}I_k(t)f_k(\boldsymbol{\rho}) \tag{3-20}$$

其中，M 为截面边线 C 的分段数，$I_k(t)$为待求电流系数。对于瞬态场，通常选择时间原点使符合因果关系，即当 $t<0$ 时，$J(\boldsymbol{\rho},t<0)=0$。将式(3－20)代入推迟势公式(3－3)第一

式即可将积分改写为对柱体表面所有面片积分之和(注意：图 3-2 所示为 TE 子域划分，这里 TM 子域中心坐标有所不同)：

$$A(\boldsymbol{\rho},t_n)\simeq\frac{\mu}{4\pi}\int_C\int_{z'=-\infty}^{\infty}\frac{\sum\limits_{k=1}^{M}I_k\left(t_n-\frac{R}{c}\right)f_k(\boldsymbol{\rho}')}{R}\,\mathrm{d}z'\,\mathrm{d}c'$$

$$=\frac{\mu}{4\pi}\sum_{k=1}^{N}\sum_{l=-\infty}^{\infty}\int_{z_l-\Delta z/2}^{z_l+\Delta z/2}\mathrm{d}z'\int_{\boldsymbol{\rho}_{k-1}}^{\boldsymbol{\rho}_k}\frac{I_k\left(t_n-\frac{R}{c}\right)\mathrm{d}c'}{R}$$

$$=\frac{\mu}{4\pi}\sum_{k=1}^{N}\sum_{l=-\infty}^{\infty}\iint_{k,l\ \text{patch}}\frac{I_k\left(t_n-\frac{R}{c}\right)\mathrm{d}s'}{R}\tag{3-21}$$

注意上式中$(k,\ l)$面片的中心在$(\boldsymbol{\rho}_{k-1/2},\ z_l=l\Delta z)$，观察点位于$(\boldsymbol{\rho},\ z=0)$，积分点位置为$(\boldsymbol{\rho}',\ z')$，观察点到积分点之间的距离为

$$R=\sqrt{|\boldsymbol{\rho}-\boldsymbol{\rho}'|^2+(z')^2}\tag{3-22}$$

根据式(3-19)，设式(3-21)中观察点位于面片$(m,0)$的中点，坐标为$(\boldsymbol{\rho}_{m-1/2},\ z=0)$，并将电流项的推迟时间近似为面片$(m,\ 0)$和$(k,\ l)$中心点之间的距离$R_{m,kl}$除以光速$c$。于是式(3-21)变为

$$A(\boldsymbol{\rho}_{m-1/2},\ t_n)=\frac{\mu}{4\pi}\sum_{k=1}^{M}\sum_{l=-\infty}^{\infty}\iint_{k,\ l\ \text{patch}}\frac{I_k\left(t_n-\frac{R}{c}\right)\mathrm{d}s'}{R}$$

$$\simeq\frac{\mu}{4\pi}\sum_{k=1}^{M}\sum_{l=-\infty}^{\infty}I_k\left(t_n-\frac{R_{m,kl}}{c}\right)\iint_{k,\ l\ \text{patch}}\frac{\mathrm{d}s'}{R}$$

$$=\sum_{k=1}^{M}\sum_{l=-\infty}^{\infty}I_k\left(t_n-\frac{R_{m,kl}}{c}\right)\kappa_{m,kl}\tag{3-23}$$

其中，

$$\kappa_{m,kl}=\frac{\mu}{4\pi}\iint_{k,\ l\ \text{patch}}\frac{\mathrm{d}s'}{R_m}\tag{3-24}$$

称为阻抗系数，两点之间距离为

$$\begin{cases}R_m=\sqrt{|\boldsymbol{\rho}_{m-1/2}-\boldsymbol{\rho}'|^2+(z')^2}\\R_{m,kl}=\sqrt{|\boldsymbol{\rho}_{m-1/2}-\boldsymbol{\rho}_{k-1/2}|^2+(z_l')^2}\end{cases}\tag{3-25}$$

下面讨论式(3-24)定义阻抗系数$\kappa_{m,kl}$的计算，区分为自身面片和非自身面片两种情形。当$k\neq m$或者$l\neq 0$，积分面片内不包含观察点$(\boldsymbol{\rho}_{m-1/2},\ z=0)$，称为非自身面片，如图 3-5 所示。这时观察点在积分面片之外，将积分号内距离用观察点到面片中心距离代替(单点近似)，积分可近似为

$$\kappa_{m,kl}=\frac{\mu}{4\pi}\iint_{k,\ l\ \text{patch}}\frac{\mathrm{d}s'}{R_m}\simeq\frac{\mu}{4\pi}\frac{1}{R_{m,kl}}\iint_{k,\ l\ \text{patch}}\mathrm{d}s'$$

$$=\frac{\mu}{4\pi}\frac{\Delta\tau_k\Delta z}{R_{m,kl}}=\frac{\mu}{4\pi}\frac{(\Delta\tau_k)^2}{R_{m,kl}}\tag{3-26}$$

上式中设$\Delta z=\Delta\tau_k$。

当$k=m$且$l=0$时，积分面片包含观察点，称为自身面片。设$\Delta z=\Delta\tau_k$，即为方形面

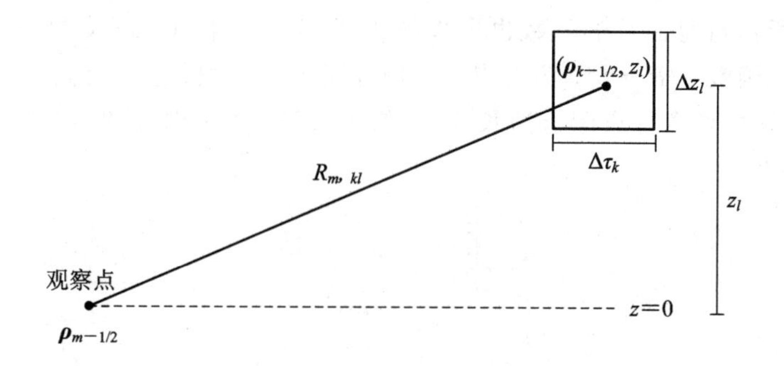

图 3－5　非自身面片的单点近似

片。这时式(3－24)中积分的被积函数包含有分母等于零的奇点。为了计算该奇异积分，建立积分面片的局域坐标，如图 3－6(a)所示，设观察点在面片中心，利用被积函数的偶函数和对称特性可将积分区域从方形转化到四分之一象限，然后再改为八分之一象限，记为 S_Δ，如图 3－6(b)所示，由此可得

$$\begin{aligned}\kappa_{m,m0} &= \frac{\mu}{4\pi}\iint_{\text{self patch}}\frac{\mathrm{d}s'}{R} = \frac{\mu}{4\pi}\int_{-\Delta\tau_m/2}^{\Delta\tau_m/2}\int_{-\Delta\tau_m/2}^{\Delta\tau_m/2}\frac{\mathrm{d}u\ \mathrm{d}v}{\sqrt{u^2+v^2}}\\ &= \frac{\mu}{4\pi}\cdot 4\int_0^{\Delta\tau_m/2}\int_0^{\Delta\tau_m/2}\frac{\mathrm{d}u\ \mathrm{d}v}{\sqrt{u^2+v^2}}\\ &= \frac{\mu}{4\pi}\cdot 8\int_0^{\Delta\tau_m/2}\mathrm{d}u\int_0^{u}\frac{\mathrm{d}v}{\sqrt{u^2+v^2}}\end{aligned}\tag{3-27}$$

完成上式中积分得到

$$\begin{aligned}\kappa_{m,m0} &= \frac{\mu}{4\pi}\cdot 8\int_0^{\Delta\tau_m/2}\mathrm{d}u\int_0^{u}\frac{\mathrm{d}v}{\sqrt{u^2+v^2}} = \frac{2\mu}{\pi}\int_0^{\Delta\tau_m/2}\left[\ln\left(v+\sqrt{u^2+v^2}\right)\right]_{v=0}^{v=u}\mathrm{d}u\\ &= \frac{2\mu}{\pi}\int_0^{\Delta\tau_m/2}\left[\ln\left(u+\sqrt{2}u\right)-\ln u\right]\mathrm{d}u\\ &= \frac{2\mu}{\pi}\int_0^{\Delta\tau_m/2}\left[\ln\frac{(1+\sqrt{2})u}{u}\right]\mathrm{d}u\\ &= \frac{\mu}{\pi}\Delta\tau_m\ln(1+\sqrt{2})\end{aligned}\tag{3-28}$$

上式为自身面片的阻抗系数。

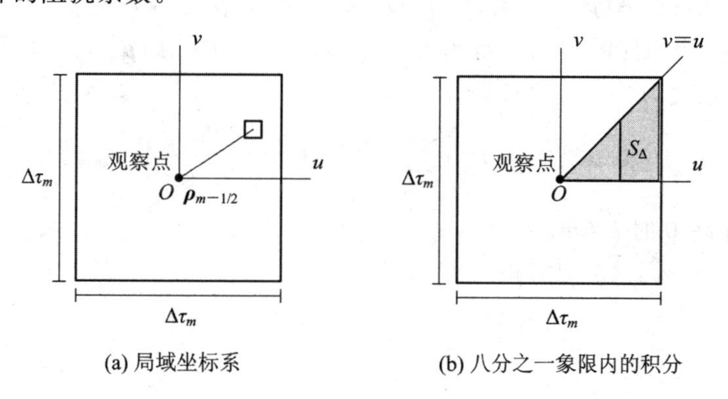

图 3－6　自身面片和局域坐标系

式(3－28)所示自身面片的系数也可理解为式(3－27)的 Cauchy 积分主值。当 $R\to 0$，式(3－27)中被积函数 $1/R\to\infty$，为奇点，该积分属于反常积分。考虑其 Cauchy 积分主值。对于方形面片，先扣除奇异点附近边长为 2ε 的小方形区域，如图 3－7 所示，完成积分后再令 $\varepsilon\to 0$，于是有

$$\begin{aligned}\kappa_{m,m0}&=\frac{\mu}{4\pi}\iint_{\text{self patch}}\frac{\mathrm{d}s'}{R}=\frac{\mu}{4\pi}8\iint_{S_\Delta}\frac{\mathrm{d}s'}{R}\\&=\frac{2\mu}{\pi}\lim_{\varepsilon\to 0}\int_{\varepsilon}^{\Delta\tau_m/2}\mathrm{d}u\int_0^u\frac{\mathrm{d}v}{\sqrt{u^2+v^2}}\\&=\frac{2\mu}{\pi}\lim_{\varepsilon\to 0}\int_{\varepsilon}^{\Delta\tau_m/2}\left[\ln\left(v+\sqrt{u^2+v^2}\right)\right]_{v=0}^{v=u}\mathrm{d}u\\&=\frac{2\mu}{\pi}\lim_{\varepsilon\to 0}\int_{\varepsilon}^{\Delta\tau_m/2}\ln(1+\sqrt{2})\,\mathrm{d}u\\&=\frac{2\mu}{\pi}\ln(1+\sqrt{2})\lim_{\varepsilon\to 0}\left(\frac{\Delta\tau_m}{2}-\varepsilon\right)\\&=\frac{\mu}{\pi}\Delta\tau_m\ln(1+\sqrt{2})\end{aligned}\tag{3-29}$$

上式结果和式(3－28)相同。

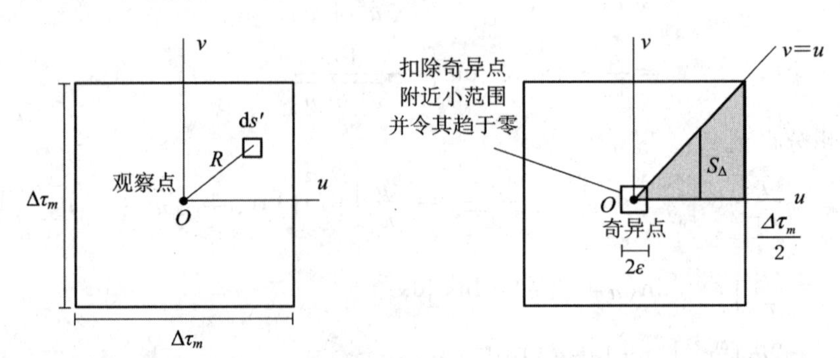

图 3－7 自身面片积分主值的计算

分离出自身单元的贡献后，式(3－23)可重写为

$$\mathbf{A}(\boldsymbol{\rho}_{m-1/2},t_n)=I_m(t_n)\kappa_{m,m0}+\tilde{\mathbf{A}}(\boldsymbol{\rho}_{m-1/2},t_n)\tag{3-30}$$

式中，$I_m(t_n)\kappa_{m,m0}$ 为当前时刻的自身单元($k=m$，$l=0$)项；$\tilde{\mathbf{A}}(\boldsymbol{\rho}_m,t_n)$ 为所有非自身单元项，它的具体表示式为

$$\tilde{\mathbf{A}}(\boldsymbol{\rho}_{m-1/2},t_n)=\sum_{k=1}^{M}\sum_{\substack{l=-\infty\\k\neq m\text{ if }l=0}}^{\infty}I_k\left(t_n-\frac{R_{m,kl}}{c}\right)\kappa_{m,kl}\tag{3-31}$$

上式求和中，当 $l=0$ 时 $k\neq m$。

将式(3－30)代入式(3－19)得

$$\kappa_{m,m0}I_m(t_n)=F_m(t_n)-\tilde{\mathbf{A}}(\boldsymbol{\rho}_{m-1/2},t_n)\tag{3-32}$$

式中，激励项 $F_m(t_n)$ 为

$$F_m(t_n)=\int_0^{t_n}E_z^i(\boldsymbol{\rho}_{m-1/2},t')\,\mathrm{d}t'\tag{3-33}$$

式(3-32)给出了当前时间步电流的计算公式。

在式(3-31)中沿 z 方向积分改写为求和后其上限和下限为无穷大。实际上，当积分点距离观察点所在平面($z=0$)充分远时，式(3-21)和式(3-22)中的 z_l 足够大，使得式(3-21)中电流系数的时间因子 $\left(t_n-\dfrac{R_{m,kl}}{c}\right)\leqslant 0$，即该面元处表面电流的影响尚未到达观察点(因果关系)。所以式(3-31)中求和项的上下限可改写为 $\pm l_{\max}$，即 $\sum\limits_{l=-l_{\max}}^{l_{\max}}$。这里 $l_{\max}$ 表示使时间因子 $\left(t_n-\dfrac{R_{m,kl}}{c}\right)$ 不小于0的 z 方向面片的最大编号，可以用下式估算：

$$l_{\max}=\mathrm{Int}\left\{n\frac{c\Delta t}{\Delta z}\right\}+1 \tag{3-34}$$

其中，Int{·}代表取整数。于是式(3-31)可改写为

$$\begin{aligned}\mathcal{A}(\boldsymbol{\rho}_{m-1/2},t_n)&=\sum_{k=1}^{M}\sum_{\substack{l=-\infty\\ k\neq m\ \text{if}\ l=0}}^{\infty}I_k\left(t_n-\frac{R_{m,kl}}{c}\right)\boldsymbol{\kappa}_{m,kl}\\&=\sum_{\substack{k=1\\ k\neq m}}^{M}\boldsymbol{\kappa}_{m,k0}I_k\left(t_n-\frac{R_{m,k0}}{c}\right)+2\sum_{k=1}^{M}\sum_{l=1}^{l_{\max}}\boldsymbol{\kappa}_{m,kl}I_k\left(t_n-\frac{R_{m,kl}}{c}\right)\end{aligned} \tag{3-35}$$

上式中将 $l=0$ 单独写出，并用到柱体对于 $z=0$ 平面的对称性。

若选择时间步长满足以下条件：

$$\Delta t\leqslant\frac{R_{\min}}{c},\quad R_{\min}=\min\{R_{m,kl}\} \tag{3-36}$$

则式(3-31)所示 $\mathcal{A}(\rho_m,t_n)$ 将只涉及以往时间步，即 $\left(t_n-\dfrac{R_{m,kl}}{c}\right)\leqslant t_{n-1}$。上式为显式解条件。应当注意的是，式(3-35)中电流项 $I_k\left(t_n-\dfrac{R_{m,kl}}{c}\right)$ 通常不是 Δt 的整数时间步的值。这时需要应用插值，具体插值方法同3.2节。

应用显式解求解的基本步骤如下：初始条件为当 $n=0$，1时，有

$$\left.\begin{aligned}&I_m(t_0)=I_m(t_1)=0\\&\mathcal{A}(\boldsymbol{\rho}_{m-1/2},t_0)=\mathcal{A}(\boldsymbol{\rho}_{m-1/2},t_1)=0\end{aligned}\right\} \tag{3-37}$$

时域步进计算，从 $n=2$ 开始，

(1) 计算 $\mathcal{A}(\rho_{m-1/2},t_n)$，$m=1,\cdots,M$，用式(3-31)或式(3-35)；

(2) 计算 $I_m(t_n)$，$m=1,\cdots,M$，用式(3-32)；

(3) 将 $n\Rightarrow n+1$，重复以上步骤。

由于误差累积，时域步进计算可能出现后期不稳定性，研究(Rao，1999)表明采用下述三步平均算法可改善不稳定性：

$$\tilde{I}_{m,n}=\frac{1}{4}(\tilde{I}_{m,n-1}+2I_{m,n}+I_{m,n+1}) \tag{3-38}$$

式中，$\tilde{I}_{m,n}$，$\tilde{I}_{m,n-1}$ 为取平均以后的计算值，而 $I_{m,n}$，$I_{m,n+1}$ 为取平均以前的计算值。由此可以除去不稳定性中的“高频成分”。

3.2.2 算例

【算例 3-1】 金属条带散射。无限长导体薄板沿 y 轴方向宽为 L，均匀划分为 M 小段，边长为 $\Delta\tau=L/M$。TM 平面波高斯脉冲垂直入射。计算导体薄板中心处 A 点的感应电流。

设入射波为高斯脉冲式(2-43)，TM 波沿 z 方向极化，即

$$E_z^i=\boldsymbol{E}^i(\boldsymbol{r},t)\cdot\hat{\boldsymbol{z}}=E_0\exp\left[-4\pi\left(\frac{t-t_0-\boldsymbol{\rho}\cdot\hat{\boldsymbol{x}}/c}{\tau}\right)^2\right]\tag{3-39}$$

由式(2-43)可得式(3-33)中的积分为

$$\int_0^t E^i(\boldsymbol{r},t')\mathrm{d}t'=\int_0^t E_0\exp\left[-4\pi\left(\frac{t'-t_0+\dfrac{x}{c}}{\tau}\right)^2\right]\mathrm{d}t'\tag{3-40}$$

上式积分可用数值方法，例如简单矩形近似得到

$$F_m(t_n)=\int_0^{t_n}E_z^i(\boldsymbol{\rho}_{m-1/2},t')\mathrm{d}t'=E_0\Delta t\sum_{np=0}^{n-1}\exp\left[-4\pi\left(\frac{t_{np}-t_0+x_{m-1/2}/c}{\tau}\right)^2\right]\tag{3-41}$$

或梯形近似结果为

$$F_m(t_n)=\int_0^{t_n}E^i(\boldsymbol{\rho}_{m-1/2},t')\mathrm{d}t'=E_0\Delta t\sum_{np=0}^{n}C_{np}\exp\left[-4\pi\left(\frac{t_{np}-t_0+x_{m-1/2}/c}{\tau}\right)^2\right]\tag{3-42}$$

其中系数

$$C_{np}=\begin{cases}0.5, & np=0,n\\ 1, & \text{其它}\end{cases}$$

本例中取参数为

$$\boldsymbol{E}_0^{\text{Gauss}}=\hat{\boldsymbol{z}}120\sqrt{\pi}\ \text{V/m},\quad \tau=\frac{2\times\sqrt{\pi}}{3}\times10^{-8}\ \text{s},\quad t_0=2\times10^{-8}\ \text{s}\tag{3-43}$$

设薄板宽为 $L=1$ m，划分为 $M=9$ 小段，边长为 $\Delta\tau=\dfrac{L}{M}=0.1111$ m。本例中 $R_{\min}=\Delta\tau=0.111$ m，根据显式解条件，取 $\Delta t=\dfrac{0.7R_{\min}}{c}=0.0777\ \dfrac{\text{m}}{c}$。计算得到薄板中心 A 点处的

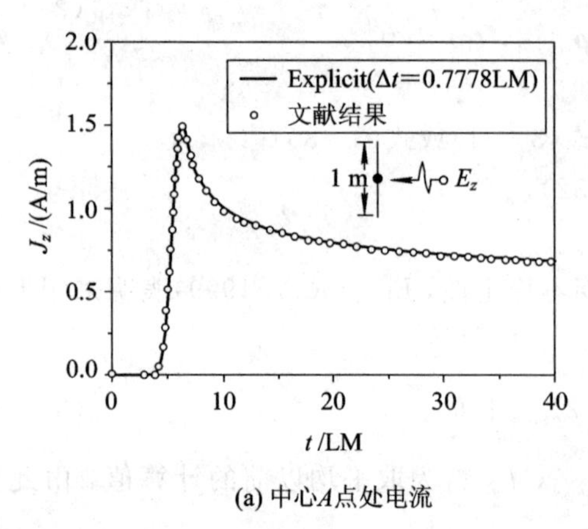

(a) 中心A点处电流

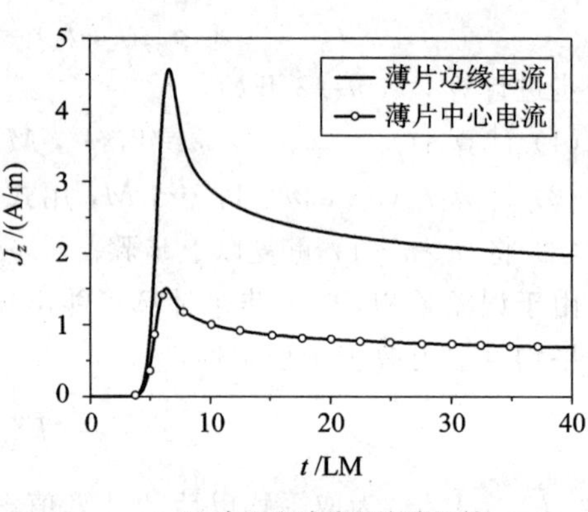

(b) 中心和边缘处电流比较

图 3-8 薄板中心 A 点处的电流

电流密度 J_z，即电流系数 $I_{M/2}(t)$ 如图 3-8(a)所示，计算结果和文献(Rao，1999)一致。另外，图(b)给出了薄板中心和边缘处的电流比较，由图可见，边缘处的电流大于薄板中心的电流。这是由于 TM 情形导体表面电流和 z 轴平行，沿薄板横向的波传播在板的两端反射，两端可视作开放的自由端，在端点处形成波腹，因此边缘处的电流会大于薄板中心的电流。

【算例 3-2】 金属圆柱散射。圆柱半径为 a，如图 3-9 所示，沿圆周划分为 M 小段，圆柱表面的面片边长为 $\Delta\tau=2\pi a/M$。TM 平面波高斯脉冲沿 $-x$ 方向入射。计算图中 A 点(镜面反射点)的电流。

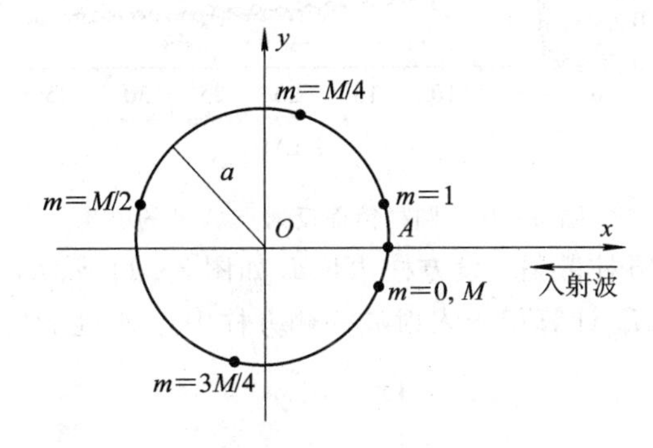

图 3-9　金属圆柱

柱体表面的离散点为 $\boldsymbol{\rho}_m=\hat{x}x_m+\hat{y}y_m$，和 x 轴夹角为 φ_m。根据 TM 基函数式(3-13)，设镜面反射点 A 位于区间($\boldsymbol{\rho}_0$，$\boldsymbol{\rho}_1$)中点。按照式(3-20)，该点电流系数为 $I_0(t)=I_M(t)$。于是，

$$\begin{cases}\varphi_m=\left(m-\dfrac{1}{2}\right)\Delta\varphi, \quad \Delta\varphi=\dfrac{2\pi}{M}\\ x_m=a\cos\left[\left(m-\dfrac{1}{2}\right)\Delta\varphi\right]\\ y_m=a\sin\left[\left(m-\dfrac{1}{2}\right)\Delta\varphi\right]\end{cases} \tag{3-44}$$

离散间隔为

$$\Delta\tau=\Delta z=2a\sin\left(\frac{\Delta\varphi}{2}\right) \tag{3-45}$$

对于圆柱体，$R_{\min}=\Delta\tau$。若半径 $a=1$ m，沿圆周划分小段为 $M=24$，则面片边长为

$$\Delta\tau=2a\sin\left(\frac{\Delta\varphi}{2}\right)=0.2610\ \text{m}$$

根据显式解条件取时间步长为

$$\Delta t=\frac{0.7R_{\min}}{c}=0.7\times 0.2610\ \frac{\text{m}}{c}=0.1827\ \text{LM}$$

选取入射高斯脉冲同上例。A 点处电流 J_z 为 $I_0(t)=I_M(t)$，计算结果如图 3-10 所示，和文献(Rao，1999)一致。在步进计算后期出现不稳定性的振荡，采用三步平均法后获得平滑曲线。

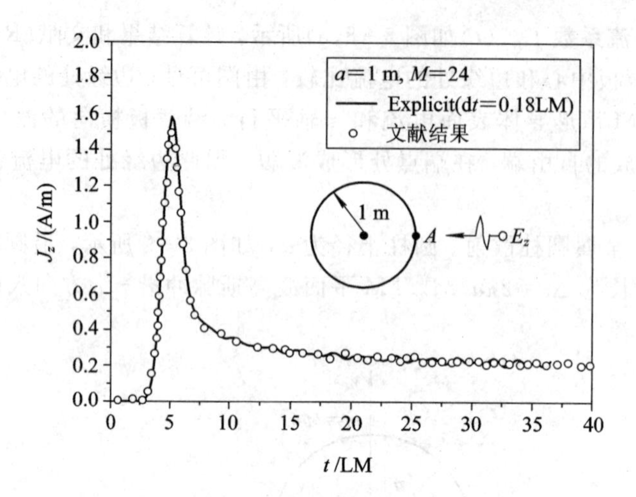

图 3-10 圆柱镜面反射点 A 处的电流

【算例 3-3】 金属方柱散射。设方柱边长 L 如图 3-11 所示，沿周长划分为 M 小段，则面片边长为 $\Delta\tau=4L/M$。计算位于入射波一侧方柱中点 A 处的电流。

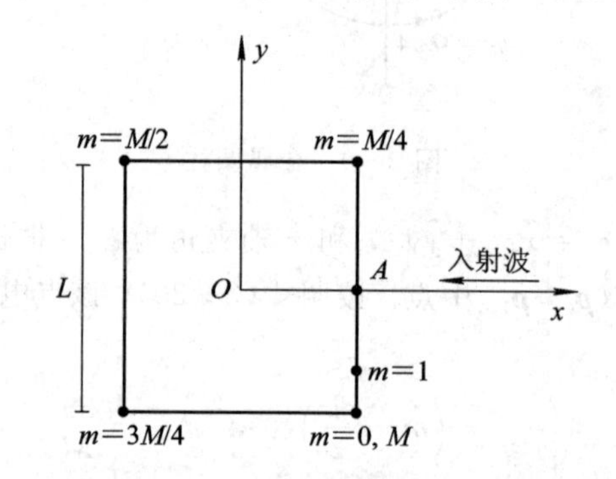

图 3-11 金属方柱

设 $\boldsymbol{\rho}_m=\hat{\boldsymbol{x}}x_m+\hat{\boldsymbol{y}}y_m$，$m=1, 2, \cdots, M$，图 3-11 中角点处编号为整数，则有

$$\begin{cases} x_m=\dfrac{L}{2}, & y_m=-\dfrac{L}{2}+m\Delta\tau, & 1\leqslant m\leqslant\dfrac{M}{4} \\ x_m=\dfrac{L}{2}-\left(m-\dfrac{M}{4}\right)\Delta\tau, & y_m=\dfrac{L}{2}, & \dfrac{M}{4}<m\leqslant\dfrac{M}{2} \\ x_m=-\dfrac{L}{2}, & y_m=\dfrac{L}{2}-\left(m-\dfrac{M}{2}\right)\Delta\tau, & \dfrac{M}{2}<m\leqslant\dfrac{3M}{4} \\ x_m=-\dfrac{L}{2}+\left(m-\dfrac{3M}{4}\right)\Delta\tau, & y_m=-\dfrac{L}{2}, & \dfrac{3M}{4}<m\leqslant M \end{cases} \tag{3-46}$$

计算中设 $L=1$ m，$M=36$。这时入射波一侧中点 A 点处的电流为 $I_4(t)$，$\Delta\tau=4L/M=0.1111$ m。对于方柱体，相邻面片之间最小距离 $R_{\min}$ 在角顶点处的半整数点之间，$R_{\min}=\Delta\tau/\sqrt{2}$，即 $R_{\min}=1/(\sqrt{2}\times 9)m\simeq 0.078\ 57$ m。应用显式解的时间步长取为 $\Delta t=0.7R_{\min}/c=0.7\times 0.078\ 57$ m$/c\simeq 0.055$ LM。选取入射高斯脉冲同上例，计算结果如图 3-12(a)所示，和文献(Rao，1999)一致。在步进计算后期出现不稳定性的振荡，需要采用三步平均法后获得平滑曲线。

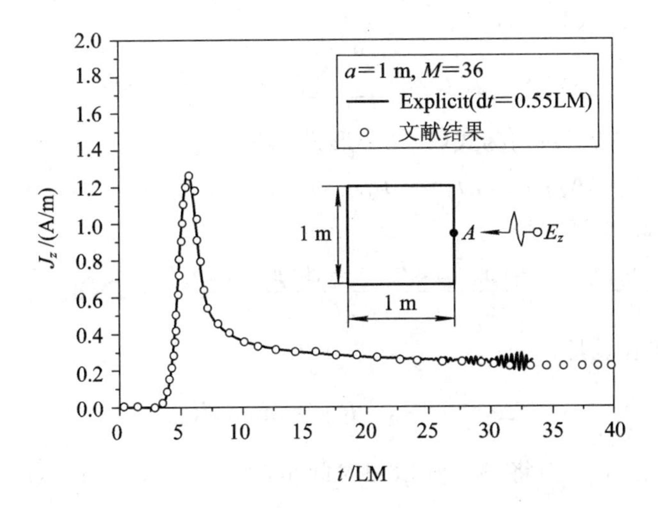

图 3-12　金属方柱入射波一侧中点 A 处电流

3.2.3　IETD 解的矢量势一阶导数方案

对于 TM 波，$\boldsymbol{E}=\hat{z}E$，$\boldsymbol{J}=\hat{z}J$，$\boldsymbol{A}=\hat{z}A$，于是边界条件式(3-11)可写成标量形式，即

$$\frac{\partial A}{\partial t}=E_{\tan}^{i} \tag{3-47}$$

上式结合推迟势公式(3-3)即为 EFIE 的矢量势一阶导数方案。

应用 MoM 求解，首先作内积过程。设基函数如式(3-13)，定义内积如式(3-14)，对式(3-47)作内积运算，并令试验函数等于基函数，即 $\boldsymbol{a}=f_m\hat{\boldsymbol{z}}$，得

$$\left\langle f_m\hat{\boldsymbol{z}},\ \frac{\partial \boldsymbol{A}}{\partial t}\right\rangle=[f_m\hat{\boldsymbol{z}},\ \boldsymbol{E}^i] \tag{3-48}$$

将上式左端导数作前向差分近似，再利用以下内积结果：

$$\langle f_m\hat{\boldsymbol{z}},\ A(\boldsymbol{\rho},\ t)\rangle=\int_C f_m\hat{\boldsymbol{z}}\cdot A(\boldsymbol{\rho},t)\mathrm{d}c'\simeq\Delta\tau_m\hat{\boldsymbol{z}}\cdot A(\boldsymbol{\rho}_{m-1/2},\ t) \tag{3-49}$$

可得

$$\left[\frac{A(\boldsymbol{\rho}_{m-1/2},\ t_{n+1})-A(\boldsymbol{\rho}_{m-1/2},\ t_n)}{\Delta t}\right]\cdot\hat{\boldsymbol{z}}\Delta\tau_m=\boldsymbol{E}^i(\boldsymbol{\rho}_{m-1/2},\ t_n)\cdot\hat{\boldsymbol{z}}\Delta\tau_m \tag{3-50}$$

其中，$\Delta\tau_m=|\boldsymbol{\rho}_m-\boldsymbol{\rho}_{m-1}|$。上式写成标量式为

$$\frac{A(\boldsymbol{\rho}_{m-1/2},t_{n+1})-A(\boldsymbol{\rho}_{m-1/2},\ t_n)}{\Delta t}=E^i(\boldsymbol{\rho}_{m-1/2},\ t_n) \tag{3-51}$$

将上式中 $n+1$ 替换为 n 得到

$$\frac{A(\boldsymbol{\rho}_{m-1/2},\ t_n)-A(\boldsymbol{\rho}_{m-1/2},\ t_{n-1})}{\Delta t}=E^i(\boldsymbol{\rho}_{m-1/2},\ t_{n-1}) \tag{3-52}$$

对于展开过程，将表面电流用基函数展开为

$$J(\boldsymbol{\rho},\ t)=\sum_{k=1}^{M}I_k(t)f_k(\boldsymbol{\rho}) \tag{3-53}$$

代入矢量势推迟势公式(3 - 23)，即

$$A(\boldsymbol{\rho}_{m-1/2}, t_n) \simeq \sum_{k=1}^{M} \sum_{l=-\infty}^{\infty} I_k\left(t_n - \frac{R_{m,kl}}{c}\right)\boldsymbol{\kappa}_{m,kl} \tag{3-54}$$

分离出自身单元的贡献后可写为式(3 - 30)形式，即

$$A(\boldsymbol{\rho}_{m-1/2}, t_n) = I_m(t_n)\boldsymbol{\kappa}_{m,m0} + \not{A}(\rho_{m-1/2}, t_n) \tag{3-55}$$

将式(3 - 55)代入式(3 - 52)得

$$\frac{I_m(t_n)\boldsymbol{\kappa}_{m,m0}}{\Delta t} = \frac{A(\boldsymbol{\rho}_{m-1/2}, t_{n-1}) - \not{A}(\boldsymbol{\rho}_{m-1/2}, t_n)}{\Delta t} + E^i(\boldsymbol{\rho}_{m-1/2}, t_{n-1}) \tag{3-56}$$

若选择时间步长满足

$$\Delta t \leqslant \frac{R_{\min}}{c}, \quad R_{\min} = \min\{R_{m,kl}\} \tag{3-57}$$

则式(3 - 31)所示$\not{A}(\rho_m, t_n)$将只涉及以往时间步，即$(t_n - R_{m,kl}/c) \leqslant t_{n-1}$。上式为显式解条件。

显式解的求解步骤如下：计算的初始条件为当 $n=0$，1 时，有

$$\left.\begin{aligned} I_m(t_0) &= I_m(t_1) = 0 \\ A(\boldsymbol{\rho}_{m-1/2}, t_0) &= A(\boldsymbol{\rho}_{m-1/2}, t_1) = 0 \\ \not{A}(\boldsymbol{\rho}_{m-1/2}, t_0) &= \not{A}(\boldsymbol{\rho}_{m-1/2}, t_1) = 0 \end{aligned}\right\} \tag{3-58}$$

时域步进计算，从 $n=2$ 开始，

(1) 计算$\not{A}(\boldsymbol{\rho}_{m-1/2}, t_n)$，$m=1, \cdots, M$，用式(3 - 31)；

(2) 计算 $I_m(t_n)$，$m=1, \cdots, M$，用式(3 - 56)；

(3) 计算 $A(\boldsymbol{\rho}_{m-1/2}, t_n)$，$m=1, \cdots, M$，用式(3 - 55)；

(4) 将 $n \Rightarrow n+1$，重复以上步骤。

以上 TM 波 EFIE 方程求解的两种方案，区别只在于电流系数的步进计算分别为式(3 - 56)和式(3 - 32)，计算表明两种方案具有相同结果。

3.2.4　正方形面积分的多点近似

在 3.2.1 节阻抗系数计算中涉及正方形区域的积分近似计算。为了改进计算精度，积分区域为正方形时数值计算可用四点近似公式(数学手册，1979：311)，即

$$I = \int_{-h}^{h}\int_{-h}^{h} f(\xi, \eta)\,\mathrm{d}\xi\,\mathrm{d}\eta \simeq A\sum_{k=1}^{N} w_k f(\xi_k, \eta_k) \tag{3-59}$$

其中，$N=4$，$A=4h^2$ 为正方形面积，$2h$ 为正方形边长。插值点 ξ_k，η_k 的分布如图 3 - 13 所示，权函数 w_k 和插值点 ξ_k，η_k 位置为

$$\begin{cases} w_k = \dfrac{1}{4}, \quad k = 1, 2, 3, 4 \\ \xi_1 = \dfrac{h}{\sqrt{3}}, \quad \eta_1 = \dfrac{h}{\sqrt{3}}; \quad \xi_2 = -\dfrac{h}{\sqrt{3}}, \quad \eta_2 = \dfrac{h}{\sqrt{3}} \\ \xi_3 = -\dfrac{h}{\sqrt{3}}, \quad \eta_3 = -\dfrac{h}{\sqrt{3}}; \quad \xi_4 = \dfrac{h}{\sqrt{3}}, \quad \eta_4 = -\dfrac{h}{\sqrt{3}} \end{cases} \tag{3-60}$$

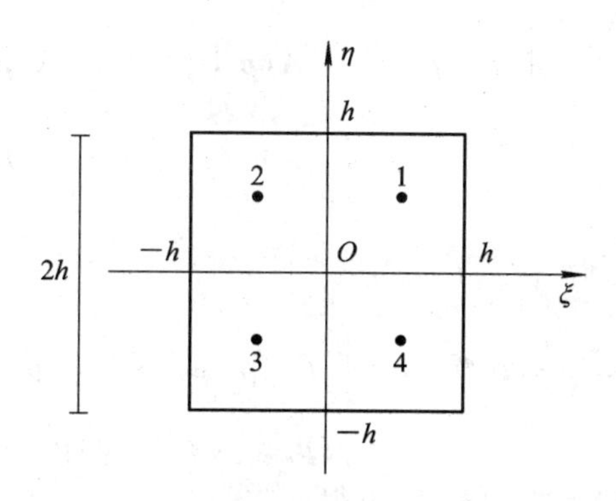

图 3-13　正方形面积分的多点近似

3.3　TE 波电场积分方程的 IETD 解

3.3.1　基函数和 IETD 解

对于 TE，有 $\boldsymbol{H}=\hat{z}H$，表面电流 $\boldsymbol{J}=\boldsymbol{n}\times\boldsymbol{H}=\boldsymbol{n}\times\hat{z}H=-\hat{s}H$，其中 $\hat{s}=\hat{z}\times\hat{\boldsymbol{n}}$ 为表面切向单位矢。面电流方向与导体表面相切且垂直于 z 轴，即环绕导体柱的横截面。电场积分方程 EFIE 为式(3-6)，即

$$\left(\frac{\partial \boldsymbol{A}}{\partial t}+\nabla\phi\right)=\boldsymbol{E}_{\tan}^{i} \tag{3-61}$$

上式和式(3-3)联立是一组微分一积分方程，称为 EFIE 方程(ϕ 方案)，其中面电流密度 $\boldsymbol{J}$ 待求。

应用 MoM 求解 EFIE 方程。首先选取二维 TE 波基函数为式(3-9)，即

$$f_m(\boldsymbol{\rho})=\begin{cases}1, & \boldsymbol{\rho}\in(\boldsymbol{\rho}_{m-1/2},\ \boldsymbol{\rho}_{m+1/2})\\ 0, & \text{其它}\end{cases} \tag{3-62}$$

对式(3-61)作内积运算，并设试验函数等于基函数，得到

$$\left\langle f_m\hat{\boldsymbol{a}}_{sm},\ \left(\frac{\partial \boldsymbol{A}}{\partial t}+\nabla\phi\right)\right\rangle=\left\langle f_m\hat{\boldsymbol{a}}_{sm},\ \boldsymbol{E}_{\tan}^{i}\right\rangle \tag{3-63}$$

其中，$\hat{\boldsymbol{a}}_{sm}$ 为点 $\boldsymbol{\rho}_m$ 处的切向单位矢。在 $t=t_n$ 时，对上式中的时间导数项作后向差分近似，即

$$\frac{\partial \boldsymbol{A}}{\partial t}\simeq\frac{\boldsymbol{A}(\boldsymbol{\rho},t_{n+1})-\boldsymbol{A}(\boldsymbol{\rho},\ t_n)}{\Delta t} \tag{3-64}$$

于是式(3-63)变为

$$\left\langle f_m\hat{\boldsymbol{a}}_{sm},\ \boldsymbol{L}[\boldsymbol{J}]\right\rangle=\left\langle f_m\hat{\boldsymbol{a}}_{sm},\ \boldsymbol{E}_{\tan}^{i}\right\rangle \tag{3-65}$$

式中算子

$$\boldsymbol{L}[\boldsymbol{J}]=\frac{\boldsymbol{A}(\boldsymbol{\rho},\ t_{n+1})-\boldsymbol{A}(\boldsymbol{\rho},\ t_n)}{\Delta t}+\nabla\phi(\boldsymbol{\rho},\ t_n) \tag{3-66}$$

将式(3-66)代入式(3-65)，各项内积分别为

$$\begin{cases}\left\langle f_m\hat{\boldsymbol{a}}_{sm},\ \boldsymbol{A}(\boldsymbol{\rho},\ t_n)\right\rangle = \int_C f_m(\boldsymbol{\rho}')\hat{\boldsymbol{a}}_{sm}\cdot\boldsymbol{A}(\boldsymbol{\rho}',t_n)\mathrm{d}c' \simeq \boldsymbol{A}(\boldsymbol{\rho}_m,\ t_n)\cdot\hat{\boldsymbol{a}}_{sm}\Delta\tau_m \\ \left\langle f_m\hat{\boldsymbol{a}}_{sm},\ \boldsymbol{E}^i_{\tan}(\boldsymbol{\rho},\ t_n)\right\rangle = \int_C f_m(\boldsymbol{\rho}')\hat{\boldsymbol{a}}_{sm}\cdot\boldsymbol{E}^i(\boldsymbol{\rho}',t_n)\mathrm{d}c' \simeq \boldsymbol{E}^i(\boldsymbol{\rho}_m,\ t_n)\cdot\hat{\boldsymbol{a}}_{sm}\Delta\tau_m\end{cases} \tag{3-67}$$

以及

$$\begin{aligned}\left\langle f_m\hat{\boldsymbol{a}}_{sm},\ \nabla\phi(\boldsymbol{\rho},\ t_n)\right\rangle &= \int_C f_m(\boldsymbol{\rho}')\hat{\boldsymbol{a}}_{sm}\cdot\nabla\phi(\boldsymbol{\rho}',\ t_n)\mathrm{d}c' \\ &\simeq \varphi(\boldsymbol{\rho}_{m+1/2},\ t_n) - \phi(\boldsymbol{\rho}_{m-1/2},\ t_n)\end{aligned} \tag{3-68}$$

将式(3-67)、式(3-68)代入式(3-65)可得

$$\begin{aligned}\frac{\boldsymbol{A}(\boldsymbol{\rho}_m,\ t_{n+1})\cdot\hat{\boldsymbol{a}}_{sm}\Delta\tau_m}{\Delta t} &= \boldsymbol{E}^i(\boldsymbol{\rho}_m,\ t_n)\cdot\hat{\boldsymbol{a}}_{sm}\Delta\tau_m + \frac{\boldsymbol{A}(\boldsymbol{\rho}_m,\ t_n)\cdot\hat{\boldsymbol{a}}_{sm}\Delta\tau_m}{\Delta t} \\ &\quad - \phi(\boldsymbol{\rho}_{m+1/2},\ t_n) + \phi(\boldsymbol{\rho}_{m-1/2},\ t_n)\end{aligned}$$

或者，将上式作替换 $n+1\rightarrow n$ 得到

$$\begin{aligned}\frac{\boldsymbol{A}(\boldsymbol{\rho}_m,\ t_n)\cdot\hat{\boldsymbol{a}}_{sm}\Delta\tau_m}{\Delta t} &= \boldsymbol{E}^i(\boldsymbol{\rho}_m,\ t_{n-1})\cdot\hat{\boldsymbol{a}}_{sm}\Delta\tau_m + \frac{\boldsymbol{A}(\boldsymbol{\rho}_m,\ t_{n-1})\cdot\hat{\boldsymbol{a}}_{sm}\Delta\tau_m}{\Delta t} \\ &\quad - \phi(\boldsymbol{\rho}_{m+1/2},\ t_{n-1}) + \phi(\boldsymbol{\rho}_{m-1/2},\ t_{n-1})\end{aligned} \tag{3-69}$$

以上为 MoM 的试验过程。

以下给出 MoM 的展开过程。用基函数式(3-62)对表面电流作近似展开得

$$\boldsymbol{J}(\boldsymbol{\rho},\ t) = \sum_{k=1}^{M}\hat{\boldsymbol{a}}_{sk}I_k(t)f_k(\boldsymbol{\rho}) \tag{3-70}$$

式中，$I_k(t)$为电流系数，是待求量。考虑式(3-69)中矢量势的计算。将式(3-70)代入式(3-3)，根据式(3-67)取 $\boldsymbol{\rho}=\boldsymbol{\rho}_m$，得

$$\begin{aligned}\boldsymbol{A}(\boldsymbol{\rho}_m,\ t_n) &= \frac{\mu}{4\pi}\int_C\int_{z'=-\infty}^{\infty}\frac{\boldsymbol{J}\left(\boldsymbol{\rho}',\ t-\dfrac{R}{c}\right)}{R}\mathrm{d}z'\mathrm{d}c' \\ &= \frac{\mu}{4\pi}\int_C\int_{z'=-\infty}^{\infty}\frac{\sum\limits_{k=1}^{M}\hat{\boldsymbol{a}}_{sk}I_k\left(t_n-\dfrac{R}{c}\right)f_k(\boldsymbol{\rho}')}{R}\mathrm{d}z'\mathrm{d}c' \\ &\simeq \sum_{k=1}^{M}\sum_{l=-\infty}^{\infty}\hat{\boldsymbol{a}}_{sk}I_k\left(t_n-\frac{R_{m,kl}}{c}\right)\kappa_{m,kl}\end{aligned} \tag{3-71}$$

式中，

$$\begin{cases}\kappa_{m,kl} = \dfrac{\mu}{4\pi}\iint\limits_{k,l\ \text{patch}}\dfrac{\mathrm{d}s'}{R_m} \\ R_m = \sqrt{|\boldsymbol{\rho}_m-\boldsymbol{\rho}'|^2+z_l^2},\quad z_l = l\Delta z \\ R_{m,kl} = \sqrt{|\boldsymbol{\rho}_m-\boldsymbol{\rho}_k|^2+z_l^2}\end{cases} \tag{3-72}$$

对于方形面片，阻抗系数 $\kappa_{m,kl}$ 的计算如式(3-26)和式(3-28)，需要注意区分自身和非自身面片情形。

从式(3-71)右端求和项中分离出自身单元项($k=m$，$l=0$)后，式(3-71)可重写为

$$\boldsymbol{A}(\boldsymbol{\rho}_m,t_n) = \kappa_{m,m0}I_m(t_n)\hat{\boldsymbol{a}}_{sm} + \mathcal{A}(\boldsymbol{\rho}_m,\ t_n) \tag{3-73}$$

式中，

$$\mathbf{A}(\boldsymbol{\rho}_m,t_n)=\sum_{k=1}^{M}\sum_{\substack{l=-\infty\\k\neq m\text{ if }l=0}}^{\infty}I_k\left(t_n-\frac{R_{m,kl}}{c}\right)\boldsymbol{\kappa}_{m,kl}\hat{\boldsymbol{a}}_{sk}\tag{3-74}$$

代表所有非自身单元(除去 $l=0$，$k=m$ 项)的贡献。

下面考虑式(3-69)中标量势的计算。由式(3-5)电荷守恒定律 $\nabla_s\cdot\boldsymbol{J}=-\frac{\partial q}{\partial t}$，积分得

$$q(\boldsymbol{\rho},t)=-\int_0^t\nabla_s\cdot\boldsymbol{J}(\boldsymbol{\rho},t')\mathrm{d}t'\tag{3-75}$$

式中，∇_s 为对源点求导。将式(3-75)代入式(3-3)，由于式(3-68)中 $\boldsymbol{\rho}_{m+1/2}$ 和 $\boldsymbol{\rho}_{m-1/2}$ 都是半整数点，这里取式(3-3)中 $\boldsymbol{\rho}=\boldsymbol{\rho}_{m-1/2}$，得

$$\begin{aligned}\phi(\boldsymbol{\rho}_{m-1/2},t)&=\frac{1}{4\pi\varepsilon}\int_C\int_{z'=-\infty}^{\infty}\frac{q(\boldsymbol{\rho}',t-R/c)}{R}\mathrm{d}z'\mathrm{d}c'\\&=\frac{-1}{4\pi\varepsilon}\int_C\int_{z'=-\infty}^{\infty}\frac{\int_0^{t-R/c}\nabla'_s\cdot\boldsymbol{J}(\boldsymbol{\rho}',t')\mathrm{d}t'}{R}\mathrm{d}z'\mathrm{d}c'\\&=\frac{-1}{4\pi\varepsilon}\sum_{l=-\infty}^{\infty}\int_{z_l-\Delta z/2}^{z_l+\Delta z/2}\int_C\frac{\int_0^{t-R/c}\nabla'_s\cdot\left[\sum_{k=1}^{M}\hat{\boldsymbol{a}}_{sk}I_k(t')f_k(\boldsymbol{\rho}')\right]\mathrm{d}t'}{R}\mathrm{d}s'\\&=\frac{-1}{4\pi\varepsilon}\sum_{k=1}^{M}\sum_{l=-\infty}^{\infty}\int_{z_l-\Delta z/2}^{z_l+\Delta z/2}\int_C\int_0^{t-R/c}\frac{\partial[I_k(t')f_k(\boldsymbol{\rho}')]}{\partial l'}\mathrm{d}t'\frac{\mathrm{d}s'}{R}\end{aligned}\tag{3-76}$$

其中，$\mathrm{d}s'=\mathrm{d}z'\mathrm{d}c'$，上式中用到二维情形下的面散度：

$$\nabla'_s\cdot[\hat{\boldsymbol{a}}_{sk}I_k(t')f_k(\boldsymbol{\rho}')]=\frac{\partial[I_k(t')f_k(\boldsymbol{\rho}')]}{\partial l'}\tag{3-77}$$

由于基函数式(3-62)为矩形函数，其导数 $\partial f_k/\partial l$ 的结果是位于 $\boldsymbol{\rho}_{k-1/2}$ 和 $\rho_{k+1/2}$ 的两个 $\boldsymbol{\delta}$ 函数，如图3-14所示，于是式(3-76)可写为

$$\begin{aligned}\phi(\boldsymbol{\rho}_{m-1/2},t)&=\frac{-1}{4\pi\varepsilon}\sum_{k=1}^{M}\sum_{l=-\infty}^{\infty}\int_{z_l-\Delta z/2}^{z_l+\Delta z/2}\int_C\int_0^{t-R/c}\frac{\partial[I_k(t')f_k(\boldsymbol{\rho}')]}{\partial l'}\mathrm{d}t'\frac{\mathrm{d}z'\mathrm{d}c'}{R}\\&\simeq\frac{-1}{4\pi\varepsilon}\sum_{k=1}^{M}\sum_{l=-\infty}^{\infty}\int_{z_l-\Delta z/2}^{z_l+\Delta z/2}\int_C\int_0^{t-R/c}I_k(t')\{\delta(\boldsymbol{\rho}'-\boldsymbol{\rho}_{k-1/2})-\delta(\boldsymbol{\rho}'-\boldsymbol{\rho}_{k+1/2})\}\mathrm{d}t'\mathrm{d}c'\end{aligned}\tag{3-78}$$

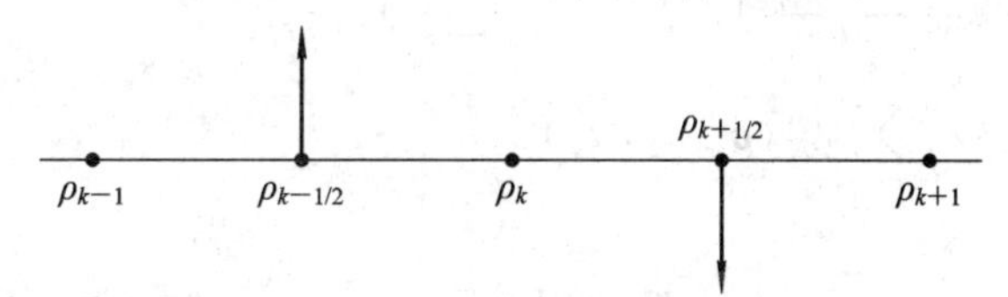

图3-14　基函数导数给出的两个δ函数

以下计算中用到含δ函数积分的如下特性(挑选作用)：

$$\int\delta(x-x_0)\,w(x)\mathrm{d}x=w(x_0)\tag{3-79}$$

上式也可以写为以下近似形式：

$$\int \delta(x-x_0)\ w(x)\mathrm{d}x \simeq \frac{\displaystyle\int_{x_0-\Delta x/2}^{x_0+\Delta x/2} w(x)\mathrm{d}x}{\Delta x} \tag{3-80}$$

它相当于用小区间 Δx 内的平均值来代替式(3-79)中的 $w(x_0)$。

先计算式(3-78)右端第一项含 δ 函数的积分，记为 I_1。根据式(3-80)，利用小区间内的平均值来近似含 δ 函数的积分；并取中心点位于 $\boldsymbol{\rho}_{k-1/2}$ 的区间范围为($\boldsymbol{\rho}_{k-1}$，$\boldsymbol{\rho}_k$)，于是有

$$\begin{aligned}
I_1 &= \frac{-1}{4\pi\varepsilon}\sum_{k=1}^{M}\sum_{l=-\infty}^{\infty}\int_{z_l-\Delta z/2}^{z_l+\Delta z/2}\int_C\int_0^{t-R/c} I_k(t')\delta(\boldsymbol{\rho}'-\boldsymbol{\rho}_{k-1/2})\mathrm{d}t'\ \frac{\mathrm{d}s'}{R} \\
&\simeq \frac{-1}{4\pi\varepsilon}\sum_{k=1}^{M}\sum_{l=-\infty}^{\infty}\int_{z_l-\Delta z/2}^{z_l+\Delta z/2}\int_0^{t_k^-} I_k(t')\mathrm{d}t'\ \frac{1}{\Delta\tau_k^-}\int_{\boldsymbol{\rho}_{k-1}}^{\boldsymbol{\rho}_k}\frac{\mathrm{d}s'}{R} \\
&= \frac{-1}{4\pi\varepsilon}\sum_{k=1}^{M}\sum_{l=-\infty}^{\infty}\int_0^{t_k^-} I_k(t')\mathrm{d}t'\ \frac{1}{\Delta\tau_k^-}\int_{z_l^-}^{z_l^+}\int_{\boldsymbol{\rho}_{k-1}}^{\boldsymbol{\rho}_k}\frac{\mathrm{d}s'}{R} \\
&= -\sum_{k=1}^{M}\sum_{l=-\infty}^{\infty}\phi_{kl}^-(\boldsymbol{\rho}_{m-1/2},\ t_n)
\end{aligned} \tag{3-81}$$

其中，

$$\begin{cases}
\phi_{kl}^-(\boldsymbol{\rho}_{m-1/2},\ t_n) = \dfrac{1}{4\pi\varepsilon}\cdot\dfrac{1}{\Delta\tau_k^-}\displaystyle\int_0^{t_k^-} I_k(t')\mathrm{d}t'\int_{\boldsymbol{\rho}_{k-1}}^{\boldsymbol{\rho}_k}\int_{z_l^-}^{z_l^+}\frac{\mathrm{d}s'}{R} \\
R = \sqrt{|\boldsymbol{\rho}_{m-1/2}-\boldsymbol{\rho}'|^2+(z')^2} \\
t_k^- = t_n - \dfrac{R_{m,kl}^-}{c},\quad R_{m,kl}^- = \sqrt{|\boldsymbol{\rho}_{m-1/2}-\boldsymbol{\rho}_{k-1/2}|^2+z_l^2} \\
\Delta\tau_k^- = |\boldsymbol{\rho}_k-\boldsymbol{\rho}_{k-1}|,\quad z_l^\pm = z_l \pm \dfrac{\Delta z_l}{2}
\end{cases} \tag{3-82}$$

同样可得式(3-78)右端第二项积分 I_2，但在利用小区间内平均值来近似含 δ 函数的积分时，应改取区间为($\boldsymbol{\rho}_k$，$\boldsymbol{\rho}_{k+1}$)，即有

$$\begin{aligned}
I_2 &= \frac{+1}{4\pi\varepsilon}\sum_{k=1}^{M}\sum_{l=-\infty}^{\infty}\int_{z_l-\Delta z/2}^{z_l+\Delta z/2}\int_C\int_0^{t-R/c} I_k(t')\delta(\boldsymbol{\rho}'-\boldsymbol{\rho}_{k+1/2})\mathrm{d}t'\ \frac{\mathrm{d}s'}{R} \\
&\simeq \frac{1}{4\pi\varepsilon}\sum_{k=1}^{M}\sum_{l=-\infty}^{\infty}\int_{z_l-\Delta z/2}^{z_l+\Delta z/2}\int_0^{t_k^+} I_k(t')\mathrm{d}t'\ \frac{1}{\Delta\tau_k^+}\int_{\boldsymbol{\rho}_k}^{\boldsymbol{\rho}_{k+1}}\frac{\mathrm{d}s'}{R} \\
&= \frac{1}{4\pi\varepsilon}\sum_{k=1}^{M}\sum_{l=-\infty}^{\infty}\int_0^{t_k^+} I_k(t')\mathrm{d}t'\ \frac{1}{\Delta\tau_k^+}\int_{z_l^-}^{z_l^+}\int_{\boldsymbol{\rho}_k}^{\boldsymbol{\rho}_{k+1}}\frac{\mathrm{d}s'}{R} \\
&= \sum_{k=1}^{M}\sum_{l=-\infty}^{\infty}\phi_{kl}^+(\boldsymbol{\rho}_{m-1/2},\ t_n)
\end{aligned} \tag{3-83}$$

其中，

$$\begin{cases}
\phi_{kl}^+(\boldsymbol{\rho}_{m-1/2},\ t_n) = \dfrac{1}{4\pi\varepsilon}\cdot\dfrac{1}{\Delta\tau_k^+}\displaystyle\int_0^{t_k^+} I_k(t')\mathrm{d}t'\int_{\boldsymbol{\rho}_k}^{\boldsymbol{\rho}_{k+1}}\int_{z_l^-}^{z_l^+}\frac{\mathrm{d}l'\mathrm{d}z'}{R} \\
R = \sqrt{|\boldsymbol{\rho}_{m-1/2}-\boldsymbol{\rho}'|^2+(z')^2} \\
t_k^+ = t_n - \dfrac{R_{m,kl}^+}{c},\quad R_{m,kl}^+ = \sqrt{|\boldsymbol{\rho}_{m-1/2}-\boldsymbol{\rho}_{k+1/2}|^2+z_l^2} \\
\Delta\tau_k^+ = |\boldsymbol{\rho}_{k+1}-\boldsymbol{\rho}_k|,\quad z_l^\pm = z_l \pm \dfrac{\Delta z_l}{2}
\end{cases} \tag{3-84}$$

以上式(3-81)～式(3-84)中的积分为

$$\int_{z_l^-}^{z_l^+}\int_{\boldsymbol{\rho}_{k-1}}^{\boldsymbol{\rho}_k}\frac{\mathrm{d}s'}{R}=\int_{\boldsymbol{\rho}_{k-1}}^{\boldsymbol{\rho}_k}\int_{z_l^-}^{z_l^+}\frac{\mathrm{d}l'\mathrm{d}z'}{\sqrt{|\boldsymbol{\rho}_{m-1/2}-\boldsymbol{\rho}'|^2+(z')^2}}$$

上式实际上和式(3-72)中的阻抗系数 $\kappa_{m,kl}$ 具有相同形式。方形面片的计算结果如式(3-26)～式(3-28)，分别适用于非自身面片和自身面片。

将式(3-81)、式(3-83)代入式(3-78)得到

$$\begin{aligned}\phi(\boldsymbol{\rho}_{m-1/2},t_n)&=I_1+I_2\\&=\sum_{k=1}^{M}\sum_{l=-\infty}^{\infty}[\phi_{kl}^+(\boldsymbol{\rho}_{m-1/2},t_n)-\phi_{kl}^-(\boldsymbol{\rho}_{m-1/2},t_n)]\end{aligned}\tag{3-85}$$

对于式(3-68)中 $\boldsymbol{\rho}=\boldsymbol{\rho}_{m+1/2}$ 时的标量势函数 $\phi(\boldsymbol{\rho}_{m+1/2},t_n)$，可以直接用式(3-85)计算，只要作替换 $m\rightarrow m+1$ 即可，无需再另行编程。

将式(3-73)代入式(3-69)左端整理后得

$$\begin{aligned}\frac{\kappa_{m,m0}}{\Delta t}I_m(t_n)=&\boldsymbol{E}^i(\boldsymbol{\rho}_m,t_{n-1})\cdot\hat{\boldsymbol{a}}_{sm}-\frac{\not{\boldsymbol{A}}(\boldsymbol{\rho}_m,t_n)\cdot\hat{\boldsymbol{a}}_{sm}-\boldsymbol{A}(\boldsymbol{\rho}_m,t_{n-1})\cdot\hat{\boldsymbol{a}}_{sm}}{\Delta t}\\&-\frac{\phi(\boldsymbol{\rho}_{m+1/2},t_{n-1})-\phi(\boldsymbol{\rho}_{m-1/2},t_{n-1})}{\Delta\tau_m}\end{aligned}\tag{3-86}$$

上式为电流系数计算公式。由于式(3-86)为标量公式，将式(3-73)、式(3-74)与 $\hat{\boldsymbol{a}}_{sm}$ 点乘，并引进标量符号，可得

$$A_{m,n}\equiv\boldsymbol{A}(\boldsymbol{\rho}_m,t_n)\cdot\hat{\boldsymbol{a}}_{sm}=\kappa_{m,m0}I_m(t_n)+\not{\boldsymbol{A}}(\boldsymbol{\rho}_m,t_n)\cdot\hat{\boldsymbol{a}}_{sm}=\kappa_{m,m0}I_m(t_n)+\not{A}_{m,n}\tag{3-87}$$

以及

$$\not{A}_{m,n}\equiv\not{\boldsymbol{A}}(\boldsymbol{\rho}_m,t_n)\cdot\hat{\boldsymbol{a}}_{sm}=\sum_{k=1}^{M}\sum_{\substack{l=-\infty\\k\neq m\text{ if }l=0}}^{\infty}I_k\left(t_n-\frac{R_{m,kl}}{c}\right)(\hat{\boldsymbol{a}}_{sk}\cdot\hat{\boldsymbol{a}}_{sm})\kappa_{m,kl}\tag{3-88}$$

于是式(3-86)可改写为

$$\frac{\kappa_{m,m0}}{\Delta t}I_m(t_n)=F_{m,n-1}-\frac{\not{A}_{m,n}-A_{m,n-1}}{\Delta t}-\frac{\phi(\boldsymbol{\rho}_{m+1/2},t_{n-1})-\phi(\boldsymbol{\rho}_{m-1/2},t_{n-1})}{\Delta\tau_m}\tag{3-89}$$

其中，

$$F_{m,n}=\boldsymbol{E}^i(\boldsymbol{\rho}_m,t_n)\cdot\hat{\boldsymbol{a}}_{sm}\tag{3-90}$$

为入射波激励项，是已知量。

注意，式(3-87)中 $R_{m,kl}$ 代表观察点与非自身面片的源点之间距离，如式(3-72)。若令 $R_{\min}$ 为所有 R_{mkl} 中的最小值，且选择

$$\Delta t\leqslant\frac{R_{\min}}{c},\quad R_{\min}=\min\{R_{m,kl}\}\tag{3-91}$$

则式(3-87)中所有电流项 $I_k(t_n-R_{m,kl}/c)$ 均为 $t\leqslant t_{n-1}$ 时间步的以往时刻值。满足条件式(2-84)时，可交替应用上述公式沿时间轴逐步推进计算，称为显式解。这时无需进行矩阵求逆计算。式(2-84)为显式解条件。

注意到显式解条件式(2-84)中对 $R_{\min}=\min\{R_{m,kl}\}$ 的限制来源于整数结点之间的最小间距，如式(3-72)，和半整数结点之间的最小间距无关。这是由于显式解要求步进计算

中所有电流项只能是 $t \leqslant t_{n-1}$ 时间步的以往时刻值，$\mathcal{A}_{m,n}$ 的计算式(3-87)给出了 Δt 的限制，但 $\phi(\boldsymbol{\rho}_{m\pm1/2}, t_{n-1})$ 的计算是在时间步 t_{n-1}，只用到 $t \leqslant t_{n-1}$ 时间步的以往电流项，无需给出对 Δt 的限制。

由显式条件可见，在选取二维基函数的分段时，各个小段尺寸应当尽可能相等，以免时间步长间隔 Δt 被限制较小。

还应当注意的是，式(3-87)中电流项 $I_k(t_n - R_{m,kl}/c)$ 和式(3-84)、式(3-83)中积分上限 $t_k^{\pm}$ 通常不是时间步 Δt 的整数值。这时需要应用插值，具体插值方法同前。

式(3-87)和式(3-85)中的求和上限为无穷大，注意到光速的有限性，实际上求和上限可以用 $l_{\max}$ 代替，可参见式(3-34)。

显式解求解步骤如下：计算的初始条件为当 $n=0$，1 时，有

$$\begin{cases} I_m(t_0) = I_m(t_1) = 0, & \boldsymbol{A}(\boldsymbol{r}_m, t_0) \cdot \hat{\boldsymbol{a}}_{sm} = \boldsymbol{A}(\boldsymbol{r}_m, t_1) \cdot \hat{\boldsymbol{a}}_{sm} = 0 \\ \boldsymbol{A}(\boldsymbol{r}_m, t_0) \cdot \hat{\boldsymbol{a}}_{sm} = \mathcal{A}(\boldsymbol{r}_m, t_1) \cdot \hat{\boldsymbol{a}}_{sm} = 0, & \phi(\boldsymbol{r}_{m\pm1/2}, t_0) = \phi(\boldsymbol{r}_{m\pm1/2}, t_1) = 0 \end{cases} \tag{3-92}$$

关于边界条件，需注意导体柱横截面边线 C 有两种情形：一是开放式，即片状导体情形，一是闭合式。在片状导体情形，边线 C 的两端，即 $z=0$，$(M+1)\Delta z$ 处，电流恒为零，这时的边界条件为

$$I_0(t_n) = I_{M+1}(t_n) = 0 \tag{3-93}$$

对于闭合式边线 C，没有电流恒为零的端点，但是首尾端点重合，即 $I_0(t_n) = I_{M+1}(t_n)$。

时域步进计算，从 $n=2$ 开始：

(1) 计算 $\mathcal{A}_{m,n}$，$m=1$，…，N，用式(3-88)；

(2) 计算 $I_m(t_n)$，$m=1$，…，N，用式(3-89)；

(3) 计算 $A_{m,n}$，$m=1$，…，N，用式(3-87)；

(4) 计算 $\varphi(\boldsymbol{r}_{m\pm1/2}, t_n)$，$m=1$，…，$N+1$，用式(3-85)和式(3-84)、式(3-82)；

(5) 将 $n \to n+1$，重复以上步骤。

3.3.2　IETD 解的 ψ 方案

导体柱表面边界条件式(3-61)重写如下：

$$\left(\frac{\partial \boldsymbol{A}}{\partial t} + \nabla \phi\right)_{\tan} = -\boldsymbol{E}_{\tan}^{s} = \boldsymbol{E}_{\tan}^{i} \tag{3-94}$$

由电荷守恒定律有

$$\nabla_s \cdot \boldsymbol{J} = -\frac{\partial q}{\partial t} \tag{3-95}$$

将标量势式(3-3)对 t 求导，并引进新的辅助标量势函数 ψ，定义为 $\psi = \partial\phi/\partial t$，可得

$$\begin{aligned} \psi &= \frac{\partial \phi}{\partial t} = \frac{1}{4\pi\varepsilon}\int_C \int_{z'=-\infty}^{\infty} \frac{\partial q(\boldsymbol{\rho}', t - R/c)}{\partial t} \frac{1}{R} \mathrm{d}z' \mathrm{d}c' \\ &= -\frac{1}{4\pi\varepsilon}\int_C \int_{z'=-\infty}^{\infty} \frac{\nabla'_s \cdot \boldsymbol{J}(\boldsymbol{\rho}', t - R/c)}{R} \mathrm{d}z' \mathrm{d}c' \end{aligned} \tag{3-96}$$

将式(3-94)对 t 求导可得

$$\left(\frac{\partial^2 \boldsymbol{A}}{\partial t^2}+\nabla\psi\right)_{\tan}=\frac{\partial \boldsymbol{E}^i_{\tan}}{\partial t} \tag{3-97}$$

在导体柱表面，式(3-97)、式(3-96)和式(3-3)构成一组微分—积分方程，称为EFIE方程(ψ方案)，其中面电流密度$\boldsymbol{J}$待求。

应用MoM求解EFIE方程。首先引入基函数：

$$f_m(\boldsymbol{\rho})=\begin{cases}1, & \boldsymbol{\rho}\in(\boldsymbol{\rho}_{m-1/2},\ \boldsymbol{\rho}_{m+1/2})\\ 0, & \text{其它}\end{cases} \tag{3-98}$$

考虑MoM的试验过程，对式(3-97)作内积运算，并取试验函数就是基函数$f_m\hat{\boldsymbol{a}}_{sm}$，其中$\hat{\boldsymbol{a}}_{sm}$为导体围线$C$的切向单位矢，得到

$$\left\langle f_m\hat{\boldsymbol{a}}_{sm},\ \left(\frac{\partial^2 \boldsymbol{A}}{\partial t^2}+\nabla\psi\right)\right\rangle=\left\langle f_m\hat{\boldsymbol{a}}_{sm},\ \frac{\partial \boldsymbol{E}^i}{\partial t}\right\rangle \tag{3-99}$$

将式(3-99)在$t=t_n=n\Delta t$作中心差分离散得到

$$\langle f_m\hat{\boldsymbol{a}}_{sm},\ \boldsymbol{L}[I]\rangle=\left\langle f_m\hat{\boldsymbol{a}}_{sm},\ \frac{\partial \boldsymbol{E}^i(\boldsymbol{r},\ t_n)}{\partial t}\right\rangle \tag{3-100}$$

其中，算子

$$\boldsymbol{L}[I]=\frac{\boldsymbol{A}(\boldsymbol{r},\ t_{n+1})-2\boldsymbol{A}(\boldsymbol{r},\ t_n)+\boldsymbol{A}(\boldsymbol{r},\ t_{n-1})}{(\Delta t)^2}+\nabla\psi(\boldsymbol{r},\ t_n) \tag{3-101}$$

将式(3-98)代入式(3-100)，其中各项内积分别为

$$\langle f_m\hat{\boldsymbol{a}}_{sm},\ \boldsymbol{A}(\boldsymbol{r},\ t_n)\rangle=\int_C f_m\hat{\boldsymbol{a}}_{sm}\cdot\boldsymbol{A}(\boldsymbol{r},\ t_n)\mathrm{d}l'\simeq\boldsymbol{A}(\boldsymbol{\rho}_m,\ t_n)\cdot\hat{\boldsymbol{a}}_{sm}\Delta\tau \tag{3-102}$$

其中，$\Delta\tau$表示导体围线C的离散单元长度，以及

$$\begin{cases}\langle f_m\hat{\boldsymbol{a}}_{sm},\nabla\psi\rangle=\int_C f_m\hat{\boldsymbol{a}}_{sm}\cdot\nabla\psi(\boldsymbol{\rho},\ t_n)\mathrm{d}l'\simeq\psi(\boldsymbol{\rho}_{m+1/2},\ t_n)-\psi(\boldsymbol{\rho}_{m-1/2},\ t_n)\\ \left\langle f_m\hat{\boldsymbol{a}}_{sm},\dfrac{\partial \boldsymbol{E}^i(\boldsymbol{\rho},\ t_n)}{\partial t}\right\rangle=\int_C f_m\hat{\boldsymbol{a}}_{sm}\cdot\dfrac{\partial \boldsymbol{E}^i(\boldsymbol{\rho},\ t_n)}{\partial t}\mathrm{d}l'\simeq\dfrac{\partial \boldsymbol{E}^i(\boldsymbol{\rho}_m,\ t_n)}{\partial t}\cdot\hat{\boldsymbol{a}}_{sm}\Delta\tau\end{cases} \tag{3-103}$$

再将式(3-102)～式(3-103)代入到式(3-100)得

$$\begin{aligned}&\left[\frac{\boldsymbol{A}(\boldsymbol{\rho}_m,\ t_{n+1})-2\boldsymbol{A}(\boldsymbol{\rho}_m,\ t_n)+\boldsymbol{A}(\boldsymbol{\rho}_m,\ t_{n-1})}{(\Delta t)^2}\right]\cdot\hat{\boldsymbol{a}}_{sm}\Delta\tau+\psi(\boldsymbol{\rho}_{m+1/2},\ t_n)-\psi(\boldsymbol{\rho}_{m-1/2},\ t_n)\\ &=\frac{\partial \boldsymbol{E}^i(\boldsymbol{\rho}_m,t_n)}{\partial t}\cdot\hat{\boldsymbol{a}}_{sm}\Delta\tau\end{aligned} \tag{3-104}$$

再考虑MoM的展开过程。利用基函数将导体面电流作如下近似展开：

$$\boldsymbol{J}(\boldsymbol{\rho},\ t)\simeq\sum_{k=1}^{M}\hat{\boldsymbol{a}}_{sk}I_k(t)f_k(\boldsymbol{\rho}) \tag{3-105}$$

将式(3-105)代入积分方程式(3-3)，令$\boldsymbol{\rho}=\boldsymbol{\rho}_m$，根据式(3-98)可得到矢量势为

$$\begin{aligned}\boldsymbol{A}(\boldsymbol{\rho}_m,\ t_n)&=\frac{\mu}{4\pi}\int_C\int_{z'=-\infty}^{\infty}\frac{\sum\limits_{k=1}^{M}\hat{\boldsymbol{a}}_{sk}I_k(t_n-R/c)f_k(\boldsymbol{\rho}')}{R}\mathrm{d}c'\mathrm{d}z'\\ &\simeq\sum_{k=1}^{N}\sum_{l''=-\infty}^{\infty}\hat{\boldsymbol{a}}_{sk}I_k\left(t_n-\frac{R_{m,kl}}{c}\right)\boldsymbol{\kappa}_{m,kl}\end{aligned} \tag{3-106}$$

其中，阻抗系数

$$\kappa_{m,\,kl}=\frac{\mu}{4\pi}\iint\limits_{k,l\ \text{patch}}\frac{\mathrm{d}s'}{R_m} \tag{3-107}$$

以及

$$\begin{cases}R=\sqrt{|\boldsymbol{\rho}-\boldsymbol{\rho}'|^2+(z')^2}\\R_m=\sqrt{|\boldsymbol{\rho}_m-\boldsymbol{\rho}'|^2+(z')^2}\\R_{m,kl}=\sqrt{|\boldsymbol{\rho}_m-\boldsymbol{\rho}_k|^2+z_l^2}\end{cases} \tag{3-108}$$

阻抗系数 $\kappa_{m,kl}$ 的计算。和式(3-26)、式(3-28)同样，区分自身面片和非自身面片后有

$$\kappa_{m,kl}=\frac{\mu}{4\pi}\iint\limits_{k,l\ \text{patch}}\frac{\mathrm{d}s}{R}=\begin{cases}\dfrac{\mu}{\pi}\Delta\tau\ln(1+\sqrt{2}), & k=m,\ l=0\\ \dfrac{\mu}{4\pi}\dfrac{1}{R_{m,kl}}\iint \mathrm{d}s'\simeq\dfrac{\mu}{4\pi}\dfrac{(\Delta\tau)^2}{R_{m,kl}}, & \text{其它}\end{cases} \tag{3-109}$$

分离出自身单元的贡献后，式(3-106)可写为

$$\mathbf{A}(\boldsymbol{\rho}_m,\ t_n)=\kappa_{m,m0}I_m(t_n)\hat{\boldsymbol{a}}_{sm}+\not\!\mathbf{A}(\boldsymbol{\rho}_m,t_n) \tag{3-110}$$

上式中 $\not\!\mathbf{A}(\boldsymbol{\rho}_m,t_n)$ 表示式(3-106)中除去自身单元贡献后的求和，即

$$\not\!\mathbf{A}(\boldsymbol{\rho}_m,t_n)=\sum_{k=1}^{M}\sum_{\substack{l=-\infty\\k\neq m\ \text{if}\ l=0}}^{\infty}I_k\left(t_n-\frac{R_{m,kl}}{c}\right)\hat{\boldsymbol{a}}_{sk}\kappa_{m,kl} \tag{3-111}$$

由于 $R_{m,kl}$ 恒大于零，所以 $\not\!\mathbf{A}(\boldsymbol{\rho}_m,\ t_n)$ 只与电流系数的以往时刻值有关。

将式(3-104)中 $n+1\rightarrow n$，再将式(3-110)代入可得

$$\frac{\kappa_{m,m0}I_m(t_n)}{(\Delta t)^2}=\frac{\partial\mathbf{E}^i(\boldsymbol{\rho}_m,\ t_{n-1})}{\partial t}\cdot\hat{\boldsymbol{a}}_{sm}-\left[\frac{\not\!\mathbf{A}(\boldsymbol{\rho}_m,\ t_n)-2\mathbf{A}(\boldsymbol{\rho}_m,\ t_{n-1})+\mathbf{A}(\boldsymbol{\rho}_m,\ t_{n-2})}{(\Delta t)^2}\right]\cdot\hat{\boldsymbol{a}}_{sm}-\left[\frac{\psi(\boldsymbol{\rho}_{m+1/2},\ t_{n-1})-\psi(\boldsymbol{\rho}_{m-1/2},\ t_{n-1})}{\Delta\tau}\right] \tag{3-112}$$

由于式(3-112)为标量公式，将式(3-110)、式(3-111)与切向单位矢量点乘后变为

$$\begin{cases}\mathbf{A}(\boldsymbol{\rho}_m,\ t_n)\cdot\hat{\boldsymbol{a}}_{sm}=\boldsymbol{\kappa}_{m,m0}I_m(t_n)+\not\!\mathbf{A}(\boldsymbol{\rho}_m,t_n)\cdot\hat{\boldsymbol{a}}_{sm}\\ \not\!\mathbf{A}(\boldsymbol{\rho}_m,\ t_n)\cdot\hat{\boldsymbol{a}}_{sm}=\displaystyle\sum_{k=1}^{M}\sum_{\substack{l=-\infty\\ \text{if}\ l=0,\ k\neq m}}^{\infty}I_k\left(t_n-\frac{R_{m,kl}}{c}\right)(\hat{\boldsymbol{a}}_{sm}\cdot\hat{\boldsymbol{a}}_{sk})\kappa_{m,\,kl}\end{cases} \tag{3-113}$$

为了使公式形式更简洁，引入标量符号 $\not\!A_{m,n}\equiv\not\!\mathbf{A}(\boldsymbol{\rho}_m,\ t_n)\cdot\hat{\boldsymbol{a}}_{sm}$，$A_{m,n}\equiv\mathbf{A}(\boldsymbol{\rho}_m,\ t_n)\cdot\hat{\boldsymbol{a}}_{sm}$ 和 $F_{m,n}\equiv\dfrac{\partial\mathbf{E}^i(\boldsymbol{\rho}_m,\ t_n)}{\partial t}\cdot\hat{\boldsymbol{a}}_{sm}$，于是式(3-113)和式(3-112)变为

$$\begin{cases}A_{m,n}=\kappa_{m,m0}I_m(t_n)+\not\!A_{m,n}\\ \not\!A_{m,n}=\displaystyle\sum_{k=1}^{M}\sum_{\substack{l=-\infty\\k\neq m\ \text{if}\ l=0}}^{\infty}I_k\left(t_n-\frac{R_{m,kl}}{c}\right)(\hat{\boldsymbol{a}}_{sm}\cdot\hat{\boldsymbol{a}}_{sk})\kappa_{m,kl}\\ \dfrac{\kappa_{m,m0}I_m(t_n)}{(\Delta t)^2}=F_{m,n-1}-\left[\dfrac{\not\!A_{m,n}-2A_{m,n-1}+A_{m,n-2}}{(\Delta t)^2}\right]-\left[\dfrac{\psi(\boldsymbol{\rho}_{m+1/2},t_{n-1})-\psi(\boldsymbol{\rho}_{m-1/2},\ t_{n-1})}{\Delta\tau}\right]\end{cases} \tag{3-114}$$

辅助标量势计算。注意到式(3-112)中 $\psi(\boldsymbol{\rho}_{m+1/2}, t_{n-1})$ 和 $\psi(\boldsymbol{\rho}_{m-1/2}, t_{n-1})$ 的下标均为半整数，所以以下推导仅给出 $\boldsymbol{\rho}=\boldsymbol{\rho}_{m-1/2}$ $(m-1/2=0.5, 1.5, \cdots, (M-0.5))$ 的结果。将式(3-105)代入式(3-96)可得

$$\begin{aligned}\psi(\boldsymbol{\rho}_{m-1/2}, t_n) &= -\frac{1}{4\pi\varepsilon}\int_C\int_{z'=-\infty}^{\infty}\frac{\nabla'_s\cdot\boldsymbol{J}\left(\boldsymbol{\rho}', t-\dfrac{R}{c}\right)}{R}\mathrm{d}z'\mathrm{d}c' \\ &\simeq -\frac{1}{4\pi\varepsilon}\sum_{l=-\infty}^{\infty}\int_{z'=z_l^-}^{z_l^+}\int_C\frac{\partial\left[\sum\limits_{k=1}^{M}I_k(t)f_k(\boldsymbol{\rho}')\right]}{\partial l'}\frac{1}{R}\mathrm{d}z'\mathrm{d}c' \\ &= \sum_{k=1}^{N}\sum_{l=-\infty}^{\infty}\left[\psi_{kl}^{+}(\boldsymbol{\rho}_{m-1/2}, t_n)-\psi_{kl}^{-}(\boldsymbol{\rho}_{m-1/2}, t_n)\right]\end{aligned}\tag{3-115}$$

上式最后等式的推导如下。注意到基函数式(3-98)的导数在 $\boldsymbol{\rho}_{k-1/2}$ 和 $\boldsymbol{\rho}_{k+1/2}$ 处为两个 δ 函数，

$$\frac{\partial}{\partial l}f_k(\boldsymbol{\rho})=\delta(\boldsymbol{\rho}-\boldsymbol{\rho}_{k-1/2})-\delta(\boldsymbol{\rho}-\boldsymbol{\rho}_{k+1/2})\tag{3-116}$$

此外，含 δ 函数的积分可以近似为小区间内的平均值，如图 2-10 所示。将式(3-115)中两个含 δ 函数的积分按照图 2-11 所示两个小区间用平均值代替，中心位于 $\boldsymbol{\rho}_{k-1/2}$ 和 $\rho_{k+1/2}$ 的两个小区间分别为 $(\boldsymbol{\rho}_{k-1}, \boldsymbol{\rho}_k)$ 和 $(\boldsymbol{\rho}_k, \boldsymbol{\rho}_{k+1})$，即得

$$\begin{aligned}\psi(\boldsymbol{\rho}_{m-1/2}, t_n) &= -\frac{1}{4\pi\varepsilon}\sum_{l=-\infty}^{\infty}\int_{z'=z_l^-}^{z_l^+}\int_C\frac{\partial\left[\sum\limits_{k=1}^{M}I_k(t)f_k(\boldsymbol{\rho}')\right]}{\partial l'}\frac{1}{R}\mathrm{d}c'\mathrm{d}z' \\ &\simeq -\frac{1}{4\pi\varepsilon}\sum_{l=-\infty}^{\infty}\int_{z'=z_l^-}^{z_l^+}\sum_{k=1}^{M}\left[\frac{I_k\left(t_n-\dfrac{R_{m,kl}^-}{c}\right)}{\Delta\tau_k^-}\int_{\boldsymbol{\rho}_{k-1}}^{\boldsymbol{\rho}_k}\frac{\mathrm{d}c'\mathrm{d}z'}{R_m}-\frac{I_k\left(t_n-\dfrac{R_{m,kl}^+}{c}\right)}{\Delta\tau_k^+}\int_{\boldsymbol{\rho}_k}^{\boldsymbol{\rho}_{k+1}}\frac{\mathrm{d}c'\mathrm{d}z'}{R_m}\right] \\ &\simeq \frac{1}{4\pi\varepsilon}\sum_{l=-\infty}^{\infty}\sum_{k=1}^{M}\left[\frac{I_k\left(t_n-\dfrac{R_{m,kl}^+}{c}\right)}{\Delta\tau_k^+}\int_{z'=z_l^-}^{z_l^+}\int_{\boldsymbol{\rho}_k}^{\boldsymbol{\rho}_{k+1}}\frac{\mathrm{d}s'}{R_m}-\frac{I_k\left(t_n-\dfrac{R_{m,kl}^-}{c}\right)}{\Delta\tau_k^-}\int_{z'=z_l^-}^{z_l^+}\int_{\boldsymbol{\rho}_{k-1}}^{\boldsymbol{\rho}_k}\frac{\mathrm{d}s'}{R_m}\right]\end{aligned}\tag{3-117}$$

其中，

$$\begin{cases}R_{m,kl}^{+}=\sqrt{|\boldsymbol{\rho}_{m-1/2}-\boldsymbol{\rho}_{k+1/2}|^2+z_l^{\,2}} \\ R_{m,kl}^{-}=\sqrt{|\boldsymbol{\rho}_{m-1/2}-\boldsymbol{\rho}_{k-1/2}|^2+z_l^2}\end{cases}\tag{3-118}$$

$$\begin{cases}z_l^{+}=z_l+\dfrac{\Delta z}{2} \\ z_l^{-}=z_l-\dfrac{\Delta z}{2} \\ z_l=l\Delta z \\ \Delta\tau_k^{+}=|\boldsymbol{\rho}_{k+1}-\boldsymbol{\rho}_k| \\ \Delta\tau_k^{-}=|\boldsymbol{\rho}_k-\boldsymbol{\rho}_{k-1}| \\ \Delta\tau_k^{+}=\Delta\tau_k^{-}=\Delta\tau\end{cases}\tag{3-119}$$

令

$$\begin{cases} \psi_{kl}^{+}(\boldsymbol{\rho}_{m-1/2},\ t_n) = \dfrac{1}{4\pi\varepsilon} \dfrac{I_k\left(t_n - \dfrac{R_{m,kl}^{+}}{c}\right)}{\Delta\tau_k^{+}} \displaystyle\int_{z'=z_l^{-}}^{z_l^{+}} \int_{\boldsymbol{\rho}_k}^{\boldsymbol{\rho}_{k+1}} \frac{ds'}{R_m} \\ \psi_{kl}^{-}(\boldsymbol{\rho}_{m-1/2},\ t_n) = \dfrac{1}{4\pi\varepsilon} \dfrac{I_k\left(t_n - \dfrac{R_{m,kl}^{-}}{c}\right)}{\Delta\tau_k^{-}} \displaystyle\int_{z'=z_l^{-}}^{z_l^{+}} \int_{\boldsymbol{\rho}_{k-1}}^{\boldsymbol{\rho}_k} \frac{ds'}{R_m} \end{cases} \tag{3-120}$$

$$R_m = \sqrt{|\boldsymbol{\rho}_{m-1/2} - \boldsymbol{\rho}'|^2 + (z')^2} \tag{3-121}$$

即得到式(3-115)。证毕。

式(3-120)中积分 $\int_{z'=z_l^{-}}^{z_l^{+}} \int_{\boldsymbol{\rho}_{k-1}}^{\boldsymbol{\rho}_k} \frac{ds'}{R_m}$ 和 $\int_{z'=z_l^{-}}^{z_l^{+}} \int_{\boldsymbol{\rho}_k}^{\boldsymbol{\rho}_{k+1}} \frac{ds'}{R_m}$ 的计算可利用公式(3-109)，需要区分自身和非自身单元情形，如

$$\int_{z'=z_l^{-}}^{z_l^{+}} \int_{\boldsymbol{\rho}_{k-1}}^{\boldsymbol{\rho}_k} \frac{ds'}{R_m} = \begin{cases} 4\Delta\tau \ln(1+\sqrt{2}), & k=m,\ l=0 \\ \dfrac{1}{R_{m,kl}} \displaystyle\iint ds' \simeq \frac{(\Delta\tau)^2}{R_{m,kl}}, & \text{其它} \end{cases} \tag{3-122}$$

显式解条件同式(2-84)，即

$$\Delta t \leqslant \frac{R_{\min}}{c},\quad R_{\min} = \min\{R_{m,kl}\} \tag{3-123}$$

在式(3-113)和式(3-115)、式(3-120)的求和计算中需要用到插值计算。如式(3-113)中电流 $I_k\left(t_n - \frac{R_{m,kl}}{c}\right)$ 的推迟时刻通常不在 Δt 的整数时间步上，这时需要插值，具体插值方法同前。

公式(3-113)和(3-115)中求和上限出现无穷大，由于光速的有限性，实际上求和上限可以用 $l_{\max}$ 代替，可参见3.2节的式(3-34)。

显式解的计算步骤可归纳如下：初始条件为在时间步 $n=0,1$，即 $t=0,\ t_1$，或 $t=0,\ \Delta t$，有

$$\begin{cases} I_m(t_0) = 0,\ I_m(t_1) = 0,\ m = 1,\ \cdots,\ M \\ \mathcal{A}_{m,0} = 0,\ \mathcal{A}_{m,1} = 0,\ m = 1,\ \cdots,\ M \\ A_{m,0} = 0,\ A_{m,1} = 0,\ m = 1,\ \cdots,\ M \\ \psi(\boldsymbol{\rho}_{m-1/2},\ t_0) = 0,\ \psi(\boldsymbol{\rho}_{m-1/2},\ t_1) = 0,\ m = 1,\ \cdots,\ M,\ M+1 \end{cases} \tag{3-124}$$

边界条件需要区别两种情形：对于开放导体片，两端有边界条件

$$I_0(t) = 0,\quad I_M(t) = 0 \tag{3-125}$$

对于闭合导体柱，没有开放端点，首尾端点重合，即 $I_0(t) = I_M(t)$，但不为零。

时域步进计算从时间步 $n=2$ 开始，步骤如下：

(1) 计算 $\mathcal{A}_{m,n}$，用式(3-114)第二式；

(2) 计算电流系数 $I_m(t_n)$，用式(3-114)第三式；

(3) 计算矢量势 $A_{m,n}$，用式(3-114)第一式；

(4) 计算标量势 $\psi(\boldsymbol{\rho}_{m\pm1/2},\ t_n)$，用式(3-115)、式(3-120)；

(5) 时间步推进，即 $n \rightarrow n+1$，重复以上步骤。

3.3.3　算例

【算例3-4】 金属条带散射，如图3-15所示。设条带宽为w，划分为M小段，TE波高斯脉冲沿负x方向入射。求条带中心点A处的电流。

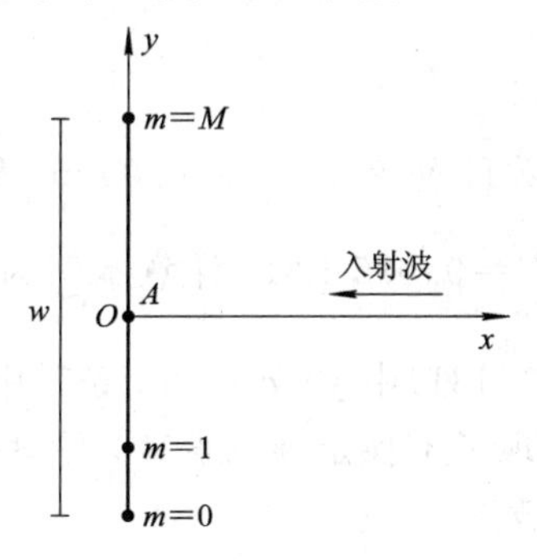

图3-15　金属条带

设$\boldsymbol{\rho}_m=\hat{\boldsymbol{x}}x_m+\hat{\boldsymbol{y}}y_m$，$m=0, 1, 2, \cdots, M$，其中，

$$x_m=0, \; y_m=-\frac{w}{2}+m\Delta\tau, \; \Delta\tau=\frac{w}{M} \tag{3-126}$$

激励项（TE入射波）的计算。设入射波为高斯脉冲，则有

$$\boldsymbol{H}_i(\boldsymbol{\rho}, t)=\boldsymbol{H}_0^{\text{Gauss}}\exp\left[-4\pi\left(\frac{t-t_0-\dfrac{\boldsymbol{\rho}\cdot\hat{\boldsymbol{a}}_{\text{inc}}}{c}}{\tau}\right)^2\right] \tag{3-127}$$

其中，$\hat{\boldsymbol{a}}_{\text{inc}}=-\hat{\boldsymbol{x}}$为入射波方向单位矢，磁场方向为$\boldsymbol{H}_0^{\text{Gauss}}=\hat{\boldsymbol{z}}H_0^{\text{Gauss}}$，则

$$\boldsymbol{H}_i(\boldsymbol{\rho}, t)=\hat{\boldsymbol{z}}H_0\exp\left[-4\pi\left(\frac{t-t_0+\dfrac{x}{c}}{\tau}\right)^2\right] \tag{3-128}$$

入射平面波的电场和磁场之间满足以下关系式：

$$\boldsymbol{H}_i=\frac{1}{\eta}\hat{\boldsymbol{a}}_{\text{inc}}\times\boldsymbol{E}_i, \quad \boldsymbol{E}_i=-\eta\hat{\boldsymbol{a}}_{\text{inc}}\times\boldsymbol{H}_i \tag{3-129}$$

其中，η为波阻抗。所以，入射波电场分量为

$$\begin{aligned}\boldsymbol{E}_i&=-\eta\hat{\boldsymbol{a}}_{\text{inc}}\times\boldsymbol{H}_i=\eta\hat{\boldsymbol{x}}\times\hat{\boldsymbol{z}}H_0\exp\left[-4\pi\left(\frac{t-t_0+\dfrac{x}{c}}{\tau}\right)^2\right]\\&=-\eta\hat{\boldsymbol{y}}H_0\exp\left[-4\pi\left(\frac{t-t_0+\dfrac{x}{c}}{\tau}\right)^2\right]\end{aligned} \tag{3-130}$$

入射波激励项为

$$\begin{aligned}F_{m,n}&=\frac{\partial\boldsymbol{E}^i(\boldsymbol{\rho}_m, t_n)}{\partial t}\cdot\hat{\boldsymbol{a}}_{sm}\\&=\frac{8\pi}{\tau}\left(\frac{t-t_0+\dfrac{x}{c}}{\tau}\right)(\hat{\boldsymbol{y}}\cdot\hat{\boldsymbol{a}}_{sm})\eta H_0\exp\left[-4\pi\left(\frac{t-t_0+\dfrac{x}{c}}{\tau}\right)^2\right]\end{aligned} \tag{3-131}$$

本例和以下计算中取参数为

$$\begin{cases} \boldsymbol{H}_0^{\text{Gauss}} = \hat{z}H_0 = \hat{z}120\sqrt{\pi}\ \text{A/m} \\ \tau = \dfrac{2\sqrt{\pi}}{3}\times 10^{-8}\ \text{s},\ t_0 = 2\times 10^{-8}\ \text{s} \end{cases} \tag{3-132}$$

波阻抗 $\eta=\sqrt{\dfrac{\mu_0}{\varepsilon_0}}=377\ \Omega$。

设条带宽 $w=0.5$ m，分段数目 $M=10$。$\Delta\tau=0.05$ m，$R_{\min}=\Delta\tau=0.05$ m。用显式解取时间步长为 $\Delta t=\dfrac{0.7R_{\min}}{c}=\dfrac{0.7\Delta\tau}{c}=0.035$ LM。注意本例为开放导体片，满足边界条件式(3-125)。对于平板条带，式(3-131)中 $\hat{\boldsymbol{y}}\cdot\hat{\boldsymbol{a}}_{sm}=1$。条带中心点 A 处电流系数 $I_5(t)$ 如图 3-16 所示。在步进计算后期出现了不稳定性的振荡，图 3-16 给出了采用三步平均法后的结果，和文献(Rao，1999)一致。

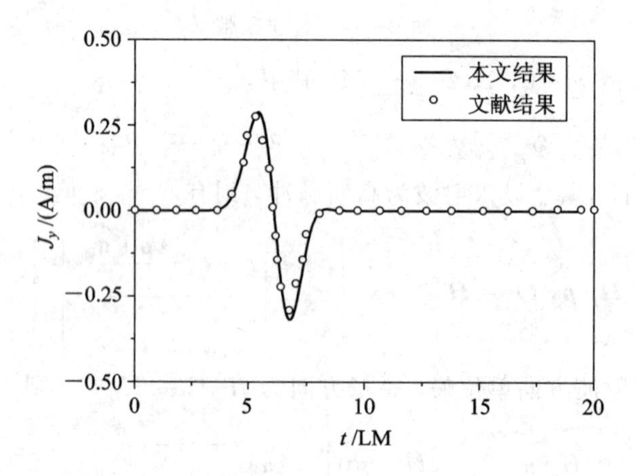

图 3-16　条带中心点 A 处的电流

在 TE 情形导体表面电流和 z 轴垂直，开放导体片两端边缘处的电流为零，类似于弦振动的固定端。沿薄板横向传播的波在板的两端反射，端点处为波节，因此中心处的电流一般会大于靠近边缘处的电流。

【算例 3-5】 L 形导体片散射，如图 3-17 所示。设边长为 L，共划分为 M 段，$\boldsymbol{\rho}_m=\hat{\boldsymbol{x}}x_m+\hat{\boldsymbol{y}}y_m$，$m=0,1,2,\cdots,M$，其中，

$$\begin{cases} x_m = 0,\quad y_m = -L+m\Delta\tau,\quad 0\leqslant m\leqslant \dfrac{M}{2} \\ x_m = -\left(m-\dfrac{M}{2}\right)\Delta\tau,\quad y_m = 0,\quad \dfrac{M}{2}< m\leqslant M \end{cases} \tag{3-133}$$

设导体片两边宽均为 $L=0.5$ m，分段数目 $M=10$，$\Delta\tau=0.1$ m，$R_{\min}=\Delta\tau=0.1$ m。采用显式解，取时间步长 $\Delta t=0.055\ \dfrac{\text{m}}{c}=0.055\ \text{LM}<\dfrac{R_{\min}}{c}$。注意本例为开放导体片，满足边界条件式(3-125)。对于 L 形导体片，式(3-131)中

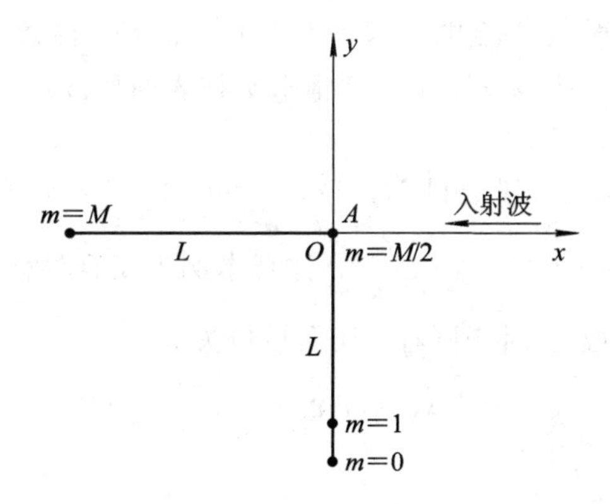

图 3－17　L形导体片

$$\hat{y}\cdot\hat{\boldsymbol{a}}_{sm}=\begin{cases}1, & m\leqslant\dfrac{M}{2}\\0, & \text{其它}\end{cases}$$

L形导体片中心点A处电流系数$I_5(t)$计算结果如图3－18所示。步进计算后期出现了不稳定性的振荡，图3－18所示为采用三步平均法后的结果，和文献(Rao，1999)一致。

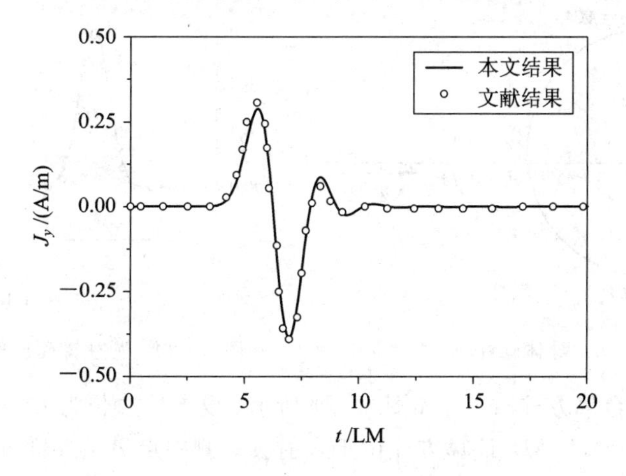

图 3－18　L导体片中心点A处的电流

【算例3－6】 圆柱导体散射。半径为a，周长划分为M段，TE波高斯脉冲入射。计算圆柱镜面反射点A点处的电流。

柱体表面的离散点坐标为$\boldsymbol{\rho}_m=\hat{\boldsymbol{x}}x_m+\hat{\boldsymbol{y}}y_m$，设$\boldsymbol{\rho}_m$和$x$轴夹角为$\varphi_m$，则

$$\begin{cases}\Delta\varphi=\dfrac{2\pi}{M}\\\varphi_m=m\Delta\varphi\\x_m=a\cos(m\Delta\varphi)\\y_m=a\sin(m\Delta\varphi)\end{cases}\tag{3-134}$$

其中，a为半径，离散间隔

$$\Delta\tau=\Delta z=2a\sin\left(\frac{\Delta\varphi}{2}\right)\tag{3-135}$$

根据TE波的基函数式(3－62)，为了获取圆柱镜面反射点A点的电流，离散点的划分如图

3－19 所示。圆柱镜面反射点 A 点电流即为 $I_0(t)=I_M(t)$。注意 TE 和 TM 波的基函数区间划分不同，如式(3－9)，所以 TE 和 TM 情形圆柱表面离散点划分也不相同，如图 3－19(TE 波)和图 3－9(TM 波)所示。

设圆柱半径 $a=0.1$ m，分段数目 $M=12$。$\Delta\tau=0.05176$ m，$R_{\min}=\Delta\tau$。采用显式解，取时间步长 $\Delta t=0.034\ \dfrac{\text{m}}{c}=0.034\ \text{LM}<\dfrac{R_{\min}}{c}$。注意本例为闭合导体柱，没有开放端点，首尾端点重合，即 $I_0(t)=I_M(t)$。对于圆柱，切向单位矢为

$$\hat{\boldsymbol{a}}_{ms}=-\hat{\boldsymbol{x}}\cos(m\Delta\varphi)+\hat{y}\cos(m\Delta\varphi)$$

所以式(3－131)中

$$\hat{\boldsymbol{y}}\cdot\hat{\boldsymbol{a}}_{sm}=\cos(m\Delta\varphi)$$

圆柱镜面反射点 A 处的电流系数 $I_{12}(t)$ 如图 320 所示。步进计算后期出现了不稳定性的振荡，图 3－20 所示为采用三步平均法后的结果，和文献(Rao，1999)一致。

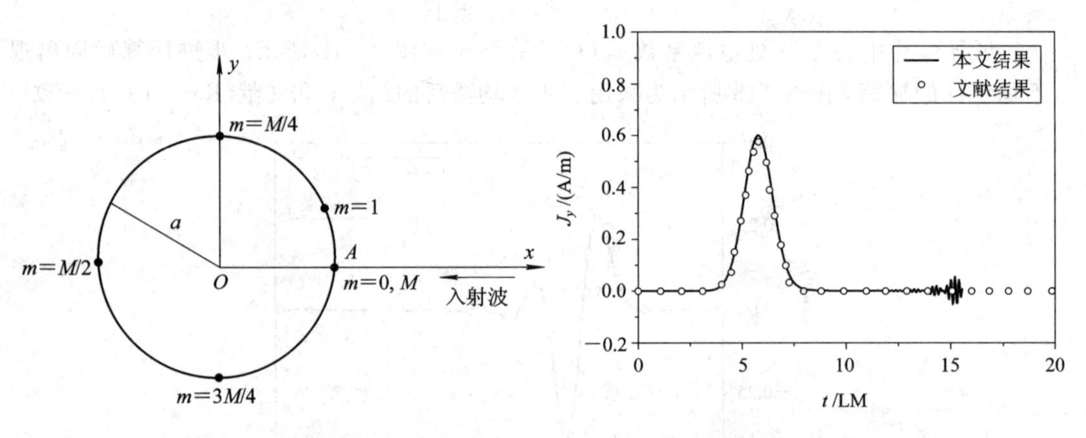

图 3－19　导体圆柱　　　　图 3－20　圆柱镜面反射点 A 处的电流

【算例 3－7】 金属方柱散射，如图 3－21 所示。设方柱边长为 L，周长划分为 M 小段，表面面片边长为 $\Delta\tau=4L/M$。计算方柱位于入射波一侧中点 A 点处的电流。

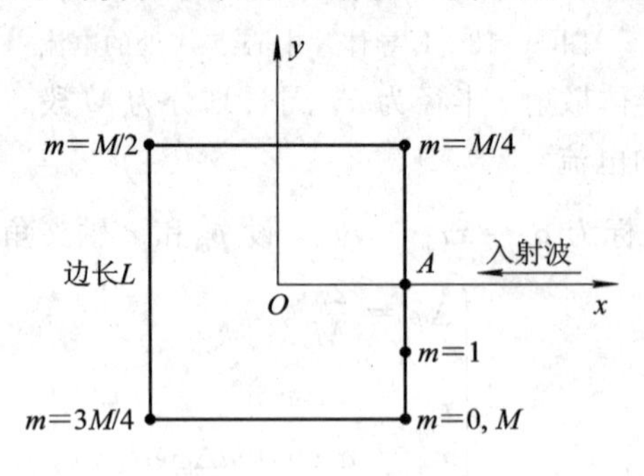

图 3－21　导体方柱

柱体表面的离散点坐标为

$$\boldsymbol{\rho}_m=\hat{\boldsymbol{x}}x_m+\hat{\boldsymbol{y}}y_m,\ m=1,\ 2,\ \cdots,\ M(\text{角点为整数})$$

其中，

$$\begin{cases} x_m = \dfrac{L}{2}, & y_m = -\dfrac{L}{2} + m\Delta\tau, & 1 \leqslant m \leqslant \dfrac{M}{4} \\ x_m = \dfrac{L}{2} - \left(m - \dfrac{M}{4}\right)\Delta\tau, & y_m = \dfrac{L}{2}, & \dfrac{M}{4} < m \leqslant \dfrac{M}{2} \\ x_m = -\dfrac{L}{2}, & y_m = \dfrac{L}{2} - \left(m - \dfrac{M}{2}\right)\Delta\tau, & \dfrac{M}{2} < m \leqslant \dfrac{3M}{4} \\ x_m = -\dfrac{L}{2} + \left(m - \dfrac{3M}{4}\right)\Delta\tau, & y_m = -\dfrac{L}{2}, & \dfrac{3M}{4} < m \leqslant M \end{cases} \tag{3-136}$$

设方柱边长 $L=0.2$ m，每边分为4段，$M=16$。对于方柱体，相邻整数结点之间最小距离 $R_{\min}=\Delta\tau=0.2\text{ m}/4=0.05$ m。取时间步长为 $\Delta t=0.028\text{ m}/c=0.028\text{ LM}<R_{\min}/c$。对于方柱，式(3-131)中

$$\hat{\boldsymbol{y}} \cdot \hat{\boldsymbol{a}}_{sm} = \begin{cases} 1, & 1 < m \leqslant \dfrac{M}{4} \\ 0, & \dfrac{M}{4} < m \leqslant \dfrac{M}{2} \\ -1, & \dfrac{M}{2} < m \leqslant \dfrac{3M}{4} \\ 0, & \dfrac{3M}{4} < m \leqslant M \end{cases}$$

位于入射波一侧方柱中点 A 处的电流系数 $I_2(t)$ 如图3-22所示。在步进计算后期出现了不稳定性的振荡，需要采用三步平均法，结果和文献(Rao，1999)一致。

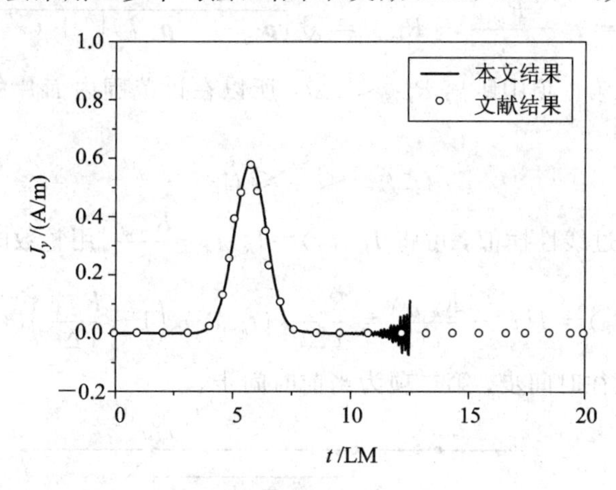

图3-22　方柱入射波一侧中点 A 处的电流

3.4　隐　式　解

如果时间步长的选择不满足显式解条件，即 $\Delta t>R_{\min}/c$，这时为隐式解。为了便于说明，以二维TM波金属条带为例说明隐式解，这时图3-2变为平面图，如图3-23所示，以观察点为中心，$R=c\Delta t$ 为半径的圆周将所有面片划分为圆内和圆外两个区域。位于圆内

的面片与观察点的距离满足 $R_{m,kl}<c\Delta t$。将推迟势公式(3-21)重写为两部分之和：

$$\begin{aligned}A(\boldsymbol{\rho}_{m-1/2},t_n)&=A_1(\boldsymbol{\rho}_{m-1/2},t_n)+A_2(\boldsymbol{\rho}_{m-1/2},t_n)\\&=\sum_k\sum_{\substack{l\\R_{m,kl}<c\Delta t}}I_k\left(t_n-\frac{R_{m,kl}}{c}\right)\kappa_{m,kl}+\sum_k\sum_{\substack{l\\R_{m,kl}\geqslant c\Delta t}}I_k\left(t_n-\frac{R_{m,kl}}{c}\right)\kappa_{m,kl}\end{aligned}\tag{3-137}$$

式中等号右端第一项代表所有 $R_{m,kl}<c\Delta t$ 的面片，包括自身面片的贡献，记为 $A_1(\boldsymbol{\rho},t_n)$；第二项 $A_2(\boldsymbol{\rho},t_n)$ 代表所有 $R_{m,kl}\geqslant c\Delta t$ 的面片的贡献。

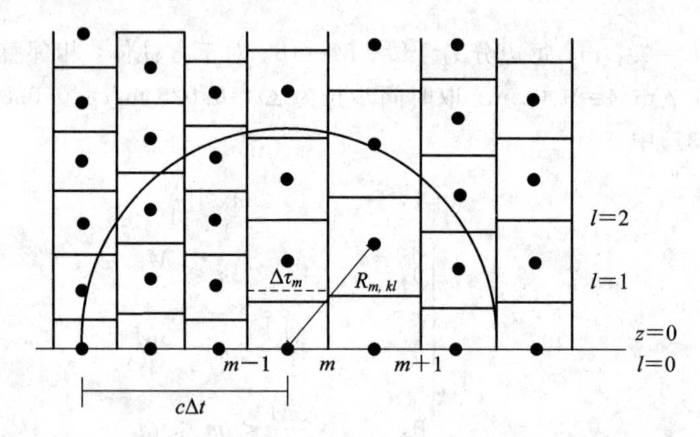

图 3-23 与观察点距离 $R_{mkl}<c\Delta t$ 的邻近面片范围

将式(3-137)中推迟时间记为

$$t_R=t_n-\frac{R_{m,kl}}{c},\quad R_{m,kl}=\sqrt{|\boldsymbol{\rho}_{m-1/2}-\boldsymbol{\rho}_{k-1/2}|^2+(z'_l)^2}\tag{3-138}$$

由于式(3-137)右端第一项中距离 $R_{m,kl}<c\Delta t$，所以在该范围内面片的影响传播到观察点所需时间小于 Δt，即

$$t_{n-1}<t_R\leqslant t_n\tag{3-139}$$

如图 3-24 所示。通过线性插值，可将 $I_R(t_R)=I_R\left(t_n-\frac{R_{m,kl}}{c}\right)$ 用整数时间步值表示，即

$$I(t_R)=I\left(t_n-\frac{R_{m,kl}}{c}\right)=\frac{R_{m,kl}}{c\Delta t}I(t_{n-1})+\left(1-\frac{R_{m,kl}}{c\Delta t}\right)I(t_n)\tag{3-140}$$

上式右端第一项为以往时间步，第二项为当前时间步。

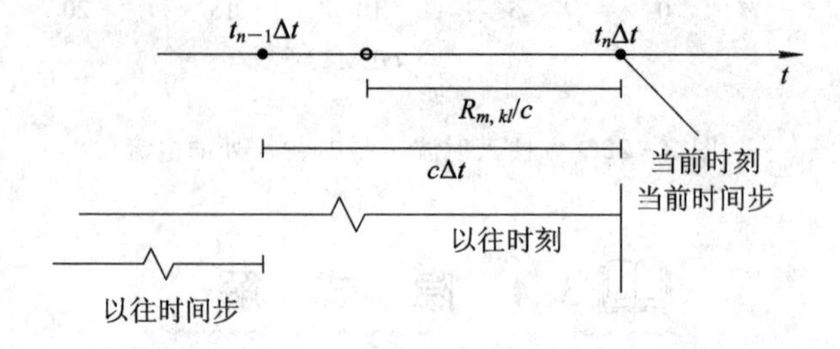

图 3-24 邻近面片 $R_{m,kl}<c\Delta t$ 的推迟时间

将式(3-140)代入式(3-137)的第一项得

$$A_1(\boldsymbol{\rho}_{m-1/2},t_n)=\sum_k\sum_{\substack{l\\R_{m,kl}<c\Delta t}}I_k\left(t_n-\frac{R_{m,kl}}{c}\right)\kappa_{m,kl}$$
$$=\sum_k\sum_{\substack{l\\R_{m,kl}<c\Delta t}}\frac{R_{m,kl}}{c\Delta t}I_k(t_{n-1})\kappa_{m,kl}+\sum_k\sum_{\substack{l\\R_{mkl}<c\Delta t}}\left(1-\frac{R_{m,kl}}{c\Delta t}\right)I_k(t_n)\kappa_{m,kl} \tag{3-141}$$

式中右端第一项为以往(前一个)时间步；第二项为当前时间步，涉及自身面片以及与其邻近的面片。将上式右端第一项归并到式(3-137)右端第二项中，可得

$$A(\boldsymbol{\rho}_{m-1/2},t_n)=A_1(\boldsymbol{\rho}_{m-1/2},t_n)+A_2(\boldsymbol{\rho}_{m-1/2},t_n)$$
$$=\sum_k\sum_{\substack{l\\R_{mkl}<c\Delta t}}\left(1-\frac{R_{m,kl}}{c\Delta t}\right)I_k(t_n)\kappa_{m,kl}$$
$$+\left[\sum_k\sum_{\substack{l\\R_{m,kl}<c\Delta t}}\frac{R_{m,kl}}{c\Delta t}I_k(t_{n-1})\kappa_{m,kl}+\sum_k\sum_{\substack{l\\R_{m,kl}\geqslant c\Delta t}}I_k\left(t_n-\frac{R_{m,kl}}{c}\right)\kappa_{m,kl}\right] \tag{3-142}$$

再代入式(3-19)整理后得到

$$\sum_k\sum_{\substack{l\\R_{m,kl}<c\Delta t}}\left(1-\frac{R_{m,kl}}{c\Delta t}\right)I_k(t_n)\kappa_{m,kl}$$
$$=\Delta\tau_m\int_0^{t_n}E_z^i(\boldsymbol{\rho},t')\,\mathrm{d}t'-\left\{\sum_k\sum_{\substack{l\\R_{m,kl}<c\Delta t}}\frac{R_{m,kl}}{c\Delta t}I_k(t_{n-1})\kappa_{m,kl}+\sum_k\sum_{\substack{l\\R_{m,kl}\geqslant c\Delta t}}I_k\left(t_n-\frac{R_{m,kl}}{c}\right)\kappa_{m,kl}\right\} \tag{3-143}$$

式中左端是当前时间步 t_n 的电流系数，涉及自身面片以及与其邻近面片；右端花括号内的两项都是以往时间步的电流系数，其中 $I_k(t_R)=I_k(t_n-R_{m,kl}/c)$，经过插值后可以用 $I_k(t_{n-1})$，$I_k(t_{n-2})$，… 等以往时间步的值表示。将式(3-143)右端入射波激励项记作 $F_m(t_n)$：

$$F_m(t_n)=\Delta\tau_m\int_0^{t_n}E_z^i(\boldsymbol{\rho},t')\,\mathrm{d}t' \tag{3-144}$$

于是式(3-143)可写成矩阵式：

$$[\alpha]\{I(t_n)\}=\{F(t_n)\}+[\beta]\{I(t_R)\} \tag{3-145}$$

其中，$[\alpha]$ 和 $[\beta]$ 为 $N\times N$ 矩阵，$\{I(t_n)\}$ 和 $\{F(t_n)\}$ 为 N 维矢量；等式右端乘积 $[\beta]\{I(t_R)\}$ 为 N 维矢量，涉及 t_{n-1}，t_{n-2}，…以往时间步。这里 $[\alpha]$ 为稀疏矩阵。如果将显式解式(3-32)也写为矩阵式(3-145)，则其系数矩阵 $[\alpha]$ 为对角矩阵，因为在显式解条件式(3-36)下，式(3-143)左端当前时间步 t_n 只有自身面片。而对于隐式解，当前时间步 t_n 所涉及面片包含自身面片为中心的半径小于 $c\Delta t$ 的邻近面片，如图 3-23 所示。所以在隐式解情形下，按照式(3-145)作时间步进计算时，为了求得当前时间步 $t=t_n$ 的电流系数 $I(t_n)$，需要求解矩阵方程式(3-145)，即需要在每一时间步作矩阵求逆。时域显式解与隐式解的区别简述如表 3-1 所示。

表 3-1　时域显式解与隐式解的区别

步进公式	当前时间步的计算	计算方式	特　点
显式公式(3-32)	只涉及观察点的自身面片一个面元	无需矩阵求逆	时间步长受限 $\Delta t \leqslant R_{\min}/c$
隐式公式(3-145)	涉及以观察点为中心，位于 $R_{m,kl} < c\Delta t$ 的多个面元	需要矩阵求逆	Δt 选择不受上述限制

3.5　TE 波磁场积分方程的 IETD 解

对于 TE 波，$\boldsymbol{H}=\hat{z}H$，表面电流 $\boldsymbol{J}=\hat{\boldsymbol{n}}\times\boldsymbol{H}=-\hat{\boldsymbol{a}}_s H$，HFIE 为式(3-7)和式(3-8)，即

$$\begin{cases}\boldsymbol{J}=\boldsymbol{n}\times(\boldsymbol{H}^s+\boldsymbol{H}^i)\\ \boldsymbol{H}^s=\dfrac{1}{\mu}\nabla\times\boldsymbol{A}\\ \boldsymbol{A}(\boldsymbol{\rho},t)=\dfrac{\mu}{4\pi}\displaystyle\int_C\int_{z'=-\infty}^{\infty}\dfrac{\boldsymbol{J}\left(\boldsymbol{\rho}',t-\dfrac{R}{c}\right)}{R}\mathrm{d}z'\mathrm{d}c'\end{cases}\tag{3-146}$$

基函数选择如式(3-62)，即

$$f_m(\boldsymbol{\rho})=\begin{cases}1, & \boldsymbol{\rho}\in(\boldsymbol{\rho}_{m-1/2},\boldsymbol{\rho}_{m+1/2})\\ 0, & 其它\end{cases}\tag{3-147}$$

取试验函数等于基函数，对式(3-7)取内积得到

$$\left\langle f_m\hat{\boldsymbol{a}}_{sm},\boldsymbol{J}\right\rangle=\left\langle f_m\hat{\boldsymbol{a}}_{sm},\boldsymbol{n}\times\left(\boldsymbol{H}^i+\frac{1}{\mu}\nabla\times\boldsymbol{A}\right)\right\rangle\tag{3-148}$$

由电流展开式(3-70)得式(3-148)左端为

$$\left\langle f_m\hat{\boldsymbol{a}}_{sm},\boldsymbol{J}\right\rangle=\int_C f_m\hat{\boldsymbol{a}}_{sm}\cdot\left[\sum_{k=1}^{M}\hat{\boldsymbol{a}}_{sk}I_k(t)f_k(\boldsymbol{\rho}')\right]\mathrm{d}l'=I_m(t_n)\Delta\tau_m\tag{3-149}$$

另外，对式(3-71)取旋度得到(Rao，1999)

$$\frac{1}{\mu}\nabla\times\boldsymbol{A}(\boldsymbol{\rho},t_n)=\frac{I_m(t_n)}{2}\hat{z}+\frac{1}{\mu}\nabla\times\boldsymbol{\mathcal{A}}(\boldsymbol{\rho},t_n)\tag{3-150}$$

式(3-150)右端第一项 Cauchy 积分主值为自身面片的贡献，第二项为所有非自身面片的贡献。将式(3-150)代入式(3-148)右端为

$$\begin{aligned}&\left\langle f_m\hat{\boldsymbol{a}}_{sm},\hat{\boldsymbol{n}}\times\left(\boldsymbol{H}^i+\frac{1}{\mu}\nabla\times\boldsymbol{A}\right)\right\rangle\\ &=\int_C f_m\hat{\boldsymbol{a}}_{sm}\cdot\left\{\boldsymbol{n}\times\hat{z}\frac{I_m(t_n)}{2}+\boldsymbol{n}\times\left(\boldsymbol{H}^i+\frac{1}{\mu}\nabla\times\boldsymbol{\mathcal{A}}\right)\right\}\mathrm{d}l'\\ &=\int_C f_m(\boldsymbol{\rho}')\frac{I_m(t_n)}{2}\mathrm{d}l'+\left\langle f_m\hat{\boldsymbol{a}}_{sm},\hat{\boldsymbol{n}}\times\left(\boldsymbol{H}^i+\frac{1}{\mu}\nabla\times\boldsymbol{\mathcal{A}}\right)\right\rangle\end{aligned}\tag{3-151}$$

其中，

$$\int_C f_m(\boldsymbol{\rho}')\frac{I_m(t_n)}{2}\mathrm{d}l'=\frac{I_m(t_n)}{2}\Delta\tau_m$$

合并式(3-149)、式(3-151)得

$$\frac{\Delta\tau_m}{2}I_m(t_n)=\left\langle f_m\hat{\boldsymbol{a}}_{sm}, \boldsymbol{n}\times\left(\boldsymbol{H}^i+\frac{1}{\mu}\nabla\times\boldsymbol{A}\right)\right\rangle$$

$$=\langle f_m\hat{\boldsymbol{a}}_{sm}, \boldsymbol{n}\times\boldsymbol{H}^i\rangle+\left\langle f_m\hat{\boldsymbol{a}}_{sm}, \hat{\boldsymbol{n}}\times\left(\frac{1}{\mu}\nabla\times\boldsymbol{A}\right)\right\rangle \tag{3-152}$$

上式为时间推进计算式，其中，

$$\langle f_m\hat{\boldsymbol{a}}_{sm}, \boldsymbol{n}\times\boldsymbol{H}^i\rangle=\int_C f_m(\boldsymbol{\rho}')\cdot\hat{\boldsymbol{a}}_{sm}[\boldsymbol{n}\times\hat{\boldsymbol{z}}H^i(\boldsymbol{\rho}',t_n)]\mathrm{d}l'$$

$$\simeq-\Delta\tau_m H^i(\boldsymbol{\rho}_m,t_n) \tag{3-153}$$

关于$\nabla\times\boldsymbol{A}$的计算。利用场论公式

$$\nabla\times(w\boldsymbol{A})=w\nabla\times\boldsymbol{A}+\nabla w\times\boldsymbol{A}$$

除去自身面片后，推迟势公式中$R\neq 0$，式(3-150)中旋度可以移到积分号内，于是

$$\frac{1}{\mu}\nabla\times\boldsymbol{A}(\boldsymbol{\rho}, t_n)=\frac{\mu}{4\pi}\iint_S\nabla\times\left[\frac{\boldsymbol{J}\left(\boldsymbol{\rho}',t_n-\frac{R}{c}\right)}{R}\right]\mathrm{d}z'\mathrm{d}l'$$

$$=\frac{\mu}{4\pi}\iint_S\left[\frac{\nabla\times\boldsymbol{J}\left(\boldsymbol{\rho}', t_n-\frac{R}{c}\right)}{R}-\boldsymbol{J}\left(\boldsymbol{\rho}', t_n-\frac{R}{c}\right)\times\nabla\frac{1}{R}\right]\mathrm{d}z'\mathrm{d}l' \tag{3-154}$$

上式中，

$$\begin{cases}\nabla\dfrac{1}{R}=-\dfrac{\hat{\boldsymbol{a}}_R}{R^2}\\ \nabla\times\boldsymbol{J}\left(\boldsymbol{\rho}', t_n-\dfrac{R}{c}\right)=\nabla\times\left[\hat{\boldsymbol{a}}'_sJ\left(\boldsymbol{\rho}', t_n-\dfrac{R}{c}\right)\right]=-\hat{\boldsymbol{a}}'_s\times\dfrac{\partial J}{\partial t_r}\nabla t_r\\ \nabla t_r=\nabla\left(t_n-\dfrac{R}{c}\right)=-\nabla\dfrac{R}{c}=-\dfrac{\nabla R}{c}=-\dfrac{\hat{\boldsymbol{R}}}{c}\end{cases} \tag{3-155}$$

其中，$\hat{\boldsymbol{R}}$为源点到观察点的单位矢。将式(3-155)代入式(3-154)得

$$\frac{1}{\mu}\nabla\times\boldsymbol{A}(\boldsymbol{\rho}, t_n)$$

$$=\frac{\mu}{4\pi}\iint_S\left[\frac{1}{cR}\frac{\partial J(\boldsymbol{\rho}',t_r)}{\partial t_r}\hat{\boldsymbol{a}}'_s\times\hat{\boldsymbol{R}}+\frac{J\left(\boldsymbol{\rho}',t_n-\frac{R}{c}\right)}{R^2}\hat{\boldsymbol{a}}'_s\times\hat{\boldsymbol{R}}\right]\mathrm{d}z'\mathrm{d}l'$$

$$=\sum_{k=1}^{M}\sum_{\substack{l=-\infty\\k\neq m,\ l\neq 0}}^{\infty}\frac{\partial I_k(t_r)}{\partial t_r}\boldsymbol{I}_p+\sum_{k=1}^{M}\sum_{\substack{l=-\infty\\k\neq m,\ l\neq 0}}^{\infty}I_k\left(t_n-\frac{R_{m,kl}}{c}\right)\boldsymbol{I}_g \tag{3-156}$$

其中，

$$\begin{cases}\boldsymbol{I}_p=\dfrac{1}{4\pi c}\displaystyle\iint_{k,l\ \mathrm{patch}}\dfrac{\hat{\boldsymbol{a}}'_s\times\hat{\boldsymbol{R}}}{R}\mathrm{d}S'\\ \boldsymbol{I}_g=\dfrac{1}{4\pi}\displaystyle\iint_{k,l\ \mathrm{patch}}\dfrac{\hat{\boldsymbol{a}}'_s\times\hat{\boldsymbol{R}}}{R^2}\mathrm{d}S'\end{cases} \tag{3-157}$$

式(3－156)中导数可用后向差分近似，即

$$\frac{\partial I_k(t_r)}{\partial t_r} \simeq \frac{I_k\left(t_n - \frac{R_{m,kl}}{c}\right) - I_k\left(t_{n-1} - \frac{R_{m,kl}}{c}\right)}{\Delta t} \tag{3-158}$$

由式(3－156)～式(3－158)可见，$\nabla \times \boldsymbol{A}$涉及到以往时刻的电流分布(当前时间步为 $t=n\Delta t$)。

设 $R_{\min}$ 为所有 $R_{m,kl}$ 中的最小距离，且选择

$$\Delta t \leqslant \frac{R_{\min}}{c} \tag{3-159}$$

则$\nabla \times \boldsymbol{A}$将只涉及到 $t \leqslant t_{n-1}$ 以往时间步的电流值。这时，式(3－152)对应于显式解。上式称为显式解条件。显式解的后期不稳定性可用式(3－38)所示平均值方法克服。

注意：HFIE 方程不适用于图 3－3 所示的开放式片状物体。原因在于片状物体情形，薄片电流是薄片两侧面电流之和，而边界条件式(3－7)中界面一侧磁场切向分量只与薄片一侧的面电流相关。

第 4 章 三维导体散射

本章讨论三维 PEC 表面划分为面片后的基函数，给出三维 PEC 物体散射的 IETD 解以及由表面电流计算远区散射场公式。

4.1 积分方程和基函数

4.1.1 推迟势和边界条件

设三维理想导体(PEC)表面为 S，导体表面电流为 $\boldsymbol{J}(\boldsymbol{r}, t)$，如图 4-1 所示。理想导体表面边界条件为

$$(\boldsymbol{E}^s + \boldsymbol{E}^i)_{\tan} = 0, \quad \boldsymbol{r} \in S \tag{4-1}$$

其中，$\boldsymbol{E}^s$ 表示散射场，$\boldsymbol{E}^i$ 表示入射场。在入射波照射下，物体表面产生感应电荷电流，它们所辐射的场即为散射场。散射场 $\boldsymbol{E}^s$ 可用势函数表示为

$$\boldsymbol{E}^s = -\frac{\partial \boldsymbol{A}}{\partial t} - \nabla \phi \tag{4-2}$$

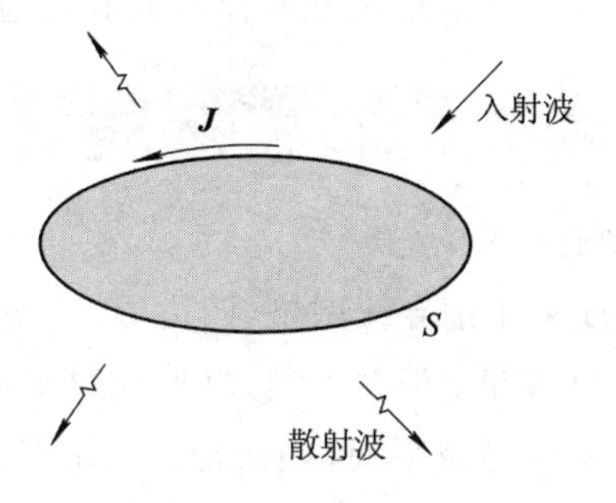

图 4-1　三维导体目标

在均匀介质空间，式(4-2)中 $\boldsymbol{A}$，ϕ 满足推迟势公式：

$$\begin{cases} \boldsymbol{A}(\boldsymbol{r}, t) = \dfrac{\mu}{4\pi}\displaystyle\iint_S \dfrac{\boldsymbol{J}\left(\boldsymbol{r}', t - \dfrac{R}{c}\right)}{R} \mathrm{d}s' \\ \phi(\boldsymbol{r}, t) = \dfrac{1}{4\pi\varepsilon}\displaystyle\iint_S \dfrac{q_s\left(\boldsymbol{r}', t - \dfrac{R}{c}\right)}{R} \mathrm{d}s' \end{cases} \tag{4-3}$$

式中，观察点和源点之间距离为 $R=|\boldsymbol{r}-\boldsymbol{r}'|$。由电荷守恒定律可得

$$\nabla \cdot \boldsymbol{J}=-\frac{\partial q_s}{\partial t} \Rightarrow q_s=-\int_{\tau=0}^{t} \nabla \cdot \boldsymbol{J}\, \mathrm{d}\tau \tag{4-4}$$

将式(4-4)代入式(4-3)得

$$\phi(\boldsymbol{r}, t)=\frac{-1}{4\pi\varepsilon}\iint_S \int_{\tau=0}^{t-R/c} \frac{\nabla' \cdot \boldsymbol{J}(\boldsymbol{r}', \tau)}{R}\, \mathrm{d}s'\mathrm{d}\tau \tag{4-5}$$

上式为标量势与面电流之间的关系式。

采用势函数表示的电场积分方程有两种形式。将式(4-2)代入式(4-1)得理想导体表面边界条件：

$$\left[\frac{\partial \boldsymbol{A}(\boldsymbol{r}, t)}{\partial t}+\nabla \phi(\boldsymbol{r}, t)\right]_{\tan}=\boldsymbol{E}_{\tan}^{i}(\boldsymbol{r}, t) \tag{4-6}$$

上式结合式(4-3)构成一组微分一积分方程，为三维 IETD 公式的形式一(称为 ϕ 方案)。

另外，可引入新的辅助函数 ψ，定义为

$$\psi(\boldsymbol{r}, t)=\frac{\partial \phi(\boldsymbol{r}, t)}{\partial t} \tag{4-7}$$

将式(4-5)代入，并注意对积分上限的求导就等于被积函数，得到

$$\psi(\boldsymbol{r}, t)=\frac{\partial \phi(\boldsymbol{r}, t)}{\partial t}=\frac{-1}{4\pi\varepsilon}\iint_S \frac{\nabla \cdot \boldsymbol{J}\left(\boldsymbol{r}', t-\frac{R}{c}\right)}{R}\mathrm{d}s' \tag{4-8}$$

式(4-6)对时间求导后再将式(4-7)代入可得

$$\left[\frac{\partial^2 \boldsymbol{A}(\boldsymbol{r}, t)}{\partial t^2}+\nabla \psi(\boldsymbol{r}, t)\right]_{\tan}=\left[\frac{\partial \boldsymbol{E}(\boldsymbol{r}, t)}{\partial t}\right]_{\tan} \tag{4-9}$$

上式结合式(4-3)为三维 IETD 公式形式二(称为 ψ 方案)。这里用辅助函数 ψ 代替了标量势 ϕ。以下分别讨论 ϕ 方案和 ψ 方案电场积分方程对散射问题求解。

4.1.2 RWG 基函数

三维导体目标的几何模型有两种：

(1) 细线模型。将导体表面采用细导线网格(四边形、三角形、六边形)模型拟合，应用细导线方法求解。细线模型发展较早，但精度稍差(特别对于近场的计算)。

(2) 面片模型。将物体表面用局域平面(四边形、三角形)面片拟合，其中三角形面片模型可适用三维复杂外形目标，计算精度较好。

本章采用三角形面片模型。使用三角形面片的优点在于它易于拟合三维物体表面，比较灵活；同时，许多 CAD 软件支持三角形面片网格，可以提供表面三角形面片数据，便于应用。对于三角形面片的要求是所有面片的形状和尺寸基本相同，且尽量接近等边三角形。图 4-2 给出了几种简单物体和复杂物体的三角形面片模型。按照物体表面又可区分为开放的和封闭的两种不同情形。应当注意的是，对于导体薄片，其表面 S 为开放形式，这时面电流应为表面两侧面电流之和。

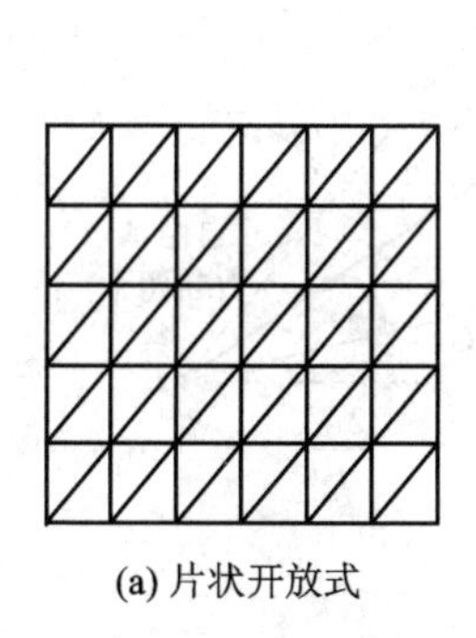
(a) 片状开放式

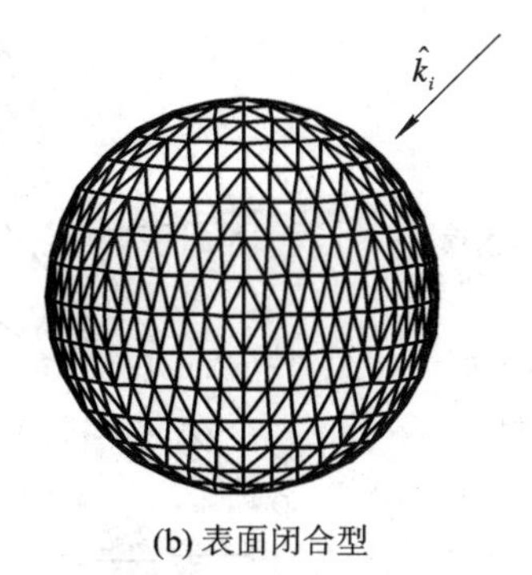

(b) 表面闭合型

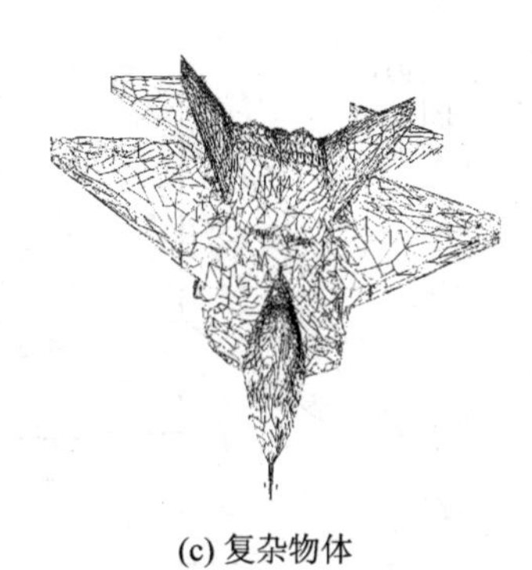
(c) 复杂物体

图 4-2　三角形面片模型

在三角形面片模型基础上，MoM 基函数所用基本单元为三角形面片对，如图 4-3 所示，其中公共棱边 l_m 两侧的两个三角形分别记为 T_m^+ 和 T_m^-；和公共棱边 l_m 相对的三角形顶点称为自由顶点 $\boldsymbol{r}_{\text{free}}^+$ 和 $\boldsymbol{r}_{\text{free}}^-$。基函数定义为

$$\boldsymbol{f}_m(\boldsymbol{r}) = \begin{cases} \dfrac{l_m}{2A_m^+}\boldsymbol{\rho}_m^+, & \boldsymbol{r} \in T_m^+(\text{含 } l_m) \\ \dfrac{l_m}{2A_m^-}\boldsymbol{\rho}_m^-, & \boldsymbol{r} \in T_m^-(\text{不含 } l_m) \\ 0, & \text{其它} \end{cases} \tag{4-10}$$

其中，$\boldsymbol{r}$ 为全域位置矢，l_m 为棱边长度，A_m^+ 和 A_m^- 分别为三角形 T_m^+ 和 T_m^- 的面积，$\boldsymbol{\rho}_m$ 为局域位置矢。当 $\boldsymbol{r} \in T_m^+$ 时，矢量 $\boldsymbol{\rho}_m^+$ 的起始端为三角形 T_m^+ 的自由顶点 $\boldsymbol{r}_{\text{free}}^+$；相反，当 $\boldsymbol{r} \in T_m^-$ 时，矢量 $\boldsymbol{\rho}_m^-$ 的末端为 T_m^- 的自由顶点 r_{free}^-，如图 4-3 所示。式(4-10)所示基函数通常称为 RWG 基函数(Rao-Wilton-Glisson，1982)。

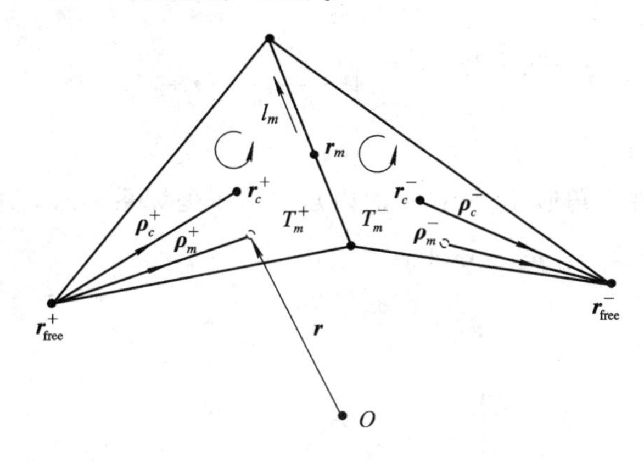

图 4-3　三角形面片对

为了便于以下讨论，将图 4-3 三角形面片对重画为图 4-4，其中 AC 为公共棱边 l_m，AB，BC，CD，DA 为 4 条外棱边，D 和 B 是三角形面片对的两个自由顶点。基函数具有以下重要性质：

性质一　当 $\boldsymbol{r}$ 位于三角形面片对的外棱边，如图 4-4(a)中 AB，DA 时，由式(4-10)可见基函数 $\boldsymbol{f}_m(\boldsymbol{r})$ 矢量平行于外边界，所以这时 $\boldsymbol{f}_m(\boldsymbol{r})$ 只有平行分量，垂直于外边界的分量为零。

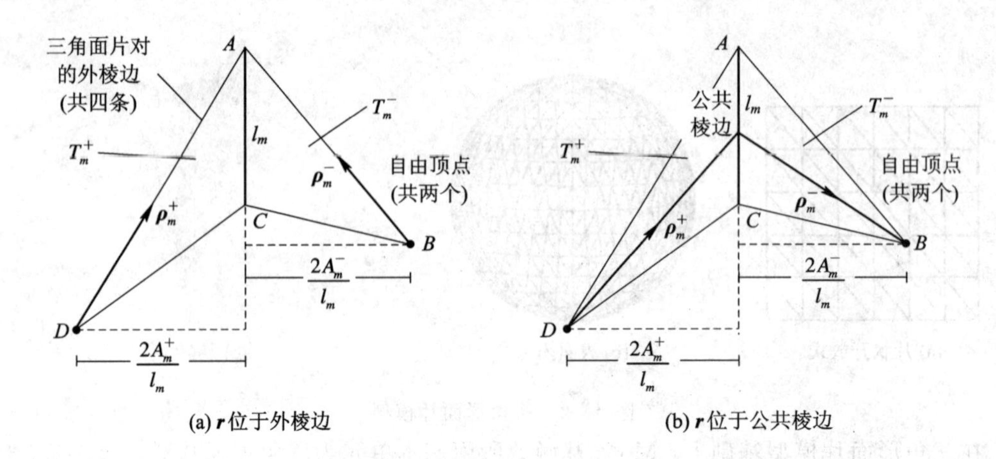

图 4-4 三角形面片对的性质

性质二 当 $\boldsymbol{r}$ 位于三角形面片对的公共棱边 l_m，如图 4-4(b)中 AC 时，由于三角形 T_m^+ 和 T_m^- 的面积 $A_m^{\pm}=(l_m/2)\times$高，而 $\boldsymbol{\rho}_m^+$ 和 $\boldsymbol{\rho}_m^-$ 垂直于 l_m 的分量就是三角形 T_m^+ 和 T_m^- 的高，所以 $\boldsymbol{\rho}_m^+$ 和 $\boldsymbol{\rho}_m^-$ 垂直于 l_m 的分量等于 $2A_m^{\pm}/l_m$，代入式(4-10)可见这时 $\boldsymbol{f}_m(\boldsymbol{r})$ 垂直于公共棱边 l_m 的分量等于 1。

在采用三角形面片模型时，某一条棱边通常既是一对三角形面片的公共棱边，又是另一对三角形面片的外棱边。根据上述两个性质，在用基函数式(4-10)展开电流时，该棱边电流的垂直分量为连续，因而棱边上无电荷堆积。换言之，三角形面片模型的各条棱边上都没有电荷堆积。

性质三 基函数的面散度为

$$\nabla_s \cdot \boldsymbol{f}_m(\boldsymbol{r}) = \begin{cases} \dfrac{l_m}{A_m^+}, & \boldsymbol{r} \in T_m^+ \\ -\dfrac{l_m}{A_m^-}, & \boldsymbol{r} \in T_m^- \\ 0, & \text{其它} \end{cases} \tag{4-11}$$

为了推导上式，在三角形 T_m^+ 所在平面内建立局域坐标系 xOy，并设坐标原点在其自由端点，如图 4-5 所示，则 $\boldsymbol{\rho}_m^+=\hat{\boldsymbol{x}}x+\hat{\boldsymbol{y}}y$。于是

$$\nabla_s \cdot \boldsymbol{\rho}_m^+ = \frac{\partial \rho_x}{\partial x}+\frac{\partial \rho_y}{\partial y}=1+1=2$$

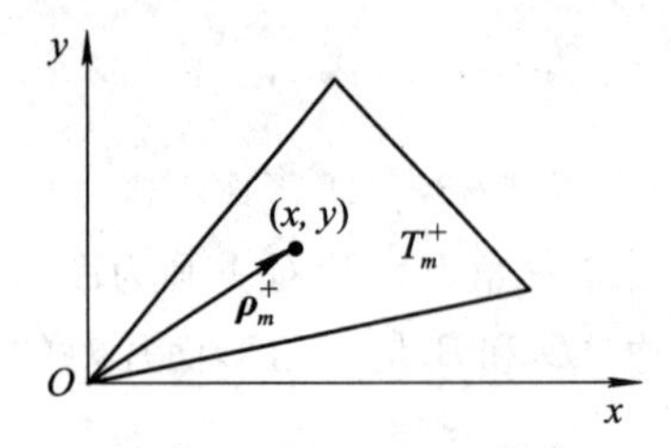

图 4-5 三角形 T_m^+ 所在平面内的局域坐标系

同理，对于 T_m^-，可得 $\boldsymbol{\rho}_m^-=-\hat{\boldsymbol{x}}x-\hat{\boldsymbol{y}}y$，以及

$$\nabla_s \cdot \boldsymbol{\rho}_m^- = \frac{\partial \rho_x}{\partial x} + \frac{\partial \rho_y}{\partial y} = -1-1 = -2$$

于是，式(4-10)的面散度为

$$\nabla_s \cdot \boldsymbol{f}_m(\boldsymbol{r}) = \begin{cases} \dfrac{l_m}{2A_m^+} \nabla \cdot \boldsymbol{\rho}_m^+ = \dfrac{l_m}{A_m^+}, & \boldsymbol{r} \in T_m^+ \\ \dfrac{l_m}{2A_m^-} \nabla \cdot \boldsymbol{\rho}_m^- = -\dfrac{l_m}{A_m^-}, & \boldsymbol{r} \in T_m^- \\ 0, & \text{其它} \end{cases}$$

上式即为式(4-11)。证毕。

4.1.3　三角形质心和空间位置矢的积分

质心是物体的质量中心。在重力作用下，只要支撑轴或支撑点通过质心，物体将是平衡状态。对于均匀平板，设质心为 C，建立以质心为原点的质心坐标系如图 4-6 所示。在质心系中，P 点坐标为 $P(x,y)$。如果支撑轴为 y 轴，并通过质心 C，则重力矩平衡条件为

$$\iint_S x \, \mathrm{d}s = 0 \tag{4-12}$$

这里设重力方向沿 z 轴方向。

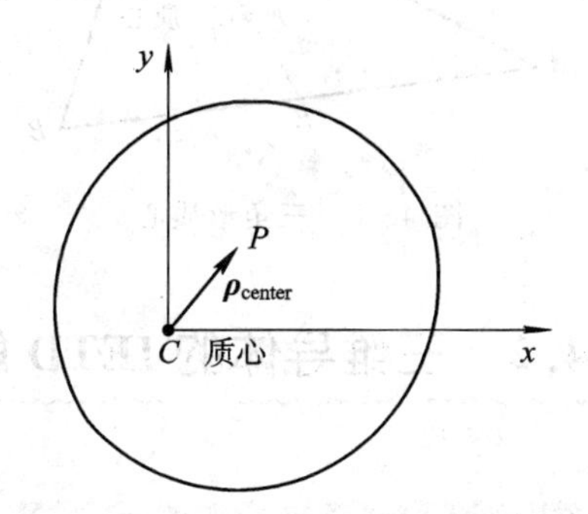

图 4-6　平板质心系

同样，当支撑轴为 x 轴，并通过质心 C 时，重力矩平衡条件为

$$\iint_S y \, \mathrm{d}s = 0 \tag{4-13}$$

将以上二式分别乘单位矢并相加得到

$$\iint_S (\hat{\boldsymbol{x}}x + \hat{\boldsymbol{y}}y)\mathrm{d}s = \iint_S \boldsymbol{\rho}_{\text{center}} \, \mathrm{d}s = 0 \tag{4-14}$$

式中，$\boldsymbol{\rho}_{\text{center}} = \boldsymbol{r}_P - \boldsymbol{r}_C$，是质心系中 P 点位置矢，见图 4-6。

设参照系 A 以三角形顶点 A 为原点，如图 4-7 所示，则该参照系中 P 点位置矢为

$$\boldsymbol{\rho} = \boldsymbol{r}_P - \boldsymbol{r}_A = \boldsymbol{\rho}_c + \boldsymbol{\rho}_{\text{center}} \tag{4-15}$$

其中，$\boldsymbol{\rho}_c = \boldsymbol{r}_C - \boldsymbol{r}_A$，是参照系 A 中的质心位置矢。于是，应用式(4-14)可得以下积分结果：

$$\iint_S \boldsymbol{\rho} \, \mathrm{d}S = \iint_S (\boldsymbol{\rho}_c + \boldsymbol{\rho}_{\text{center}})\mathrm{d}s = \boldsymbol{\rho}_c \iint_S \mathrm{d}s = \boldsymbol{\rho}_c A_k \tag{4-16}$$

其中，A_k 为三角形面积。上式表明，任意坐标系中空间位置矢沿三角形的积分等于三角形

质心位置矢和三角形面积的乘积。实际上式(4-16)对其它形状平板均成立。

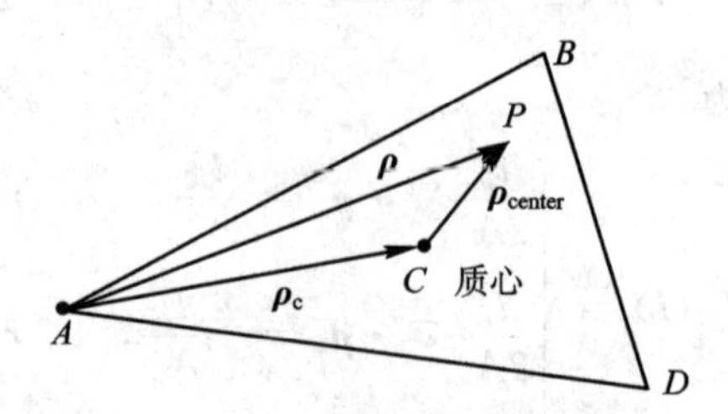

图 4-7 三角形的角顶参考系

三角形质心的位置。三角形的质心为其三条中线交点，位于一条中线距离底边三分之一处，如图 4-8 所示。设三角形顶点坐标分别为 $\boldsymbol{r}_A=(x_A, y_A, z_A)$，$\boldsymbol{r}_B=(x_B, y_B, z_B)$和 $\boldsymbol{r}_D=(x_D, y_D, z_D)$，则 AB 边的中点 E 的位置为 $\boldsymbol{r}_E=\dfrac{(\boldsymbol{r}_A+\boldsymbol{r}_B)}{2}$，所以质心 C 位置为

$$\boldsymbol{r}_C=\boldsymbol{r}_E+\frac{(\boldsymbol{r}_D-\boldsymbol{r}_E)}{3}=\frac{2\boldsymbol{r}_E}{3}+\frac{\boldsymbol{r}_D}{3}=\frac{\boldsymbol{r}_A+\boldsymbol{r}_B+\boldsymbol{r}_D}{3} \tag{4-17}$$

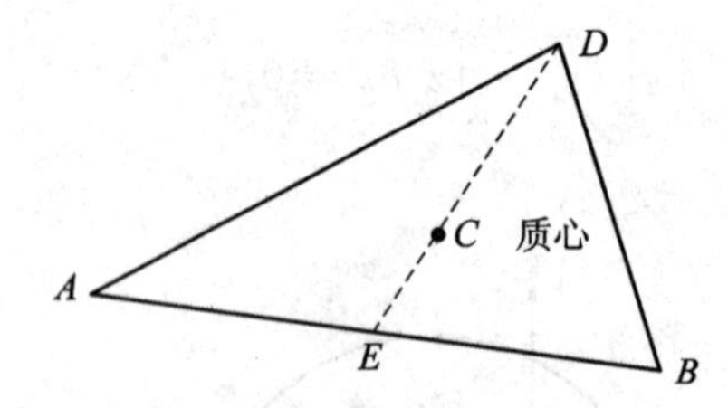

图 4-8 三角形质心

4.2 三维导体的 IETD 解

4.2.1 IETD 解的 φ 方案

由导体表面边界条件式(4-6)，即

$$\left[\frac{\partial \boldsymbol{A}(\boldsymbol{r},\ t)}{\partial t}+\nabla \phi(\boldsymbol{r},\ t)\right]_{\tan}=[\boldsymbol{E}^i(\boldsymbol{r},\ t)]_{\tan} \tag{4-18}$$

在 $t=t_n=n\Delta t$，上式中时间导数取前向差分近似得

$$\left[\frac{\boldsymbol{A}(\boldsymbol{r},\ t_{n+1})-\boldsymbol{A}(\boldsymbol{r},\ t_n)}{\Delta t}+\nabla \phi(\boldsymbol{r},\ t_n)\right]_{\tan}=[\boldsymbol{E}^i(\boldsymbol{r},\ t_n)]_{\tan} \tag{4-19}$$

即

$$[\boldsymbol{A}(\boldsymbol{r},\ t_{n+1})]_{\tan}=[\boldsymbol{E}^i(\boldsymbol{r},\ t_n)\Delta t-\nabla \phi(\boldsymbol{r},\ t_n)\Delta t+\boldsymbol{A}(\boldsymbol{r},\ t_n)]_{\tan} \tag{4-20}$$

首先讨论 MoM 的试验过程。对上式取内积，即

$$\langle \boldsymbol{a}, \boldsymbol{b}\rangle=\iint_S \boldsymbol{a}\cdot\boldsymbol{b}\,\mathrm{d}s$$

其中，S 为导体表面。选取上式中试验函数 $\boldsymbol{a}$ 等于基函数式(4-10)，对式(4-20)求内积得到

$$\left\langle \boldsymbol{f}_m,\ \mathbf{A}(\boldsymbol{r},\ t_{n+1})\right\rangle = \Delta t\left\langle \boldsymbol{f}_m,\ \mathbf{E}^i(\boldsymbol{r},\ t_n)\right\rangle - \Delta t\left\langle \boldsymbol{f}_m,\ \nabla\phi(\boldsymbol{r},\ t_n)\right\rangle + \left\langle \boldsymbol{f}_m,\ \mathbf{A}(\boldsymbol{r},\ t_n)\right\rangle \tag{4-21}$$

注意，上式中基函数 $\boldsymbol{f}_m$ 定义在三角形面片对内，其方向和物体表面相切，所以上式的内积运算满足式(4-20)切向分量要求。以下分别计算式(4-21)中各项，对矢量势的内积为

$$\begin{aligned}
\left\langle \boldsymbol{f}_m,\ \mathbf{A}\right\rangle &= \iint_S \boldsymbol{f}_m \cdot \mathbf{A}(\boldsymbol{r},\ t)\mathrm{d}s \\
&= \iint_{T_m^+} \frac{l_m}{2A_m^+}\boldsymbol{\rho}_m^+ \cdot \mathbf{A}(\boldsymbol{r},\ t)\mathrm{d}s + \iint_{T_m^-} \frac{l_m}{2A_m^-}\boldsymbol{\rho}_m^- \cdot \mathbf{A}(\boldsymbol{r},\ t)\mathrm{d}s \\
&\simeq \mathbf{A}(\boldsymbol{r}_m,\ t)\cdot\left[\frac{l_m}{2}\frac{1}{A_m^+}\iint_{T_m^+}\boldsymbol{\rho}_m^+\,\mathrm{d}s + \frac{l_m}{2}\frac{1}{A_m^-}\iint_{T_m^-}\boldsymbol{\rho}_m^-\,\mathrm{d}s\right] \\
&= \mathbf{A}(\boldsymbol{r}_m,\ t)\cdot\frac{l_m}{2}(\boldsymbol{\rho}_m^{c+} + \boldsymbol{\rho}_m^{c-})
\end{aligned} \tag{4-22}$$

上式中 $\mathbf{A}(\boldsymbol{r}_m,\ t)$ 表示势函数在三角形面片对的公共棱边 l_m 中点处取样，以及

$$\boldsymbol{\rho}_m^{c+} = \frac{1}{A_m^+}\iint_{T_m^+}\boldsymbol{\rho}_m^+\,\mathrm{d}s,\quad \boldsymbol{\rho}_m^{c-} = \frac{1}{A_m^-}\iint_{T_m^-}\boldsymbol{\rho}_m^-\,\mathrm{d}s \tag{4-23}$$

为三角形 $T_m^\pm$ 的质心，这里用到式(4-16)。式(4-21)右端第二项为

$$\left\langle \boldsymbol{f}_m, \nabla\phi\right\rangle = \iint_S \boldsymbol{f}_m \cdot \nabla\phi\ \mathrm{d}s = \iint_{\text{triangle pair}} [\nabla\cdot(\phi\boldsymbol{f}_m) - \phi\nabla\cdot\boldsymbol{f}_m]\mathrm{d}s \tag{4-24}$$

根据基函数性质一，在三角形面片对的外棱边处 $\boldsymbol{f}_m(\boldsymbol{r})$ 平行于外边界，所以上式右端第一项为

$$\iint_{\text{triangle pair}} \nabla\cdot(\phi\boldsymbol{f}_m)\mathrm{d}s = \oint_{ABCDA} \phi\boldsymbol{f}_m\cdot\hat{\boldsymbol{a}}_n\ \mathrm{d}l = 0$$

根据基函数性质三，式(4-24)右端第二项为

$$\iint_{\text{triangle pair}} \phi\nabla\cdot\boldsymbol{f}_m\ \mathrm{d}s = \iint_{T_m^+}\frac{l_m}{A_m^+}\phi\ \mathrm{d}s - \iint_{T_m^-}\frac{l_m}{A_m^-}\phi\ \mathrm{d}s \simeq l_m[\phi(\boldsymbol{r}_m^{c+}) - \phi(\boldsymbol{r}_m^{c-})] \tag{4-25}$$

式中，$\phi(\boldsymbol{r}_m^{c\pm})$ 表示势函数在三角形 $T_m^\pm$ 的质心处取样，如图 4-9 所示。

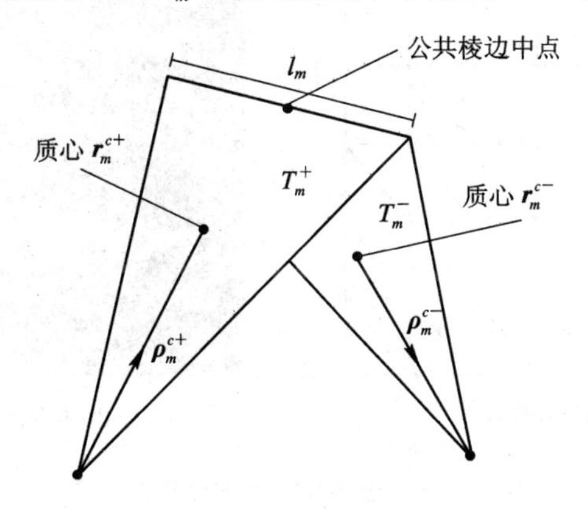

图 4-9　三角面片对的公共棱边中点和质心

式(4-21)中入射场的内积一项为

$$
\begin{aligned}
\langle \boldsymbol{f}_m, \boldsymbol{E}^i \rangle &= \iint_S \boldsymbol{f}_m \cdot \boldsymbol{E}^i(\boldsymbol{r}, t)\mathrm{d}s \\
&= \iint_{T_m^+} \frac{l_m}{2A_m^+}\boldsymbol{\rho}_m^+ \cdot \boldsymbol{E}^i(\boldsymbol{r}, t)\mathrm{d}s + \iint_{T_m^-} \frac{l_m}{2A_m^-}\boldsymbol{\rho}_m^- \cdot \boldsymbol{E}^i(\boldsymbol{r}, t)\mathrm{d}s \\
&\simeq \boldsymbol{E}^i(\boldsymbol{r}_m, t)\frac{l_m}{2}\left[\frac{1}{A_m^+}\iint_{T_m^+}\boldsymbol{\rho}_m^+ \mathrm{d}s + \frac{1}{A_m^-}\iint_{T_m^-}\boldsymbol{\rho}_m^- \mathrm{d}s\right] \\
&= \frac{l_m}{2}(\boldsymbol{\rho}_m^{c+} + \boldsymbol{\rho}_m^{c-}) \cdot \boldsymbol{E}^i(\boldsymbol{r}_m, t)
\end{aligned} \tag{4-26}
$$

其中，$\boldsymbol{E}^i(\boldsymbol{r}_m, t)$为棱边$l_m$的中点取样。

将式(4-22)～式(4-26)代入式(4-21)并作替换$n \to n-1$，整理后得到

$$
\begin{aligned}
\frac{l_m}{2}(\boldsymbol{\rho}_m^{c+} + \boldsymbol{\rho}_m^{c-}) \cdot \boldsymbol{A}(\boldsymbol{r}_m, t_n) = &\frac{l_m}{2}(\boldsymbol{\rho}_m^{c+} + \boldsymbol{\rho}_m^{c-}) \cdot \Delta t \boldsymbol{E}^i(\boldsymbol{r}_m, t_{n-1}) \\
&+ (\Delta t) l_m [\phi(\boldsymbol{r}_m^{c+}, t_{n-1}) - \phi(\boldsymbol{r}_m^{c-}, t_{n-1})] \\
&+ \frac{l_m}{2}(\boldsymbol{\rho}_m^{c+} + \boldsymbol{\rho}_m^{c-}) \cdot \boldsymbol{A}(\boldsymbol{r}_m, t_{n-1})
\end{aligned} \tag{4-27}
$$

上式给出了当前时间步$t=t_n$矢量势与以往时间步$t \leqslant t_{n-1}$的矢量势、标量势之间的关系。

下面考虑 MoM 的展开过程。将导体表面电流用式(4-10)所示基函数展开，即

$$
\boldsymbol{J}(\boldsymbol{r}, t) = \sum_{k=1}^{M} I_k(t) \boldsymbol{f}_k(\boldsymbol{r}) \tag{4-28}
$$

其中，$\boldsymbol{f}_k(\boldsymbol{r})$为属于棱边$k$的基函数；$I_k(t)$为棱边$k$的电流系数，为未知量；式中求和上限$M$为内棱边总数。

关于内棱边(非边界棱边)。物体表面剖分为三角形面片后，如果物体表面为开放形式，如图 4-10(a)所示，所有棱边可区分为边界棱边和内棱边两类，内棱边也称为非边界棱边。如果物体表面为封闭形式，如图 4-10(b)所示，则它的所有棱边均为内棱边，没有边界棱边。显然，内棱边有两个相邻的三角形，而边界棱边只有一个相邻的三角形。

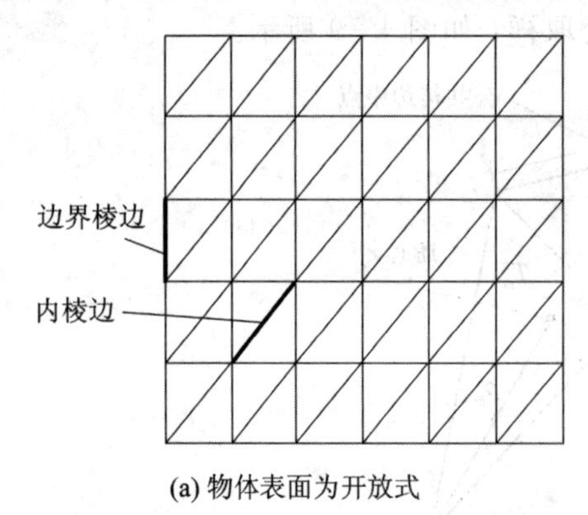

(a) 物体表面为开放式

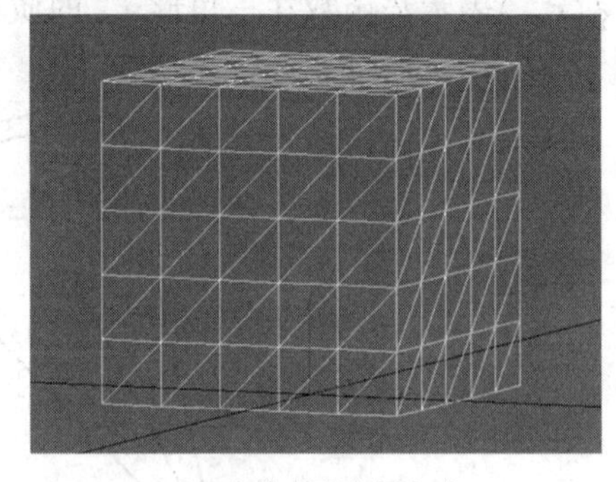

(b) 物体表面为闭合式

图 4-10 边界棱边和内棱边的示意

将展开式(4-28)代入矢量势积分方程式(4-3)，并令$\boldsymbol{r}=\boldsymbol{r}_m$，$t=t_n$，得到

$$\begin{aligned}
\boldsymbol{A}(\boldsymbol{r}_m,\ t_n) &\simeq \frac{\mu}{4\pi}\iint_S \frac{\sum_{k=1}^{M} I_k\left(t_n-\frac{R_m}{c}\right)\boldsymbol{f}_k(\boldsymbol{r}')}{R_m}\,\mathrm{d}s' \\
&= \frac{\mu}{4\pi}\sum_{k=1}^{M}\iint_S \frac{I_k\left(t_n-\frac{R_m}{c}\right)\boldsymbol{f}_k(\boldsymbol{r}')}{R_m}\mathrm{d}s' \\
&\simeq \sum_{k=1}^{M} I_k\left(t_n-\frac{R_{mk}}{c}\right)\frac{\mu}{4\pi}\iint_S \frac{\boldsymbol{f}_k(\boldsymbol{r}')}{R_m}\,\mathrm{d}s' \\
&= \sum_{k=1}^{M} I_k\left(t_n-\frac{R_{mk}}{c}\right)\boldsymbol{\kappa}_{mk}
\end{aligned} \tag{4-29}$$

式中，$R_{mk}=|\boldsymbol{r}_m-\boldsymbol{r}_k|$，为两个棱边中点距离，阻抗系数为

$$\boldsymbol{\kappa}_{mk}=\frac{\mu}{4\pi}\iint_S \frac{\boldsymbol{f}_k(\boldsymbol{r}')}{R_m}\mathrm{d}s',\quad R_m=|\boldsymbol{r}_m-\boldsymbol{r}'| \tag{4-30}$$

式(4-29)右端求和项中当 $k=m$ 时，$R_{mk}=0$ 为自作用项。分离出自作用项后，式(4-29)可重写为

$$\boldsymbol{A}(\boldsymbol{r}_m,\ t_n)=\boldsymbol{\kappa}_{mm}I_m(t_n)+\tilde{\boldsymbol{A}}(\boldsymbol{r}_m,\ t_n) \tag{4-31}$$

其中，

$$\tilde{\boldsymbol{A}}(\boldsymbol{r}_m,\ t_n)=\sum_{\substack{k=1\\k\neq m}}^{M} I_k\left(t_n-\frac{R_{mk}}{c}\right)\boldsymbol{\kappa}_{mk} \tag{4-32}$$

上式右端求和号内为以往时刻的电流系数。

将展开式(4-28)代入标量势积分方程式(4-5)，并令 $t=t_n$，观察点 $\boldsymbol{r}=\boldsymbol{r}_m^{c\pm}$(表示 $\boldsymbol{r}_m^{c+}$ 或者 $\boldsymbol{r}_m^{c-}$)，得到

$$\begin{aligned}
\phi(\boldsymbol{r}_m^{c\pm},\ t_n) &= -\iint_S\int_{\tau=0}^{t-R/c} \frac{\nabla'\cdot\boldsymbol{J}(\boldsymbol{r}',\ \tau)}{4\pi\varepsilon R}\mathrm{d}s'\mathrm{d}\tau \\
&= -\iint_S\int_{\tau=0}^{t-R/c} \frac{\sum_{k=1}^{N} I_k(\tau)\nabla'\cdot\boldsymbol{f}_k(\boldsymbol{r}')}{4\pi\varepsilon R}\mathrm{d}s'\mathrm{d}\tau \\
&\simeq -\sum_{k=1}^{M}\left[\int_{\tau=0}^{t_R^+} I_k(\tau)\mathrm{d}\tau\iint_{T_k^+}\frac{\nabla'\cdot\boldsymbol{f}_k(\boldsymbol{r}')}{4\pi\varepsilon R_m^+}\mathrm{d}s'\right. \\
&\qquad \left.+\int_{\tau=0}^{t_R^-} I_k(\tau)\mathrm{d}\tau\iint_{T_k^-}\frac{\nabla'\cdot\boldsymbol{f}_k(\boldsymbol{r}')}{4\pi\varepsilon R_m^-}\,\mathrm{d}s'\right] \\
&= -\sum_{k=1}^{M}\left[\int_{\tau=0}^{t_R^+} I_k(\tau)\mathrm{d}\tau\,\frac{l_k}{4\pi\varepsilon A_k^+}\iint_{T_k^+}\frac{1}{R_m^+}\mathrm{d}s'\right. \\
&\qquad \left.-\int_{\tau=0}^{t_R^-} I_k(\tau)\mathrm{d}\tau\,\frac{l_k}{4\pi\varepsilon A_k^-}\iint_{T_k^-}\frac{1}{R_m^-}\,\mathrm{d}s'\right] \\
&= -\sum_{k=1}^{M}\left[\int_{\tau=0}^{t_R^+} I_k(\tau)\mathrm{d}\tau\phi_{mk}^+(\boldsymbol{r}_m^{c\pm})-\int_{\tau=0}^{t_R^-} I_k(\tau)\mathrm{d}\tau\phi_{mk}^-(\boldsymbol{r}_m^{c\pm})\right]
\end{aligned} \tag{4-33}$$

其中，$\boldsymbol{r}_k^{c\pm}$ 分别表示积分三角形面片对 $T_k^{\pm}$ 的质心，式中对 τ 的积分上限作了近似处理，并用到基函数性质三式(4-11)。当观察点为 $\boldsymbol{r}_m^{c+}$ 或 $\boldsymbol{r}_m^{c-}$ 时，上式中各参量分别为

$$\begin{cases} t_R^{\pm} = t_n - \dfrac{R_{mk}^{\pm}}{c}, & R_{mk}^{\pm} = |\boldsymbol{r}_m^{c+} - \boldsymbol{r}_k^{c\pm}| \\ \phi_{mk}^{\pm}(\boldsymbol{r}_m^{c+}) = \dfrac{l_k}{4\pi\varepsilon A_k^{\pm}} \displaystyle\iint_{T_k^{\pm}} \dfrac{\mathrm{d}s'}{R_m^{\pm}}, & R_m^{\pm} = |\boldsymbol{r}_m^{c+} - \boldsymbol{r}'| \\ t_R^{\pm} = t_n - \dfrac{R_{mk}^{\pm}}{c}, & R_{mk}^{\pm} = |\boldsymbol{r}_m^{c-} - \boldsymbol{r}_k^{c\pm}| \\ \phi_{mk}^{\pm}(\boldsymbol{r}_m^{c-}) = \dfrac{l_k}{4\pi\varepsilon A_k^{\pm}} \displaystyle\iint_{T_k^{\pm}} \dfrac{\mathrm{d}s'}{R_m^{\pm}}, & R_m^{\pm} = |\boldsymbol{r}_m^{c-} - \boldsymbol{r}'| \end{cases} \tag{4-34}$$

注意上式中的±号分别对应于积分面片 T_k^+ 或 T_k^-，$\phi_{mk}^{\pm}(\boldsymbol{r}_m^{c\pm})$ 称为标量势系数。

将式(4-31)代入式(4-27)整理后得

$$\begin{aligned} \left[\frac{1}{2}\boldsymbol{\kappa}_{mm} \cdot (\boldsymbol{\rho}_m^{c+} + \boldsymbol{\rho}_m^{c-})\right] I_m(t_n) = {} & \frac{1}{2}(\boldsymbol{\rho}_m^{c+} + \boldsymbol{\rho}_m^{c-}) \cdot (\Delta t)\boldsymbol{E}^i(\boldsymbol{r}_m, t_{n-1}) \\ & - \frac{1}{2}(\boldsymbol{\rho}_m^{c+} + \boldsymbol{\rho}_m^{c-}) \cdot [\not{\mathbf{A}}(\boldsymbol{r}_m, t_n) - \mathbf{A}(\boldsymbol{r}_m, t_{n-1})] \\ & + (\Delta t)[\phi(\boldsymbol{r}_m^{c+}, t_{n-1}) - \phi(\boldsymbol{r}_m^{c-}, t_{n-1})] \end{aligned} \tag{4-35}$$

式中，$I_m(t_n)$ 表示棱边 m 处当前时间步 $t=t_n$ 的电流系数，右端 $\not{\mathbf{A}}(r_m, t_n)$ 涉及电流系数以往时刻的值，其它各项则均为以往时间步的值。这里，和细导线、二维导体柱情形一样也需要区分以往时刻和以往时间步的概念，参见图 2-4。

以下引入标量符号以便计算。由式(4-35)可见，$\mathbf{A}(\boldsymbol{r}_m, t_n)$ 和 $\not{\mathbf{A}}(\boldsymbol{r}_m, t_n)$ 是与 $(\boldsymbol{\rho}_m^{c+} + \boldsymbol{\rho}_m^{c-})$ 点乘后关联，所以将式(4-31)和式(4-32)改写为

$$(\boldsymbol{\rho}_m^{c+} + \boldsymbol{\rho}_m^{c-}) \cdot \mathbf{A}(\boldsymbol{r}_m, t_n) = [(\boldsymbol{\rho}_m^{c+} + \boldsymbol{\rho}_m^{c-}) \cdot \boldsymbol{\kappa}_{mm}] I_m(t_n) + (\boldsymbol{\rho}_m^{c+} + \boldsymbol{\rho}_m^{c-}) \cdot \not{\mathbf{A}}(\boldsymbol{r}_m, t_n) \tag{4-36}$$

和

$$(\boldsymbol{\rho}_m^{c+} + \boldsymbol{\rho}_m^{c-}) \cdot \not{\mathbf{A}}(\boldsymbol{r}_m, t_n) = \sum_{\substack{k=1 \\ k\neq m}}^{M} I_k\left(t_n - \frac{R_{mk}}{c}\right)[(\boldsymbol{\rho}_m^{c+} + \boldsymbol{\rho}_m^{c-}) \cdot \boldsymbol{\kappa}_{mk}] \tag{4-37}$$

再引进符号(标量)，有

$$\begin{cases} A_{m,n} \equiv (\boldsymbol{\rho}_m^{c+} + \boldsymbol{\rho}_m^{c-}) \cdot \mathbf{A}(\boldsymbol{r}_m, t_n) \\ \not{A}_{m,n} \equiv (\boldsymbol{\rho}_m^{c+} + \boldsymbol{\rho}_m^{c-}) \cdot \not{\mathbf{A}}(\boldsymbol{r}_m, t_n) \\ \alpha_{mk} \equiv (\boldsymbol{\rho}_m^{c+} + \boldsymbol{\rho}_m^{c-}) \cdot \boldsymbol{\kappa}_{mk} \\ F_{m,n} \equiv (\boldsymbol{\rho}_m^{c+} + \boldsymbol{\rho}_m^{c-}) \cdot \boldsymbol{E}^i(\boldsymbol{r}_m, t_n) \end{cases} \tag{4-38}$$

于是可将式(4-36)、式(4-37)、式(4-35)改写为

$$A_{m,n} = \alpha_{mm} I_m(t_n) + \not{A}_{m,n} \tag{4-39}$$

$$\not{A}_{m,n} = \sum_{\substack{k=1 \\ k\neq m}}^{M} I_k\left(t_n - \frac{R_{mk}}{c}\right)\alpha_{mk} \tag{4-40}$$

$$\alpha_{mk} I_m(t_n) = (\Delta t) F_{m,n-1} - (\mathcal{A}_{m,n} - A_{m,n-1}) + 2(\Delta t)[\phi(\boldsymbol{r}_m^{c+}, t_{n-1}) - \phi(\boldsymbol{r}_m^{c-}, t_{n-1})] \tag{4-41}$$

下面讨论显式解条件。当时间步长选取满足以下条件：

$$\Delta t \leqslant \frac{R_{\min}}{c}, \quad R_{\min} = \min\{R_{mk}\} \tag{4-42}$$

其中，$R_{\min}$为二相邻棱边中点之间距离$R_{mk}(k \neq m$，见式(4-30))的最小值。这时式(4-40)中$\mathcal{A}_{m,n}$所涉及的电流项均为$t \leqslant t_{n-1}$，满足此条件时即可以沿时间逐步推进，无需矩阵求逆，称为显式解。

采用显式解计算的基本步骤如下：根据因果关系，其初始值为当$t \leqslant t_1$，即$n=0$，1时，时间步电流系数与势函数均等于零，即

$$\begin{cases} I_m(t_0) = I_m(t_1) = 0, \ A_{m,0} = A_{m,1} = 0, \ \mathcal{A}_{m,0} = \mathcal{A}_{m,1} = 0 \\ \phi(\boldsymbol{r}_m^{c\pm}, t_0) = \phi(\boldsymbol{r}_m^{c\pm}, t_1) = 0 \end{cases} \tag{4-43}$$

时域步进计算从$n=2$开始：

(1) 计算$\mathcal{A}_{m,n}$，用式(4-40)；

(2) 计算$I_m(t_n)$，用式(4-41)；

(3) 计算$A_{m,n}$，$\phi(\boldsymbol{r}_m^{c\pm}, t_n)$，用式(4-39)、式(4-33)和式(4-34)；

(4) 时间步进，$n \rightarrow n+1$，重复以上步骤。

注意：式(4-40)和式(4-33)中$I_k(t_R)$通常不是时间整数步的值，需要用插值计算。时域步进计算中用到式(4-38)所示标量参数$\alpha_{mk} \equiv (\boldsymbol{\rho}_m^{c+} + \boldsymbol{\rho}_m^{c-}) \cdot \boldsymbol{\kappa}_{mk}$，存储$\alpha_{mk}$比矢量阻抗系数$\boldsymbol{\kappa}_{mk}$可以少用内存。

4.2.2 IETD解的ψ方案

由导体表面边界条件式(4-9)，即

$$\left[\frac{\partial^2 \boldsymbol{A}(\boldsymbol{r}, t)}{\partial t^2} + \nabla \psi(\boldsymbol{r}, t)\right]_{\tan} = \left[\frac{\partial \boldsymbol{E}^i(\boldsymbol{r}, t)}{\partial t}\right]_{\tan} \tag{4-44}$$

当$t = t_n = n\Delta t$，将上式中时间二阶导数作中心差分近似得

$$\left[\frac{\boldsymbol{A}(\boldsymbol{r}, t_{n+1}) - 2\boldsymbol{A}(\boldsymbol{r}, t_n) + \boldsymbol{A}(\boldsymbol{r}, t_{n-1})}{(\Delta t)^2} + \nabla \psi(\boldsymbol{r}, t_n)\right]_{\tan} = \left[\frac{\partial \boldsymbol{E}^i(\boldsymbol{r}, t_n)}{\partial t}\right]_{\tan} \tag{4-45}$$

下面讨论用MoM求解。对式(4-45)作内积运算并取试验函数等于基函数得到

$$\left\langle \boldsymbol{f}_m, \frac{\boldsymbol{A}(\boldsymbol{r}, t_{n+1}) - 2\boldsymbol{A}(\boldsymbol{r}, t_n) + \boldsymbol{A}(\boldsymbol{r}, t_{n-1})}{(\Delta t)^2} \right\rangle = \left\langle \boldsymbol{f}_m, \frac{\partial \boldsymbol{E}^i(\boldsymbol{r}, t)}{\partial t} \right\rangle - \langle \boldsymbol{f}_m, \nabla \psi(\boldsymbol{r}, t_n) \rangle \tag{4-46}$$

注意，上式中基函数$\boldsymbol{f}_m$定义在三角形面片对内，其方向和物体表面相切，所以上式满足式(4-44)的切向分量条件。以下分别计算式(4-46)中各项内积，其中$\langle \boldsymbol{f}_m, \boldsymbol{A} \rangle$和$\langle \boldsymbol{f}_m, \nabla \psi \rangle$结果为式(4-22)～式(4-25)，对于式(4-46)中的入射场一项有

$$\left\langle \boldsymbol{f}_m, \frac{\partial \boldsymbol{E}^i}{\partial t} \right\rangle = \iint_S \boldsymbol{f}_m \cdot \frac{\partial \boldsymbol{E}^i(\boldsymbol{r}, t)}{\partial t} \mathrm{d}s$$

$$= \iint_{T_m^+} \frac{l_m}{2A_m^+} \boldsymbol{\rho}_m^+ \cdot \frac{\partial \boldsymbol{E}^i(\boldsymbol{r}, t)}{\partial t} \mathrm{d}s + \iint_{T_m^-} \frac{l_m}{2A_m^-} \boldsymbol{\rho}_m^- \cdot \frac{\partial \boldsymbol{E}^i(\boldsymbol{r}, t)}{\partial t} \mathrm{d}s$$

$$\simeq \frac{\partial \boldsymbol{E}^i(\boldsymbol{r}_m, t)}{\partial t} \frac{l_m}{2} \left[\frac{1}{A_m^+} \iint_{T_m^+} \boldsymbol{\rho}_m^+ \,\mathrm{d}s + \frac{1}{A_m^-} \iint_{T_m^-} \boldsymbol{\rho}_m^- \,\mathrm{d}s \right]$$

$$= \frac{l_m}{2} (\boldsymbol{\rho}_m^{c+} + \boldsymbol{\rho}_m^{c-}) \cdot \frac{\partial \boldsymbol{E}^i(\boldsymbol{r}_m, t)}{\partial t} \tag{4-47}$$

其中，$\boldsymbol{E}^i(\boldsymbol{r}_m, t)$是在棱边 l_m的中点取样，而 $\boldsymbol{\rho}_m^{c+}$，$\boldsymbol{\rho}_m^{c-}$ 分别为三角形 $T_m^{\pm}$ 的质心，如式(4-23)。

将式(4-22)～式(4-25)以及式(4-47)代入式(4-46)，并作替换 $n+1 \rightarrow n$，整理可得

$$\frac{1}{2(\Delta t)^2} (\boldsymbol{\rho}_m^{c+} + \boldsymbol{\rho}_m^{c-}) \cdot \boldsymbol{A}(\boldsymbol{r}_m, t_n)$$

$$= \frac{1}{2} (\boldsymbol{\rho}_m^{c+} + \boldsymbol{\rho}_m^{c-}) \cdot \frac{\partial \boldsymbol{E}^i(\boldsymbol{r}_m, t_{n-1})}{\partial t} + \left[\psi(\boldsymbol{r}_m^{c+}, t_{n-1}) - \psi(\boldsymbol{r}_m^{c-}, t_{n-1}) \right]$$

$$+ \frac{1}{2(\Delta t)^2} (\boldsymbol{\rho}_m^{c+} + \boldsymbol{\rho}_m^{c-}) \cdot \left[2\boldsymbol{A}(\boldsymbol{r}_m, t_{n-1}) - \boldsymbol{A}(\boldsymbol{r}_m, t_{n-2}) \right] \tag{4-48}$$

上式给出当前时间步 $t=t_n$矢量势与以往时间步 $t \leqslant t_{n-1}$的矢量势、标量势之间的关系。以上为 MoM 的试验过程。

下面考虑 MoM 的展开过程。将导体表面电流展开式(4-28)代入矢量势公式(4-3)所得结果即为式(4-29)～式(4-32)。将式(4-29)～式(4-32)代入式(4-48)整理后得

$$\left[(\boldsymbol{\rho}_m^{c+} + \boldsymbol{\rho}_m^{c-}) \cdot \boldsymbol{\kappa}_{mm} \right] I_m(t_n)$$

$$= (\Delta t)^2 (\boldsymbol{\rho}_m^{c+} + \boldsymbol{\rho}_m^{c-}) \cdot \frac{\partial \boldsymbol{E}^i(\boldsymbol{r}_m, t_{n-1})}{\partial t} + 2(\Delta t)^2 \left[\psi(\boldsymbol{r}_m^{c+}, t_{n-1}) - \psi(\boldsymbol{r}_m^{c-}, t_{n-1}) \right]$$

$$- (\boldsymbol{\rho}_m^{c+} + \boldsymbol{\rho}_m^{c-}) \cdot \left[\not{\boldsymbol{A}}(\boldsymbol{r}_m, t_n) - 2\boldsymbol{A}(\boldsymbol{r}_m, t_{n-1}) + \boldsymbol{A}(\boldsymbol{r}_m, t_{n-2}) \right] \tag{4-49}$$

式中，$I_m(t_n)$表示棱边 m 处当前时间步 $t=t_n$的电流系数。右端的$\not{\boldsymbol{A}}(\boldsymbol{r}_m, t_n)$涉及以往时刻的值，其它各项则均为以往时间步的值。这里，也需要区分以往时刻和以往时间步的概念，参见图 2-4。

将电流展开式(4-28)代入辅助标量势公式(4-8)，并令 $t=t_n$，$\boldsymbol{r}=\boldsymbol{r}_m^{c\pm}$，得到

$$\psi(\boldsymbol{r}_m^{c\pm}, t_n) = -\frac{1}{4\pi\varepsilon} \iint_S \frac{\nabla' \cdot \boldsymbol{J}\left(\boldsymbol{r}', t - \dfrac{R}{c}\right)}{R} \mathrm{d}s' = -\frac{1}{4\pi\varepsilon} \iint_S \frac{\nabla' \cdot \sum\limits_{k=1}^{N} I_k\left(t - \dfrac{R}{c}\right) \boldsymbol{f}_k(\boldsymbol{r}')}{R} \mathrm{d}s'$$

$$\simeq -\frac{1}{4\pi\varepsilon} \sum_{k=1}^{N} \left[I_k(t_R^+) \iint_{T_k^+} \frac{\nabla' \cdot \boldsymbol{f}_k(\boldsymbol{r}')}{R_m^+} \mathrm{d}s' + I_k(t_R^-) \iint_{T_k^-} \frac{\nabla' \cdot \boldsymbol{f}_k(\boldsymbol{r}')}{R_m^-} \mathrm{d}s' \right]$$

$$= -\sum_{k=1}^{N} \left[I_k(t_R^+) \frac{l_k}{4\pi\varepsilon A_k^+} \iint_{T_k^+} \frac{1}{R_m^+} \mathrm{d}s' - I_k(t_R^-) \frac{l_k}{4\pi\varepsilon A_k^-} \iint_{T_k^-} \frac{1}{R_m^-} \mathrm{d}s' \right]$$

$$= -\sum_{k=1}^{N} \left[I_k(t_R^+) \psi_{mk}^+(\boldsymbol{r}_m^{c\pm}) - I_k(t_R^-) \psi_{mk}^-(\boldsymbol{r}_m^{c\pm}) \right] \tag{4-50}$$

其中，$\boldsymbol{r}_k^{c\pm}$ 表示积分三角形面片对 $T_k^{\pm}$ 的质心。当观察点为 $\boldsymbol{r}_m^{c+}$ 或 $\boldsymbol{r}_m^{c-}$ 时，上式中各参量分别为

$$\begin{cases} t_R^{\pm} = t_n - \dfrac{R_{mk}^{\pm}}{c}, & R_{mk}^{\pm} = |\boldsymbol{r}_m^{c+} - \boldsymbol{r}_k^{c\pm}| \\ \psi_{mk}^{\pm}(\boldsymbol{r}_m^{c+}) = \dfrac{l_k}{4\pi\varepsilon A_k^{\pm}} \iint\limits_{T_k^{\pm}} \dfrac{\mathrm{d}s'}{R_m^{\pm}}, & R_m^{\pm} = |\boldsymbol{r}_m^{c+} - \boldsymbol{r}'| \\ t_R^{\pm} = t_n - \dfrac{R_{mk}^{\pm}}{c}, & R_{mk}^{\pm} = |\boldsymbol{r}_m^{c-} - \boldsymbol{r}_k^{c\pm}| \\ \psi_{mk}^{\pm}(\boldsymbol{r}_m^{c-}) = \dfrac{l_k}{4\pi\varepsilon A_k^{\pm}} \iint\limits_{T_k^{\pm}} \dfrac{\mathrm{d}s'}{R_m^{\pm}}, & R_m^{\pm} = |\boldsymbol{r}_m^{c-} - \boldsymbol{r}'| \end{cases} \tag{4-51}$$

式中±号分别对应于积分面片 T_k^+ 或 T_k^-，标量势系数式(4-51)和式(4-34)形式相同。

下面引入标量符号以便计算。由式(4-49)可见，$\boldsymbol{A}(\boldsymbol{r}_m, t_n)$ 和 $\not{\boldsymbol{A}}(\boldsymbol{r}_m, t_n)$ 与 $(\boldsymbol{\rho}_m^{c+} + \boldsymbol{\rho}_m^{c-})$ 点乘后关联，所以将式(4-31)和式(4-32)改写为

$$(\boldsymbol{\rho}_m^{c+} + \boldsymbol{\rho}_m^{c-}) \cdot \boldsymbol{A}(\boldsymbol{r}_m, t_n) = [(\boldsymbol{\rho}_m^{c+} + \boldsymbol{\rho}_m^{c-}) \cdot \boldsymbol{\kappa}_{mm}] I_m(t_n) + (\boldsymbol{\rho}_m^{c+} + \boldsymbol{\rho}_m^{c-}) \cdot \not{\boldsymbol{A}}(\boldsymbol{r}_m, t_n) \tag{4-52}$$

$$(\boldsymbol{\rho}_m^{c+} + \boldsymbol{\rho}_m^{c-}) \cdot \not{\boldsymbol{A}}(\boldsymbol{r}_m, t_n) = \sum_{\substack{k=1 \\ k \neq m}}^{N} I_k\left(t_n - \frac{R_{mk}}{c}\right) [(\boldsymbol{\rho}_m^{c+} + \boldsymbol{\rho}_m^{c-}) \cdot \boldsymbol{\kappa}_{mk}] \tag{4-53}$$

令

$$\begin{cases} A_{m,n} \equiv (\boldsymbol{\rho}_m^{c+} + \boldsymbol{\rho}_m^{c-}) \cdot \boldsymbol{A}(\boldsymbol{r}_m, t_n) \\ \not{A}_{m,n} \equiv (\boldsymbol{\rho}_m^{c+} + \boldsymbol{\rho}_m^{c-}) \cdot \not{\boldsymbol{A}}(\boldsymbol{r}_m, t_n) \\ \alpha_{mk} \equiv (\boldsymbol{\rho}_m^{c+} + \boldsymbol{\rho}_m^{c-}) \cdot \boldsymbol{\kappa}_{mk} \\ F_{m,n} \equiv (\boldsymbol{\rho}_m^{c+} + \boldsymbol{\rho}_m^{c-}) \cdot \dfrac{\partial \boldsymbol{E}^i(\boldsymbol{r}_m, t_n)}{\partial t} \end{cases} \tag{4-54}$$

于是可将式(4-52)、式(4-53)、式(4-49)改写为

$$A_{m,n} = \alpha_{mm} I_m(t_n) + \not{A}_{m,n} \tag{4-55}$$

$$\not{A}_{m,n} = \sum_{\substack{k=1 \\ k \neq m}}^{N} I_k\left(t_n - \frac{R_{mk}}{c}\right) \alpha_{mk} \tag{4-56}$$

$$\alpha_{mm} I_m(t_n) = (\Delta t)^2 F_{m,n-1} - (\not{A}_{m,n} - 2A_{m,n-1} + A_{m,n-2}) + 2(\Delta t)^2 [\psi(\boldsymbol{r}_m^{c+}, t_{n-1}) - \psi(\boldsymbol{r}_m^{c-}, t_{n-1})] \tag{4-57}$$

以上为时域步进公式，其显式解条件和式(4-42)相同。

IETD 显式解的步进计算如下：给定初始值，设起始时间步 $n=0$，1 的电流系数、势函数均等于零，即式(4-43)。时域步进计算从 $n=2$ 开始，步骤如下：

(1) 计算 $\not{A}_{m,n}$，用式(4-56)；

(2) 计算 $I_m(t_n)$，用式(4-57)；

(3) 计算 $A_{m,n}$ 和 $\psi(\boldsymbol{r}_m^{c\pm}, t_n)$，分别用式(4-55)和式(4-50)、式(4-51)；

(4) 时间步进，$n \to n+1$，重复以上步骤。

注意：式(4-56)和式(4-50)中电流系数通常不是时间整数步的值，这时需要插值计算。

4.3　阻抗系数和标量势系数的计算

阻抗系数式(4-30)和标量势系数式(4-34)、式(4-51)的准确计算可以利用三角面片积分的解析式结果，但编程比较复杂。这里分为两种情形考虑：① 当观察点在三角形以外，积分为非奇异时，可采用近似计算；② 当观察点位于三角形内或三角形边上，积分出现奇异时，需要利用积分的解析式来计算。

4.3.1　物体三角面片模型的简单例子

下面先给出一个简单物体矩形板的三角面片模型例子，如图 4-11 所示。设矩形板在 $z=0$ 处，边长为 1 m，坐标原点在板的中心。图 4-11(a)给出结点的全域编号和三角面片的编号，通常软件建模时还给出三角形顶点的坐标，如表 4-1 所示。表 4-2 给出各个三角形三个顶点的全域结点编号。矩形板是片状开放式物体，其棱边分为边界棱边和内棱边两类，内棱边的编号如图 4-11(b)所示，图中还标示出内棱边的方向。应当说明，内棱边的取向通常是按照棱边两端结点的全域编号由小编号指向大编号。规定内棱边方向以后，每一条内棱边 l_m 就关联一对三角面片 T_m^+ 和 T_m^-。图 4-11(c)标示出内棱边 2* 和 7* 所关联的面片对。由图可见，三角形(5)既是 T_2^+，又是 T_7^+。表 4-3 给出内棱边及其关联的三角面片对。面片对中正三角形和负三角形各自的自由端点坐标可以通过表 4-1 和表 4-2 得到。这些参量在标量势系数、阻抗系数以及面电流密度计算中应予注意。

表 4-1　矩形板结点空间坐标

结点全域编号	全域空间坐标(单位 m)		
	x	y	z
1	−0.500	−0.500	0.000
2	0.000	−0.500	0.000
3	0.500	−0.500	0.000
4	−0.500	0.000	0.000
5	0.000	0.000	0.000
6	0.500	0.000	0.000
7	−0.500	0.500	0.000
8	0.000	0.500	0.000
9	0.500	0.5000	0.000

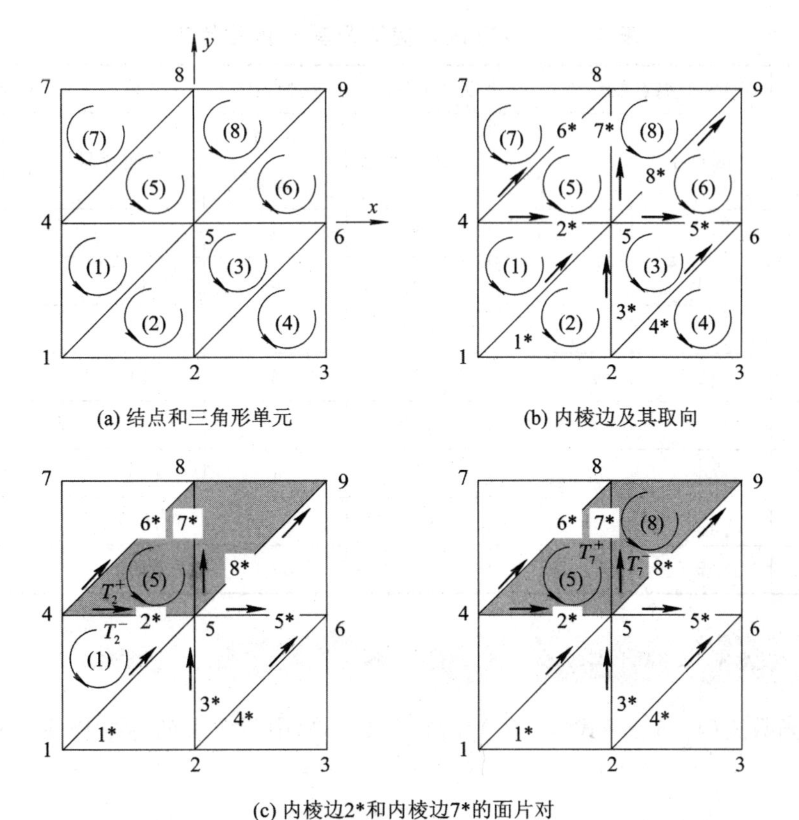

(a) 结点和三角形单元　　(b) 内棱边及其取向

(c) 内棱边2*和内棱边7*的面片对

图 4－11　矩形板的三角面片模型

复杂物体表面的三角形面片划分需要应用商用软件。应用软件可以获得类似于表 4－1 和表 4－2 的数据，然后通过分析和编程就可得到类似于表 4－3 所示的数据，用于 IETD 计算。

表 4－2　矩形板三角面片的三个顶点编号

三角面片编号	三个顶点的结点编号 （顶点顺序①→②→③与外法向成右手关系）		
	顶点①	顶点②	顶点③
(1)	5	4	1
(2)	2	5	1
(3)	6	5	2
(4)	3	6	2
(5)	4	5	8
(6)	6	9	5
(7)	8	7	4
(8)	9	8	5

表 4-3 矩形板内棱边及其三角面片对

棱边 l_m 编号	两个端点的代表点		T_m^+(端点 1→2 左侧为+)		T_m^-(端点 1→2 右侧为-)	
	端点 1	端点 2	三角面片号	自由端点节点编号	三角面片号	自由端点节点编号
1*	1	5	(1)	4	(2)	2
2*	4	5	(5)	8	(1)	1
3*	2	5	(2)	1	(3)	6
4*	2	6	(3)	5	(4)	3
5*	5	6	(6)	9	(3)	2
6*	4	8	(7)	7	(5)	5
7*	5	8	(5)	4	(8)	9
8*	5	9	(8)	8	(6)	6

4.3.2 标量势系数的计算

标量势函数式(4-50)～式(4-51)以及式(4-34)中所定义的标量势系数实际上有四个，重写为

$$\psi_{mk}^{+}(\boldsymbol{r}_m^{c+},T_k^{+})=\frac{+l_k}{4\pi\varepsilon A_k^{+}}\iint_{T_k^{+}}\frac{\mathrm{d}s'}{R_m^{+}}$$

$$\psi_{mk}^{-}(\boldsymbol{r}_m^{c+},T_k^{-})=\frac{-l_k}{4\pi\varepsilon A_k^{-}}\iint_{T_k^{-}}\frac{\mathrm{d}s'}{R_m^{+}},\ R_m^{+}=|\boldsymbol{r}_m^{c+}-\boldsymbol{r}'|$$

$$\psi_{mk}^{+}(\boldsymbol{r}_m^{c-},T_k^{+})=\frac{+l_k}{4\pi\varepsilon A_k^{+}}\iint_{T_k^{+}}\frac{\mathrm{d}s'}{R_m^{-}}$$

$$\psi_{mk}^{-}(\boldsymbol{r}_m^{c-},T_k^{-})=\frac{-l_k}{4\pi\varepsilon A_k^{-}}\iint_{T_k^{-}}\frac{\mathrm{d}s'}{R_m^{-}},\ R_m^{-}=|\boldsymbol{r}_m^{c-}-\boldsymbol{r}'|$$

以上观察点 $P(\boldsymbol{r}_m^{c\pm})$分别是棱边 l_m 相邻两个三角形的质心，积分范围为棱边 l_k 相邻两个三角形 T_k^+ 或 T_k^-。由此可见，在 $m\neq k$ 和 $m=k$ 时以上四个标量势系数可以归结两类情形：① 观察点 $P(\boldsymbol{r}_m^{c\pm})$在某一个三角形的质心，而积分区域在另外一个三角形，如图 4-12(a)所示；② 观察点 $P(\boldsymbol{r}_m^{c\pm})$位于积分区域三角形内，如图 4-12(b)所示，这时被积函数分母在积分区域内具有零点，积分出现奇异。

根据上述讨论，定义积分

$$I=\frac{1}{A_k}\iint_{T_k}\frac{\mathrm{d}s'}{R},\quad R=|\boldsymbol{r}'-\boldsymbol{r}^c| \tag{4-58}$$

其中，$P(\boldsymbol{r}^c)$为固定点(观察点)，$Q(\boldsymbol{r}')$为积分点，积分区域为三角形 T_k。下面分两类情形讨论：

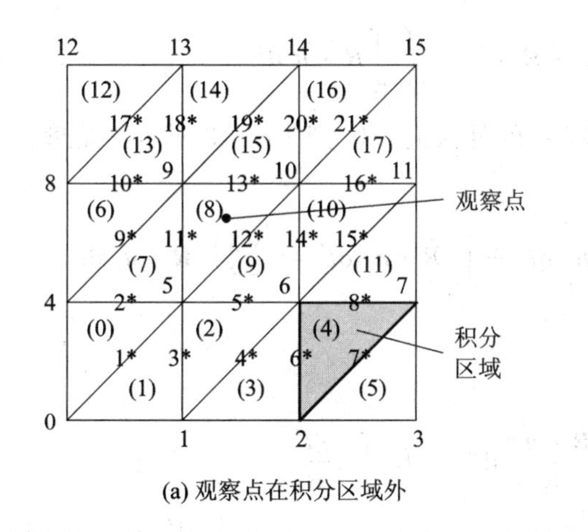

(a) 观察点在积分区域外

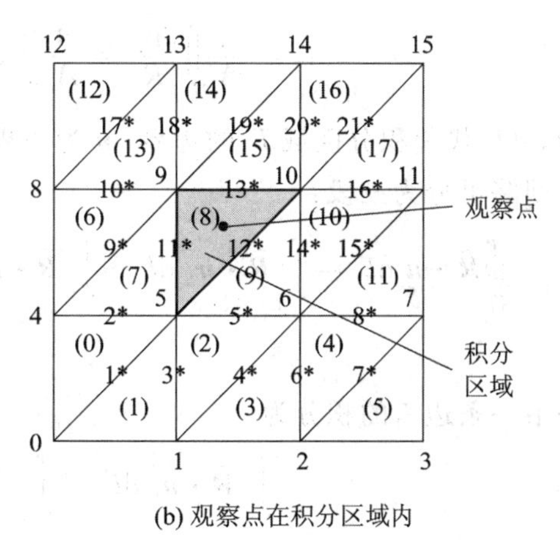

(b) 观察点在积分区域内

图 4-12　标量势系数的观察点和积分区域

情形一：观察点 $P(\boldsymbol{r}^c)$不在积分三角形 T_k内，积分式(4-58)可近似(单点近似)为

$$I_1=\frac{1}{A_k}\iint_{T_k}\frac{\mathrm{d}s'}{R}\simeq\frac{1}{A_k}\frac{1}{R_{nk}}\iint_{T_k}\mathrm{d}s'=\frac{1}{A_k}\frac{A_k}{R_{nk}}=\frac{1}{R_{nk}},\quad R_{nk}=|\boldsymbol{r}^c-\boldsymbol{r}_k^c| \tag{4-59}$$

其中，R_{nk}代表固定点 $P(\boldsymbol{r}^c)$和积分三角形 T_k质心 $\boldsymbol{r}_k^c$之间的距离。以上为积分的单点近似，为了改善计算精度，也可改用多点近似(数学手册，1979；杨儒贵，2008)。

情形二，当固定点 $P(\boldsymbol{r}^c)$位于积分三角形 T_k内，积分出现奇异时，如图 4-13 所示。下面用场论中积分关系式计算这一奇异积分。设 $\boldsymbol{R}=\boldsymbol{r}'-\boldsymbol{r}^c$，可以得到以下矢量等式：

$$\left\{\begin{aligned}\nabla_s'R&=\nabla_s'|\boldsymbol{r}'-\boldsymbol{r}^c|=\nabla_s'\sqrt{(\boldsymbol{r}'-\boldsymbol{r}^c)\cdot(\boldsymbol{r}'-\boldsymbol{r}^c)}\\&=\nabla_s'\sqrt{(x'-x^c)^2+(y'-y^c)^2}\\&=\frac{\hat{\boldsymbol{x}}(x'-x^c)+\hat{\boldsymbol{y}}(y'-y^c)}{\sqrt{(x'-x^c)^2+(y'-y^c)^2}}=\frac{\boldsymbol{R}}{R}\\\nabla_s'\cdot\boldsymbol{R}&=1+1=2\\\nabla_s'\cdot\hat{\boldsymbol{R}}&=\nabla_s'\cdot\left(\frac{\boldsymbol{R}}{R}\right)=\frac{1}{R}\nabla_s'\cdot\boldsymbol{R}+\boldsymbol{R}\cdot\nabla_s'\left(\frac{1}{R}\right)\\&=\frac{2}{R}-\boldsymbol{R}\cdot\frac{\nabla_s'R}{R^2}=\frac{2}{R}-\frac{\boldsymbol{R}\cdot\boldsymbol{R}}{R^2}=\frac{1}{R}\end{aligned}\right. \tag{4-60}$$

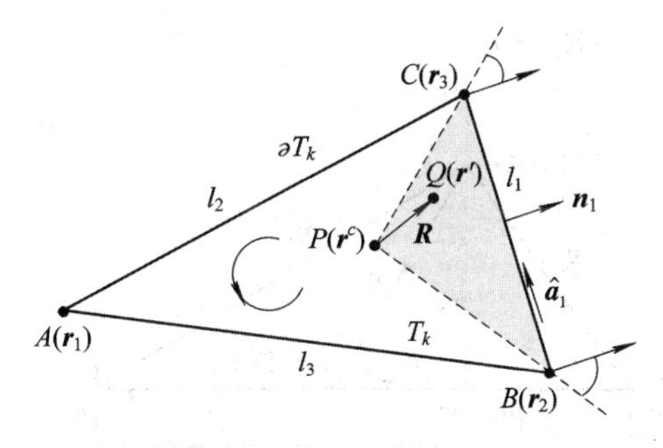

图 4-13　固定点位于积分区域内

其中，∇_s'代表面散度或梯度。式(4-58)可以利用场论积分定理改写为

$$I_2 = \frac{1}{A_k}\iint_{T_k} \frac{\mathrm{d}s'}{R} = \frac{1}{A_k}\iint_{T_k} \nabla'_s \cdot \hat{\boldsymbol{R}}\,\mathrm{d}s' = \frac{1}{A_k}\oint_{\partial T_k} \hat{\boldsymbol{R}} \cdot \boldsymbol{n}\,\mathrm{d}l' \tag{4-61}$$

其中，∂T_k代表积分区域T_k的边界，$\boldsymbol{n}$为边界∂T_k的外法向。对于图4-13所示三角形区域，积分回路可分为三段：

$$\oint_{\partial T_k} \hat{\boldsymbol{R}} \cdot \boldsymbol{n}\,\mathrm{d}l' = \int_{l_1} \hat{\boldsymbol{R}} \cdot \boldsymbol{n}_1\,\mathrm{d}l' + \int_{l_2} \hat{\boldsymbol{R}} \cdot \boldsymbol{n}_2\,\mathrm{d}l' + \int_{l_3} \hat{\boldsymbol{R}} \cdot \boldsymbol{n}_3\,\mathrm{d}l' = \sum_{j=1}^{3}\int_{l_j} \hat{\boldsymbol{R}} \cdot \boldsymbol{n}_j\,\mathrm{d}l' \tag{4-62}$$

其中沿一条边l_1的积分为

$$\int_{l_1} \hat{\boldsymbol{R}} \cdot \boldsymbol{n}_1\,\mathrm{d}l' = \int_{l_1} \frac{\boldsymbol{R} \cdot \boldsymbol{n}_1}{R}\,\mathrm{d}l' = R_{c1}\int_{l_1} \frac{\mathrm{d}l'}{R}$$

其中，$R_{c1} = \boldsymbol{R} \cdot \boldsymbol{n}_1$为固定点$P(\boldsymbol{r}^c)$到边$l_1$的垂直距离，等于常量。积分$\int_{l_1} \frac{\mathrm{d}l'}{R}$的计算可参照式(2-96)和图2-16，以固定点$P(\boldsymbol{r}^c)$的垂足为坐标原点$O$，建立局域坐标系$uOv$，如图4-14所示，图中三角形即对应于图4-13中$\triangle PBC$。为了符号简洁，图4-14中将与边l_1两端关联的参量分别标记为一(始端)和+(末端)。利用积分公式(2-25)，即

$$\int \frac{\mathrm{d}x}{\sqrt{x^2 + b^2}} = \ln\left(x + \sqrt{x^2 + b^2}\right)$$

可得

$$\begin{aligned}\int_{l_1} \frac{\mathrm{d}l'}{R} &= \int_{u_2}^{u_3} \frac{\mathrm{d}u'}{\sqrt{u'^2 + R_{c1}^2}} = \ln\left[u' + \sqrt{u'^2 + R_{c1}^2}\right]_{u'=l_1^-}^{u'=l_1^+} \\ &= \ln \frac{\sqrt{(l_1^+)^2 + R_{c1}^2} + l_1^+}{\sqrt{(l_1^-)^2 + R_{c1}^2} + l_1^-} = \ln \frac{R_1^+ + l_1^+}{R_1^- + l_1^-}\end{aligned} \tag{4-63}$$

其中，$\hat{\boldsymbol{a}}_1 = \frac{\boldsymbol{r}_3 - \boldsymbol{r}_2}{|\boldsymbol{r}_3 - \boldsymbol{r}_2|}$是沿$l_1$边正方向的单位矢，$l_1^- = u_1^- = \boldsymbol{R}_1^- \cdot \hat{\boldsymbol{a}}_1$，$l_1^+ = u_1^+ = \boldsymbol{R}_1^+ \cdot \hat{\boldsymbol{a}}_1$分别是$\boldsymbol{R}_1^-$，$\boldsymbol{R}_1^+$在$l_1$边的投影。注意：$l_1^-$，$l_1^+$是具有正负取值的代数量。对于另外两条边$l_2$，$l_3$的积分有同样结果。将式(4-63)、式(4-62)代入式(4-61)得到

$$I_2 = \frac{1}{A_k}\sum_{j=1}^{3}\left\{R_{cj}\ln\left[\frac{\sqrt{(l_j^+)^2 + R_{cj}^2} + l_j^+}{\sqrt{(l_j^-)^2 + R_{cj}^2} + l_j^-}\right]\right\} = \frac{1}{A_k}\sum_{j=1}^{3}\left[R_{cj}\ln\left(\frac{R_j^+ + l_j^+}{R_j^- + l_j^-}\right)\right] \tag{4-64}$$

其中，$R_{cj} = \boldsymbol{R} \cdot \boldsymbol{n}_j$，$l_j^{\pm} = u_j^{\pm} = \boldsymbol{R}_j^{\pm} \cdot \hat{\boldsymbol{a}}_j$。

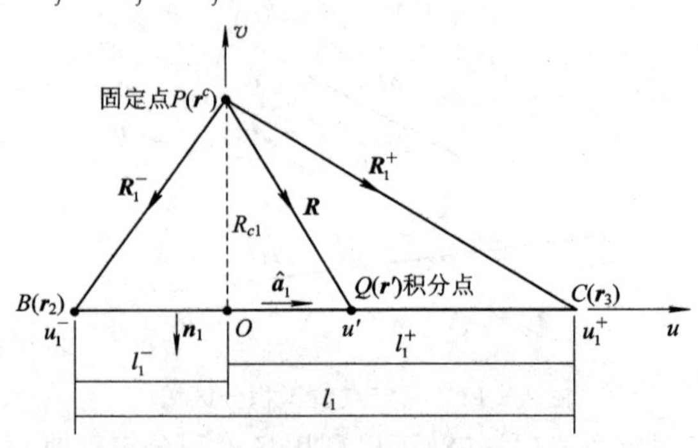

图 4-14 沿一条边的积分计算几何示意

4.3.3　阻抗系数的计算

阻抗系数式(4-30)为

$$\kappa_{mk}=\frac{\mu}{4\pi}\iint_S\frac{\boldsymbol{f}_k(\boldsymbol{r}')}{R_m}\mathrm{d}s'=\frac{\mu l_k}{8\pi}\left\{\frac{1}{A_k^+}\iint_{T_k^+}\frac{\boldsymbol{\rho}_k^+\,\mathrm{d}s'}{R_m}+\frac{1}{A_k^-}\iint_{T_k^-}\frac{\boldsymbol{\rho}_k^-\,\mathrm{d}s'}{R_m}\right\},\quad R_m=|\boldsymbol{r}'-\boldsymbol{r}_m|$$

(4-65)

上式观察点 $P(\boldsymbol{r}_m)$在内棱边 l_m的中点，积分区域为棱边 l_k相邻的两个三角形 T_k^+ 和 T_k^-，如图 4-15 所示。

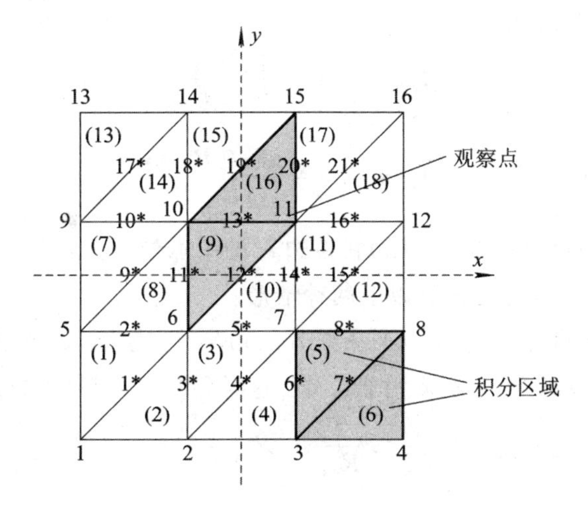

图 4-15　矩形板，阻抗矩阵的观察点和积分区域

首先改写上式中的面积分形式，令面积分为

$$\boldsymbol{I}_1(m,\ k)=\frac{1}{A_k}\int_{T_k}\frac{\boldsymbol{\rho}_k\,\mathrm{d}s'}{R_m}\tag{4-66}$$

式中，积分区域 T_k代表三角形 T_k^+ 或 T_k^-，$\boldsymbol{\rho}_k=\boldsymbol{r}'-\boldsymbol{r}_{k,\mathrm{free}}$，$A_k$代表 T_k的面积。注意这里 $\boldsymbol{\rho}_k$总是从自由端点指向积分点。根据基函数定义 $\boldsymbol{\rho}_k^+=\boldsymbol{\rho}_k|_{T_k=T_k^+}$ 和 $\boldsymbol{\rho}_k^-=-\boldsymbol{\rho}_k|_{T_k=T_k^-}$，阻抗系数式(4-65)可重写为

$$\begin{aligned}\kappa_{mk}&=\frac{\mu}{4\pi}\iint_S\frac{\boldsymbol{f}_k(\boldsymbol{r}')}{R_m}\mathrm{d}s'\\&=\frac{\mu l_k}{8\pi}\left\{\frac{1}{A_k^+}\iint_{T_k^+}\frac{\boldsymbol{\rho}_k^+\,\mathrm{d}s'}{R_m}+\frac{1}{A_k^-}\iint_{T_k^-}\frac{\boldsymbol{\rho}_k^-\,\mathrm{d}s'}{R_m}\right\}\\&=\frac{\mu l_k}{8\pi}\left\{\frac{1}{A_k^+}\iint_{T_k^+}\frac{\boldsymbol{\rho}_k\,\mathrm{d}s'}{R_m}-\frac{1}{A_k^-}\iint_{T_k^-}\frac{\boldsymbol{\rho}_k\,\mathrm{d}s'}{R_m}\right\}\\&=\frac{\mu l_k}{8\pi}\{\boldsymbol{I}_1(m,\ k)_{T_k=T_k^+}-\boldsymbol{I}_1(m,\ k)_{T_k=T_k^-}\}\end{aligned}\tag{4-67}$$

上式将阻抗系数归结为面积分 $\boldsymbol{I}_1(m,\ k)$的计算。但是式(4-66)所示的面积分 $\boldsymbol{I}_1(m,\ k)$和自由端点有关，计算不便，以下作适当改写。式(4-66)中，$\boldsymbol{\rho}_k=\boldsymbol{r}'-\boldsymbol{r}_{k,\mathrm{free}}=\boldsymbol{r}'-\boldsymbol{r}_m+\boldsymbol{r}_m-$

$\boldsymbol{r}_{k,\text{free}}=\boldsymbol{R}_m+\boldsymbol{q}_k$，这里记 $\boldsymbol{R}_m=\boldsymbol{r}'-\boldsymbol{r}_m$，是积分点和棱边 m 的中点 $\boldsymbol{r}_m$(固定点)之间的位移矢量，和自由端点无关；$\boldsymbol{q}_k=\boldsymbol{r}_m-\boldsymbol{r}_{k,\text{free}}$，代表自由端点 $\boldsymbol{r}_{k,\text{free}}$ 和固定点 $\boldsymbol{r}_m$ 的位移矢量。于是可将式(4-66)改写为两个积分之和：

$$\begin{aligned}\boldsymbol{I}_1(m,k)&=\frac{1}{A_k}\iint_{T_k}\frac{\boldsymbol{\rho}_k\,\mathrm{d}s'}{R_m}=\frac{1}{A_k}\iint_{T_k}\frac{(\boldsymbol{q}_k+\boldsymbol{R}_m)\,\mathrm{d}s'}{R_m}\\&=\frac{\boldsymbol{q}_k}{A_k}\iint_{T_k}\frac{\mathrm{d}s'}{R_m}+\frac{1}{A_k}\iint_{T_k}\frac{\boldsymbol{R}_m\,\mathrm{d}s'}{R_m}\\&=\boldsymbol{q}_kI_2(m,k)+\boldsymbol{I}_3(m,k)\end{aligned}\tag{4-68}$$

上式中标量和矢量积分定义为

$$\begin{cases}I_2(m,k)=\dfrac{1}{A_k}\displaystyle\iint_{T_k}\frac{\mathrm{d}s'}{R_m}\\[2ex]\boldsymbol{I}_3(m,k)=\dfrac{1}{A_k}\displaystyle\iint_{T_k}\frac{\boldsymbol{R}_m\,\mathrm{d}s'}{R_m}\end{cases}\tag{4-69}$$

注意以上各式中观察点(固定点)$P(\boldsymbol{r}_m)$在棱边 l_m 的中点处。以上两个面积分的计算不需要区分三角形 T_k^+ 和 T_k^-，但需要区分以下两种情形。

情形一：观察点(固定点)$P(\boldsymbol{r}_m)$不在积分三角形 T_k 边上，亦即积分三角形 T_k 不是棱边 l_m 两侧的三角形 T_m^+ 或 T_m^-，积分为非奇异。这时积分可近似(单点近似)为

$$\begin{cases}I_2(m,k)=\dfrac{1}{A_k}\displaystyle\iint_{T_k}\frac{\mathrm{d}s'}{R_m}\simeq\frac{1}{R_{mk}},\quad R_{mk}=|\boldsymbol{r}_k^c-\boldsymbol{r}_m|\\[2ex]\boldsymbol{I}_3(m,k)=\dfrac{1}{A_k}\displaystyle\iint_{T_k}\frac{\boldsymbol{R}_m\,\mathrm{d}s'}{R_m}\simeq\frac{1}{A_k}\frac{\boldsymbol{R}_{mk}A_k}{R_{mk}}=\frac{\boldsymbol{R}_{mk}}{R_{mk}},\quad \boldsymbol{R}_{mk}=\boldsymbol{r}_k^c-\boldsymbol{r}_m\end{cases}\tag{4-70}$$

其中，$\boldsymbol{r}_k^c$ 为积分三角形 T_k 的质心，$\boldsymbol{R}_{mk}$ 代表三角形 T_k 质心到棱边 l_m 中点的位移矢量。以上为单点近似，为了改善计算精度，也可改用多点近似。(数学手册，1979；杨儒贵，2008)

情形二：观察点(固定点)$P(\boldsymbol{r}_m)$位于积分三角形 T_k 的某一边上，即积分三角形 T_k 正好是棱边 l_m 两侧的三角形 T_m^+ 或 T_m^-，这时积分出现奇异，如图 4-16 所示。先看式(4-69)第一式标量积分，它就是积分式(4-61)，其结果可应用式(4-64)并改记 $R_{mi}=R_{ci}$ 代表固定点 $P(\boldsymbol{r}_m)$到棱边的垂直距离，可得

$$I_2=\frac{1}{A_k}\sum_{\substack{i=1\\R_{mi}\neq0}}^{3}\left\{R_{mi}\ln\left[\frac{\sqrt{(l_i^+)^2+R_{mi}^2}+l_i^+}{\sqrt{(l_i^-)^2+R_{mi}^2}+l_i^-}\right]\right\}=\frac{1}{A_k}\sum_{\substack{i=1\\R_{mi}\neq0}}^{3}\left\{R_{mi}\ln\left(\frac{R_i^++l_i^+}{R_i^-+l_i^-}\right)\right\}\tag{4-71}$$

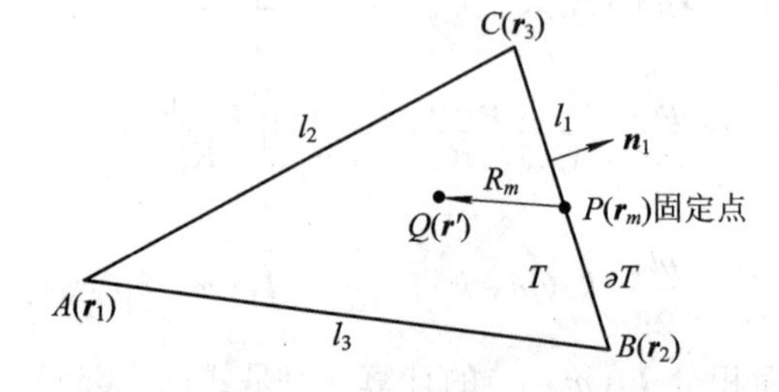

图 4-16　观察点位于积分三角形的一条边上

由于固定点 $P(\boldsymbol{r}_m)$ 为三角形一条边的中点，所以式中求和需要除去三条边中 $R_{mi}=0$ 的一项，即除去观察点所在的那一条边。

再看式(4－69)第二式矢量积分。为了便于讨论被积函数有奇异性的情形，将式(4－69)第二式积分重写为

$$\boldsymbol{I}_3=\frac{1}{A_k}\iint_{T_k}\frac{\boldsymbol{R}\ \mathrm{d}s'}{R},\quad R=|\boldsymbol{r}'-\boldsymbol{r}|,\quad \boldsymbol{R}=\boldsymbol{r}'-\boldsymbol{r} \tag{4-72}$$

其中，$P(\boldsymbol{r})$ 为观察点(固定点)。下面考虑式(4－72)中 $R=0$ 的三种情形，即观察点 $P(\boldsymbol{r})$ 位于(a)三角形 T_k 内；或者(b) T_k 的边界 ∂T_k 上；或者(c) T_k 的角顶上，如图 4－17 所示。这时积分 $\boldsymbol{I}_3$ 包含有奇点，需要将面积分区分为两部分：包含奇点半径为 ε 的小面积 S_ε(当奇点在三角面片内时 S_ε 为圆；当奇点在三角面片边界或角顶上时 S_ε 为半圆形或扇形)及其以外的面积(T_k-S_ε)，见图 4－17。于是积分式(4－72)可改写为

$$\boldsymbol{I}_3=\iint_{T_k}\frac{\boldsymbol{R}\ \mathrm{d}s'}{R}=\iint_{T_k-S_\varepsilon}\frac{\boldsymbol{R}\ \mathrm{d}s'}{R}+\iint_{S_\varepsilon}\frac{\boldsymbol{R}\ \mathrm{d}s'}{R} \tag{4-73}$$

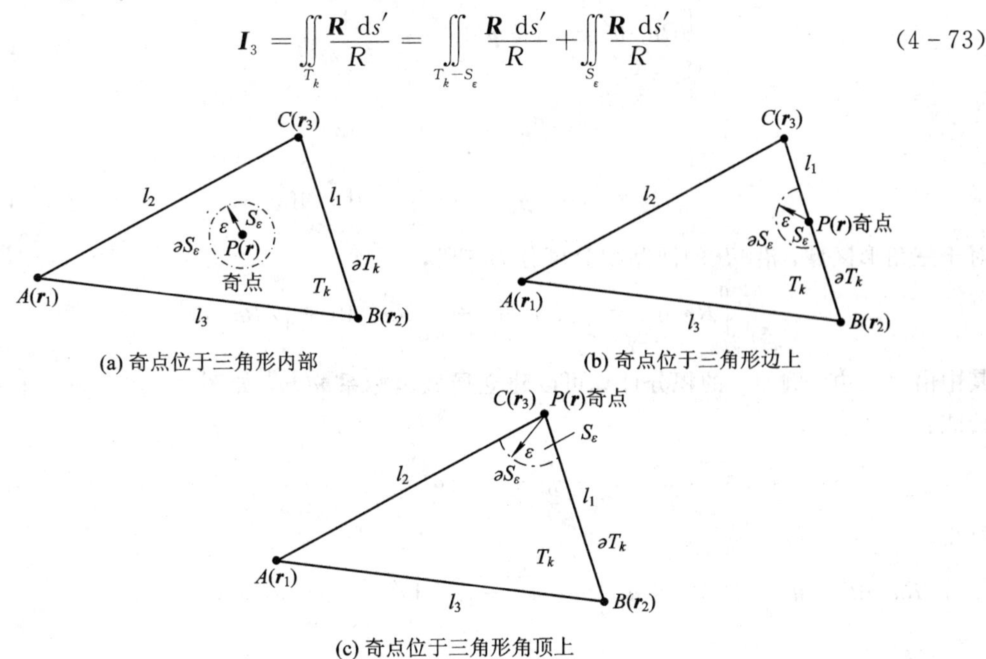

图 4－17　围绕奇点将面积分区域区分为两部分

考虑式(4－73)右端第二项积分。以图 4－17 中固定点 $P(\boldsymbol{r})$ 为原点建立极坐标系，则有 $\boldsymbol{R}=\boldsymbol{r}'-\boldsymbol{r}=\hat{\boldsymbol{\rho}}\rho$，于是可得

$$\begin{aligned}\iint_{S_\varepsilon}\frac{\boldsymbol{R}\ \mathrm{d}s'}{R}&=\int_0^\alpha \mathrm{d}\varphi\int_0^\varepsilon\frac{\rho\hat{\boldsymbol{\rho}}}{\rho}\rho\ \mathrm{d}\rho=\hat{\boldsymbol{\rho}}_{\alpha/2}\int_0^{\alpha/2}\mathrm{d}\varphi\int_0^\varepsilon\rho 2\cos\varphi\ \mathrm{d}\rho\\&=2\hat{\boldsymbol{\rho}}_{\alpha/2}\int_0^{\alpha/2}\cos\varphi\ \mathrm{d}\varphi\int_0^\varepsilon\rho\ \mathrm{d}\rho\\&=\hat{\boldsymbol{\rho}}_{\alpha/2}\varepsilon^2\sin\frac{\alpha}{2}=0,\quad \text{if } \varepsilon\to 0\end{aligned} \tag{4-74}$$

式中，$\hat{\boldsymbol{\rho}}_{\alpha/2}$ 表示沿 $\alpha/2$ 方向的径向单位矢，α 为三角形边对奇点的张角，在图 4－17 中所示的三种情形分别为

$$\alpha=\begin{cases}2\pi, & \text{奇点在 } \Delta T \text{ 内}\\ \pi, & \text{奇点在 } \Delta T \text{ 边上}\\ \alpha_i, & \text{奇点在 } \Delta T \text{ 角顶的张角}\end{cases} \tag{4-75}$$

式(4-74)表明，式(4-73)右端第二项积分对于奇点的三种情形都等于零。

根据式(4-60)和矢量场论积分公式 $\iint_S \nabla'_s f\ \mathrm{d}s' = \oint_{\partial S} f\boldsymbol{n}\ \mathrm{d}l'$，式(4-73)右端第一项积分可转化为回路积分形式，注意区域(T_k-S_ε)为复通区域，具有两部分边界∂T_k和∂S_ε，亦即积分回路包括两部分：

$$\iint_{T_k-S_\varepsilon}\frac{\boldsymbol{R}\ \mathrm{d}S'}{R}=\iint_{T_k-S_\varepsilon}\nabla'_s R\ \mathrm{d}s'=\oint_{\partial T_k} R\boldsymbol{n}\ \mathrm{d}l'+\oint_{\partial S_\varepsilon} R\boldsymbol{n}\ \mathrm{d}l' \tag{4-76}$$

其中，$\boldsymbol{n}$ 为复通区域(T_k-S_ε)的外法向单位矢。式(4-76)右端第二项为

$$\begin{aligned}\oint_{\partial S_\varepsilon} R\boldsymbol{n}\ \mathrm{d}l' &= -\int_0^\alpha \varepsilon^2\hat{\boldsymbol{\rho}}\ \mathrm{d}\varphi\\ &= -2\hat{\boldsymbol{\rho}}_{\alpha/2}\varepsilon^2\int_0^{\alpha/2}\cos\varphi\ \mathrm{d}\varphi\\ &= -2\hat{\boldsymbol{\rho}}_{\alpha/2}\varepsilon^2\sin\frac{\alpha}{2}=0,\quad \text{if } \varepsilon\to 0\end{aligned} \tag{4-77}$$

对于三角形区域，沿∂T_k的回路积分可分为三段，

$$\oint_{\partial T_k} R\boldsymbol{n}\ \mathrm{d}l'=\int_{l_1} R\boldsymbol{n}_1\ \mathrm{d}l'+\int_{l_2} R\boldsymbol{n}_2\ \mathrm{d}l'+\int_{l_3} R\boldsymbol{n}_3\ \mathrm{d}l' \tag{4-78}$$

其中沿一条边，例如 l_1 的积分计算可以建立局域坐标系 uOv，如图 4-14 所示，利用积分公式：

$$\int\sqrt{x^2+a^2}\ \mathrm{d}x=\frac{x}{2}\sqrt{x^2+a^2}+\frac{a^2}{2}\ln\left(x+\sqrt{x^2+a^2}\right)$$

可得

$$\begin{aligned}\int_{l_1} R\boldsymbol{n}_1\ \mathrm{d}l' &= \boldsymbol{n}_1\int_{l_1} R\ \mathrm{d}l'=\boldsymbol{n}_1\int_{l_1}\sqrt{u'^2+R_{c1}^2}\ \mathrm{d}u'\\ &= \boldsymbol{n}_1\left[\frac{u'}{2}\sqrt{u'^2+R_{c1}^2}+\frac{R_{c1}^2}{2}\ln\left(u'+\sqrt{u'^2+R_{c1}^2}\right)\right]_{u'=l_1^-}^{u'=l_1^+}\\ &= \boldsymbol{n}_1\left[\frac{l_1^+}{2}\sqrt{(l_1^+)^2+R_{c1}^2}-\frac{l_1^-}{2}\sqrt{(l_1^-)^2+R_{c1}^2}+\frac{R_{c1}^2}{2}\ln\left[\frac{l_1^++\sqrt{(l_1^+)^2+R_{c1}^2}}{l_1^-+\sqrt{(l_1^-)^2+R_{c1}^2}}\right]\right]\\ &= \boldsymbol{n}_1\left[\frac{l_1^+R_1^+}{2}-\frac{l_1^-R_1^-}{2}+\frac{R_{c1}^2}{2}\ln\left(\frac{l_1^++R_1^+}{l_1^-+R_1^-}\right)\right]\end{aligned} \tag{4-79}$$

将式(4-74)～式(4-79)代入式(4-73)得到

$$\boldsymbol{I}_3=\iint_{T_k}\frac{\boldsymbol{R}\ \mathrm{d}s'}{R}=\oint_{\partial S} R\boldsymbol{n}\ \mathrm{d}l'=\frac{1}{2}\sum_{i=1}^{3}\boldsymbol{n}_i\left\{(l_i^+R_i^+-l_i^-R_i^-)+R_{ci}^2\ln\left(\frac{l_i^++R_i^+}{l_i^-+R_i^-}\right)\right\} \tag{4-80}$$

特别地，阻抗系数计算中当观察点 $P(\boldsymbol{r})$ 位于三角形某一条边的中点 $\boldsymbol{r}_m$，如 l_1 边的中点时，式(4-80)中 $R_{c1}=0$，使得 $R_1^+=|l_1^+|$，$R_1^-=|l_1^-|$，因而这时会出现式(4-80)中对数项内 $l_i^-+R_i^-=0$，导致程序计算时出错。这时应当直接令式(4-80)中相应对数项结果

为零；但保留式(4－80)中第一项 $l_i^+ R_i^+ - l_i^- R_i^-$。

4.3.4　三角形面积分的多点近似

首先考虑正(等边)三角形面积分的多点近似。为了改进计算精度，积分区域为正三角形时数值计算可用四点或七点近似公式(数学手册，1979：311；Zienkiewicz，Morgan，1983；杨儒贵，2008)，

$$I = \iint_{\Delta ABC} f(u,v)\,\mathrm{d}u\,\mathrm{d}v \simeq S_{ABC}\sum_{k=1}^{N} w_k f(u_k, v_k) \tag{4-81}$$

其中，$S_{ABC}=\dfrac{3\sqrt{3}h^2}{4}$ 为积分三角形的面积，插值点 u_k，v_k 的分布如图 4－18 所示，图中设三角形中点到顶点距离为 h。当 $N=4$，权函数 w_k 和插值点 u_k，v_k 位置分别为

$$\begin{cases} u_1 = 0, \quad v_1 = 0; \quad w_1 = \dfrac{3}{4} \\ u_2 = 0, \quad v_2 = h; \quad w_2 = \dfrac{1}{12} \\ u_{3,4} = \pm\dfrac{\sqrt{3}}{2}h, \quad v_{3,4} = -\dfrac{1}{2}h; \quad w_{3,4} = \dfrac{1}{12} \end{cases} \tag{4-82}$$

其中，$\sqrt{3}h$ 为正三角形边长，四个插值点分别为质心和三个顶点，以及当 $N=7$ 有

$$\begin{cases} u_1 = 0, \quad v_1 = 0; \quad w_1 = \dfrac{9}{40} \\ u_2 = 0, \quad v_2 = \dfrac{\sqrt{15}+1}{7}h; \quad w_2 = \dfrac{155-\sqrt{15}}{1200} \\ u_{3,4} = \dfrac{\pm\sqrt{3}(\sqrt{15}+1)}{14}h, \quad v_{3,4} = \dfrac{-\sqrt{15}+1}{14}h; \quad w_{3,4} = \dfrac{155-\sqrt{15}}{1200} \\ u_5 = 0, \quad v_5 = \dfrac{-\sqrt{15}-1}{7}h; \quad w_5 = \dfrac{155+\sqrt{15}}{1200} \\ u_{6,7} = \dfrac{\pm\sqrt{3}(\sqrt{15}-1)}{14}h, \quad v_{6,7} = \dfrac{\sqrt{15}-1}{14}h; \quad w_{6.7} = \dfrac{155+\sqrt{15}}{1200} \end{cases} \tag{4-83}$$

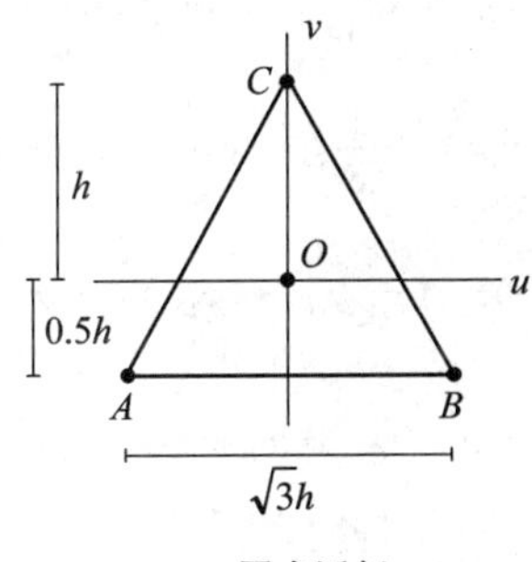

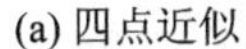

(a) 四点近似

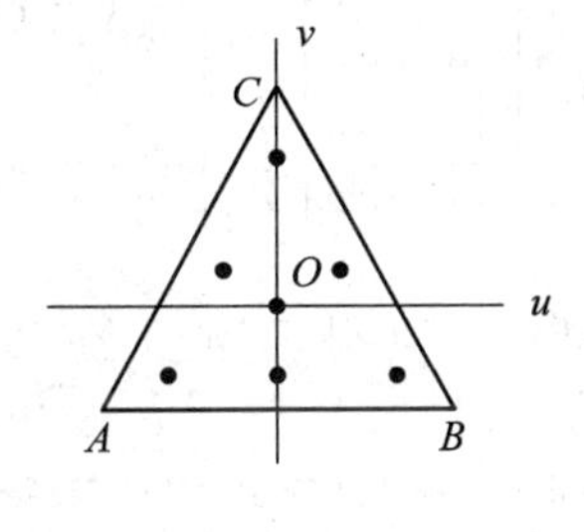

(b) 七点近似

图 4－18　正三角形面积分的多点近似

对于任意三角形，可通过以下坐标变换将其变换为正三角形：

$$\boldsymbol{r}=\frac{1}{3}(1-\sqrt{3}u-v)\boldsymbol{r}_{A'}+\frac{1}{3}(1+\sqrt{3}u-v)\boldsymbol{r}_{B'}+\frac{1}{3}(1+2v)\boldsymbol{r}_{C'} \tag{4-84}$$

其中，$\boldsymbol{r}_{A'}$，$\boldsymbol{r}_{B'}$，$\boldsymbol{r}_{C'}$ 是原三角形顶点坐标，$\boldsymbol{r}$ 为原三角形平面中的一点，u，v 代表 uOv 面中的对应点，如图 4-19 所示。将图(b)所示正二角形(中心点到顶点距离 $h=1$)的三个顶点坐标代入上式可以验证顶点 A，B，C 分别对应于图(a)原三角形顶点 A',B',C'。这一变换也称映射(mapping)。因此，原三角形区域积分，即

$$I_1=\iint_{\triangle A'B'C'} f(\boldsymbol{r})\mathrm{d}s' \tag{4-85}$$

可以转换为正三角形积分：

$$\iint_{\triangle A'B'C'} f(\boldsymbol{r})\mathrm{d}s'=\iint_{\triangle ABC} f(u,v)\,|J|\,\mathrm{d}u\,\mathrm{d}v \tag{4-86}$$

其中，$|J|$为雅可比行列式，代表坐标变换前后的面积伸缩系数。

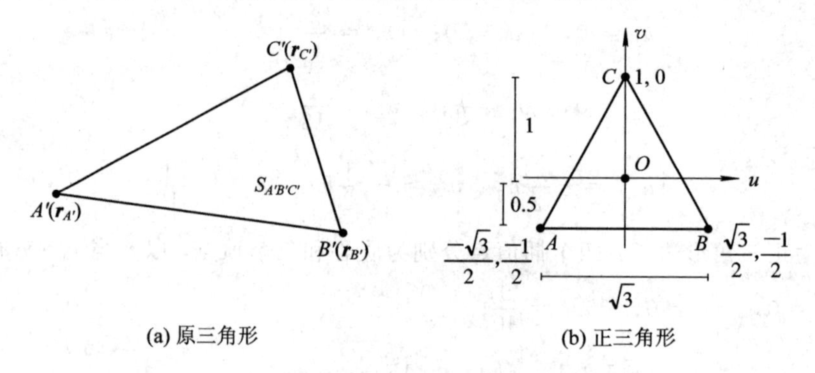

图 4-19　三角形的映射

为了便于计算，假设原三角形位于 xOy 平面，式(4-84)变为

$$\begin{cases} x=\frac{1}{3}(1-\sqrt{3}u-v)x_{A'}+\frac{1}{3}(1+\sqrt{3}u-v)x_{B'}+\frac{1}{3}(1+2v)x_{C'} \\ y=\frac{1}{3}(1-\sqrt{3}u-v)y_{A'}+\frac{1}{3}(1+\sqrt{3}u-v)y_{B'}+\frac{1}{3}(1+2v)y_{C'} \end{cases} \tag{4-87}$$

雅可比行列式$|J|$计算如下：

$$\begin{aligned}
|J| &= \frac{\partial(x,y)}{\partial(u,v)}=\begin{vmatrix} \frac{\partial x}{\partial u} & \frac{\partial x}{\partial v} \\ \frac{\partial y}{\partial u} & \frac{\partial y}{\partial v} \end{vmatrix}=\begin{vmatrix} \frac{1}{\sqrt{3}}(-x_{A'}+x_{B'}) & \frac{1}{3}(-x_{A'}-x_{B'}+2x_{C'}) \\ \frac{1}{\sqrt{3}}(-y_{A'}+y_{B'}) & \frac{1}{3}(-y_{A'}-y_{B'}+2y_{C'}) \end{vmatrix} \\
&= \frac{1}{3\sqrt{3}}\{(-x_{A'}+x_{B'})(-y_{A'}-y_{B'}+2y_{C'})-(-y_{A'}+y_{B'})(-x_{A'}-x_{B'}+2x_{C'})\} \\
&= \frac{2}{3\sqrt{3}}\{x_{A'}y_{B'}-x_{B'}y_{A'}+x_{C'}y_{A'}-x_{C'}y_{B'}-x_{A'}y_{C'}+x_{B'}y_{C'}\} \\
&= \frac{2}{3\sqrt{3}}\{(x_{A'}-x_{C'})(y_{B'}-y_{C'})-(x_{B'}-x_{C'})(y_{A'}-y_{C'})\} \\
&= \frac{2}{3\sqrt{3}}\times 2S_{A'B'C'}=\frac{4S_{A'B'C'}}{3\sqrt{3}}
\end{aligned} \tag{4-88}$$

上式中，$S_{A'B'C'}$代表原三角形面积，$3\sqrt{3}/4$ 为正三角形的面积 S_{ABC}。在三维 FETD 计算中，原三角形顶点为三维坐标，这时映射关系式(4-87)改写为

$$\begin{cases} x=\dfrac{1}{3}(1-\sqrt{3}u-v)x_{A'}+\dfrac{1}{3}(1+\sqrt{3}u-v)x_{B'}+\dfrac{1}{3}(1+2v)x_{C'} \\ y=\dfrac{1}{3}(1-\sqrt{3}u-v)y_{A'}+\dfrac{1}{3}(1+\sqrt{3}u-v)y_{B'}+\dfrac{1}{3}(1+2v)y_{C'} \\ z=\dfrac{1}{3}(1-\sqrt{3}u-v)z_{A'}+\dfrac{1}{3}(1+\sqrt{3}u-v)z_{B'}+\dfrac{1}{3}(1+2v)z_{C'} \end{cases} \tag{4-89}$$

但雅可比行列式 $|J|=4S_{A'B'C'}/(3\sqrt{3})$ 结果不变。原三角形积分式(4-85)的多点近似为

$$\begin{aligned} I_1 &= \iint_{\Delta A'B'C'} f(\boldsymbol{r})\mathrm{d}s' = \iint_{\Delta ABC} f(u,v)\,|J|\,\mathrm{d}u\,\mathrm{d}v \\ &\simeq S_{ABC}\frac{4S_{A'B'C'}}{3\sqrt{3}}\sum_{k=1}^{N} w_k f(u_k,v_k) = S_{A'B'C'}\sum_{k=1}^{N} w_k f(\boldsymbol{r}_k) \end{aligned} \tag{4-90}$$

其中，插值点 u_k，v_k如式(4-82)或式(4-83)，这里 $h=1$；$\boldsymbol{r}_k$可以用式(4-84)或式(4-89)确定。

4.4 物体表面电流密度计算

4.4.1 用棱边电流系数计算表面电流密度

考虑导体表面上一点 $P(\boldsymbol{r})$的电流密度 $\boldsymbol{J}(\boldsymbol{r},t)$和电流系数 $I_j(t)$的关系，分以下两种情形。

情形一。设观察点 $P(\boldsymbol{r})$位于三角形 T 内，如图 4-20(a)所示。根据基函数定义式(4-10)，该点电流密度展开式(4-28)的求和只涉及三角形 T 的三条边，于是

$$\boldsymbol{J}(\boldsymbol{r},t)=\sum_{k=1}^{M} I_k(t)\boldsymbol{f}_k(\boldsymbol{r})=\sum_{i=1}^{3}(\pm\boldsymbol{\rho}_i)\frac{l_i}{2A}I_i(t) \tag{4-91}$$

式中，A 为三角形面积，l_i为边长(求和号内下标代表局域编号，计算中改用相应全域编号)。上式中规定 $\boldsymbol{\rho}_i$为以三角形三个顶点为起始点指向观察点 $P(\boldsymbol{r})$的局域位置矢，即 $\boldsymbol{\rho}_i=\boldsymbol{r}-\boldsymbol{r}_i$，$i=1, 2, 3$，如图 4-20(a)所示。应当注意，在基函数定义式(4-10)中，局域位置矢的指向在棱边两侧的正三角形和负三角形中有所不同。所以，式(4-91)中 $\boldsymbol{\rho}_i$前面±的选取需要判定三角形 T 是属于边 l_i的正三角形还是属于负三角形来确定。

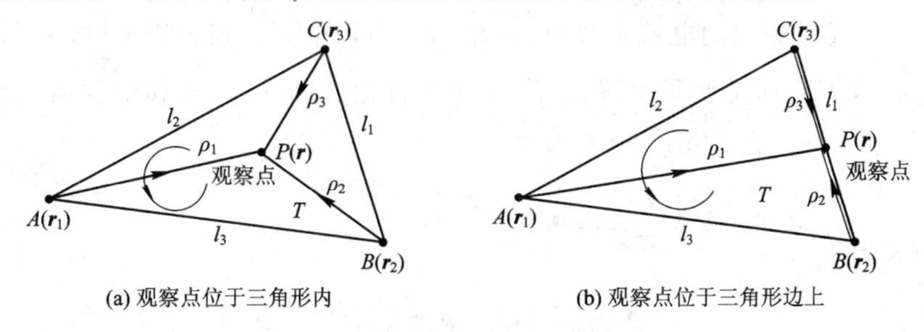

(a) 观察点位于三角形内　　(b) 观察点位于三角形边上

图 4-20　观察点位于三角形内部或边上

情形二。如果观察点 $P(\boldsymbol{r})$位于三角形一条边，例如 l_1上，且该边为内棱边，如图4-20(b)所示，则式(4-91)仍成立。注意到基函数定义式(4-10)中约定位于内棱边上的点归属于正三角形，所以式(4-91)的求和只对应于该棱边的正三角形。这时式(4-91)所示电流密度可以分解为与 l_1边垂直和平行的两个分量 $J_\perp$ 和 $J_{//}$，其中平行分量 $J_{//}$为

$$J_{1//} = \sum_{i=1}^{3} I_i(t)\frac{l_i}{2A}\rho_{i//} \tag{4-92}$$

垂直分量 $J_\perp$为

$$J_{1\perp} = \sum_{i=1}^{3} I_i(t)\frac{l_i}{2A}\rho_{i\perp} = I_1(t)\frac{l_1}{2A}\rho_{1\perp} = I_1(t) \tag{4-93}$$

上式最后等式用到基函数性质二。由此可见，电流系数 $I_i(t)$代表棱边 l_i处电流密度的垂直分量。应当注意，作为标量的电流系数 $I_i(t)$并不代表导体表面的电流密度(矢量)的分布；在棱边 l_i处还有电流的平行分量。

对于开放式物体(片状导体)，如图4-10所示，位于物体边沿的边界棱边处没有电流向外流出，亦即 $I_{\text{boundary edge}}(t)=0$，所以电流系数 $I_i(t)$作为待求量只限于内棱边(非边界棱边)。在用式(4-91)计算观察点的电流密度时，如果三角形 T 的三条边中有一条或两条边是边界棱边，可直接令式(4-91)中边界棱边处 $I_{\text{boundary edge}}(t)=0$ 即可。

以图4-11矩形板为例，设观察点 $P(\boldsymbol{r})$在三角形 $T_{(5)}$内，如图4-21(a)所示。P 点所在三角形的三个全域棱边为 l_7，l_6，l_2，相应电流系数为 $I_7(t)$，$I_6(t)$，$I_2(t)$。根据表4-3，三角形 $T_{(5)}$对于棱边 l_7，l_6，l_2分别为 T_7^+，T_6^-，T_2^+，由此确定式(4-91)求和中各项±符号的选取依次为+、-、+，于是式(4-91)变为

$$\begin{aligned}\boldsymbol{J}(\boldsymbol{r},t) &= \sum_{i=1}^{3}(\pm\boldsymbol{\rho}_i)\frac{l_i}{2A}I_i(t)\\ &= \boldsymbol{\rho}_1\frac{l_7}{2A}I_7(t) - \boldsymbol{\rho}_2\frac{l_6}{2A}I_6(t) + \boldsymbol{\rho}_3\frac{l_2}{2A}I_2(t)\end{aligned} \tag{4-94}$$

如果观察点 $P(\boldsymbol{r})$在全域棱边 l_4上，如图4-21(b)所示。根据表4-3，l_4相关的三角面片对为 $T_{(3)}$与 $T_{(4)}$；其中 $T_{(3)}$为 l_4的+面片 T_4^+，$T_{(4)}$为 l_4的-面片 T_4^-。如前所述，基函数定义式(4-10)中约定位于内棱边上的点归属于正三角形，所以虽然和 l_4相关有 $T_{(3)}$与 $T_{(4)}$两个三角形，但在式(4-91)计算时应取其中正面片 T_4^+，即三角形 $T_{(3)}$。三角形 $T_{(3)}$的三个棱边为 l_3，l_4，l_5，相应的电流系数为 $I_3(t)$，$I_4(t)$，$I_5(t)$。根据表4-3，三角面片 $T_{(3)}$对于棱边 l_3，l_4，l_5分别属于 T_3^-，T_4^+，T_5^-，由此确定式(4-91)求和中各项±符号的选取依次为-、+、-，于是式(4-91)变为

$$\begin{aligned}\boldsymbol{J}(\boldsymbol{r},t) &= \sum_{i=1}^{3}(\pm\boldsymbol{\rho}_i)\frac{l_i}{2A}I_i(t)\\ &= -\boldsymbol{\rho}_1\frac{l_3}{2A}I_3(t) + \boldsymbol{\rho}_2\frac{l_4}{2A}I_4(t) - \boldsymbol{\rho}_3\frac{l_5}{2A}I_5(t)\end{aligned} \tag{4-95}$$

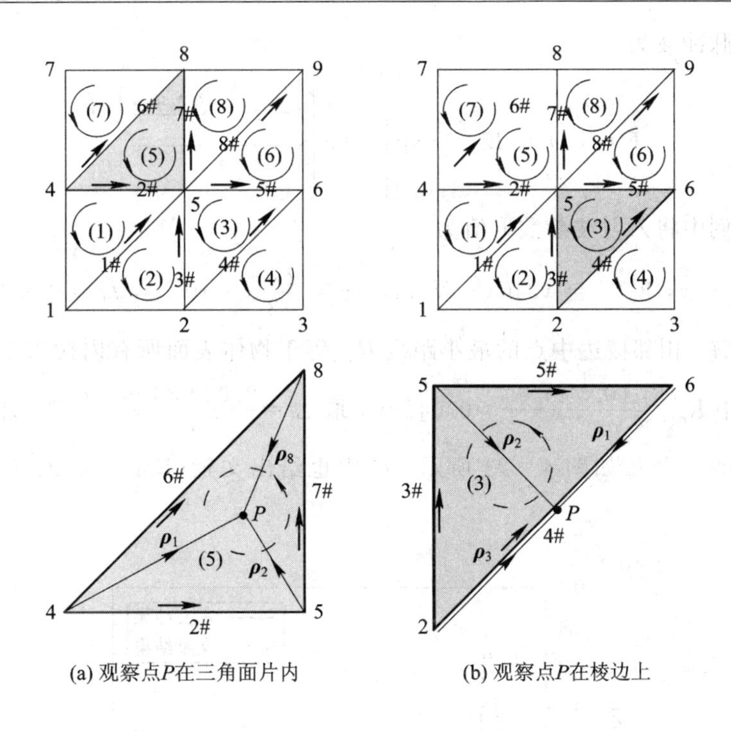

(a) 观察点P在三角面片内　　(b) 观察点P在棱边上

图 4-21　矩形板上观察点处电流密度的计算

4.4.2 算例

【算例 4-1】 金属方板散射。位于 $z=0$ 面上，尺寸为 $0.5\times0.5\ \mathrm{m}^2$，沿 x 方向划分为 6 份，y 方向划分为 5 份，将每个矩形对角线连接，分为两个直角三角形，如图 4-22 所示，共有三角面片 $2\times30=60$ 个。方形平板为开放式物体，内棱边总数为 $11\times5+6\times4=79$ 个，边界棱边总数为 $6\times2+5\times2=22$ 个。设高斯脉冲垂直于板面沿 $-z$ 方向入射，入射波电场沿 x 极化。求板中点处的面电流密度。

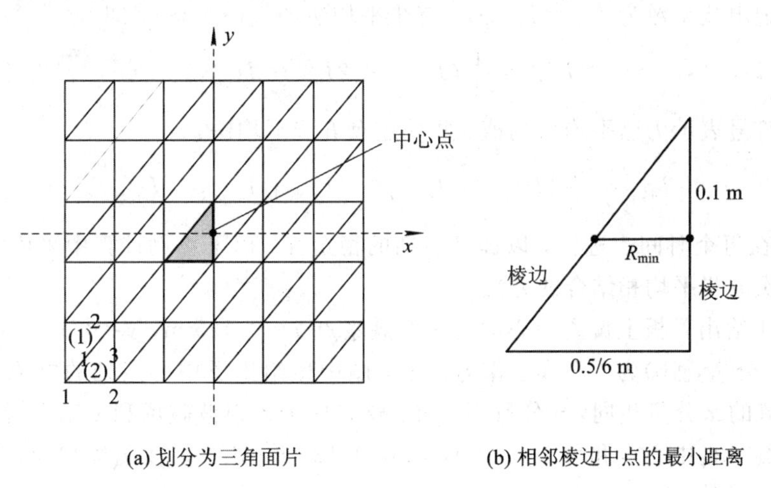

(a) 划分为三角面片　　(b) 相邻棱边中点的最小距离

图 4-22　金属方板

入射高斯脉冲波为

$$\boldsymbol{E}_i(\boldsymbol{r},t)=\boldsymbol{E}_0^{\text{Gauss}}\exp\left[-4\pi\left(\frac{t-t_0-\dfrac{\boldsymbol{r}\cdot\hat{\boldsymbol{a}}_{inc}}{c}}{\tau}\right)^2\right] \tag{4-96}$$

本例和以下算例中将入射波参数取值为

$$\hat{\boldsymbol{a}}_{inc}=-\hat{\boldsymbol{z}},\ \boldsymbol{E}_0^{\text{Gauss}}=\hat{\boldsymbol{x}}240\sqrt{\pi}\ \text{V/m},\quad \tau=\frac{2\sqrt{\pi}}{3}\times10^{-8}\ \text{s},\ t_0=2\times10^{-8}\ \text{s}$$

计算采用显式解。相邻棱边中点的最小距离 $R_{\min}$ 等于物体表面所有内棱边中最短棱边长度的一半，本例中 $R_{\min}=\dfrac{(0.5\ \text{m}/6)}{2}=0.042\ \text{m}$，取 $\Delta t=\dfrac{0.02083\ \text{m}}{c}<\dfrac{R_{\min}}{c}$。计算得到板中点处面电流密度的 x 分量如图 4-23 所示，图中也给出文献(Rao，1999：108)结果，二者相符。

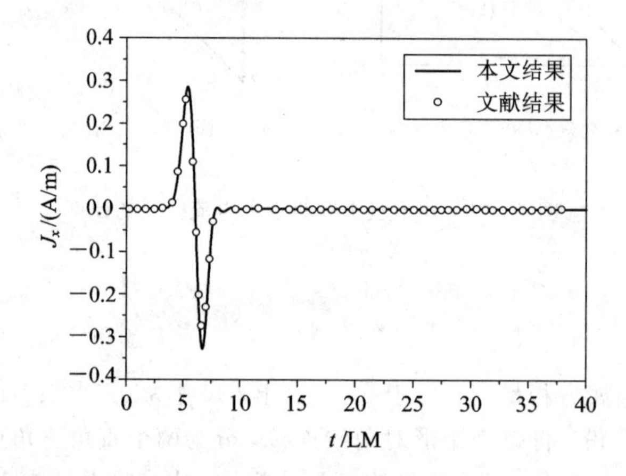

图 4-23　方板中点处电流密度的 x 分量

为了克服时域计算的后期不稳定性，随着步进计算将前后时间步电流值取平均以滤出振荡成分。记电流系数为 $I_{m,n}=I_m(t_n)$，三步平均法如式(3-38)，即

$$\tilde{I}_{m,n}=\frac{1}{4}(\tilde{I}_{m,n-1}+2I_{m,n}+I_{m,n+1}) \tag{4-97}$$

其中，带～符号表示为已平均后的值。此外还有五步平均法：

$$\tilde{I}_{m,n}=\frac{1}{8}(\tilde{I}_{m,n-2}+\tilde{I}_{m,n-1}+4I_{m,n}+I_{m,n+1}+I_{m,n+2}) \tag{4-98}$$

这种平均是在每个时间步进行，以提高后期的稳定性。以下算例计算中采用了一次三步平均，然后一次五步平均相结合的方法。

图 4-24 给出了板上偏离中心的另一个观察点 $x=0.125$ m，$y=0.125$ m 的电流密度，其中(a)为 x 分量，(b)为 y 分量。作为比较，图中也给出了中心点处的电流密度。由图可见，两处电流的 x 分量相同，y 分量不一样。这是因为入射波磁场和 y 轴平行，J_x 分量由磁场 y 分量决定，板中心点和另一点(0.125 m，0.125 m)处入射波磁场相同，散射场磁场 y 分量相对较小的缘故。

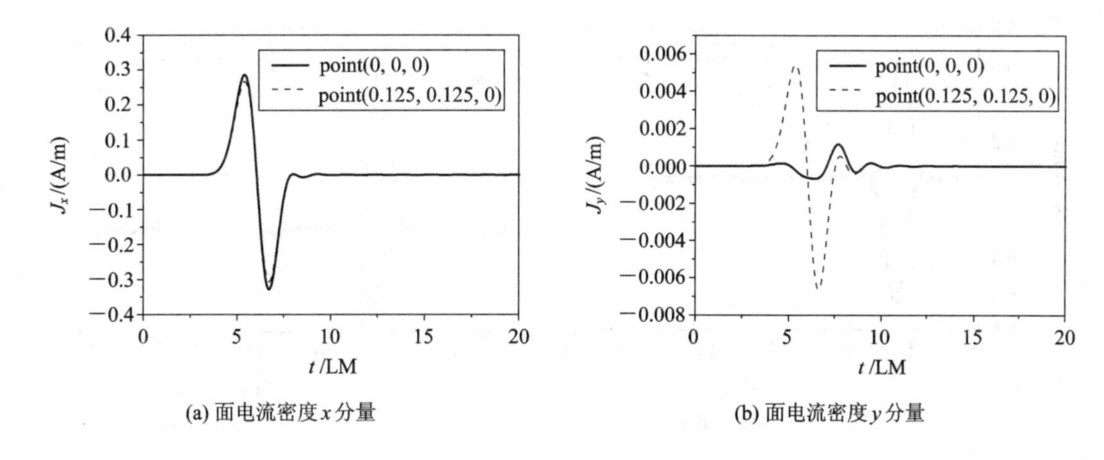

图 4－24　接收点(0.125 m，0.125 m，0)处的面电流密度

【算例 4－2】 金属立方体散射。边长 a＝0.2 m，立方体表面沿 x 方向划分为 2 份，沿 y 方向划分为 3 份，沿 z 方向划分为 2 份，如图 4－25 所示。将矩形对角线连接后立方体表面共有(2×3×4＋2×2×2)×2＝64 个直角三角面片。内棱边共有(9×8)＋(4×4)＋(3×2＋2)＝96 个。设高斯脉冲沿－z 方向入射，入射波电场沿 x 极化，参数同金属板算例。取坐标原点在立方体中心，求立方体上表面中点 x＝0，y＝0，z＝$a/2$ 处的面电流密度。

计算采用显式解，本例中相邻棱边中点的最小距离为 $R_{\min}=\dfrac{(0.2\ \text{m}/3)}{2}=0.0333\ \text{m}$，取 $\Delta t=\dfrac{0.025\ \text{m}}{c}<\dfrac{R_{\min}}{c}$。计算得到立方体上表面中心点(0，0，0.1 m)处面电流密度的 x 分量如图 4－26 所示，图中也给出文献(Rao，1999：110)结果，二者相符。

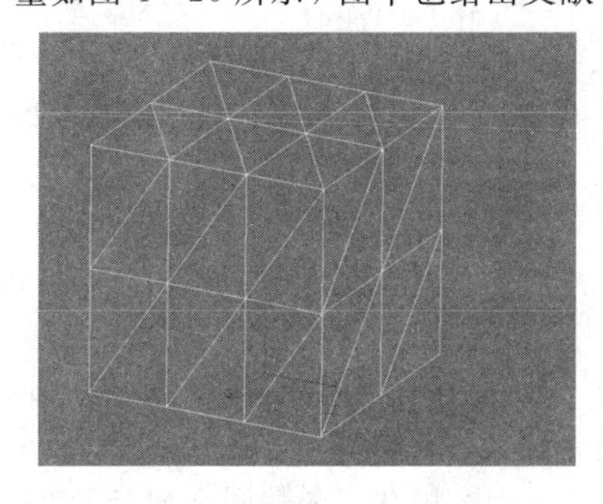

图 4－25　金属立方体

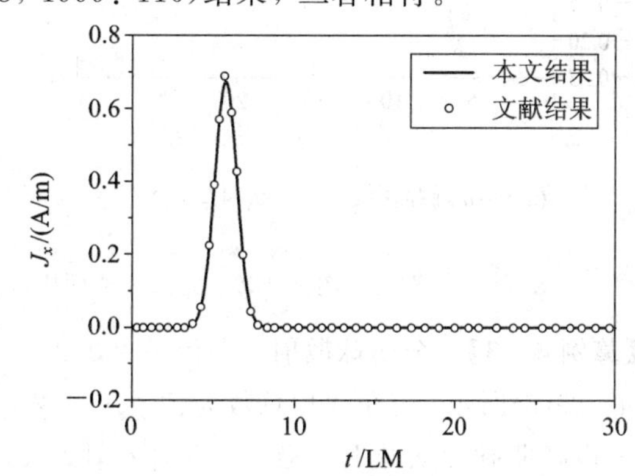

图 4－26　立方体上表面中心点(0，0，0.1 m)处面电流密度的 x 分量

另外还给出立方体其它表面中心点处的面电流密度。图 4－27 给出了上表面 $z=a/2$ 中心点(0，0，0.1 m)和下表面 $z=-a/2$ 中心点(0，0，－0.1 m)处的面电流密度，其中(a)为 J_x分量，(b)为 J_y分量。由图可见，J_x分量大于 J_y分量，这是由于入射波磁场沿 y 方向极化。由于上、下表面法向方向相反，所以面电流的方向也相反。此外，由于立方体尺寸较小，下表面没有出现阴影区遮挡现象。

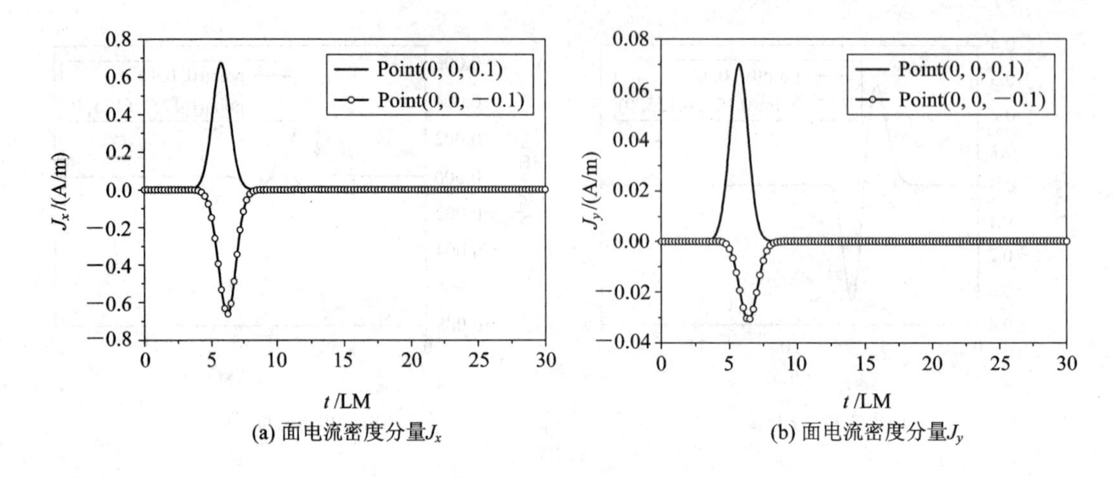

图 4-27　上表面和下表面中心点处面电流密度

图 4-28 给出了立方体两个侧面中心点处的面电流密度，其中(a)为 $y=a/2$ 侧面中心点(0, 0.1 m, 0)处面电流密度分量 J_x，J_z；(b)为 $x=a/2$ 侧面中心点(0.1 m, 0, 0)处面电流密度分量 J_y，J_z。

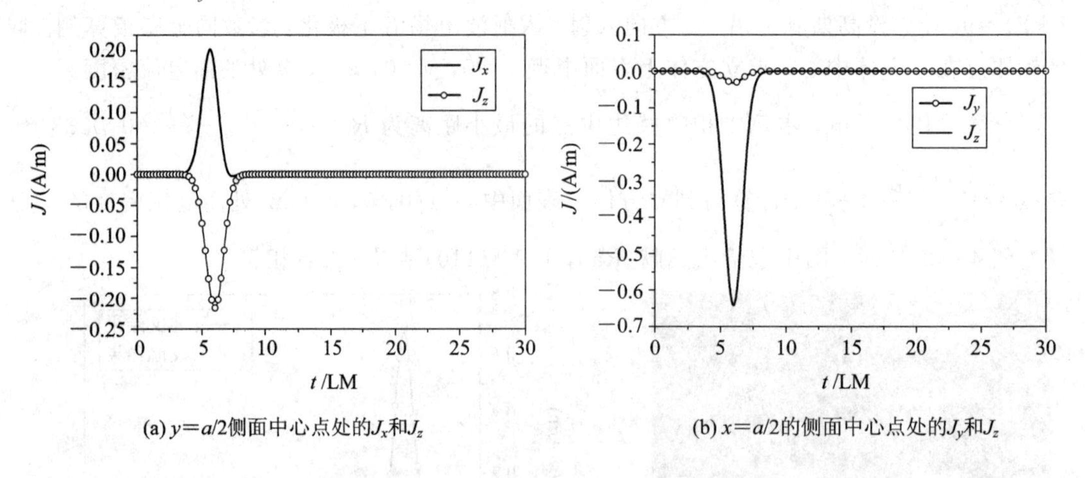

图 4-28　立方体侧面中心点处的面电流密度

【算例 4-3】 金属球散射。半径 $r_0=0.25$ m，沿 θ 和 φ 方向分别等分为 4 份和 8 份，如图 4-29(a)所示。三角面片总数为(8+16)×2=48 个。内棱边总数为(8+8+16)×2+8=72 个。设高斯脉冲从球上方沿 $-z$ 方向入射，入射波电场沿 x 极化，参数同金属板算例。求球的赤道上 $\theta=90°$，$\varphi=22.5°$处的面电流密度。

应用显式解。确定球表面的三角形 $R_{\min}$，球顶点附近的等腰三角形，侧边为 $b=r_0\sin45°$，底边为 $d=2b\sin22.5°=2r_0\sin45°\sin22.5°$，如图 4-29(b)和(c)所示。所以相邻棱边中点的最小距离为

$$R_{\min}=\frac{d}{2}=b\sin22.5°=r_0\sin45°\sin22.5°=0.0676\text{ m}$$

计算时取 $\Delta t=\dfrac{0.034\text{ m}}{c}<\dfrac{R_{\min}}{c}$。金属球赤道上观察点 $\theta=90°$，$\varphi=22.5°$处的 J_θ 分量如图

4－30(a)所示，图中也给出文献(Rao，1999：110)结果，二者相符。

此外，还给出金属球赤道上四个观察点 $\theta=90°$，$\varphi=22.5°$，112.5°，202.5°，292.5°处面电流密度的 J_θ 和 J_φ 分量，如图 4－30(b)和(c)所示。

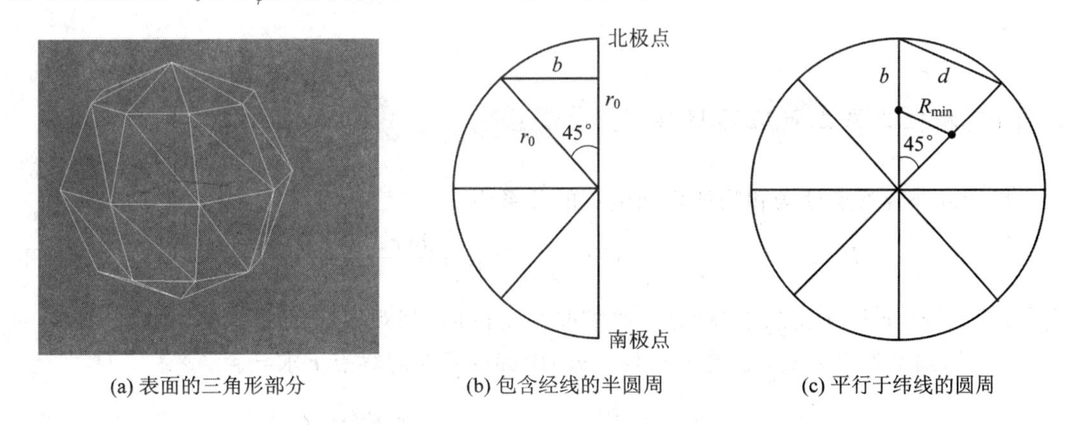

图 4－29　金属球表面的三角形剖分和 $R_{\min}$ 的计算

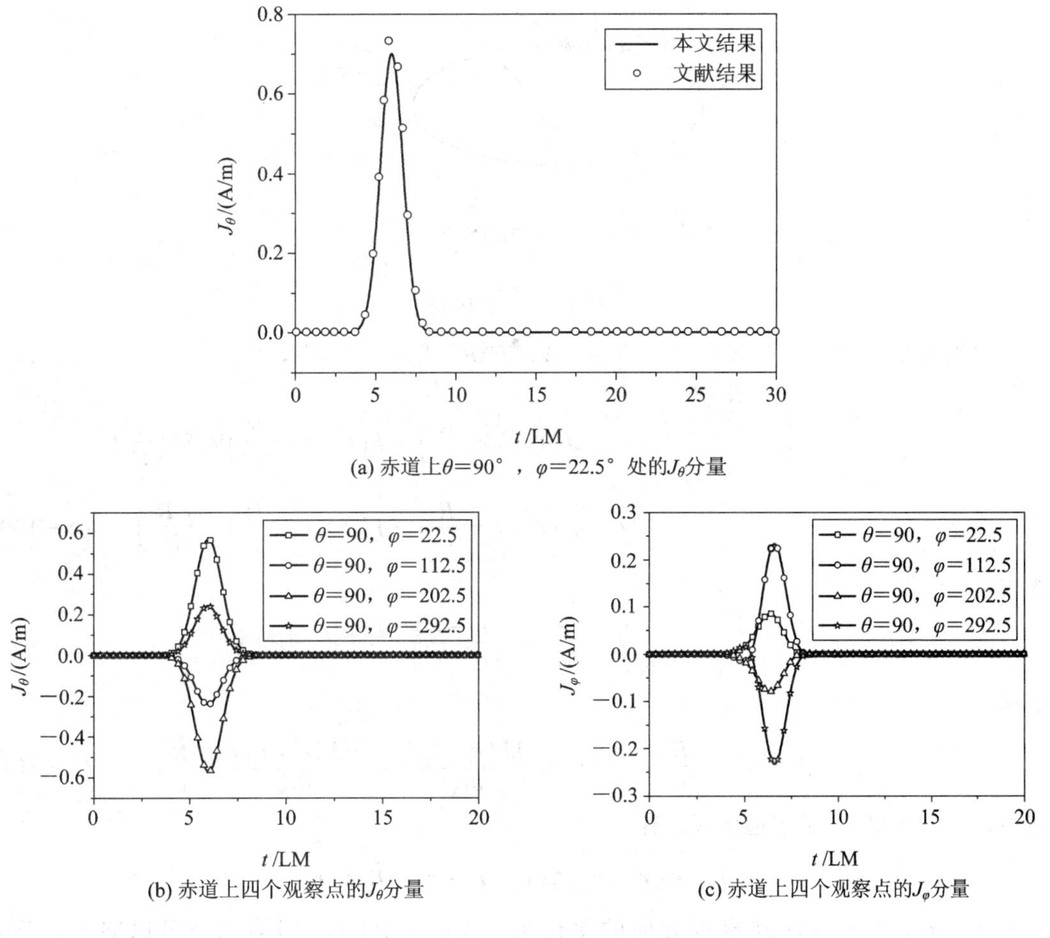

图 4－30　金属球赤道上的面电流密度

4.5 远区散射场

4.5.1 用电流系数计算远区场

目标以外观察点处场和物体表面电流的关系为

$$\boldsymbol{H}^s(\boldsymbol{r},\ t)=\frac{1}{\mu}\nabla\times\boldsymbol{A}=\frac{1}{\mu}\nabla\times\mu\iint_S\frac{\boldsymbol{J}(\boldsymbol{r}',\ t-R/c)}{4\pi R}\,\mathrm{d}s' \tag{4-99}$$

式中，$R=|\boldsymbol{r}-\boldsymbol{r}'|$，$\boldsymbol{r}$ 是从坐标原点(通常取在物体内)到观察点的位置矢，如图 4-31 所示。以上用到推迟势公式，注意到式(4-99)中旋度是对观察点 $\boldsymbol{r}$ 求导。

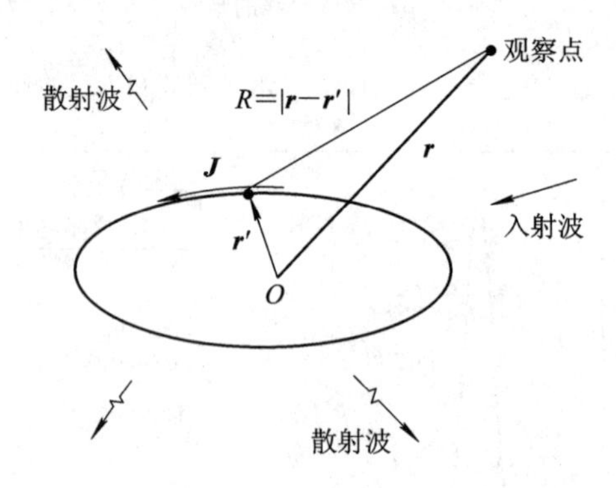

图 4-31 远区场

根据矢量公式$\nabla\times(w\boldsymbol{A})=w\nabla\times\boldsymbol{A}-\boldsymbol{A}\times\nabla w$，式(4-99)中，

$$\begin{aligned}\nabla\times\frac{\boldsymbol{J}\left(\boldsymbol{r}',\ t-\dfrac{R}{c}\right)}{R}&=\frac{1}{R}\nabla\times\boldsymbol{J}\left(\boldsymbol{r}',\ t-\frac{R}{c}\right)-\boldsymbol{J}\left(\boldsymbol{r}',\ t-\frac{R}{c}\right)\times\nabla\left(\frac{1}{R}\right)\\&=\frac{1}{R}\nabla\times\boldsymbol{J}\left(\boldsymbol{r}',\ t-\frac{R}{c}\right)-\boldsymbol{J}\left(\boldsymbol{r}',\ t-\frac{R}{c}\right)\times\left(\frac{\hat{\boldsymbol{R}}}{R^2}\right)\end{aligned} \tag{4-100}$$

式中，单位矢

$$\hat{\boldsymbol{R}}=\frac{\boldsymbol{R}}{R}=\frac{\boldsymbol{r}-\boldsymbol{r}'}{|\boldsymbol{r}-\boldsymbol{r}'|}$$

以及

$$\nabla\times\boldsymbol{J}\left(\boldsymbol{r}',\ t-\frac{R}{c}\right)=\nabla t_R\times\frac{\partial\boldsymbol{J}(\boldsymbol{r}',\ t_R)}{\partial t_R}=\frac{\partial\boldsymbol{J}(\boldsymbol{r}',\ t_R)}{\partial t_R}\times\frac{\hat{\boldsymbol{R}}}{c} \tag{4-101}$$

其中，$t_R=t-R/c$。对于远区场，有

$$R=|\boldsymbol{r}-\boldsymbol{r}'|\simeq r-\boldsymbol{r}'\cdot\hat{\boldsymbol{r}},\quad \hat{\boldsymbol{R}}\simeq\hat{\boldsymbol{r}}$$

其中，$\hat{\boldsymbol{r}}=\boldsymbol{r}/r$ 表示远区观察点方向的单位矢。式(4-100)右端第二项可以略去，于是式(4-99)变为

$$\begin{aligned}\boldsymbol{H}^s(\boldsymbol{r},\ t)&=\iint_S \nabla\times\left\{\frac{\boldsymbol{J}(\boldsymbol{r}',\ t-R/c)}{4\pi R}\right\}\mathrm{d}s'\\&\simeq\iint_S\frac{\nabla\times\boldsymbol{J}(\boldsymbol{r}',\ t-R/c)}{4\pi R}\mathrm{d}s'\\&\simeq\frac{1}{4\pi cr}\iint_S\frac{\partial\boldsymbol{J}(\boldsymbol{r}',\ t_R)}{\partial t_R}\times\hat{\boldsymbol{r}}\,\mathrm{d}s'\end{aligned}\tag{4-102}$$

式(4-102)中，表面电流的展开式为式(4-28)，即

$$\boldsymbol{J}(\boldsymbol{r},\ t)=\sum_{k=1}^{N}I_k(t)\boldsymbol{f}_k(\boldsymbol{r})$$

代入式(4-102)得

$$\begin{aligned}\boldsymbol{H}^s(\boldsymbol{r},\ t_n)&=\sum_{k=1}^{M}\frac{1}{c}\frac{\partial I_k(t_R)}{\partial t_R}\iint_{\text{triangle pair}}\frac{\boldsymbol{f}_k\times\hat{\boldsymbol{R}}}{4\pi R}\mathrm{d}s'\\&\simeq\frac{1}{4\pi}\sum_{k=1}^{M}\left[\frac{I_k\left(t_{n+1/2}-\dfrac{r-\boldsymbol{r}'\cdot\hat{\boldsymbol{r}}}{c}\right)-I_k\left(t_{n-1/2}-\dfrac{r-\boldsymbol{r}'\cdot\hat{\boldsymbol{r}}}{c}\right)}{c\Delta t}\right]\frac{1}{r}\left(\iint_{\text{triangle pair}}\boldsymbol{f}_k(\boldsymbol{r}')\mathrm{d}s'\right)\times\hat{\boldsymbol{r}}\end{aligned}\tag{4-103}$$

其中，三角面片对的积分为

$$\iint_{\text{triangle pair}}\boldsymbol{f}_k(\boldsymbol{r}')\mathrm{d}s'=\iint_{T_k^+}\frac{l_k}{2A_k^+}\boldsymbol{\rho}_k^+\,\mathrm{d}s'+\iint_{T_k^-}\frac{l_k}{2A_k^-}\boldsymbol{\rho}_k^-\,\mathrm{d}s'=\frac{l_k}{2}(\boldsymbol{\rho}_k^{c+}+\boldsymbol{\rho}_k^{c-})$$

代入整理后可得归一化远区磁场为

$$r\boldsymbol{H}^s(\boldsymbol{r},\ t_n)=\frac{1}{4\pi}\sum_{k=1}^{N}\left[\frac{I_k\left(t_{n+1/2}-\dfrac{r-\boldsymbol{r}'\cdot\hat{\boldsymbol{r}}}{c}\right)-I_k\left(t_{n-1/2}-\dfrac{r-\boldsymbol{r}'\cdot\hat{\boldsymbol{r}}}{c}\right)}{c\Delta t}\right]\frac{l_k}{2}(\boldsymbol{\rho}_k^{c+}+\boldsymbol{\rho}_k^{c-})\times\hat{\boldsymbol{r}}\tag{4-104}$$

式(4-103)中，$\boldsymbol{r}'=\boldsymbol{r}_k$取为三角面片对公共棱边的中点。由于远区电磁场类似于平面波，所以远区归一化电场为

$$r\boldsymbol{E}^s(\boldsymbol{r},\ t_n)=\eta[r\boldsymbol{H}^s(\boldsymbol{r},\ t_n)]\times\hat{\boldsymbol{r}}\tag{4-105}$$

其中，η为波阻抗。

4.5.2 算例

【算例4-4】 矩形金属板散射。矩形板为2 m×2 m。高斯脉冲沿$-z$轴入射，电场沿x方向极化。求远区后向$\theta=0°$，$\varphi=0°$和侧向$\theta=90°$，$\varphi=90°$的散射场。

入射高斯脉冲波为式(4-96)，本例和以下算例中入射波参数取值为

$$\hat{\boldsymbol{a}}_{inc}=-\hat{\boldsymbol{z}},\ \boldsymbol{E}_0^{\text{Gauss}}=-\hat{\boldsymbol{x}}2/\sqrt{\pi}\ \text{V/m},\ \tau=\left(\frac{2\sqrt{\pi}}{3}\right)\times10^{-8}\ \text{s},\ t_0=2\times10^{-8}\ \text{s}$$

应用显式解。将矩形板沿x方向划分为8份，沿y方向划分为7份，如图4-32所示。三角面片共有8×7×2=112个，内棱边总数为153个。相邻棱边中点的最小距离为$R_{\min}=\dfrac{(2\ \text{m}/8)}{2}=0.125$ m，取$\Delta t=\dfrac{0.0625\ \text{m}}{c}<\dfrac{R_{\min}}{c}$。计算得到金属方板远区散射场$E_x$分量如图

4－33 所示，其中(a)为后向 $\theta=0^\circ$，$\varphi=0^\circ$散射场；(b)为侧向 $\theta=90^\circ$，$\varphi=90^\circ$散射场。图中也给出了文献(Rao，1999：112)的结果，二者相符。

图 4－32　金属方板

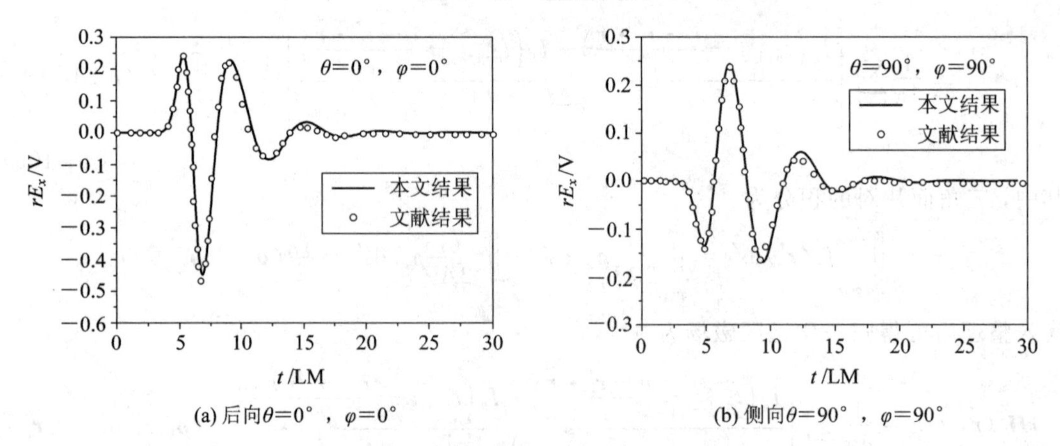

图 4－33　金属方板远区散射场 E_x 分量

【算例 4－5】 金属立方体散射。立方体边长 1 m，表面沿 x，y，z 方向分别划分为 4，5，5 份，如图 4－34 所示。三角形面片总数为 $2\times2\times(4\times5+4\times5+5\times5)=260$ 个，内棱边总数为 390 个。设高斯脉冲沿 $-z$ 方向入射，电场沿 x 方向极化，所取参数同上例。求远区后向 $\theta=0^\circ$，$\varphi=0^\circ$和侧向 $\theta=90^\circ$，$\varphi=90^\circ$散射场。

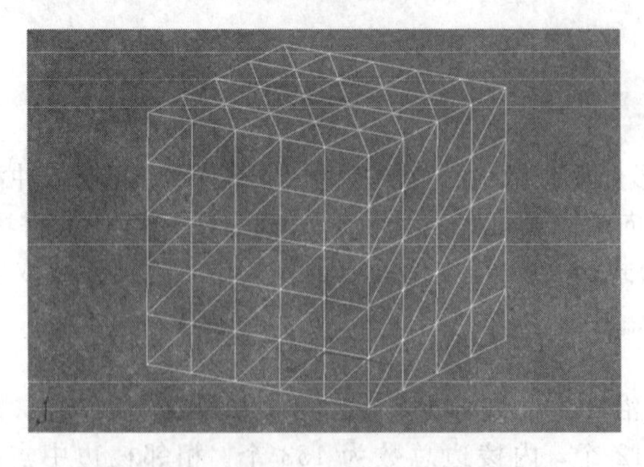

图 4－34　金属立方体

应用显式解。相邻棱边中点的最小距离为 $R_{\min}=(1\ \text{m}/5)/2=0.1\ \text{m}$，取 $\Delta t=0.0499\ \text{m}/c<R_{\min}/c$。计算得到金属立方体远区散射场 E_x 分量如图 4-35 所示，其中(a)为后向 $\theta=0°$，$\varphi=0°$散射场；(b)为侧向 $\theta=90°$，$\varphi=90°$散射场。图中也给出了文献(Rao，1999：114)的结果，二者相符。

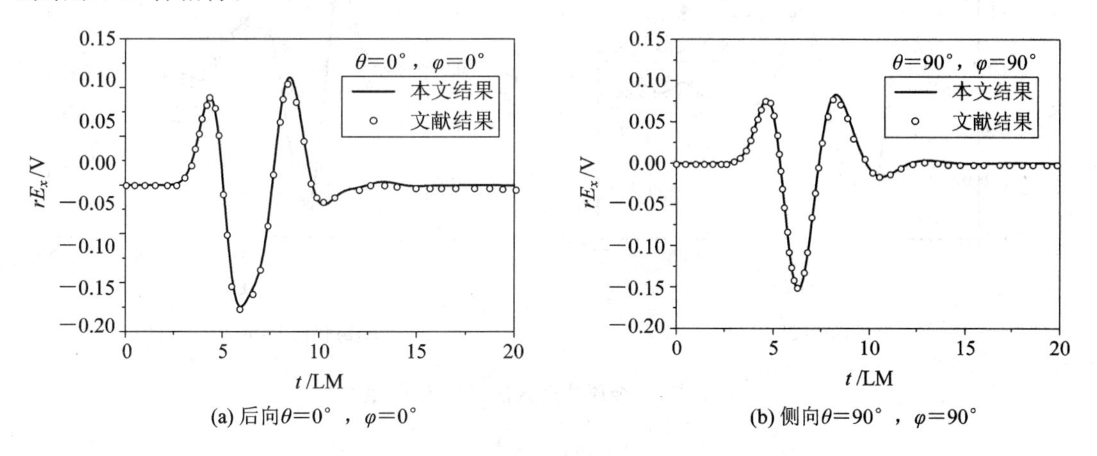

图 4-35　金属立方体远区散射场 E_x 分量

【算例 4-6】 金属球散射。半径 $r_0=1$ m，表面划分为 320 个三角面片(面积大致相等)，内棱边总数为 480 个，如图 4-36 所示。设高斯脉冲沿 $-z$ 轴入射，沿 x 极化，所取参数同上例。求远区后向 $\theta=0°$，$\varphi=0°$和侧向 $\theta=90°$，$\varphi=90°$散射场。

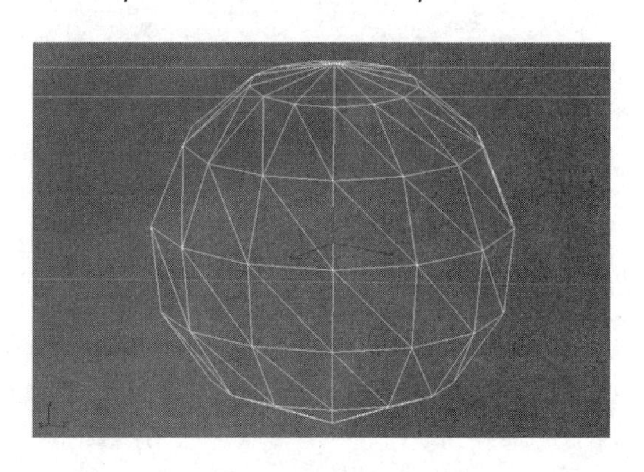

图 4-36　金属球表面三角形划分

最小距离估算。球表面面积为 $4\pi r_0^2$，划分为 320 个三角面片后每个三角形面积约为 $A\simeq 4\pi r_0^2/320$。设三角形近似为等边三角形，边长为 a，面积约为

$$A=\left(\frac{a}{2}\right)\sqrt{a^2-\left(\frac{a}{2}\right)^2}=\frac{\sqrt{3}a^2}{4}$$

所以三角形边长近似为

$$a=\sqrt{\frac{4A}{\sqrt{3}}}=\sqrt{\frac{\pi r_0^2}{20\sqrt{3}}}\simeq 0.301\ \text{m}$$

以相邻棱边中点作为最小距离估算为 $R_{\min}=a/2\simeq 0.151$ m。应用显式解取 $\Delta t=0.0690\ \text{m}/c<R_{\min}/c$。计算得到金属球远区散射场 E_x 分量如图 4-37 所示，其中(a)为后向 $\theta=0°$，$\varphi=$

0°散射场；(b)为侧向 $\theta=90°$，$\varphi=90°$散射场。图中也给出了文献(Rao，1999：114)的结果，二者相符。

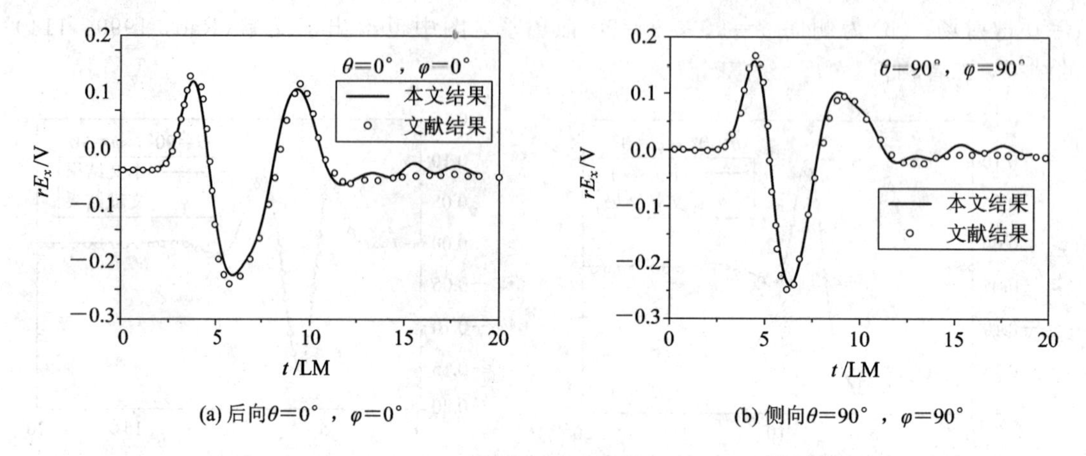

(a) 后向$\theta=0°$，$\varphi=0°$　　(b) 侧向$\theta=90°$，$\varphi=90°$

图 4-37　金属球远区散射场 E_x 分量

附录 A　细直导线 IETD 程序

本程序用于计算 2.2 节算例。

```
! * * * * * * * * * * * * * * * * * * * * * * * * * * * * * * * * * *
!                    细直导线长度为 2h，半径为 r                        !
!          入射波为高斯脉冲，求导线任一位置上电流随时间的变化              !
! * * * * * * * * * * * * * * * * * * * * * * * * * * * * * * * * * *
program stright
use dfport
implicit none
integer m               ! 观察点
integer n               ! 积分点
integer k               ! 空间点
integer j               ! 循环变量
integer timestop        ! 时间步数
integer disstop         ! 空间步数、导线分割段数
integer ii              ! 插值计算整数
real * 8 miu            ! 磁导率
real * 8 c              ! 光速
real * 8 r              ! 导线半径
real * 8 h              ! 导线长度
real * 8 used_time      ! 执行程序所用时间
real * 8 t              ! 时刻
real * 8 tn             ! 激励源时刻
real * 8 dt, dz         ! 时间间隔，空间间隔
real * 8 ai_0           ! m=0 非自身单元值
real * 8 ai_disstop     ! m=disstop 非自身单元值
real * 8 ai             ! m=1…，disstop-1 的非自身单元值
real * 8 e0             ! 脉冲入射强度
real * 8 tao            ! 脉冲宽度
real * 8 t0             ! 脉心位置
real * 8 dd,ee          ! 插值计算变量
real * 8 s1,s2          ! 为计算方便引进的变量
real * 8 Ik1,Ik2,Ik3    ! 插值计算电流
real * 8,parameter:: pi=3.14159265
real * 8,dimension(:,:),allocatable:: I      ! 电流矩阵
real * 8,dimension(:,:),allocatable:: KA     ! kappa 矩阵
real * 8,dimension(:,:),allocatable:: A      ! 电势矩阵
real * 8,dimension(:),allocatable:: F        ! 激励源 F 矩阵
```

```
real * 8,dimension(:),allocatable:: z                   ! 空间步矩阵
print * ,'please input disstop'                          ! 输入空间步数
read * ,disstop
print * ,'please input timestop'                         ! 输入时间步数
read * ,timestop
!!!!!!!!!!!!!!!!!!!!!!!!!!!!!!!!!!!!!!!!!!!!!!!!!!!!!!!!!!!!!
!                         变量赋初值                       !
!!!!!!!!!!!!!!!!!!!!!!!!!!!!!!!!!!!!!!!!!!!!!!!!!!!!!!!!!!!!!
miu=4 * pi * 1e-7
c=3.e8
h=1.
r=0.01
e0=240. * sqrt(pi)
tao=sqrt(pi)/3. * 1e-8
t0=1e-8
dz=h/disstop
dt=dz/c/5.                                               ! 时间步长

write( * ,'(//////////////////////////)')
write( * ,'(11X,46h The scattering of stright wire in 2011.4.15. )')
write( * ,'(11X,46h                高斯 PULSE                  )')
write( * , * )
print * ,''
write( * ,'(11X,15hKnown message : )')
write( * ,'(11x,3h h=,f8.4,4h r=,f8.4,6H mmax=,i4,5H Grid)')h,r,disstop
print * ,''
write( * ,'(11x,5h   dz=,f8.4,5h   dt=,e12.4e3,3h LM)')dz,dt
print * ,''
write( * ,'(11x,6h   tao=,e12.4e4,5h   t0=,e12.4e3)')tao,t0
print * ,''
write( * ,'(11X,13hTimestep is : , i5)')TimeStop
print * ,''

allocate(F(0: timestop),z(0: disstop))
allocate(I(0: disstop,0: timestop))
allocate(A(0: disstop,0: timestop))
allocate(KA(0: disstop,0: disstop))

open(1,file='I_mid_n.dat')

used_time = TIMEF(    )
!!!!!!!!!!!!!!!!!!!!!!!!!!!!!!!!!!!!!!!!!!!!!!!!!!!!!!!!!!!!!!
!                  计算激励项 F                              !
!!!!!!!!!!!!!!!!!!!!!!!!!!!!!!!!!!!!!!!!!!!!!!!!!!!!!!!!!!!!!!
```

```
do n=0,timestop
   tn=float(n) * dt        ! 由于入射波是平面波,与位置无关, F(m,n)=F(n)
   F(n)=-8. * pi/tao * ((tn-t0)/tao) * e0 * exp(-4.0 * pi * ((tn-t0)/tao) * * 2)
enddo

!!!!!!!!!!!!!!!!!!!!!!!!!!!!!!!!!!!!!!!!!!!!!!!!!!!!!!!!!!!!!!!!
!                   计算 KA 矩阵                                !
!!!!!!!!!!!!!!!!!!!!!!!!!!!!!!!!!!!!!!!!!!!!!!!!!!!!!!!!!!!!!!!!

do m=0,disstop
   do k=1,disstop-1
        z(m)=float(m) * dz
        z(k)=float(k) * dz
        s1=z(m)-z(k)+dz/2.0+sqrt((z(m)-z(k)+dz/2.0) * * 2+r * * 2)
        s2=z(m)-z(k)-dz/2.0+sqrt((z(m)-z(k)-dz/2.0) * * 2+r * * 2)
        KA(m,k)=miu/(4. * pi) * (log(s1)-log(s2))
   enddo
enddo

!!!!!!!!!!!!!!!!!!!!!!!!!!!!!!!!!!!!!!!!!!!!!!!!!!!!!!!!!!!!!!!!
!                 边界条件和初始条件                            !
!!!!!!!!!!!!!!!!!!!!!!!!!!!!!!!!!!!!!!!!!!!!!!!!!!!!!!!!!!!!!!!!

do n=0,timestop                   ! 导线两端任意时刻电流为 0
   I(0,n)=0.
   I(disstop,n)=0.
enddo

do m=1,disstop-1                  ! 0, 1 时刻任意位置电流为 0
   I(m,0)=0.
   I(m,1)=0.
enddo

do m=0,disstop                    ! 0, 1 时刻任意位置电势为 0
   A(m,0)=0.
   A(m,1)=0.
enddo

!!!!!!!!!!!!!!!!!!!!!!!!!!!!!!!!!!!!!!!!!!!!!!!!!!!!!!!!!!!!!!!
!                 主循环                                       !
!!!!!!!!!!!!!!!!!!!!!!!!!!!!!!!!!!!!!!!!!!!!!!!!!!!!!!!!!!!!!!!

   OPEN(99, FILE='CON',CARRIAGECONTROL='FORTRAN')
```

```
do n=2,timestop
   t=float(n) * dt * c
     write(99,'(1h+,5x,9hTime step,i5,2x,14his in process.,3x)')n
!!!!!!!!!!!!!!!!!!!!!! 计算非自身元素 ai!!!!!!!!!!!!!!

   ai_0=0.                                   ! 左端点在任意时刻的非自身单元值(插值计算)
   do k=1,disstop-1
        dd=abs(z(k)-z(0))/c/dt           ! m,k 节点之间距离/c/dt
        ii=int(dd)
        ee=dd-ii
        if(ee.le.1.e-5)then
             ee=0
        elseif(ee.Ge.0.99999)then
             ee=0
             ii=ii+1
        endif
        j=n-ii-1
        if(j<=0) cycle
        Ik1=(1.-ee) * I(k,j+1)+ee * I(k,j)
        ai_0=ai_0+Ik1 * KA(0,k)
   enddo
   ai_disstop=0.                             ! 右端点在任意时刻的非自身单元值(插值计算)
   do k=1,disstop-1
        dd=abs(z(k)-z(disstop))/c/dt
        ii=int(dd)
        ee=dd-ii
        if(ee.le.1.e-5)then
            ee=0
        elseif(ee.Ge.0.99999)then
            ee=0
            ii=ii+1
        endif
        j=n-ii
        if(j<=0) cycle
        Ik2=(1.-ee) * I(k,j+1)+ee * I(k,j)
        ai_disstop=ai_disstop+Ik2 * KA(disstop,k)
   enddo
        A(0,n)=ai_0                          ! 边界条件在 m=0 处,I=0
        A(disstop,n)=ai_disstop              ! 边界条件在 m=disstop 处,I=0

!!!!!!!!!!!!!!!!!!!!!!!!!!! 计算 A 矩阵!!!!!!!!!!!!!!!!!!!!!!!!!!!!!!!!!!

   do m=1,disstop-1
        A(m,n)=2. * A(m,n-1)-A(m,n-2)+(dt * * 2) * F(n-1)+(c * dt/dz) * * 2&
```

```
      *(A(m+1,n-1)-2.*A(m,n-1)+A(m-1,n-1))
   enddo

   do m=1,disstop-1                    ! m=1,…,disstop-1的非自身元素值(插值计算)
      ai=0.
      do k=1,disstop-1
         dd=abs(z(k)-z(m))/c/dt   ! m,k节点之间距离/c/dt
         ii=int(dd)
         ee=dd-ii
         if(ee.le.1.e-5)then
            ee=0
         elseif(ee.Ge.0.99999)then
            ee=0
            ii=ii+1
         endif
         j=n-ii-1
         if(j<=0.or.j>=n) cycle
         Ik3=(1.-ee)*I(k,j+1)+ee*I(k,j)
         ai=ai+Ik3*KA(m,k)
      enddo

!!!!!!!!!!!!!!!!!!!!! 计算I矩阵!!!!!!!!!!!!!!!!!!!

      I(m,n)=(A(m,n)-ai)/KA(m,m)
   enddo
      write(1,*)t,I(disstop/2,n)      ! 导线中点电流

enddo
!!!!!!!!!!!!!!!!!!!!!!!!!!!!!!!!!!!!!!!!!!!!!!!!!!!!!!!!!!!!!!!!!!!!!
!                    主循环结束                                     !
!!!!!!!!!!!!!!!!!!!!!!!!!!!!!!!!!!!!!!!!!!!!!!!!!!!!!!!!!!!!!!!!!!!!!
! --- get time for main computations ---
used_time=TIMEF( )
print *,'time for total computation=',used_time,'s'

deallocate(F,z,I,A,KA)

close(7)

end
```

IETD 参考文献

(按照作者姓名汉语拼音或英文字母顺序排列)

[1] Bracewell R. N. The Fourier Transform and Its Applications. New York: McGraw-Hill, 1978.

[2] Brigham E O. The Fast Fourier Transform, Prentice Hall, 1974.

[3] 葛德彪,魏兵. 电磁波理论. 北京:科学出版社,2011.

[4] 葛德彪,闫玉波. 电磁波时域有限差分方法(第三版). 西安:西安电子科技大学出版社,2011.

[5] Graglia R D. On the numerical integration of the linear shape functions times the 3-D Green's Function or its gradient on a plane triangle. IEEE Trans. Antennas Propagat., 1993, AP-41(10): 1448—1455.

[6] Kong J A. Electromagnetic Wave Theory. 北京:高等教育出版社,2002.

[7] Mooze V and R Pizec (Ed.). Moment Methods in Electromagnetics. New York: John Wiley & Sons Inc, 1984.

[8] Rao S M (Ed.). Time Domain Electromagneties. San Diego: Academic Press, 1999.

[9] Sadiku M N O. Numerical Techniques in Electromagnetics. Second Edition, Boca Raton: CRC Press, 2001.

[10] 盛新庆. 计算电磁学概要. 北京:科学出版社,2004.

[11] 数学手册. 北京:人民教育出版社,1979.

[12] Taylor D J. Accurate and efficient numerical integration of weakly singular integrals in Galerkin EFIE Solutions. IEEE Trans. Antennas Propagat,. 2003, AP-51(7): 1630—1637

[13] Venchinski D A, S M Rao. Transient scattering by conducting cylinders - TE case. IEEE Trans. Antennas Propagat., 1992, 40(9): 1103-1107.

[14] Wilton D R, S M Rao, A W Glisson, D H Schaubert, O M Al-Bundak and C M Butler. Potential integrals for uniform and linear source distributions on polygonal and polyhedral domains. IEEE Trans. Antennas Propagat., 1984, AP-32(3): 276-281.

[15] 杨儒贵. 高等电磁理论. 北京:高等教育出版社,2008.

[16] 朱今松. 时域矩量法及其在辐射和散射问题中的应用. 西安:西安电子科技大学硕士论文,2006.

[17] Zienkiewicz O C. The Finite Element Method in Engineering Science. New York: McGraw-Hill, 1971.

[18] Zienkiewicz O C, K Morgan. Finite Elements and Approximations. New York: John Wiley & Sons, 1983.

第二部分

时域有限差分(FDTD)方法

时域有限差分(Finite Difference Time Domain，FDTD)方法由Yee(1966)首先提出。本部分基于Yee元胞和中心差分将Maxwell旋度方程离散导出时域步进公式，讨论了吸收边界、总场边界和近场—远场外推公式，并用于散射计算。由于介质参数赋值给空间每一个单元，FDTD能分析复杂形状、复杂介质以及复杂环境中的多种电磁问题，并给出电磁场随时间的演化，能清楚显示物理过程，便于工程应用和设计。

第 5 章

FDTD 基本公式及数值稳定性

本章在 Yee 元胞基础上，由 Maxwell 旋度方程出发进行差分离散得到直角坐标系中的 FDTD 离散形式，包括三维、二维和一维情形；讨论 Courant 稳定性条件和数值色散，给出空间间隔和时间间隔选取的准则。

5.1　Maxwell 方程和 Yee 元胞

FDTD 方法由 Yee 于 1966 年提出。FDTD 基于 Maxwell 旋度方程进行差分离散，进而沿时间轴逐步推进地求解空间电磁场。Maxwell 旋度方程为

$$\begin{cases} \nabla \times \boldsymbol{H} = \dfrac{\partial \boldsymbol{D}}{\partial t} + \boldsymbol{J} \\ \nabla \times \boldsymbol{E} = -\dfrac{\partial \boldsymbol{B}}{\partial t} - \boldsymbol{J}_m \end{cases} \tag{5-1}$$

各向同性、线性介质的本构关系为

$$\boldsymbol{D} = \varepsilon \boldsymbol{E},\ \boldsymbol{B} = \mu \boldsymbol{H},\ \boldsymbol{J} = \sigma \boldsymbol{E},\ \boldsymbol{J}_m = \sigma_m \boldsymbol{H} \tag{5-2}$$

在直角坐标系中，式(5-1)可写为以下分量式：

$$\begin{cases} \dfrac{\partial H_z}{\partial y} - \dfrac{\partial H_y}{\partial z} = \varepsilon \dfrac{\partial E_x}{\partial t} + \sigma E_x \\ \dfrac{\partial H_x}{\partial z} - \dfrac{\partial H_z}{\partial x} = \varepsilon \dfrac{\partial E_y}{\partial t} + \sigma E_y \\ \dfrac{\partial H_y}{\partial x} - \dfrac{\partial H_x}{\partial y} = \varepsilon \dfrac{\partial E_z}{\partial t} + \sigma E_z \\ \dfrac{\partial E_z}{\partial y} - \dfrac{\partial E_y}{\partial z} = -\mu \dfrac{\partial H_x}{\partial t} - \sigma_m H_x \\ \dfrac{\partial E_x}{\partial z} - \dfrac{\partial E_z}{\partial x} = -\mu \dfrac{\partial H_y}{\partial t} - \sigma_m H_y \\ \dfrac{\partial E_y}{\partial x} - \dfrac{\partial E_x}{\partial y} = -\mu \dfrac{\partial H_z}{\partial t} - \sigma_m H_z \end{cases} \tag{5-3}$$

在式(5-3)的 FDTD 离散中，电场和磁场各节点的空间排布采用 Yee 元胞，如图 5-1 所示。其中每一个磁场分量由四个电场分量环绕；每一个电场分量由四个磁场分量环绕，如图 5-2 所示。此外，电场和磁场在时间顺序上交替抽样，即抽样时间分别为 Δt 的整数和

半整数倍，彼此相差半个时间步。Yee 元胞中 **E** 和 **H** 各分量空间节点与时间步取值的整数和半整数约定如表 5-1 所示。令 $f(x,y,z,t)$ 代表 **E** 或 **H** 在直角坐标系中的某一分量，在时间和空间域中的离散取以下符号表示：

$$f(x,y,z,t)=f(i\Delta x,\ j\Delta y,\ k\Delta z,\ n\Delta t)=f^n(i,\ j,\ k) \tag{5-4}$$

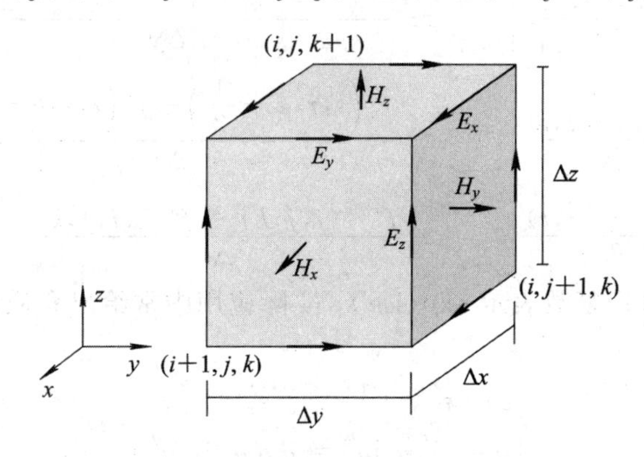

图 5-1　Yee 元胞

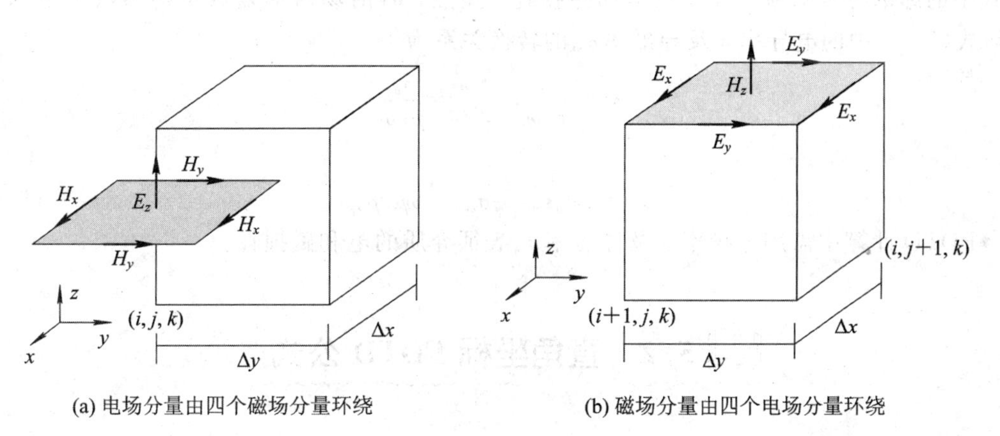

(a) 电场分量由四个磁场分量环绕　　(b) 磁场分量由四个电场分量环绕

图 5-2　场分量的环绕关系

表 5-1　Yee 元胞中 *E* 和 *H* 各分量节点位置

电磁场分量		空间分量取样			时间轴 t 取样
		x 坐标	y 坐标	z 坐标	
E 节点	E_x	$i+1/2$	j	k	n
	E_y	i	$j+1/2$	k	
	E_z	i	j	$k+1/2$	
H 节点	H_x	i	$j+1/2$	$k+1/2$	$n+1/2$
	H_y	$i+1/2$	j	$k+1/2$	
	H_z	$i+1/2$	$j+1/2$	k	

于是，$f(x,y,z,t)$ 的时间和空间一阶偏导数中心差分近似为

$$\begin{cases}\left.\dfrac{\partial f(x,y,z,t)}{\partial x}\right|_{x=i\Delta x}\simeq\dfrac{f^n\left(i+\dfrac{1}{2},j,k\right)-f^n\left(i-\dfrac{1}{2},j,k\right)}{\Delta x}\\ \left.\dfrac{\partial f(x,y,z,t)}{\partial y}\right|_{y=j\Delta y}\simeq\dfrac{f^n\left(i,j+\dfrac{1}{2},k\right)-f^n\left(i,j-\dfrac{1}{2},k\right)}{\Delta y}\\ \left.\dfrac{\partial f(x,y,z,t)}{\partial z}\right|_{z=k\Delta z}\simeq\dfrac{f^n\left(i,j,k+\dfrac{1}{2}\right)-f^n\left(i,j,k-\dfrac{1}{2}\right)}{\Delta z}\\ \left.\dfrac{\partial f(x,y,z,t)}{\partial t}\right|_{t=n\Delta t}\simeq\dfrac{f^{n+\frac{1}{2}}(i,j,k)-f^{n-\frac{1}{2}}(i,j,k)}{\Delta t}\end{cases} \tag{5-5}$$

对于时谐场，若采用复数表示 $\exp(j\omega t)$，实际应用中常给出介质的复介电系数和复磁导系数为

$$\begin{cases}\varepsilon=\varepsilon'-j\varepsilon''=\varepsilon_0(\varepsilon_r'-j\varepsilon_r'')\\ \mu=\mu'-j\mu''=\mu_0(\mu_r'-j\mu_r'')\end{cases} \tag{5-6}$$

上式中的虚部分别对应于介质的电和磁损耗。显然，时谐场情形复数本构参数的虚部 ε_r''、μ_r''与式(5-3)中的电导率 σ 及导磁率 σ_m 的转换关系为

$$\varepsilon_r''=\frac{\sigma}{\varepsilon_0\omega},\quad \mu_r''=\frac{\sigma_m}{\mu_0\omega}$$

或

$$\sigma=\omega\varepsilon_0\varepsilon_r'',\quad \sigma_m=\omega\mu_0\mu_r'' \tag{5-7}$$

FDTD 计算中需用电导率 σ 及导磁率 σ_m 表征介质的电和磁损耗。

5.2 直角坐标 FDTD 公式

5.2.1 三维情形

设式(5-1)中对时间和空间的导数采用中心差分近似。首先看式(5-3)第一式的离散。设观察点为 E_x 节点 $(i+1/2,j,k)$ 以及时刻 $t=(n+1/2)\Delta t$，中心差分离散后得到

$$\begin{aligned}&\varepsilon\left(i+\frac{1}{2},j,k\right)\frac{E_x^{n+1}\left(i+\frac{1}{2},j,k\right)-E_x^n\left(i+\frac{1}{2},j,k\right)}{\Delta t}\\&\quad+\sigma\left(i+\frac{1}{2},j,k\right)\frac{E_x^{n+1}\left(i+\frac{1}{2},j,k\right)+E_x^n\left(i+\frac{1}{2},j,k\right)}{2}\\&=\frac{H_z^{n+\frac{1}{2}}\left(i+\frac{1}{2},j+\frac{1}{2},k\right)-H_z^{n+\frac{1}{2}}\left(i+\frac{1}{2},j-\frac{1}{2},k\right)}{\Delta y}\\&\quad-\frac{H_y^{n+\frac{1}{2}}\left(i+\frac{1}{2},j,k+\frac{1}{2}\right)-H_y^{n+\frac{1}{2}}\left(i+\frac{1}{2},j,k-\frac{1}{2}\right)}{\Delta z}\end{aligned} \tag{5-8}$$

上式等号左端第二项中用了平均值近似，即

$$E_x^{n+\frac{1}{2}}\left(i+\frac{1}{2},j,k\right)=\frac{E_x^{n+1}\left(i+\frac{1}{2},j,k\right)+E_x^{n}\left(i+\frac{1}{2},j,k\right)}{2}$$

这是为了在离散式中只出现表 5-1 中各个场分量节点。实际上这一平均值方法还使 FDTD 随时间推进算法具有数值稳定性。式(5-8)整理后可得

$$\begin{aligned}E_x^{n+1}\left(i+\frac{1}{2},j,k\right)=&CA(m)\cdot E_x^{n}\left(i+\frac{1}{2},j,k\right)\\&+CB(m)\cdot\left[\frac{H_z^{n+\frac{1}{2}}\left(i+\frac{1}{2},j+\frac{1}{2},k\right)-H_z^{n+\frac{1}{2}}\left(i+\frac{1}{2},j-\frac{1}{2},k\right)}{\Delta y}\right.\\&\left.-\frac{H_y^{n+\frac{1}{2}}\left(i+\frac{1}{2},j,k+\frac{1}{2}\right)-H_y^{n+\frac{1}{2}}\left(i+\frac{1}{2},j,k-\frac{1}{2}\right)}{\Delta z}\right]\end{aligned}\tag{5-9}$$

式中，

$$\begin{cases}CA(m)=\dfrac{\dfrac{\varepsilon(m)}{\Delta t}-\dfrac{\sigma(m)}{2}}{\dfrac{\varepsilon(m)}{\Delta t}+\dfrac{\sigma(m)}{2}}=\dfrac{1-\dfrac{\sigma(m)\Delta t}{2\varepsilon(m)}}{1+\dfrac{\sigma(m)\Delta t}{2\varepsilon(m)}}\\[2ex]CB(m)=\dfrac{1}{\dfrac{\varepsilon(m)}{\Delta t}+\dfrac{\sigma(m)}{2}}=\dfrac{\dfrac{\Delta t}{\varepsilon(m)}}{1+\dfrac{\sigma(m)\Delta t}{2\varepsilon(m)}}\end{cases}\tag{5-10}$$

上式中标号 $m=\left(i+\frac{1}{2},j,k\right)$。

同样，式(5-3)关于电场分量其余二式的离散式为

$$\begin{aligned}E_y^{n+1}\left(i,j+\frac{1}{2},k\right)=&CA(m)\cdot E_y^{n}\left(i,j+\frac{1}{2},k\right)\\&+CB(m)\cdot\left[\frac{H_x^{n+\frac{1}{2}}\left(i,j+\frac{1}{2},k+\frac{1}{2}\right)-H_x^{n+\frac{1}{2}}\left(i,j+\frac{1}{2},k-\frac{1}{2}\right)}{\Delta z}\right.\\&\left.-\frac{H_z^{n+\frac{1}{2}}\left(i+\frac{1}{2},j+\frac{1}{2},k\right)-H_z^{n+\frac{1}{2}}\left(i-\frac{1}{2},j+\frac{1}{2},k\right)}{\Delta x}\right]\end{aligned}$$

式中，$m=\left(i,j+\frac{1}{2},k\right)$，以及

$$\begin{aligned}E_z^{n+1}\left(i,j,k+\frac{1}{2}\right)=&CA(m)\cdot E_z^{n}\left(i,j,k+\frac{1}{2}\right)\\&+CB(m)\cdot\left[\frac{H_y^{n+\frac{1}{2}}\left(i+\frac{1}{2},j,k+\frac{1}{2}\right)-H_y^{n+\frac{1}{2}}\left(i-\frac{1}{2},j,k+\frac{1}{2}\right)}{\Delta x}\right.\\&\left.-\frac{H_x^{n+\frac{1}{2}}\left(i,j+\frac{1}{2},k+\frac{1}{2}\right)-H_x^{n+\frac{1}{2}}\left(i,j-\frac{1}{2},k+\frac{1}{2}\right)}{\Delta y}\right]\end{aligned}\tag{5-11}$$

式中，$m=(i,j,k+1/2)$。

式(5-9)～式(5-11)为FDTD中电场的时间步进计算公式。

同样，设观察点(x,y,z)为H_x的节点，即$(i,j+1/2,k+1/2)$和时刻$t=n\Delta t$，于是，式(5-3)第四式离散并整理后可得

$$H_x^{n+\frac{1}{2}}\left(i,j+\frac{1}{2},k+\frac{1}{2}\right)=CP(m)\cdot H_x^{n-\frac{1}{2}}\left(i,j+\frac{1}{2},k+\frac{1}{2}\right) - CQ(m)\cdot\left[\frac{E_z^n\left(i,j+1,k+\frac{1}{2}\right)-E_z^n\left(i,j,k+\frac{1}{2}\right)}{\Delta y} - \frac{E_y^n\left(i,j+\frac{1}{2},k+1\right)-E_y^n\left(i,j+\frac{1}{2},k\right)}{\Delta z}\right] \tag{5-12}$$

类似地，式(5-3)第五、六式的离散为

$$H_y^{n+\frac{1}{2}}\left(i+\frac{1}{2},j,k+\frac{1}{2}\right)=CP(m)\cdot H_y^{n-\frac{1}{2}}\left(i+\frac{1}{2},j,k+\frac{1}{2}\right) - CQ(m)\cdot\left[\frac{E_x^n\left(i+\frac{1}{2},j,k+1\right)-E_x^n\left(i+\frac{1}{2},j,k\right)}{\Delta z} - \frac{E_z^n\left(i+1,j,k+\frac{1}{2}\right)-E_z^n\left(i,j,k+\frac{1}{2}\right)}{\Delta x}\right] \tag{5-13}$$

$$H_z^{n+\frac{1}{2}}\left(i+\frac{1}{2},j+\frac{1}{2},k\right)=CP(m)\cdot H_z^{n-\frac{1}{2}}\left(i+\frac{1}{2},j+\frac{1}{2},k\right) - CQ(m)\left[\frac{E_y^n\left(i+1,j+\frac{1}{2},k\right)-E_y^n\left(i,j+\frac{1}{2},k\right)}{\Delta x} - \frac{E_x^n\left(i+\frac{1}{2},j+1,k\right)-E_x^n\left(i+\frac{1}{2},j,k\right)}{\Delta y}\right] \tag{5-14}$$

上两式中，系数$CP(m)$和$CQ(m)$分别为

$$\begin{cases} CP(m)=\dfrac{\dfrac{\mu(m)}{\Delta t}-\dfrac{\sigma_m(m)}{2}}{\dfrac{\mu(m)}{\Delta t}+\dfrac{\sigma_m(m)}{2}}=\dfrac{1-\dfrac{\sigma_m(m)\Delta t}{2\mu(m)}}{1+\dfrac{\sigma_m(m)\Delta t}{2\mu(m)}} \\ CQ(m)=\dfrac{1}{\dfrac{\mu(m)}{\Delta t}+\dfrac{\sigma_m(m)}{2}}=\dfrac{\dfrac{\Delta t}{\mu(m)}}{1+\dfrac{\sigma_m(m)\Delta t}{2\mu(m)}} \end{cases} \tag{5-15}$$

以上几式中系数的标号m代表观察点(x,y,z)处的一组整数或半整数：式(5-12)中

为 $m=(i,j+1/2,k+1/2)$，式(5-13)中为 $m=(i+1/2,j,k+1/2)$，式(5-14)中为 $m=(i+1/2,j+1/2,k)$。

式(5-12)～式(5-14)为 FDTD 中磁场的时间步进计算公式。上述电磁场的时间步进计算公式是 FDTD 的一组基本公式。

5.2.2　二维情形

对于二维问题，设所有物理量均与 z 坐标无关，即$\partial/\partial z=0$。于是，由式(5-3)可得 TE 波为

$$\begin{cases}\dfrac{\partial H_z}{\partial y}=\varepsilon\dfrac{\partial E_x}{\partial t}+\sigma E_x\\-\dfrac{\partial H_z}{\partial x}=\varepsilon\dfrac{\partial E_y}{\partial t}+\sigma E_y\\\dfrac{\partial E_y}{\partial x}-\dfrac{\partial E_x}{\partial y}=-\mu\dfrac{\partial H_z}{\partial t}-\sigma_m H_z\end{cases}\tag{5-16}$$

以及 TM 波为

$$\begin{cases}\dfrac{\partial E_z}{\partial y}=-\mu\dfrac{\partial H_x}{\partial t}-\sigma_m H_x\\\dfrac{\partial E_z}{\partial x}=\mu\dfrac{\partial H_y}{\partial t}+\sigma_m H_y\\\dfrac{\partial H_y}{\partial x}-\dfrac{\partial H_x}{\partial y}=\varepsilon\dfrac{\partial E_z}{\partial t}+\sigma E_z\end{cases}\tag{5-17}$$

显然，二维情形下电磁场的直角分量可划分为独立的两组：即 E_x,E_y,H_z 为一组，称为对于 $\hat{z}$ 的 TE 波；H_x,H_y,E_z 为一组，称为对于 $\hat{z}$ 的 TM 波。在 FDTD 离散时，二维 Yee 元胞如图 5-3 所示。二维 FDTD 中 **E**、**H** 分量空间节点与时间步取值的整数和半整数取值如表 5-2 所示。

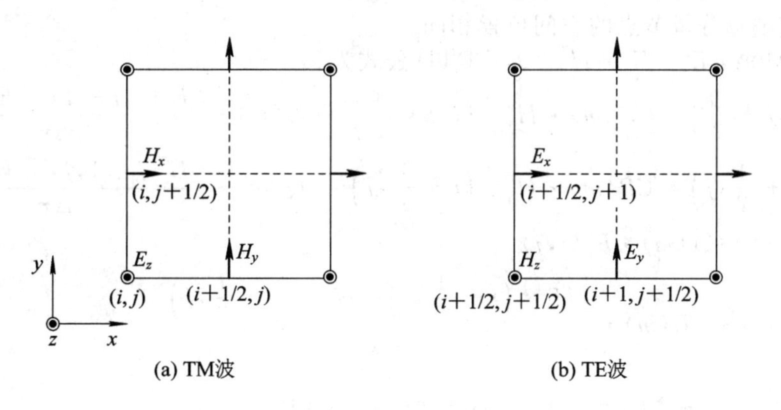

图 5-3　二维 Yee 元胞

表 5-2　TE 和 TM 波 Yee 元胞中 E, H 各分量节点位置

电磁场分量		空间分量取样		时间轴 t 取样
		x 坐标	y 坐标	
TE 波	H_z	$i+1/2$	$j+1/2$	$n+1/2$
	E_x	$i+1/2$	j	n
	E_y	i	$j+1/2$	n
TM 波	E_z	i	j	n
	H_x	i	$j+1/2$	$n+1/2$
	H_y	$i+1/2$	j	$n+1/2$

与三维情形一样，它们的离散可写成以下形式。对于 TE 波，$H_x=H_y=E_z=0$，FDTD 公式为

$$\left\{\begin{aligned}
E_x^{n+1}\left(i+\frac{1}{2},j\right)=&\,CA(m)\cdot E_x^n\left(i+\frac{1}{2},j\right)\\
&+CB(m)\cdot\left[\frac{H_z^{n+\frac{1}{2}}\left(i+\frac{1}{2},j+\frac{1}{2}\right)-H_z^{n+\frac{1}{2}}\left(i+\frac{1}{2},j-\frac{1}{2}\right)}{\Delta y}\right]\\
E_y^{n+1}\left(i,j+\frac{1}{2}\right)=&\,CA(m)\cdot E_y^n\left(i,j+\frac{1}{2}\right)\\
&-CB(m)\cdot\left[\frac{H_z^{n+\frac{1}{2}}\left(i+\frac{1}{2},j+\frac{1}{2}\right)-H_z^{n+\frac{1}{2}}\left(i-\frac{1}{2},j+\frac{1}{2}\right)}{\Delta x}\right]\\
H_z^{n+\frac{1}{2}}\left(i+\frac{1}{2},j+\frac{1}{2}\right)=&\,CP(m)\cdot H_z^{n-\frac{1}{2}}\left(i+\frac{1}{2},j+\frac{1}{2}\right)\\
&-CQ(m)\cdot\left[\frac{E_y^n\left(i+1,j+\frac{1}{2}\right)-E_y^n\left(i,j+\frac{1}{2}\right)}{\Delta x}\right.\\
&\left.-\frac{E_x^n\left(i+\frac{1}{2},j+1\right)-E_x^n\left(i+\frac{1}{2},j\right)}{\Delta y}\right]
\end{aligned}\right.\tag{5-18}$$

式中，系数 CA、CB、CP、CQ 和式(5-10)，式(5-15)中的一样，且标号 m 的取值与式(5-18)左端场分量节点的空间位置相同。

对于 TM 波，$E_x=E_y=H_z=0$，FDTD 公式为

$$\left\{\begin{aligned}
H_x^{n+\frac{1}{2}}\left(i,j+\frac{1}{2}\right)=&\,CP(m)\cdot H_x^{n-\frac{1}{2}}\left(i,j+\frac{1}{2}\right)-CQ(m)\cdot\left[\frac{E_z^n(i,j+1)-E_z^n(i,j)}{\Delta y}\right]\\
H_y^{n+\frac{1}{2}}\left(i+\frac{1}{2},j\right)=&\,CP(m)\cdot H_y^{n-\frac{1}{2}}\left(i+\frac{1}{2},j\right)+CQ(m)\cdot\left[\frac{E_z^n(i+1,j)-E_z^n(i,j)}{\Delta x}\right]\\
E_z^{n+1}(i,j)=&\,CA(m)\cdot E_z^n(i,j)\\
&+CB(m)\cdot\left[\frac{H_y^{n+\frac{1}{2}}\left(i+\frac{1}{2},j\right)-H_y^{n+\frac{1}{2}}\left(i-\frac{1}{2},j\right)}{\Delta x}\right.\\
&\left.-\frac{H_x^{n+\frac{1}{2}}\left(i,j+\frac{1}{2}\right)-H_x^{n+\frac{1}{2}}\left(i,j-\frac{1}{2}\right)}{\Delta y}\right]
\end{aligned}\right.\tag{5-19}$$

式中，系数与式(5-10)，式(5-15)中的相同。以上式(5-18)和(5-19)为二维 FDTD 的时间步进公式。

为了使 TE 波方程离散形式与 TM 波有更相似的形式，可将式(5-18)中相应的标号移动 1/2，即(x,y)坐标沿 x 和 y 方向分别移动半个网格，如图 5-4 所示。并将离散时间 t 也移动半个时间步 $\Delta t/2$。例如，式(5-18)第一式可重写为

$$E_x^{n+\frac{1}{2}}\left(i,j+\frac{1}{2}\right)=CA(m)\cdot E_x^{n-\frac{1}{2}}\left(i,j+\frac{1}{2}\right)+CB(m)\cdot\left[\frac{H_z^n(i,j+1)-H_z^n(i,j)}{\Delta y}\right] \tag{5-20}$$

其它场分量可作相同处理。

注意到 TE 和 TM 波之间的对偶关系，即

$$\begin{cases}\varepsilon\rightarrow\mu, & \sigma\rightarrow\sigma_m\\ \mu\rightarrow\varepsilon, & \sigma_m\rightarrow\sigma\\ \boldsymbol{E}\rightarrow\boldsymbol{H}, & \boldsymbol{H}\rightarrow-\boldsymbol{E}\end{cases} \tag{5-21}$$

就可以编写统一适用于 TE 和 TM 波的二维 FDTD 计算程序。

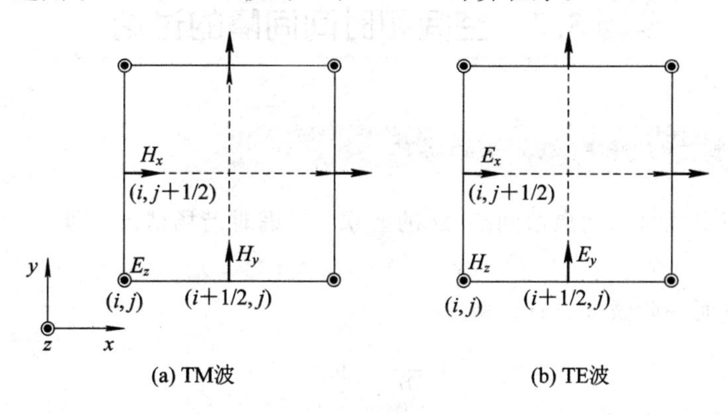

图 5-4　修改后的二维 TE 和 TM 波 Yee 元胞

5.2.3　一维情形

一维情形，设 TEM 波沿 z 轴方向传播，介质参数和场量均与 x，y 无关，即$\partial/\partial x=0$，$\partial/\partial y=0$，于是 Maxwell 方程为

$$\begin{cases}-\dfrac{\partial H_y}{\partial z}=\varepsilon\dfrac{\partial E_x}{\partial t}+\sigma E_x\\ \dfrac{\partial E_x}{\partial z}=-\mu\dfrac{\partial H_y}{\partial t}-\sigma_m H_y\end{cases} \tag{5-22}$$

一维情形 $\boldsymbol{E}$、$\boldsymbol{H}$ 分量空间节点取样如图 5-5 所示。

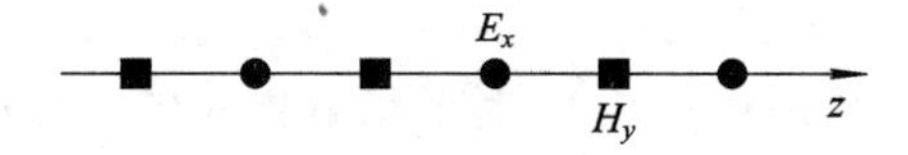

图 5-5　一维情形 $\boldsymbol{E}$、$\boldsymbol{H}$ 分量空间节点取样

方程式(5-22)的 FDTD 离散为

$$\begin{cases} E_x^{n+1}(k) = CA(m) \cdot E_x^n(k) - CB(m) \cdot \left[\dfrac{H_y^{n+\frac{1}{2}}\left(k+\frac{1}{2}\right) - H_y^{n+\frac{1}{2}}\left(k-\frac{1}{2}\right)}{\Delta z} \right] \\ H_y^{n+\frac{1}{2}}\left(k+\frac{1}{2}\right) = CP(m) \cdot H_y^{n-\frac{1}{2}}\left(k+\frac{1}{2}\right) - CQ(m) \cdot \left[\dfrac{E_x^n(k+1) - E_x^n(k)}{\Delta z} \right] \end{cases} \tag{5-23}$$

其中，CA，CB，CP，CQ 的含义与式(5-10)和式(5-15)中的相同。

如果介质为无耗，即 $\sigma=\sigma_m=0$，则以上两式化简为

$$\begin{cases} E_x^{n+1}(k) = E_x^n(k) - \dfrac{\Delta t}{\varepsilon \Delta z}\left[H_y^{n+\frac{1}{2}}\left(k+\frac{1}{2}\right) - H_y^{n+\frac{1}{2}}\left(k-\frac{1}{2}\right) \right] \\ H_y^{n+\frac{1}{2}}\left(k+\frac{1}{2}\right) = H_y^{n-\frac{1}{2}}\left(k+\frac{1}{2}\right) - \dfrac{\Delta t}{\mu \Delta z}\left[E_x^n(k+1) - E_x^n(k) \right] \end{cases} \tag{5-24}$$

5.3 空间和时间间隔的讨论

5.3.1 稳定性对时间离散间隔的要求

首先考察稳定性对时间离散间隔 Δt 的要求。考虑时谐场情形，即

$$f(x,y,z,t) = f_0 \exp(\mathrm{j}\omega t) \tag{5-25}$$

这一稳态解是下面一阶微分方程的解：

$$\frac{\partial f}{\partial t} = \mathrm{j}\omega f \tag{5-26}$$

用中心差分近似代替方程式(5-26)中的一阶导数后得到

$$\frac{f^{n+\frac{1}{2}} - f^{n-\frac{1}{2}}}{\Delta t} = \mathrm{j}\omega f^n \tag{5-27}$$

式中，$f^n = f(x,y,z,n\Delta t)$。当 n 充分大时，定义数值增长因子 $q_{\text{numerical}}$（以下记为 q_{num}）为

$$q_{\text{num}} = \frac{f^{n+\frac{1}{2}}}{f^n} = \frac{f^n}{f^{n-\frac{1}{2}}} \tag{5-28}$$

上式代入式(5-27)得到

$$q_{\text{num}}^2 - \mathrm{j}\omega\Delta t q_{\text{num}} - 1 = 0 \tag{5-29}$$

上式的解为

$$q_{\text{num}} = \frac{\mathrm{j}\omega\Delta t}{2} \pm \sqrt{1 - \left(\frac{\omega\Delta t}{2}\right)^2} \tag{5-30}$$

其结果为复数，$q_{\text{num}} = |q_{\text{num}}| \exp(\mathrm{j}\psi_{\text{num}})$。

另一方面，当时间步进由 $n \to n+1/2$，时谐场解析式(5-25)的增长因子 q 应为

$$q = \frac{f^{n+\frac{1}{2}}}{f^n} = \frac{f_0 \exp\left[\mathrm{j}\omega\left(n+\frac{1}{2}\right)\Delta t\right]}{f_0 \exp(\mathrm{j}\omega n \Delta t)} = \exp\left(\mathrm{j}\,\frac{\omega\Delta t}{2}\right) \tag{5-31}$$

显然，这一增长因子 $q=|q|\exp(\mathrm{j}\psi)$ 的模值等于 1，即 $|q|=1$，相移为 $\psi=\frac{\omega\Delta t}{2}$；即随着时间步进，时谐场的幅值保持不变，只是相位有变化。

下面考察数值增长因子 q_{num} 近似等于式(5－31)所示解析增长因子 q 的条件。首先，由式(5－30)可得当满足以下条件(条件一)：

$$\frac{\omega\Delta t}{2}\leqslant 1(\mathrm{rad}),\quad \frac{\pi\Delta t}{T}\leqslant 1,\quad \Delta t\leqslant\frac{T}{\pi}\tag{5-32}$$

时，式(5－30)右端为复数，数值增长因子 q_{num} 模值等于 1，即

$$|q_{\text{num}}|\simeq\sqrt{\left(\frac{\omega\Delta t}{2}\right)^2+1-\left(\frac{\omega\Delta t}{2}\right)^2}=1\tag{5-33}$$

式(5－32)中，T 代表时谐场的周期。式(5－33)表示当满足条件式(5－32)时差分方程式(5－27)数值解的幅值为稳定。反之，如果 $\omega\Delta t/2>1$，则 q_{num} 为纯虚数，即

$$q_{\text{num}}=\mathrm{j}\left[\frac{\omega\Delta t}{2}\pm\sqrt{\left(\frac{\omega\Delta t}{2}\right)^2-1}\right]\tag{5-34}$$

这时 $|q_{\text{num}}|\neq 1$。因而，当时间步 $n\to\infty$，数值解的幅值或者趋于发散(当 $|q_{\text{num}}|>1$)，或者逐渐衰减(当 $|q_{\text{num}}|<1$)，都属于不稳定情形。

其次，数值增长因子式(5－30)在满足条件式(5－32)时的相移为

$$\psi_{\text{num}}=\arctan\frac{\pm\dfrac{\omega\Delta t}{2}}{\sqrt{1-\left(\dfrac{\omega\Delta t}{2}\right)^2}}\simeq\pm\arctan\frac{\omega\Delta t}{2}\left[1+\frac{1}{2}\left(\frac{\omega\Delta t}{2}\right)^2\right]\tag{5-35}$$

为了使相移 ψ_{num} 和式(5－31)所示解析增长因子 q 的相移 $\psi=\omega\Delta t/2$ 一致，除要求式(5－35)应取＋号外，同时还要满足以下条件(条件二)：

$$\frac{\omega\Delta t}{2}<\frac{\pi}{10}(\mathrm{rad}),\quad \frac{\Delta t}{T}<\frac{1}{10},\quad \Delta t<\frac{T}{10}\tag{5-36}$$

根据三角函数，当 $\xi\leqslant\pi/10$(即 18°)时有近似式 $\tan\xi\simeq\xi$，这时式(5－35)近似等于

$$\psi_{\text{num}}\simeq\arctan\frac{\omega\Delta t}{2}\simeq\frac{\omega\Delta t}{2}\tag{5-37}$$

上述条件二，即式(5－36)比条件一，即式(5－32)要严格。这是稳定性对时间离散间隔的要求。

5.3.2　数值色散对空间离散间隔的要求

从 Maxwell 方程可导出电磁场任意直角分量均满足齐次波动方程。考虑一维情形下时谐场波动方程：

$$\frac{\partial^2 f}{\partial x^2}+\frac{\omega^2}{c^2}f=0\tag{5-38}$$

其平面波解为

$$f(x,t)=f_0\exp[-\mathrm{j}(kx-\omega t)]\tag{5-39}$$

将式(5－39)代入式(5－38)得

$$\left(-k^2+\frac{\omega^2}{c^2}\right)f=0$$

即

$$k=\frac{\omega}{c} \tag{5-40}$$

另一方面，从式(5-39)可得波的相速为

$$v_{\phi}=\frac{\omega}{k} \tag{5-41}$$

对于无耗介质，设 ε，μ 与频率无关，则由式(5-40)和式(5-41)可见平面波相速 $v_{\phi}=c=1/\sqrt{\mu\varepsilon}$，与频率无关，即无色散。

采用二阶导数的中心差分近似，有

$$\frac{\partial^2 f}{\partial x^2}\simeq\frac{f(x+\Delta x)-2f(x)+f(x-\Delta x)}{(\Delta x)^2} \tag{5-42}$$

将式(5-39)代入上式得

$$\frac{\partial^2 f}{\partial x^2}\simeq\frac{\exp(\mathrm{j}k_x\Delta x)-2+\exp(-\mathrm{j}k_x\Delta x)}{(\Delta x)^2}\cdot f=-\frac{\sin^2\left(\frac{k_x\Delta x}{2}\right)}{\left(\frac{\Delta x}{2}\right)^2}\cdot f$$

然后代入波动方程式(5-38)得

$$\frac{\sin^2\left(\frac{k\Delta x}{2}\right)}{\left(\frac{\Delta x}{2}\right)^2}-\frac{\omega^2}{c^2}=0 \tag{5-43}$$

由此可见，差分近似后 k 与 ω 之间已经不再是式(5-40)那种简单的线性关系式。式(5-43)所示 k 与 ω 的非线性关系必然导致相速式(5-41)与频率有关，因而出现色散，称之为数值色散。显然，这种色散与离散间隔 Δx 有关，若 $k\Delta x/2\simeq 0$，根据近似式，当 $\xi\to 0$ 时 $\sin\xi\simeq\xi$ 时，式(5-43)又回到式(5-40)。

至此，我们看到即使介质本身是无色散的，对于波动方程作差分近似，即离散处理也将导致波的色散。这种现象将对时域数值计算带来误差。下面估计 Δx 小到什么程度时可以减小这种数值色散。合并式(5-41)与式(5-43)，有

$$v_{\phi}=\frac{\omega}{k}=c\left|\frac{\sin\left(\frac{k\Delta x}{2}\right)}{\left(\frac{k\Delta x}{2}\right)}\right| \tag{5-44}$$

另一方面，根据三角函数，当 $\xi\leqslant\pi/10$(即 18°)时有近似式 $\sin\xi\simeq\xi$。于是要求式(5-44)中

$$\frac{k\Delta x}{2}\leqslant\frac{\pi}{10}$$

亦即满足上式条件时差分近似所带来的色散将非常小。又由于 $k=2\pi/\lambda$，λ 为介质中波长，代入上式有

$$\Delta x\leqslant\frac{\lambda}{10} \tag{5-45}$$

这是从减小差分近似所带来的数值色散出发，对 Δx 的选择所带来的限制。在二维与三维情形，Δy 与 Δz 的选择可与上式相同。对于时域脉冲信号，应以信号带宽中所对应的上限频率之波长 $\lambda_{\min}$ 来代替式(5-45)中的 λ。

考虑式(5-38)所示一维波动方程的时域形式：

$$\frac{\partial^2 f}{\partial x^2}-\frac{1}{c^2}\frac{\partial^2 f}{\partial t^2}=0 \tag{5-46}$$

将上式中的二阶导数都以差分近似式(5-42)代替，得到与式(5-43)相似的关系式：

$$\frac{\sin^2\left(\frac{k\Delta x}{2}\right)}{\left(\frac{\Delta x}{2}\right)^2}-\frac{1}{c^2}\frac{\sin^2\left(\frac{\omega\Delta t}{2}\right)}{\left(\frac{\Delta t}{2}\right)^2}=0 \tag{5-47}$$

为了减小上式所对应的数值色散，除了上式中的空间离散 Δx 按照式(5-45)选择外，对于时间离散 Δt 有同样的选择，即

$$\frac{\omega\Delta t}{2}\leqslant\frac{\pi}{10}\quad 或\quad \Delta t\leqslant\frac{T}{10} \tag{5-48}$$

5.3.3 Courant 稳定性条件

对于电磁场任意直角分量，时谐场齐次波动方程的三维形式为

$$\frac{\partial^2 f}{\partial x^2}+\frac{\partial^2 f}{\partial y^2}+\frac{\partial^2 f}{\partial z^2}+\frac{\omega^2}{c^2}f=0 \tag{5-49}$$

考虑平面波的解，即

$$f(x,y,z,t)=f_0\exp[-\mathrm{j}(k_x x+k_y y+k_z z-\omega t)] \tag{5-50}$$

二阶导数采用有限差分近似式(5-42)，因而波动方程式(5-49)的离散式为

$$\frac{\sin^2\left(\frac{k_x\Delta x}{2}\right)}{\left(\frac{\Delta x}{2}\right)^2}+\frac{\sin^2\left(\frac{k_y\Delta y}{2}\right)}{\left(\frac{\Delta y}{2}\right)^2}+\frac{\sin^2\left(\frac{k_z\Delta z}{2}\right)}{\left(\frac{\Delta z}{2}\right)^2}-\frac{\omega^2}{c^2}=0$$

其中，$c=1/\sqrt{\varepsilon\mu}$为介质中光速。这一等式给出波动方程离散后平面波式(5-50)中波矢量 $\boldsymbol{k}=(k_x,k_y,k_z)$与频率 ω 之间应满足的关系式，即色散关系。上式又可改写为

$$\left(\frac{c\Delta t}{2}\right)^2\left[\frac{\sin^2\left(\frac{k_x\Delta x}{2}\right)}{\left(\frac{\Delta x}{2}\right)^2}+\frac{\sin^2\left(\frac{k_y\Delta y}{2}\right)}{\left(\frac{\Delta y}{2}\right)^2}+\frac{\sin^2\left(\frac{k_z\Delta z}{2}\right)}{\left(\frac{\Delta z}{2}\right)^2}\right]=\left(\frac{\omega\Delta t}{2}\right)^2 \tag{5-51}$$

由于时间间隔 Δt 应当符合式(5-48)，所以上式右端满足：

$$\frac{\omega\Delta t}{2}=\frac{\pi\Delta t}{T}\leqslant 1 \tag{5-52}$$

上式代入式(5-51)得

$$\left(\frac{c\Delta t}{2}\right)^2\left[\frac{\sin^2\left(\frac{k_x\Delta x}{2}\right)}{\left(\frac{\Delta x}{2}\right)^2}+\frac{\sin^2\left(\frac{k_y\Delta y}{2}\right)}{\left(\frac{\Delta y}{2}\right)^2}+\frac{\sin^2\left(\frac{k_z\Delta z}{2}\right)}{\left(\frac{\Delta z}{2}\right)^2}\right]\leqslant 1 \tag{5-53}$$

上式方括号内各项分子恒小于 1，以上不等式对任何 k_x,k_y,k_z均成立的充分条件是

$$(c\Delta t)^2\left[\frac{1}{(\Delta x)^2}+\frac{1}{(\Delta y)^2}+\frac{1}{(\Delta z)^2}\right]\leqslant 1$$

亦即

$$c\Delta t \leqslant \frac{1}{\sqrt{\frac{1}{(\Delta x)^2}+\frac{1}{(\Delta y)^2}+\frac{1}{(\Delta z)^2}}} \tag{5-54}$$

上式给出空间和时间离散间隔之间应当满足的关系，又称为 Courant 稳定性条件。

以下是几个特殊情形下 Courant 条件的具体形式：

(1) 三维情形的立方体元胞，即当 $\Delta x=\Delta y=\Delta z=\delta$ 时，式(5-54)有更简单的形式：

$$c\Delta t \leqslant \frac{\delta}{\sqrt{3}} \tag{5-55}$$

(2) 对于二维情形，式(5-54) 变为

$$c\Delta t \leqslant \frac{1}{\sqrt{\frac{1}{(\Delta x)^2}+\frac{1}{(\Delta y)^2}}} \tag{5-56}$$

若 $\Delta x=\Delta y=\delta$，上式简化为

$$c\Delta t \leqslant \frac{\delta}{\sqrt{2}} \tag{5-57}$$

(3) 对于一维情形，式(5-54)变为

$$c\Delta t \leqslant \Delta x \tag{5-58}$$

上式表明，时间间隔必须等于或小于波以光速通过一维 Yee 元胞所需的时间。

5.3.4 差分近似后的各向异性特性

波动方程式(5-49)的时域形式为

$$\frac{\partial^2 f}{\partial x^2}+\frac{\partial^2 f}{\partial y^2}+\frac{\partial^2 f}{\partial z^2}-\frac{1}{c^2}\frac{\partial^2 f}{\partial t^2}=0 \tag{5-59}$$

采用二阶导数差分近似式(5-42)后再将平面波解式(5-50)代入上式得到

$$\frac{\sin^2\left(\frac{k_x\Delta x}{2}\right)}{\left(\frac{\Delta x}{2}\right)^2}+\frac{\sin^2\left(\frac{k_y\Delta y}{2}\right)}{\left(\frac{\Delta y}{2}\right)^2}+\frac{\sin^2\left(\frac{k_z\Delta z}{2}\right)}{\left(\frac{\Delta z}{2}\right)^2}-\frac{1}{c^2}\frac{\sin^2\left(\frac{\omega\Delta t}{2}\right)}{\left(\frac{\Delta t}{2}\right)^2}=0 \tag{5-60}$$

上式是 FDTD 中数值色散关系的一般形式。它表明 FDTD 计算中波的传播速度与传播方向有关，这是离散后所引起的数值各向异性特性。

为了进一步讨论，设波矢量 $\boldsymbol{k}=k\hat{\boldsymbol{k}}=k(\hat{\boldsymbol{x}}\sin\theta\cos\varphi+\hat{\boldsymbol{y}}\sin\theta\sin\varphi+\hat{\boldsymbol{z}}\cos\theta)$，即

$$\begin{cases} k_x = k\sin\theta\cos\varphi \\ k_y = k\sin\theta\sin\varphi \\ k_z = k\cos\theta \end{cases} \tag{5-61}$$

式中，(θ, φ)为球坐标下的方位角。假设 Δt 的选取已经满足式(5-48)，因而有

$$(k\ \sin\theta\ \cos\varphi)^2\frac{\sin^2\left(\dfrac{k\Delta x\ \sin\theta\ \cos\varphi}{2}\right)}{\left(\dfrac{k\Delta x\ \sin\theta\ \cos\varphi}{2}\right)^2}+(k\ \sin\theta\ \sin\varphi)^2\frac{\sin^2\left(\dfrac{k\Delta y\ \sin\theta\ \sin\varphi}{2}\right)}{\left(\dfrac{k\Delta y\ \sin\theta\ \sin\varphi}{2}\right)^2}$$

$$+(k\ \cos\theta)^2\frac{\sin^2\left(\dfrac{k\Delta z\ \cos\theta}{2}\right)}{\left(\dfrac{k\Delta z\ \cos\theta}{2}\right)^2}-\frac{\omega^2}{c^2}=0$$

注意到 $k=\omega/v_\phi=2\pi/\lambda$，上式可重写为

$$\left(\frac{v_\phi}{c}\right)^2=\frac{\sin^2\left(\dfrac{\pi\Delta x\sin\theta\ \cos\varphi}{\lambda}\right)}{\left(\dfrac{\pi\Delta x\ \sin\theta\ \cos\varphi}{\lambda}\right)^2}\sin^2\theta\ \cos^2\varphi$$

$$+\frac{\sin^2\left(\dfrac{\pi\Delta y\ \sin\theta\ \sin\varphi}{\lambda}\right)}{\left(\dfrac{\pi\Delta y\ \sin\theta\ \sin\varphi}{\lambda}\right)^2}\sin^2\theta\ \sin^2\varphi+\frac{\sin^2\left(\dfrac{\pi\Delta z\ \cos\theta}{\lambda}\right)}{\left(\dfrac{\pi\Delta z\ \cos\theta}{\lambda}\right)^2}\cos^2\theta \qquad (5-62)$$

为了便于图示，考虑二维情形，并设 $\Delta x=\Delta y=\delta$，于是上式变为

$$\left(\frac{v_\varphi}{c}\right)^2=\frac{\sin^2\left(\dfrac{\pi\delta\ \cos\varphi}{\lambda}\right)}{\left(\dfrac{\pi\delta\ \cos\varphi}{\lambda}\right)^2}\cos^2\varphi+\frac{\sin^2\left(\dfrac{\pi\delta\ \sin\varphi}{\lambda}\right)}{\left(\dfrac{\pi\delta\ \sin\varphi}{\lambda}\right)^2}\sin^2\varphi \qquad (5-63)$$

上式表明相速与平面波传播方向有关。实际上，波长 $\lambda=2\pi v_\phi/\omega$，取决于频率和相速，将 $\lambda=2\pi v_\phi/\omega$ 代入式(5-62)或式(5-63)后给出 v_ϕ 和传播方向 φ 之间的关系式，它是一个超越方程，由此求解可得出一定频率 ω 下 v_ϕ 的空间各向异性特性。作为近似，可以将波长 λ 看作参变量(不随 v_ϕ 变化)，得出 v_ϕ/c 随平面波传播方向角 φ 之间的关系，如图5-6所示。由图可见，相速和波的传播方向有关，即差分离散带来的各向异性。所以，为了减小由差分近似所带来的各向异性，对空间离散的要求为

$$\delta<\frac{\lambda}{8} \qquad (5-64)$$

这一要求和式(5-45)一致。

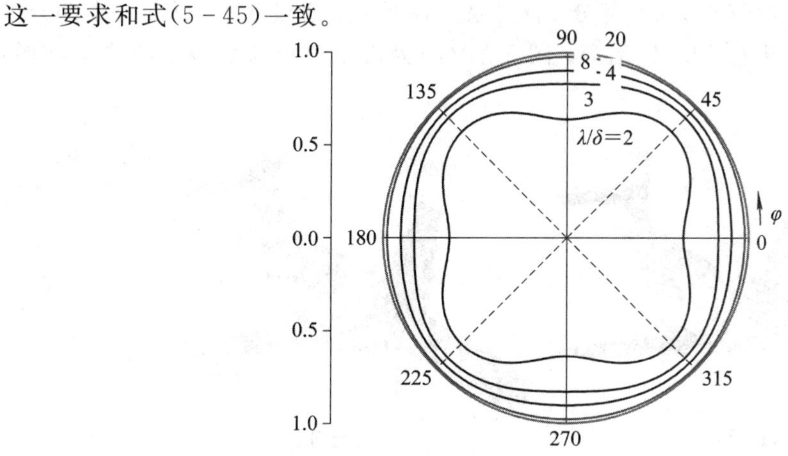

图5-6　差分近似后 v_ϕ/c 的各向异性

以上讨论是将波动方程最简单的平面波解代入差分方程所出现的稳定性、色散以及各向异性，这些特性并非介质自身的物理属性，而是数值计算中的差分近似所致。在应用FDTD时，应当遵循上述对空间和时间离散间隔的选择判据，以保证计算程序的稳定性和计算精度。

5.4 目标的建模

应用FDTD，必须描述目标的几何和物理参数，并按照FDTD要求进行网格化离散(称之为建模)。每一个网格应包含几何尺寸、电磁参数等信息。

简单目标的表面可用解析形式的曲线或曲面方程描述，根据FDTD元胞中心位置可以确定它是否位于目标内部，并给出相应介质参数。图5-7所示为球体离散前后的显示。注意对于弯曲表面采用了台阶近似。

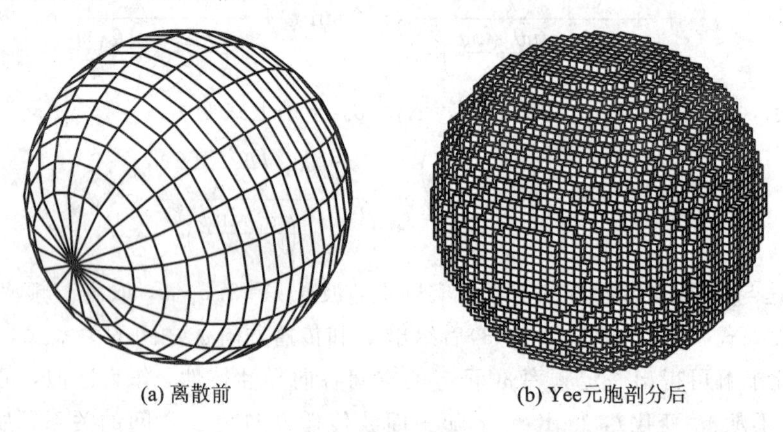

(a) 离散前　　(b) Yee元胞剖分后

图5-7　球模型

对于具有复杂几何外形的目标，可以按其几何外形特点分解为几个部件，各个部件分别建立其几何外形描述文件，并进行FDTD剖分。然后将剖分后各个部件拼接，形成整体的离散模型。以飞机模型为例，可以分解为以下几个部件：机身、机翼(2个)、尾翼(2个)、尾舵、尾舵底座、发动机舱(2个)共9部分。首先录入各部件型值点参数，并将各个部分拼接，形成整架飞机；然后进行FDTD剖分。图5-8(a)为由型值点参数显示的飞机外形；(b)为剖分后的目标模型。

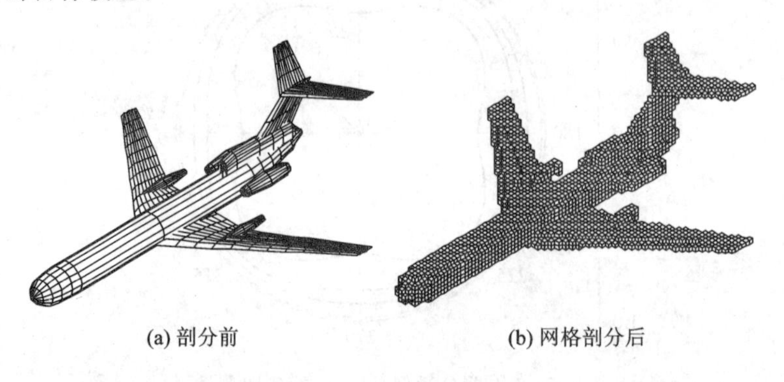

(a) 剖分前　　(b) 网格剖分后

图5-8　飞机模型

复杂目标表面通常采用三角面元模型。由三角面元模型数据出发建立目标的 FDTD 网格模型的关键是判断 FDTD 元胞是否位于目标内。对此可以采用目标表面三角面元与 FDTD 网格线的投影求交方法来进行分析。图 5-9(a)给出导弹的三角面元模型，(b)为 FDTD 网格模型。

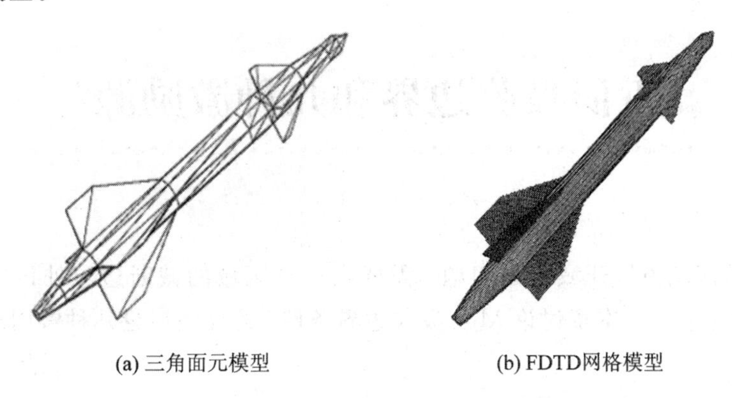

(a) 三角面元模型　　(b) FDTD网格模型

图 5-9　导弹模型

如果 FDTD 计算区域中的物体为分区均匀介质，如图 5-10 所示有导体、介质和真空三个区域。这时，FDTD 步进公式中 $\varepsilon_r(m)$，$\sigma(m)$ 以及相应系数 $CA(m)$，$CB(m)$ 等的取值在整个计算空间只有三个不同值。于是，可以改用介质分区的编号来标记，即 m 不代表位置，而是代表元胞所在区域。如图中的真空区为 $\varepsilon_r(1)=1$，$\sigma(1)=0$，$CA(1)$，$CB(1)$ 等；在导体区为 $\varepsilon_r(2)$，$\sigma(2)$，$CA(2)$，$CB(2)$ 等；介质区为 $\varepsilon_r(3)$，$\sigma(3)$，$CA(3)$，$CB(3)$ 等。这种处理方式可以节省内存。

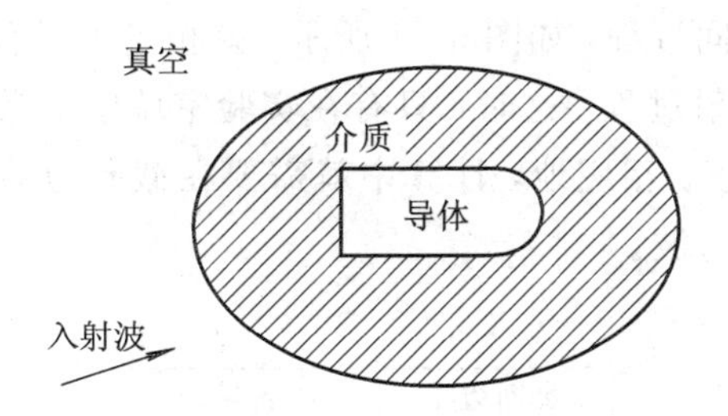

图 5-10　物体为分区均匀介质的示意图

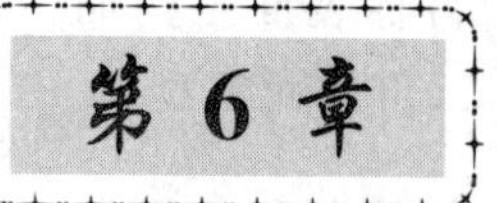

第 6 章

近似吸收边界和几种激励源

为了在有限区域模拟开域电磁问题，需要在计算区域的截断边界处设置吸收边界条件，用来吸收外向行波。本章讨论 Mur 吸收边界条件。此外还讨论几种常用激励源。

6.1 Engquist-Majda 吸收边界条件

6.1.1 Engquist-Majda 吸收边界的解析形式

以自由空间中散射问题为例，电磁场分布于全空间。对于这一开域过程，如果只截取空间有限区域来分析全空间过程，如图 6-1 所示，就相当于用有限空间实验室内的散射测试来模拟自由空间中的散射过程。这时，只有在实验室墙壁上敷以吸波材料使电磁波在此界面无反射，形成微波暗室。相应地，计算中就需要在截断边界处设置吸收边界条件，用以吸收截断边界处的外向行波。

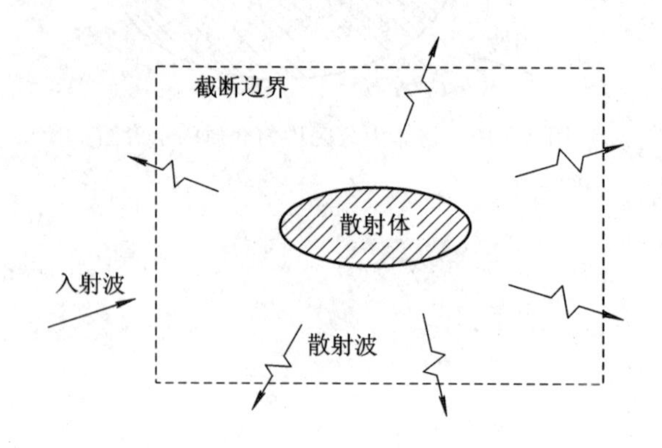

图 6-1 附加截断边界使计算区域为有限域

在截断边界附近通常没有激励源。考虑自由空间齐次波动方程，其二维情形形式为

$$\frac{\partial^2 f}{\partial x^2}+\frac{\partial^2 f}{\partial y^2}-\frac{1}{c^2}\frac{\partial^2 f}{\partial t^2}=0 \tag{6-1}$$

它的平面波解为

$$f(x,\ y,\ t)=A\ \exp[\mathrm{j}(\omega t-k_x x-k_y y)] \tag{6-2}$$

其中，

$$k_x^2+k_y^2=k^2=\frac{\omega^2}{c^2} \tag{6-3}$$

设 $x=0$ 平面为截断边界，如图 6-2 所示，注意到图中 $x\geqslant 0$ 右侧区域同时存在有入射波和反射波，因此在此区域中有

$$\begin{aligned} f(x,y,t)= & A_-\exp\left[\mathrm{j}\left(\omega t+\sqrt{k^2-k_y^2}x+k_y y\right)\right] \\ & +A_+\exp\left[\mathrm{j}\left(\omega t-\sqrt{k^2-k_y^2}x+k_y y\right)\right] \end{aligned} \tag{6-4}$$

式中，设 $0<k_y<\omega/c$，$x\geqslant 0$。将上式右端第一项记为 f_-，第二项记为 f_+，即

$$\begin{cases} f_-=A_-\exp\left[\mathrm{j}\left(\omega t+\sqrt{k^2-k_y^2}x+k_y y\right)\right] \\ f_+=A_+\exp\left[\mathrm{j}\left(\omega t-\sqrt{k^2-k_y^2}x+k_y y\right)\right] \end{cases} \tag{6-5}$$

对于左侧界面 $x=0$ 而言，区域 $x>0$ 中的 f_- 为左行波，代表入射波；f_+ 为右行波，代表反射波。

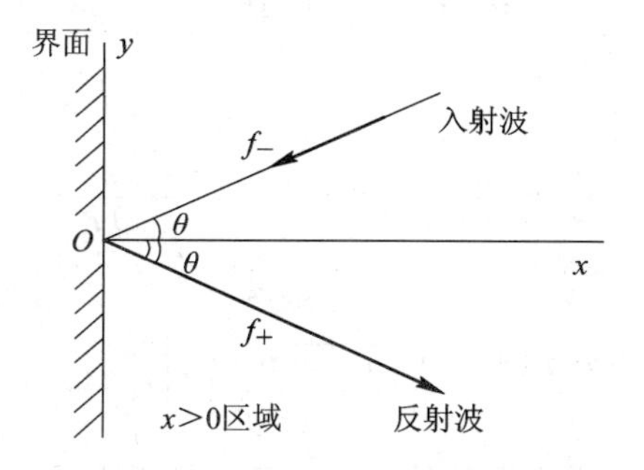

图 6-2　在 $x>0$ 区域的入射波和反射波

将式(6-4)代入式(6-1)，但保留对 x 的导数，即得

$$\frac{\partial^2 f}{\partial x^2}+(k^2-k_y^2)f=0$$

上式可写成

$$Lf=0$$

其中算子 L 定义为

$$L=\frac{\partial^2}{\partial x^2}+(k^2-k_y^2) \tag{6-6}$$

形式上算子 L 可作因式分解为

$$L=\left(\frac{\partial}{\partial x}-\mathrm{j}\sqrt{k^2-k_y^2}\right)\left(\frac{\partial}{\partial x}+\mathrm{j}\sqrt{k^2-k_y^2}\right)$$

这里记

$$\begin{cases} L_-=\left(\dfrac{\partial}{\partial x}-\mathrm{j}\sqrt{k^2-k_y^2}\right) \\ L_+=\left(\dfrac{\partial}{\partial x}+\mathrm{j}\sqrt{k^2-k_y^2}\right) \end{cases} \tag{6-7}$$

将式(6－5)代入式(6－7)可以得到

$$\begin{cases} L_- f_- = 0 \\ L_+ f_+ = 0 \end{cases} \tag{6-8}$$

因而 L_- 称为左行波算子，L_+ 为右行波算子。

如果将左行波算子 L_- 作用在平面波式(6－4)上，可得

$$L_- f = L_- f_- + L_- f_+ = L_- f_+$$

其结果仅余下和右行波相关联的部分。因此，若在截断边界处设置条件

$$L_- f \big|_{x=0} = 0 \tag{6-9}$$

就相当于使截断界面处右行波，即反射波成分等于零。将算子 L_- 的具体表示代入上式得到

$$\left(\frac{\partial}{\partial x} - \mathrm{j} \sqrt{k^2 - k_y^2} \right) f \bigg|_{x=0} = 0 \tag{6-10}$$

为了将上式从频域过渡到时域，根据式(6－2)、式(6－3)作以下算子替换：

$$\mathrm{j}k \rightarrow \frac{1}{c} \frac{\partial}{\partial t}, \quad \mathrm{j}k_y \rightarrow \frac{\partial}{\partial y} \tag{6-11}$$

因此，式(6－10)中算子变为

$$\frac{\partial}{\partial x} - \mathrm{j} \sqrt{k^2 - k_y^2} = \frac{\partial}{\partial x} - \sqrt{\mathrm{j}^2 k^2 - \mathrm{j}^2 k_y^2} \rightarrow \frac{\partial}{\partial x} - \sqrt{\frac{1}{c^2} \frac{\partial^2}{\partial t^2} - \frac{\partial^2}{\partial y^2}}$$

所以得

$$\left(\frac{\partial}{\partial x} - \sqrt{\frac{1}{c^2} \frac{\partial^2}{\partial t^2} - \frac{\partial^2}{\partial y^2}} \right) f \Bigg|_{x=0} = 0 \tag{6-12}$$

上式就是 Engquist-Majda 吸收边界条件。它适用于截断边界位于所讨论区域左侧的情形。当截断边界位于所讨论区域右侧 $x=b$ 处时，相应公式为

$$\left(\frac{\partial}{\partial x} + \sqrt{\frac{1}{c^2} \frac{\partial^2}{\partial t^2} - \frac{\partial^2}{\partial y^2}} \right) f \Bigg|_{x=b} = 0$$

注意上式和式(6－12)的符号差别。

6.1.2 一阶近似吸收边界条件

式(6－12)中含有根号内的求导运算，从实际计算角度是无法实现的。这类算子的含义应当理解为 Taylor 级数展开后的结果。下面，对算子作形式展开，以获得可应用的具体形式。重写式(6－7)中的左行波算子：

$$L_- = \frac{\partial}{\partial x} - \mathrm{j}k \sqrt{1 - \left(\frac{k_y}{k} \right)^2} \tag{6-13}$$

利用 Taylor 级数展开得

$$\sqrt{1 - \xi} \simeq 1 - \frac{\xi}{2} + \cdots \tag{6-14}$$

若取上式的第一项作为近似，则式(6－13)可近似为

$$L_{-}=\frac{\partial}{\partial x}-\mathrm{j}k \tag{6-15}$$

代入式(6-9)，仍应用式(6-11)对应关系，可得

$$\left(\frac{\partial}{\partial x}-\frac{1}{c}\frac{\partial}{\partial t}\right)f\bigg|_{x=0}=0 \tag{6-16}$$

这就是区域左侧界面 $x=0$ 处的一阶近似吸收边界条件。

下面检验式(6-16)的近似程度。将式(6-4)的波函数代入上式得

$$\left(\frac{\partial}{\partial x}-\frac{1}{c}\frac{\partial}{\partial t}\right)f\bigg|_{x=0}=\left[\left(\mathrm{j}\sqrt{k^2-k_y^2}-\mathrm{j}\frac{\omega}{c}\right)f_{-}+\left(-\mathrm{j}\sqrt{k^2-k_y^2}-\mathrm{j}\frac{\omega}{c}\right)f_{+}\right]_{x=0}=0$$

即

$$\frac{f_{+}}{f_{-}}\bigg|_{x=0}=\frac{\sqrt{k^2-k_y^2}-k}{\sqrt{k^2-k_y^2}+k}$$

令 $k_y=k\sin\theta$，这里 θ 为入射角，如图 6-2 所示，上式又可写为

$$\frac{f_{+}}{f_{-}}\bigg|_{x=0}=\frac{\cos\theta-1}{\cos\theta+1}$$

这就是一阶近似吸收边界条件式(6-16)作用后在 $x=0$ 界面所残留的反射波与入射波之比(反射系数)。图 6-3 给出了该比值与入射角的关系。表 6-1 列出了不同入射角 θ 时的比值(绝对值)。可见，仅当入射角较小时其反射系数较小。

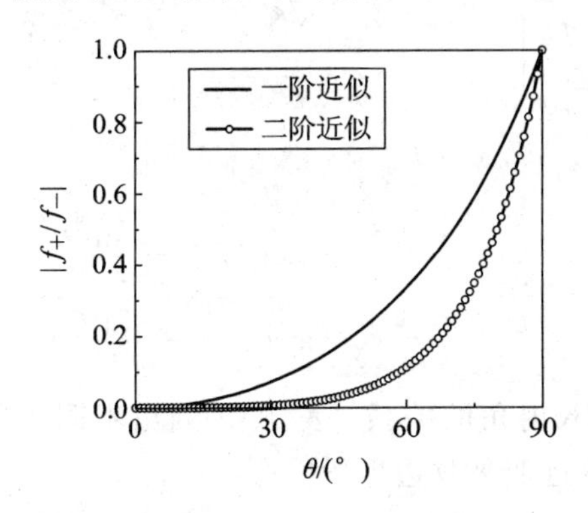

图 6-3　近似吸收边界条件作用后残留的反射波与入射波之比

表 6-1　近似吸收边界条件作用后的残留反射波与入射波比值

$\left\|\frac{f_{+}}{f_{-}}\right\|$	0°	5°	15°	30°	45°	85°
一阶近似	0	0.0019	0.0173	0.0718	0.172	0.84
二阶近似	0	3.6×10^{-6}	3.0×10^{-4}	0.0052	0.029	0.71

6.1.3　二阶近似吸收边界条件

若将式(6-14)展开保留到第二项，则式(6-13)近似为

$$L_- = \frac{\partial}{\partial x} - \mathrm{j}k\left[1 - \frac{1}{2}\left(\frac{k_y}{k}\right)^2\right] \tag{6-17}$$

代入式(6-10)得

$$\left(\frac{\partial}{\partial x} - \mathrm{j}k - \frac{1}{2}\frac{k_y^2}{\mathrm{j}k}\right)f\bigg|_{x=0} = 0$$

或者

$$\left(\mathrm{j}k\frac{\partial}{\partial x} + k^2 - \frac{1}{2}k_y^2\right)f\bigg|_{x=0} = 0$$

应用式(6-11)过渡到时域可得

$$\left(\frac{1}{c}\frac{\partial^2}{\partial x\partial t} - \frac{1}{c^2}\frac{\partial^2}{\partial t^2} + \frac{1}{2}\frac{\partial^2}{\partial y^2}\right)f\bigg|_{x=0} = 0 \tag{6-18}$$

这就是区域左侧界面 $x=0$ 处的二阶近似吸收边界条件。

下面检验式(6-18)的近似程度。将式(6-4)代入，注意到

$$\left(\frac{1}{c}\frac{\partial^2}{\partial x\partial t} - \frac{1}{c^2}\frac{\partial^2}{\partial t^2} + \frac{1}{2}\frac{\partial^2}{\partial y^2}\right)f_- = \left(-k\sqrt{k^2-k_y^2} + k^2 - \frac{k_y^2}{2}\right)f_-$$

$$\left(\frac{1}{c}\frac{\partial^2}{\partial x\partial t} - \frac{1}{c^2}\frac{\partial^2}{\partial t^2} + \frac{1}{2}\frac{\partial^2}{\partial y^2}\right)f_+ = \left(k\sqrt{k^2-k_y^2} + k^2 - \frac{k_y^2}{2}\right)f_+$$

上式代入式(6-18)得 $x=0$ 界面所残留的反射波与入射波之比为

$$\frac{f_+}{f_-}\bigg|_{x=0} = -\frac{-k\sqrt{k^2-k_y^2} + k^2 - \frac{k_y^2}{2}}{k\sqrt{k^2-k_y^2} + k^2 - \frac{k_y^2}{2}}$$

令 $k_y = k\sin\theta$，上式又可写为

$$\frac{f_+}{f_-}\bigg|_{x=0} = -\frac{-\cos\theta + 1 - \frac{\sin^2\theta}{2}}{\cos\theta + 1 - \frac{\sin^2\theta}{2}} \tag{6-19}$$

图 6-3 给出该比值与入射角的关系。表 6-1 列出不同入射角 θ 时的比值(绝对值)。由表可见，二阶近似比一阶近似吸收边界条件有所改善。

6.2 吸收边界条件的 FDTD 形式

6.2.1 三维情形

考虑三维长方体 FDTD 区域 $0<x<a$，$0<y<b$，$0<z<d$，这时有六个截断边界。截断边界上一阶和二阶吸收边界条件具体形式如表 6-2 所示，其中 f 代表电磁场的任一直角分量。

表 6-2　三维长方体 FDTD 区域的吸收边界条件

截断边界位置		一阶近似	二阶近似
$//yoz$	$x=0$	$\left(\frac{\partial}{\partial x}-\frac{1}{c}\frac{\partial}{\partial t}\right)f\Big\vert_{x=0}=0$	$\left[\frac{1}{c}\frac{\partial^2}{\partial x\partial t}-\frac{1}{c^2}\frac{\partial^2}{\partial t^2}+\frac{1}{2}\left(\frac{\partial^2}{\partial y^2}+\frac{\partial^2}{\partial z^2}\right)\right]f\Big\vert_{x=0}=0$
	$x=a$	$\left(\frac{\partial}{\partial x}+\frac{1}{c}\frac{\partial}{\partial t}\right)f\Big\vert_{x=a}=0$	$\left[\frac{1}{c}\frac{\partial^2}{\partial x\partial t}+\frac{1}{c^2}\frac{\partial^2}{\partial t^2}-\frac{1}{2}\left(\frac{\partial^2}{\partial y^2}+\frac{\partial^2}{\partial z^2}\right)\right]f\Big\vert_{x=a}=0$
$//xoz$	$y=0$	$\left(\frac{\partial}{\partial y}-\frac{1}{c}\frac{\partial}{\partial t}\right)f\Big\vert_{y=0}=0$	$\left[\frac{1}{c}\frac{\partial^2}{\partial y\partial t}-\frac{1}{c^2}\frac{\partial^2}{\partial t^2}+\frac{1}{2}\left(\frac{\partial^2}{\partial z^2}+\frac{\partial^2}{\partial x^2}\right)\right]f\Big\vert_{y=0}=0$
	$y=b$	$\left(\frac{\partial}{\partial x}+\frac{1}{c}\frac{\partial}{\partial t}\right)f\Big\vert_{y=b}=0$	$\left[\frac{1}{c}\frac{\partial^2}{\partial y\partial t}+\frac{1}{c^2}\frac{\partial^2}{\partial t^2}-\frac{1}{2}\left(\frac{\partial^2}{\partial z^2}+\frac{\partial^2}{\partial x^2}\right)\right]f\Big\vert_{y=b}=0$
$//xoy$	$z=0$	$\left(\frac{\partial}{\partial z}-\frac{1}{c}\frac{\partial}{\partial t}\right)f\Big\vert_{z=0}=0$	$\left[\frac{1}{c}\frac{\partial^2}{\partial z\partial t}-\frac{1}{c^2}\frac{\partial^2}{\partial t^2}+\frac{1}{2}\left(\frac{\partial^2}{\partial x^2}+\frac{\partial^2}{\partial y^2}\right)\right]f\Big\vert_{z=0}=0$
	$z=d$	$\left(\frac{\partial}{\partial z}+\frac{1}{c}\frac{\partial}{\partial t}\right)f\Big\vert_{z=d}=0$	$\left[\frac{1}{c}\frac{\partial^2}{\partial z\partial t}+\frac{1}{c^2}\frac{\partial^2}{\partial t^2}-\frac{1}{2}\left(\frac{\partial^2}{\partial x^2}+\frac{\partial^2}{\partial y^2}\right)\right]f\Big\vert_{z=d}=0$

下面根据三维 Yee 元胞 E、H 节点的排布对表 6-2 所给二阶吸收边界条件进行离散。根据 Yee 元胞，在 FDTD 截断边界界面上只有电场 E 的切向分量和磁场 H 的法向分量。以 $x=0$ 界面为例，此界面仅有 H_x, E_y, E_z 节点。由于 FDTD 中 H_x 的计算式不涉及 $x<0$ 区域，即不涉及截断边界界面外节点。因而，吸收边界条件将不考虑 H_x，而只考虑电场切向分量 E_y 和 E_z。以 E_z 为例有

$$\left[\frac{1}{c}\frac{\partial^2}{\partial x\partial t}-\frac{1}{c^2}\frac{\partial^2}{\partial t^2}+\frac{1}{2}\left(\frac{\partial^2}{\partial y^2}+\frac{\partial^2}{\partial z^2}\right)\right]E_z\,\Big\vert_{x=0}=0 \tag{6-20}$$

将上式在 E_z 节点位置 $\left(i+\frac{1}{2},\ j,\ k+\frac{1}{2}\right)$ 处及 $n\Delta t$ 时刻离散，上式各项差分近似分别为

$$\begin{cases}
\left.\frac{\partial^2 E_z}{\partial x\partial t}\right\vert^{n}_{i+1/2,j,k+1/2}\simeq\frac{1}{2\Delta t\Delta x}\left[E_z^{n+1}\left(i+1,j,k+\frac{1}{2}\right)-E_z^{n-1}\left(i+1,j,k+\frac{1}{2}\right)\right.\\
\qquad\left.-E_z^{n+1}\left(i,j,k+\frac{1}{2}\right)+E_z^{n-1}\left(i,j,k+\frac{1}{2}\right)\right]\\
\left.\frac{\partial^2 E_z}{\partial t^2}\right\vert^{n}_{i+1/2,j,k+1/2}\simeq\frac{1}{(\Delta t)^2}\left[E_z^{n+1}\left(i+\frac{1}{2},j,k+\frac{1}{2}\right)-2E_z^{n}\left(i+\frac{1}{2},j,k+\frac{1}{2}\right)\right.\\
\qquad\left.+E_z^{n-1}\left(i+\frac{1}{2},j,k+\frac{1}{2}\right)\right]\\
\left.\frac{\partial^2 E_z}{\partial y^2}\right\vert^{n}_{i+1/2,j,k+1/2}\simeq\frac{1}{(\Delta y)^2}\left[E_z^{n}\left(i+\frac{1}{2},j+1,k+\frac{1}{2}\right)-2E_z^{n}\left(i+\frac{1}{2},j,k+\frac{1}{2}\right)\right.\\
\qquad\left.+E_z^{n}\left(i+\frac{1}{2},j-1,k+\frac{1}{2}\right)\right]\\
\left.\frac{\partial^2 E_z}{\partial z^2}\right\vert^{n}_{i+1/2,j,k+1/2}\simeq\frac{1}{(\Delta z)^2}\left[E_z^{n}\left(i+\frac{1}{2},j,k+\frac{3}{2}\right)-2E_z^{n}\left(i+\frac{1}{2},j,k+\frac{1}{2}\right)\right.\\
\qquad\left.+E_z^{n}\left(i+\frac{1}{2},j,k-\frac{1}{2}\right)\right]
\end{cases} \tag{6-21}$$

再利用线性插值

$$E_z^n\left(i+\frac{1}{2},j,k+\frac{1}{2}\right)=\frac{E_z^n\left(i+1,j,k+\frac{1}{2}\right)+E_z^n\left(i,j,k+\frac{1}{2}\right)}{2} \tag{6-22}$$

将式(6-21)、式(6-22)代入式(6-20)并整理后得

$$\begin{aligned}
E_z^{n+1}\left(i,j,k+\frac{1}{2}\right)=&-E_z^{n-1}\left(i+1,j,k+\frac{1}{2}\right)+\frac{c\Delta t-\Delta x}{c\Delta t+\Delta x}\left[E_z^{n+1}\left(i+1,j,k+\frac{1}{2}\right)+E_z^{n-1}\left(i,j,k+\frac{1}{2}\right)\right]\\
&+\frac{2\Delta x}{c\Delta t+\Delta x}\left[E_z^n\left(i,j,k+\frac{1}{2}\right)+E_z^n\left(i+1,j,k+\frac{1}{2}\right)\right]\\
&+\frac{\Delta x(c\Delta t)^2}{2(\Delta y)^2(c\Delta t+\Delta x)}\left[E_z^n\left(i,j+1,k+\frac{1}{2}\right)-2E_z^n\left(i,j,k+\frac{1}{2}\right)+E_z^n\left(i,j-1,k+\frac{1}{2}\right)\right.\\
&\left.+E_z^n\left(i+1,j+1,k+\frac{1}{2}\right)-2E_z^n\left(i+1,j,k+\frac{1}{2}\right)+E_z^n\left(i+1,j-1,k+\frac{1}{2}\right)\right]\\
&+\frac{\Delta x(c\Delta t)^2}{2(\Delta z)^2(c\Delta t+\Delta x)}\left[E_z^n\left(i,j,k+\frac{3}{2}\right)-2E_z^n\left(i,j,k+\frac{1}{2}\right)+E_z^n\left(i,j,k-\frac{1}{2}\right)\right.\\
&\left.+E_z^n\left(i+1,j,k+\frac{3}{2}\right)-2E_z^n\left(i+1,j,k+\frac{1}{2}\right)+E_z^n\left(i+1,j,k-\frac{1}{2}\right)\right]
\end{aligned} \tag{6-23}$$

为了便于将上式推广到三维 FDTD 区的其它几个截断边界，将上式所涉及的 10 个节点绘制如图 6-4 所示，进而重写如下：

$$\begin{aligned}
f^{n+1}(P_0)=&-f^{n-1}(Q_0)+\frac{c\Delta t-\Delta x}{c\Delta t+\Delta x}[f^{n+1}(Q_0)+f^{n-1}(P_0)]\\
&+\frac{2\Delta x}{c\Delta t+\Delta x}[f^n(P_0)+f^n(Q_0)]\\
&+\frac{\Delta x(c\Delta t)^2}{2(\Delta y)^2(c\Delta t+\Delta x)}[f^n(P_1)-2f^n(P_0)+f^n(P_3)+f^n(Q_1)-2f^n(Q_0)+f^n(Q_3)]\\
&+\frac{\Delta x(c\Delta t)^2}{2(\Delta z)^2(c\Delta t+\Delta x)}[f^n(P_4)-2f^n(P_0)+f^n(P_2)+f^n(Q_4)-2f^n(Q_0)+f^n(Q_2)]
\end{aligned} \tag{6-24}$$

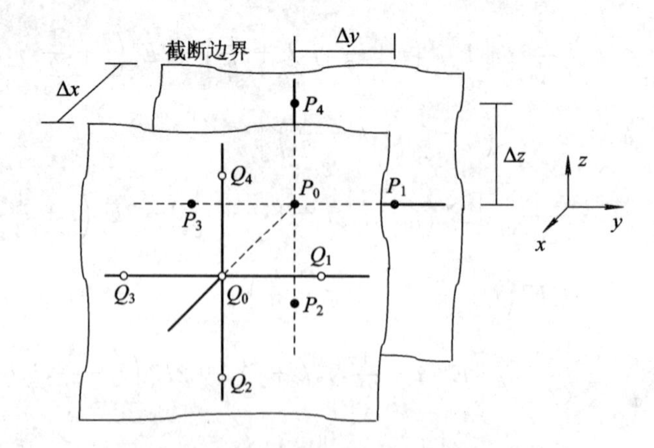

图 6-4　二阶吸收边界条件所涉及的 10 个节点

其中，P_0为截断边界上的节点，Q_0是界面上点 P_0相对的节点，而 P_1,P_2,P_3,P_4是 P_0的四个相邻节点，Q_1,Q_2,Q_3,Q_4则是 Q_0的四个相邻节点。特别地，当 $\Delta x=\Delta y=\Delta z=\delta$ 时，式(6-24)变为

$$\begin{aligned} f^{n+1}(P_0)=&-f^{n-1}(Q_0)+\frac{c\Delta t-\delta}{c\Delta t+\delta}[f^{n+1}(Q_0)+f^{n-1}(P_0)]-2\frac{(c\Delta t-\delta)}{\delta}[f^n(Q_0)+f^n(P_0)] \\ &+\frac{(c\Delta t)^2}{2\delta(c\Delta t+\delta)}[f^n(P_1)+f^n(P_2)+f^n(P_3)+f^n(P_4) \\ &+f^n(Q_1)+f^n(Q_2)+f^n(Q_3)+f^n(Q_4)] \end{aligned} \tag{6-25}$$

一阶吸收边界条件在三维情形仍如式(6-16)所示形式。对于图 6-4 所给节点可重写为

$$f^{n+1}(P_0)=f^n(Q_0)+\frac{c\Delta t-\Delta x}{c\Delta t+\Delta x}[f^{n+1}(Q_0)-f^n(P_0)] \tag{6-26}$$

式(6-24)和式(6-26)适用于垂直于 x 轴的界面。若界面垂直于 y 轴或 z 轴，只需要将上式中 x，y，z 变量作循环替代即可。式中，f 代表截断边界上切向场分量；在垂直于 x 轴面上的切向电场分量为 E_y,E_z；垂直于 y 轴面上的切向电场分量为 E_z,E_x；垂直于 z 轴面上的切向电场分量为 E_x,E_y。

6.2.2　二维情形

二维 TM 情形时，由于$\partial/\partial z=0$，式(6-20)变为

$$\left[\frac{1}{c}\frac{\partial^2}{\partial x\partial t}-\frac{1}{c^2}\frac{\partial^2}{\partial t^2}+\frac{1}{2}\frac{\partial^2}{\partial y^2}\right]E_z\big|_{x=0}=0 \tag{6-27}$$

相应地式(6-23)变为

$$\begin{aligned} E_z^{n+1}(i,j)=&-E_z^{n-1}(i+1,j)+\frac{c\Delta t-\Delta x}{c\Delta t+\Delta x}[E_z^{n+1}(i+1,j)+E_z^{n-1}(i,j)] \\ &+\frac{2\Delta x}{c\Delta t+\Delta x}[E_z^n(i,j)+E_z^n(i+1,j)] \\ &+\frac{\Delta x(c\Delta t)^2}{2(\Delta y)^2(c\Delta t+\Delta x)}[E_z^n(i,j+1)-2E_z^n(i,j)+E_z^n(i,j-1) \\ &+E_z^n(i+1,j+1)-2E_z^n(i+1,j)+E_z^n(i+1,j-1)] \end{aligned}$$

亦即

$$\begin{aligned} f^{n+1}(P_0)=&-f^{n-1}(Q_0)+\frac{c\Delta t-\Delta x}{c\Delta t+\Delta x}[f^{n+1}(Q_0)+f^{n-1}(P_0)] \\ &+\frac{2\Delta x}{c\Delta t+\Delta x}[f^n(P_0)+f^n(Q_0)] \\ &+\frac{\Delta x(c\Delta t)^2}{2(\Delta y)^2(c\Delta t+\Delta x)}[f^n(P_1)-2f^n(P_0)+f^n(P_3)+f^n(Q_1)-2f^n(Q_0)+f^n(Q_3)] \end{aligned} \tag{6-28}$$

其中，P_0位于截断边界上。上式表明二维情形下 Mur 二阶近似吸收边界条件涉及 6 个节点，如图 6-5 所示。

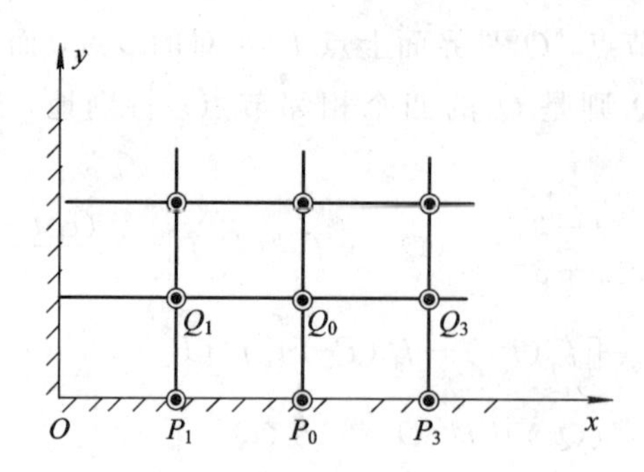

图 6-5 二阶吸收边界条件所涉及的 6 个节点(二维情形)

6.3 棱边及角顶点的特殊考虑

6.3.1 二维角顶点的处理

先考虑二维 TM 情形，如图 6-6 所示。在二维矩形计算区域的角点，吸收边界条件的离散式需特殊考虑。图 6-7 给出了矩形区域左下角点(i_0, j_0)处的 TM 元胞。对于角点，若用上节所给公式将涉及截断边界以外的节点，因而无法应用。

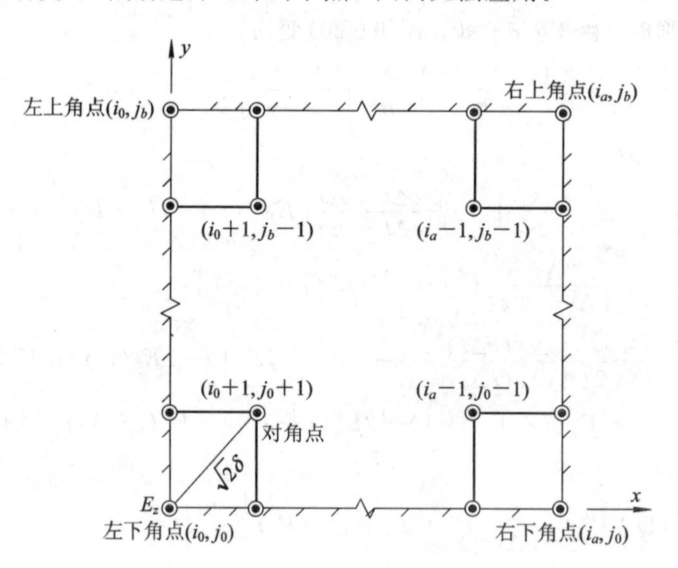

图 6-6 矩形域的四个角点

设 $\Delta x=\Delta y=\delta$，相对于原坐标系 xoy 旋转 45°建立新的坐标系 $\xi o\eta$。对于角点处沿 ξ 轴应用 Mur 一阶近似吸收边界条件，即

$$\frac{\partial E_z}{\partial \xi}-\frac{1}{c}\frac{\partial E_z}{\partial t}=0 \tag{6-29}$$

仿照上节的离散步骤，在元胞中心 P 点处和 $t=(n+1/2)\Delta t$ 时刻离散，有

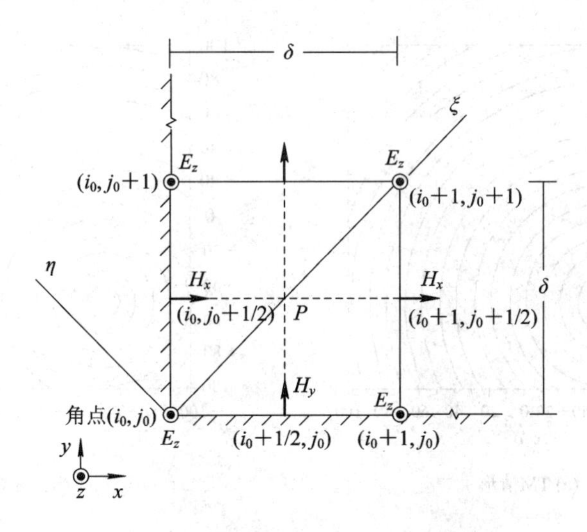

图 6-7　位于矩形域左下方的角点

$$
\begin{cases}
\left.\dfrac{\partial E_z}{\partial \xi}\right|_P^{n+\frac{1}{2}} = \dfrac{E_z^{n+\frac{1}{2}}(i_0+1, j_0+1) - E_z^{n+\frac{1}{2}}(i_0, j_0)}{\sqrt{2}\delta} \\
\left.\dfrac{\partial E_z}{\partial t}\right|_P^{n+\frac{1}{2}} = \dfrac{E_z^{n+1}(P) - E_z^{n}(P)}{\Delta t}
\end{cases}
\tag{6-30}
$$

注意元胞中心点 P 到角点的距离为$\sqrt{2}\delta$。再利用线性插值

$$
\begin{cases}
E_z^n(P) = \dfrac{E_z^n(i_0, j_0) + E_z^n(i_0+1, j_0+1)}{2} \\
E_z^{n+\frac{1}{2}}(i_0, j_0) = \dfrac{E_z^{n+1}(i_0, j_0) + E_z^n(i_0, j_0)}{2}
\end{cases}
\tag{6-31}
$$

将式(6-30)、式(6-31)代入式(6-29)整理后可得角点处的吸收边界条件：

$$
E_z^{n+1}(i_0, j_0) = E_z^n(i_0+1, j_0+1) + \frac{c\Delta t - \sqrt{2}\delta}{c\Delta t + \sqrt{2}\delta}\left[E_z^{n+1}(i_0+1, j_0+1) - E_z^n(i_0, j_0)\right]
\tag{6-32}
$$

上式涉及角点(i_0, j_0)及对角点(i_0+1, j_0+1)。对于图 6-6 所示矩形域的其余角点可作类似处理，只需将上式中角点与对角点的坐标作相应更换即可。

若 $\Delta x \neq \Delta y$，则式(6-32)改写为

$$
\begin{aligned}
E_z^{n+1}(i_0, j_0) = {} & E_z^n(i_0+1, j_0+1) \\
& + \frac{c\Delta t - \sqrt{(\Delta x)^2 + (\Delta y)^2}}{c\Delta t + \sqrt{(\Delta x)^2 + (\Delta y)^2}}\left[E_z^{n+1}(i_0+1, j_0+1) - E_z^n(i_0, j_0)\right]
\end{aligned}
\tag{6-33}
$$

以下给出吸收边界条件的检验算例。设二维 FDTD 区域中设置随时间为正弦变化的点源。区域截断边界采用二阶 Mur 吸收边界，角点按照上述处理。图 6-8 给出了二维 TM 波(图(a))和 TE 波(图(b))情形时正弦变化点源辐射时的相位分布，计算 10 000 时间步后，时谐场达到稳定状态。相位等值线是以点源为中心的同心圆，表明包括角点在内的吸收边界具有良好的吸收外向行波的性能。

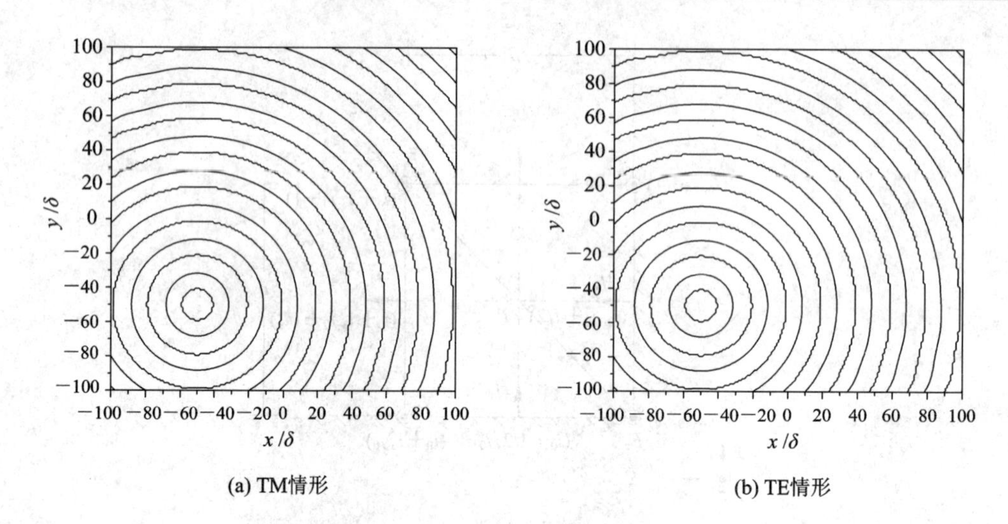

图 6-8 点源辐射场的相位等值线

6.3.2 三维棱边的处理

三维 FDTD 长方体计算区域有 6 个截断边界面和 12 条棱边，如图 6-9 所示。注意到与 x 轴平行的棱边上仅有场分量 E_x，与 y 轴平行的棱边上仅有场分量 E_y，与 z 轴平行的棱边上仅有场分量 E_z。实际上，可以将二维角点的吸收边界条件式(6-33)应用于三维棱边，只需要将场分量和 x, y, z 坐标作适当替代。此外，在长方体计算区域的 8 个角顶点处没有电磁场分量节点(见图 6-9)，因而无需考虑角顶点处的吸收边界条件。

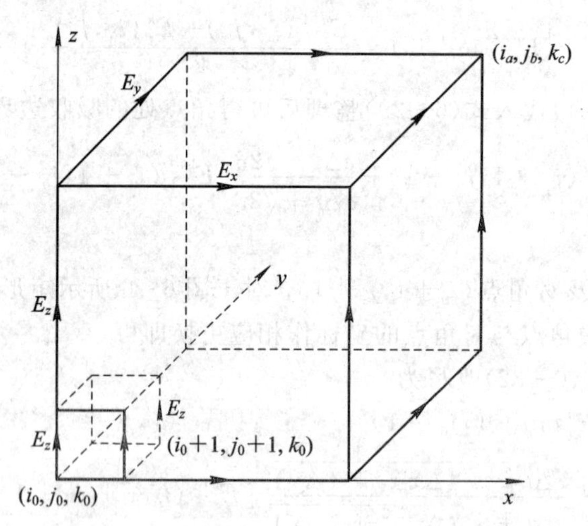

图 6-9 三维 FDTD 长方体计算区域

下面给出一种无需处理棱边节点的方法。为了便于说明，以图 6-10 所示二维 TM 波的左下边界角点为例。Mur 吸收边界的二阶近似式(6-28)共涉及 6 个节点。如果用 Mur 二阶近似计算下边界处节点，直到角顶 P_{corner} 的邻近节点 A_1，根据 6 节点公式就需涉及 A_1 周边的 B_1, Q_1, Q_2, A_2 和 P_{corner} 节点，所以必须考虑角顶 P_{corner} 的吸收边界条件，例如采用图 6-7所示 Mur 一阶近似。

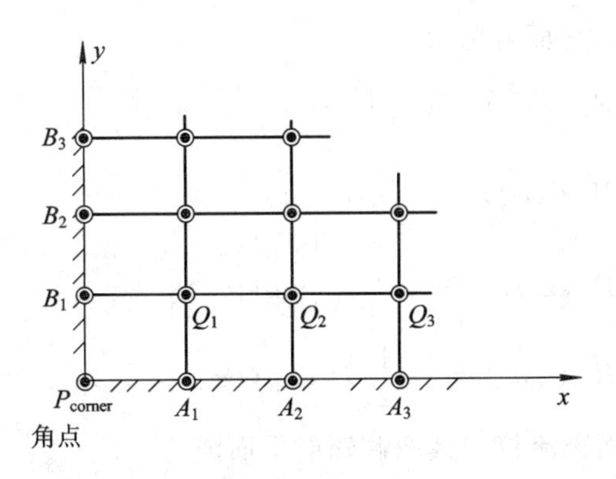

图 6-10　对于棱边节点(角点)的处理

但是，如果用 Mur 二阶近似计算只到图 6-10 中节点 A_2，而不是 A_1，这时将涉及其周边的节点 A_1,Q_1,Q_2,Q_3,A_3；对于与角顶 P_{corner} 邻近的节点 A_1，则采用 Mur 一阶近似式(6-26)计算，因而只涉及节点 Q_1，并不涉及角顶 P_{corner}。这样就无需考虑角顶 P_{corner} 的吸收边界条件。对于图中区域的左截断边界，也做同样处理，用 Mur 二阶近似计算只到图中节点 B_2，而不是 B_1，根据 6 节点公式涉及 B_2 周边的 5 个节点，但不涉及角顶 P_{corner}；对于与角顶 P_{corner} 邻近的节点 B_1，则采用 Mur 一阶近似计算，因而只涉及节点 Q_1，并不涉及角顶 P_{corner}。以这种方式处理就无需考虑角顶 P_{corner} 的吸收边界条件。以上方式同样可以推广到三维情形。这时，图 6-10 的角点就是三维的棱边，因而也就无需考虑三维计算区域 12 条棱边的吸收边界。

6.4　平面电流源

6.4.1　面电流源在自由空间的辐射

首先考虑面电流源和面磁流源在自由空间辐射的平面波，如图 6-11(a)所示。设面电流为

$$\boldsymbol{J}=-\hat{\boldsymbol{x}}I\delta(z-z_0) \tag{6-34}$$

其中，I 的单位为 A/m；z_0 为面电流的位置，为了简便，下面取 $z_0=0$。在时谐场$\exp(\mathrm{j}\omega t)$情形下，其辐射场为

$$\begin{cases}\left.\begin{aligned}\boldsymbol{E}_+^1(z,\omega)&=\hat{\boldsymbol{x}}\frac{Z_0}{2}I\exp(-\mathrm{j}kz)\\ \boldsymbol{H}_+^1(z,\omega)&=\hat{\boldsymbol{y}}\frac{1}{2}I\exp(-\mathrm{j}kz)\end{aligned}\right\}\quad z>0\\ \left.\begin{aligned}\boldsymbol{E}_-^1(z,\omega)&=\hat{\boldsymbol{x}}\frac{Z_0}{2}I\exp(\mathrm{j}kz)\\ \boldsymbol{H}_-^1(z,\omega)&=-\hat{\boldsymbol{y}}\frac{1}{2}I\exp(\mathrm{j}kz)\end{aligned}\right\}\quad z<0\end{cases} \tag{6-35}$$

同样，对于面磁流，如图 6-11(b)所示，设

$$\boldsymbol{J}_m=-\hat{\boldsymbol{y}}I_m\delta(z-z_0) \tag{6-36}$$

其中，I_m的单位为 V/m，其辐射场为

$$\begin{cases}\left.\begin{aligned}\boldsymbol{E}_+^2(z,\omega)&=\hat{\boldsymbol{x}}\,\frac{1}{2}I_m\exp(-\mathrm{j}kz)\\ \boldsymbol{H}_+^2(z,\omega)&=\hat{\boldsymbol{y}}\,\frac{1}{2Z_0}I_m\exp(-\mathrm{j}kz)\end{aligned}\right\}\quad z>0\\ \left.\begin{aligned}\boldsymbol{E}_-^2(z,\omega)&=-\hat{\boldsymbol{x}}\,\frac{1}{2}I_m\exp(\mathrm{j}kz)\\ \boldsymbol{H}_-^2(z,\omega)&=\hat{\boldsymbol{y}}\,\frac{1}{2Z_0}I_m\exp(\mathrm{j}kz)\end{aligned}\right\}\quad z<0\end{cases}\tag{6-37}$$

由此可见单一面电流或面磁流将向其两侧辐射平面波。

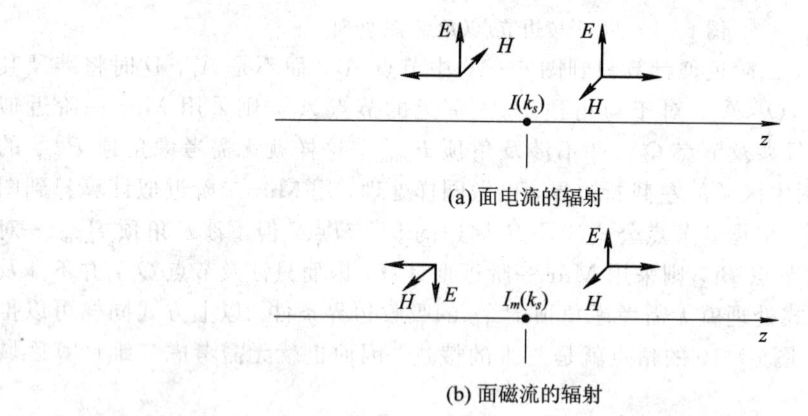

图 6-11　面电流和面磁流的辐射

对于瞬态情形面电流 $I(t)$，设其 Fourier 逆变换为

$$I(t)=\frac{1}{2\pi}\int I(\omega)\,\exp(\mathrm{j}\omega t)\,\mathrm{d}\omega\tag{6-38}$$

以及

$$I\left(t-\frac{z}{c}\right)=\frac{1}{2\pi}\int I(\omega)\exp(-\mathrm{j}kz)\exp(\mathrm{j}\omega t)\,\mathrm{d}\omega\tag{6-39}$$

由式(6-35)第一、三式的逆 Fourier 变换得到时域面电流辐射公式

$$\begin{cases}\boldsymbol{E}_+^1(z,t)=\hat{\boldsymbol{x}}\,\dfrac{Z_0}{2}I\left(t-\dfrac{z}{c}\right)\qquad z>0\\ \boldsymbol{E}_-^1(z,t)=\hat{\boldsymbol{x}}\,\dfrac{Z_0}{2}I\left(t+\dfrac{z}{c}\right)\qquad z<0\end{cases}\tag{6-40}$$

对于频域其它公式，可作类似处理得到时域公式。

6.4.2　一维 FDTD 中面电流源的加入

现在讨论上述面电流源在 FDTD 中的实现。考虑导电介质中的一维 TEM 波，设面电流沿 x 方向，Maxwell 方程式(5-22)改写为

$$\begin{cases}-\dfrac{\partial H_y}{\partial z}=\varepsilon\,\dfrac{\partial E_x}{\partial t}+\sigma E_x+J_x\\ \dfrac{\partial E_x}{\partial z}=-\mu\,\dfrac{\partial H_y}{\partial t}-\sigma_m H_y\end{cases}\tag{6-41}$$

上式中将电流区分为服从欧姆定律的传导电流 σE 和外加强制电流 J。注意到面电流 I 实际上是在 y 方向单位宽度(1 m)内的电流，沿 z 方向理想厚度为零。在一维 FDTD 中，面电流 I 位于 E_x 节点，处于沿 z 方向的一个元胞中，故其电流密度(单位：$\mathrm{A/m^2}$)为

$$J_x(z_s)=\frac{I(t)}{\Delta z} \tag{6-42}$$

参照式(5-23)第一式，式(6-41)第一式的 FDTD 格式为

$$E_x^{n+1}(k_s)=CA(k_s)E_x^n(k_s)-\frac{CB(k_s)}{\Delta z}\left[H_y^{n+\frac{1}{2}}\left(k_s+\frac{1}{2}\right)-H_y^{n+\frac{1}{2}}\left(k_s-\frac{1}{2}\right)\right]-\frac{CB(k_s)}{\Delta z}I^{n+\frac{1}{2}} \tag{6-43}$$

以上公式适用于面电流 I 所在节点 $z_s=k_s\Delta z$。

若面电流附近为无耗介质，即 $\sigma=0$，则上式中 $CA=1$，$CB=\Delta t/\varepsilon$，上式变为

$$E_x^{n+1}(k_s)=E_x^n(k_s)-\frac{\Delta t}{\varepsilon\Delta z}\left[H_y^{n+\frac{1}{2}}\left(k_s+\frac{1}{2}\right)-H_y^{n+\frac{1}{2}}\left(k_s-\frac{1}{2}\right)\right]-\frac{\Delta t}{\varepsilon\Delta z}I^{n+\frac{1}{2}} \tag{6-44}$$

当介质为无耗 $\sigma_m=0$，且面磁流为 0 时，式(6-41)第二式的 FDTD 公式与式(5-24)第二式相同，即

$$H_y^{n+\frac{1}{2}}\left(k+\frac{1}{2}\right)=H_y^{n-\frac{1}{2}}\left(k+\frac{1}{2}\right)-\frac{\Delta t}{\mu\Delta z}\left[E_x^n(k+1)-E_x^n(k)\right]$$

以上二式得到面电流向其两侧辐射的平面波。

下面讨论用平面电流源和平面磁流源构成单向行波的方法。设在 $z=0$ 处同时放置式(6-34)和式(6-36)所示面电流和面磁流，如图 6-12 所示，并设

$$I=\frac{E_0}{Z_0},\quad I_m=Z_0 I=E_0 \tag{6-45}$$

则在 $z>0$ 区域有

$$\begin{cases}\boldsymbol{E}_+=\boldsymbol{E}_+^1+\boldsymbol{E}_+^2=\hat{\boldsymbol{x}}E_0\exp(-\mathrm{j}kz)\\ \boldsymbol{H}_+=\boldsymbol{H}_+^1+\boldsymbol{H}_+^2=\hat{\boldsymbol{y}}\dfrac{E_0}{Z_0}\exp(-\mathrm{j}kz)\end{cases} \tag{6-46}$$

以及在 $z<0$ 区域有

$$\begin{cases}\boldsymbol{E}_-=\boldsymbol{E}_-^1+\boldsymbol{E}_-^2=0\\ \boldsymbol{H}_-=\boldsymbol{H}_-^1+\boldsymbol{H}_-^2=0\end{cases} \tag{6-47}$$

由此可见，在 $z=0$ 处同时放置面电流和面磁流可以使 $z<0$ 区域为零场，而在 $z>0$ 区域获得单向行波。注意到 FDTD 中 $\boldsymbol{E}$，$\boldsymbol{H}$ 节点存在半个网格的位移。这时，可将面电流和面磁流设置彼此移位半个网格，并使二者在时间上具有一个相对时延，便可以构成向单一方向辐射的平面波。

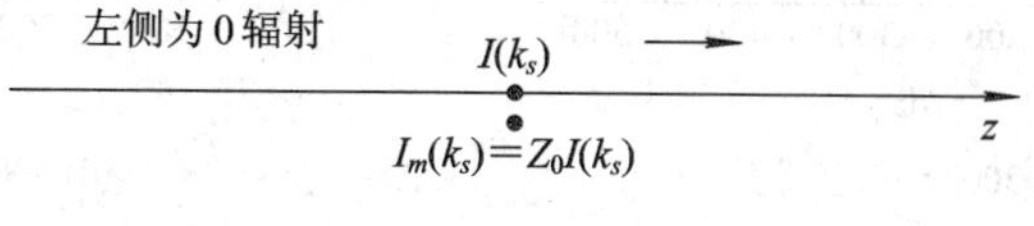

左侧为0辐射
$I(k_s)$
$I_m(k_s)=Z_0I(k_s)$
z

图 6-12　面电流和面磁流叠加后向单方向辐射

【算例 6-1】　高斯脉冲面电流辐射。设一维计算区域为真空，两端截断边界为 Mur 一阶近似吸收边界。在计算区域内 $z=k_s\Delta z$，$k_s=80$ 处加入面电流，源为高斯脉冲

$\exp[-4\pi(t-t_0)^2/\tau^2]$，其中 $\tau=2/f_{\max}$ 和 $t_0=0.8\tau$，$f_{\max}=1$ GHz。图 6-13 所示为 $t=200\Delta t$，$\Delta t=\dfrac{\Delta z}{2c}$时的空间场分布。由图可见，向右传播的波前尚未到达截断边界，而向左传播的波前已经部分通过截断边界。

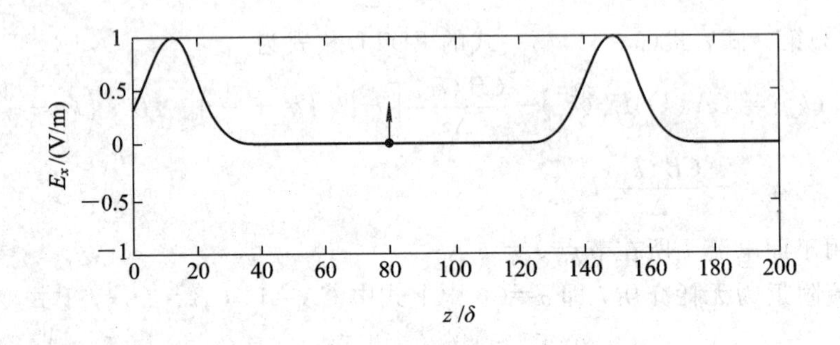

图 6-13　面电流位于 $k_s=80$ 在 $t=200\Delta t$ 时的辐射场分布

【算例 6-2】　时谐场面电流辐射。设一维计算区域为真空，长为 $500\Delta z$，$\Delta z=1/40$ m，$\Delta t=\Delta z/(2c)$。在计算区域中心点 $z=250\Delta z$ 处加入面电流，源为时谐场，波长为 1 m。在 $z=0$，$500\Delta z$ 两端采用 Mur 一阶吸收边界。图 6-14 所示为不同时间步的空间场分布快照，显示了波的传播和在截断边界处外向行波被良好吸收。

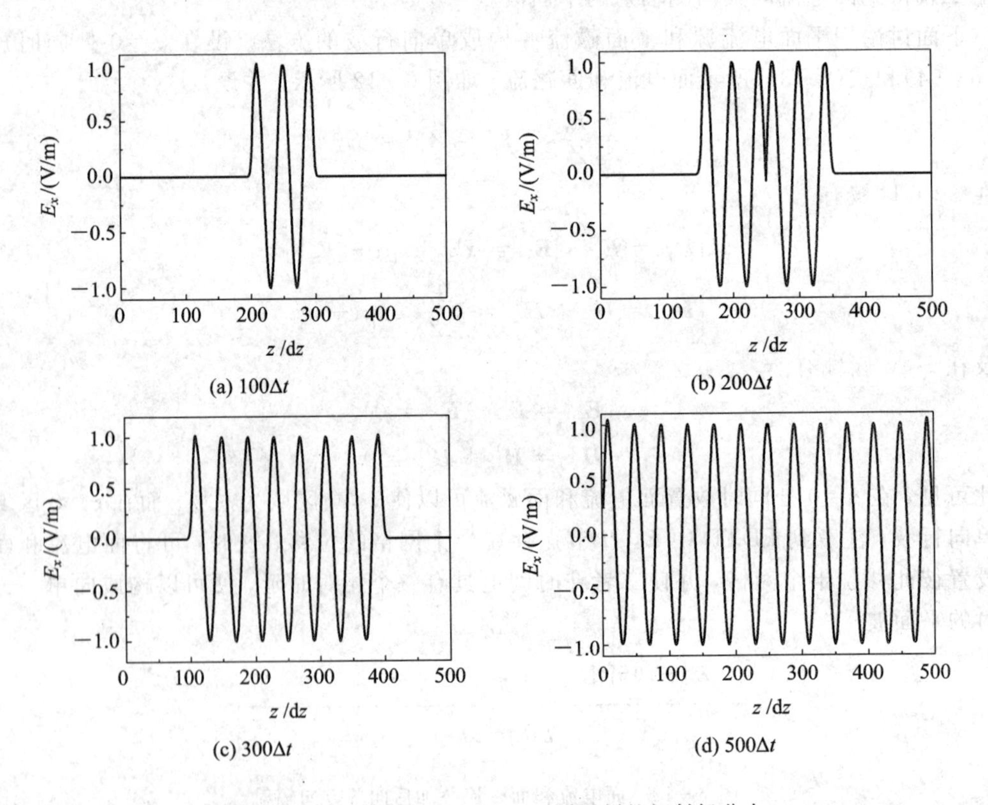

图 6-14　面电流位于中心点不同时刻的辐射场分布

6.5 线电流源

6.5.1 线电流在自由空间的辐射

在二维时谐场 TM 情形，线电流 I(单位：A)在自由空间中的辐射场(Harrington，1968)为

$$E_z(\rho,\omega)=\frac{\omega\mu}{4}IH_0^{(2)}(k\rho) \tag{6-48}$$

其中，$H_0^{(2)}(\cdot)$为第二类零阶 Hankel 函数。利用二维频域和时域格林函数(Taflove，2000 年)：

$$\begin{cases} G_{2D}(\rho,\omega)=\dfrac{\mathrm{j}}{4}H_0^{(2)}(k\rho) \\ G_{2D}(\rho,t)=\dfrac{cU(ct-\rho)}{2\pi\sqrt{c^2t^2-\rho^2}} \end{cases} \tag{6-49}$$

式中，$U(t)$为阶梯函数。利用时域格林函数可得到瞬态情形线电流 $I(t)$的辐射场公式：

$$E(\rho,t)=\mu\int_{-\infty}^{t-\frac{\rho}{c}}\frac{\mathrm{d}I(t')}{\mathrm{d}t'}\cdot\frac{c\,\mathrm{d}t'}{2\pi\sqrt{c^2(t-t')^2-\rho^2}} \tag{6-50}$$

上式被积函数的分母在积分上限处等于 0，因而函数成为无穷大，Kragalott(1997 年)讨论了有关积分的数值计算方法。

6.5.2 二维 FDTD 中线电流源的加入

下面讨论线电流在 FDTD 中的实现。二维 TM 波 Maxwell 方程为

$$\begin{cases} \dfrac{\partial E_z}{\partial y}=-\mu\dfrac{\partial H_x}{\partial t} \\ \dfrac{\partial E_z}{\partial x}=\mu\dfrac{\partial H_y}{\partial t} \\ \dfrac{\partial H_y}{\partial x}-\dfrac{\partial H_x}{\partial y}=\varepsilon\dfrac{\partial E_z}{\partial t}+\sigma E_z+J_z \end{cases} \tag{6-51}$$

对于二维 TM 情形，设线电流 I 位于 E_z 节点(i_s,j_s)处，如图 6－15 所示。在 FDTD 中，线电流 I 处于一个元胞内，其电流密度(单位：$\mathrm{A/m^2}$)为

$$J_z(i_s,j_s)=\frac{I(t)}{\Delta x\Delta y} \tag{6-52}$$

参照式(5－19)第三式，将式(6－52)代入式(6－51)第三式后其 FDTD 格式为

$$E_z^{n+1}(i_s,j_s)=CA(m)E_z^n(i_s,j_s)+CB(m)[\nabla\times\boldsymbol{H}(i_s,j_s)]_z^{n+\frac{1}{2}}-CB(m)\frac{I^{n+\frac{1}{2}}}{\Delta x\Delta y} \tag{6-53}$$

若线电流附近为绝缘介质，即 $\sigma=0$，则上式中 $CA=1$，$CB=\Delta t/\varepsilon$，上式简化为

$$E_z^{n+1}(i_s,j_s)=E_z^n(i_s,j_s)+\frac{\Delta t}{\varepsilon}[\nabla\times\boldsymbol{H}(i_s,j_s)]_z^{n+\frac{1}{2}}-\frac{\Delta t}{\varepsilon\Delta x\Delta y}I^{n+\frac{1}{2}} \tag{6-54}$$

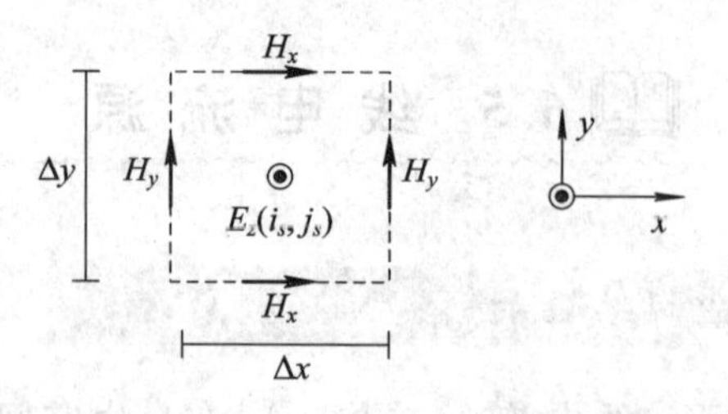

图 6-15　线电流源所在的元胞

【算例 6-3】 高斯脉冲线电流辐射场。图 6-16 所示为场分布在不同时间步的快照，其中图(a)为脉冲波尚未到达截断边界，图(b)为脉冲波部分已无反射通过截断边界。时谐场线电流辐射场分布见书末彩图 1。

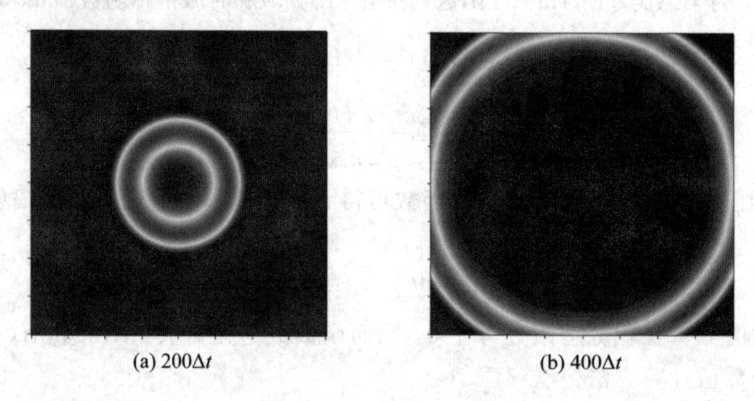

图 6-16　线电流高斯脉冲辐射近场分布

【算例 6-4】 线电流辐射的定量验证。下面给出式(6-53)的检验例子。设二维 FDTD 区域为(−160：160，−160：160)；四周吸收边界采用 UPML 或者二阶 Mur 吸收边界。线源设置在计算区域的中心(0，0)处。时谐场频率 $f=0.2$ GHz，元胞尺寸为 $\Delta x=0.0187$ m，$\Delta y=0.0177$ m，记 $\delta=\min(\Delta x, \Delta y)=0.0177$ m，选取时间间隔 $\Delta t=\delta/(1.5c)=0.039$ ns。图 6-17 给出了从(0,0)点分别沿 x，y 及计算区域对角线方向的电场分布。由图可见，线电流辐射的 FDTD 计算结果和解析解一致。

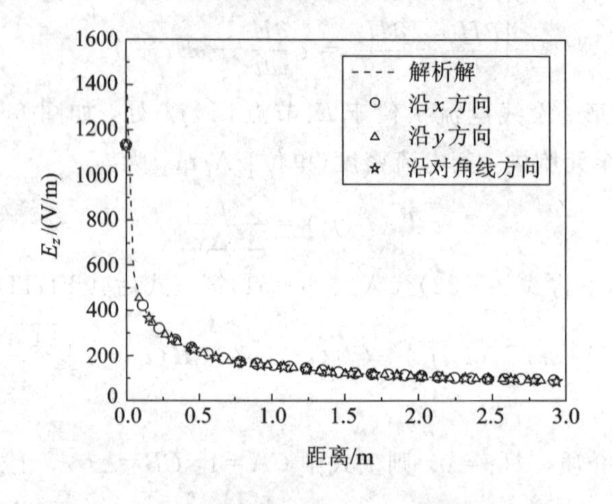

图 6-17　线电流源在自由空间中辐射场与解析解比较

6.6 电偶极子源

6.6.1 电偶极子辐射的解析解

电偶极子由大小相等、符号相反的两个电荷 q 组成，电荷间距离为 l，电偶极矩为 $p = ql$。用电流表示时根据 $I = \mathrm{d}q/\mathrm{d}t = \mathrm{j}\omega q$，于是有

$$Il = \mathrm{j}\omega p \tag{6-55}$$

自由空间中电偶极子的辐射场为

$$\boldsymbol{E}(\boldsymbol{r},\omega) = \mathrm{j}\omega\mu Il\,\frac{\exp(-\mathrm{j}kr)}{4\pi r}\left\{\hat{\boldsymbol{r}}\left[-\frac{\mathrm{j}}{kr}+\left(\frac{\mathrm{j}}{kr}\right)^2\right]2\cos\theta+\hat{\boldsymbol{\theta}}\left[1-\frac{\mathrm{j}}{kr}+\left(\frac{\mathrm{j}}{kr}\right)^2\right]\sin\theta\right\} \tag{6-56}$$

将式(6-55)代入式(6-56)得

$$\begin{aligned}\boldsymbol{E}(\boldsymbol{r},\omega) &= -\omega^2\mu p\,\frac{\exp(-\mathrm{j}kr)}{4\pi r}\left\{\hat{\boldsymbol{r}}\left[-\frac{\mathrm{j}c}{\omega r}-\frac{c^2}{\omega^2 r^2}\right]2\cos\theta+\hat{\boldsymbol{\theta}}\left[1-\frac{\mathrm{j}c}{\omega r}-\frac{c^2}{\omega^2 r^2}\right]\sin\theta\right\}\\ &= -\frac{\mu}{4\pi r}\left\{\hat{\boldsymbol{r}}\left[-\frac{\mathrm{j}\omega c}{r}-\frac{c^2}{r^2}\right]2\cos\theta+\hat{\boldsymbol{\theta}}\left[\omega^2-\frac{\mathrm{j}\omega c}{r}-\frac{c^2}{r^2}\right]\sin\theta\right\}p\cdot\exp(-\mathrm{j}kr)\end{aligned} \tag{6-57}$$

从频域过渡到时域，可以利用以下关系：

$$\mathrm{j}\omega \to \frac{\partial}{\partial t}$$

和

$$\begin{cases} p(t) = \dfrac{1}{2\pi}\displaystyle\int p(\omega)\exp(\mathrm{j}\omega t)\,\mathrm{d}\omega \\ p\left(t-\dfrac{r}{c}\right) = \displaystyle\int p(\omega)\exp(-\mathrm{j}kr)\cdot\exp(\mathrm{j}\omega t)\,\mathrm{d}\omega \end{cases} \tag{6-58}$$

于是式(6-57)可改写为

$$\boldsymbol{E}(\boldsymbol{r},t) = \frac{\mu}{4\pi r}\left\{\hat{\boldsymbol{r}}\left[\frac{c}{r}\frac{\partial}{\partial t}+\frac{c^2}{r^2}\right]2\cos\theta+\hat{\boldsymbol{\theta}}\left[\frac{\partial^2}{\partial t^2}+\frac{c}{r}\frac{\partial}{\partial t}+\frac{c^2}{r^2}\right]\sin\theta\right\}p\left(t-\frac{r}{c}\right) \tag{6-59}$$

这就是电偶极子辐射场的时域公式。

6.6.2 FDTD 中电偶极子源的加入

考虑在 FDTD 中加入电偶极子源。由 Maxwell 方程有

$$\nabla\times\boldsymbol{H} = \frac{\partial\boldsymbol{D}}{\partial t}+\boldsymbol{J} \tag{6-60}$$

其中，电流密度 $\boldsymbol{J}$ 与电荷系统的电偶极矩 $\boldsymbol{p}$ 有以下关系：

$$\int\boldsymbol{J}\,\mathrm{d}V = \frac{\mathrm{d}\boldsymbol{p}}{\mathrm{d}t} \tag{6-61}$$

考虑一个很小的 FDTD 元胞，设元胞尺寸为 δ，则上式可改写为

$$\boldsymbol{J}=\frac{\mathrm{d}\boldsymbol{p}}{\mathrm{d}t}\frac{1}{\delta^3} \tag{6-62}$$

将式(6-62)代入式(6-60)，并且代入 $\boldsymbol{D}=\varepsilon_0\boldsymbol{E}$，则有

$$\varepsilon_0\frac{\partial \boldsymbol{E}}{\partial t}=\nabla\times\boldsymbol{H}-\frac{1}{\delta^3}\frac{\mathrm{d}\boldsymbol{p}}{\mathrm{d}t} \tag{6-63}$$

设电偶极子平行于 z 轴，仅考虑上式的 z 分量。在 $t=(n+1/2)\Delta t$ 时刻，对式(6-63)按 FDTD 差分离散，可得

$$E_z^{n+1}=E_z^n+\frac{\Delta t}{\varepsilon_0}[\nabla\times\boldsymbol{H}]_z^{n+\frac{1}{2}}-\frac{\Delta t}{\varepsilon_0\delta^3}\left[\frac{\mathrm{d}p}{\mathrm{d}t}\right]^{n+\frac{1}{2}} \tag{6-64}$$

这就是 FDTD 中偶极子辐射源的添加形式，适用于偶极子所在节点。若 FDTD 元胞不是立方体，则上式中 δ^3 改为元胞体积 $\Delta x\Delta y\Delta z$。对于偶极子以外其它节点仍应用无源空间 FDTD 计算公式。

【算例 6-5】 电偶极子辐射。设垂直电偶极子位于计算区域中心 $E_z(0, 0, 1/2)$处，FDTD 计算区域四周被 PML 吸收层包围。元胞尺寸为 5 cm×5 cm×5 cm，即 $\delta=5$ cm。时间间隔为 $\Delta t=\delta/(2c)=83.333$ ps。计算中辐射源采用高斯脉冲：

$$p(t)=10^{-10}\exp\left[-\left(\frac{t-3T}{T}\right)^2\right]\qquad T=2\ \mathrm{ns}$$

按照式(6-64)加入电偶极子，观察点 Q 距离电偶极子 $r=10\Delta x$，$\theta=90°$，考虑计算结果如图 6-18 所示。为了比较，图中也给出瞬态偶极子的解析解式(6-59)结果。此外，还在 FDTD 区域为 65×65×65 个元胞时计算了偶极子场，在 20 ns 内从截断边界处的反射波尚未到达 Q 点，可以认为是‘真正的’自由空间的 FDTD 解，图中记为参考曲线。8 层和 4 层元胞厚的 PML(见第 7 章)结果与自由空间的 FDTD 结果及解析解符合很好。此外，还应用二阶 Mur 吸收边界计算了相应结果。由图可见，由于吸收边界离观察点较近，只有两个元胞，此情形下应用 Mur 边界所得结果偏差较大。

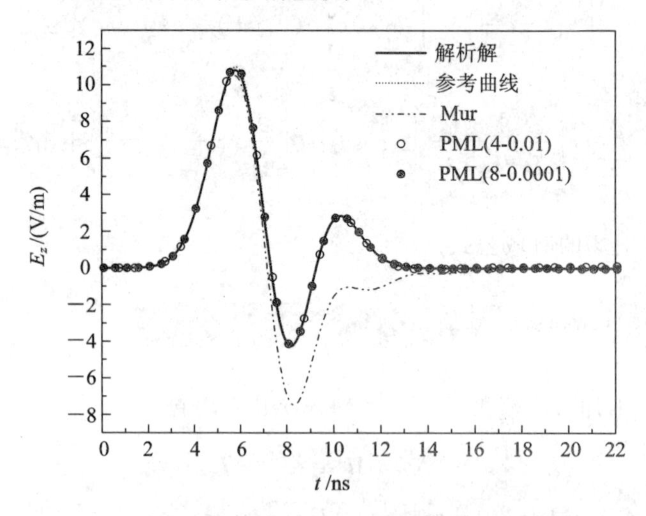

图 6-18　观察点 Q 处电偶极子的辐射场

设电偶极子位于 $E_z(0,0,0)$处，激励电流为高斯脉冲，平行于 yOz 面，计算域为 135×135×135 元胞，$\delta=0.03$ m，$\Delta t=\delta/(2c)=5\times10^{-11}$ s，截断边界处为 8 层 CPML。图 6－19 中给出 yOz 面内的电场 E_z分布，不含 CPML 部分。由图可见电偶极子辐射脉冲波的传播。

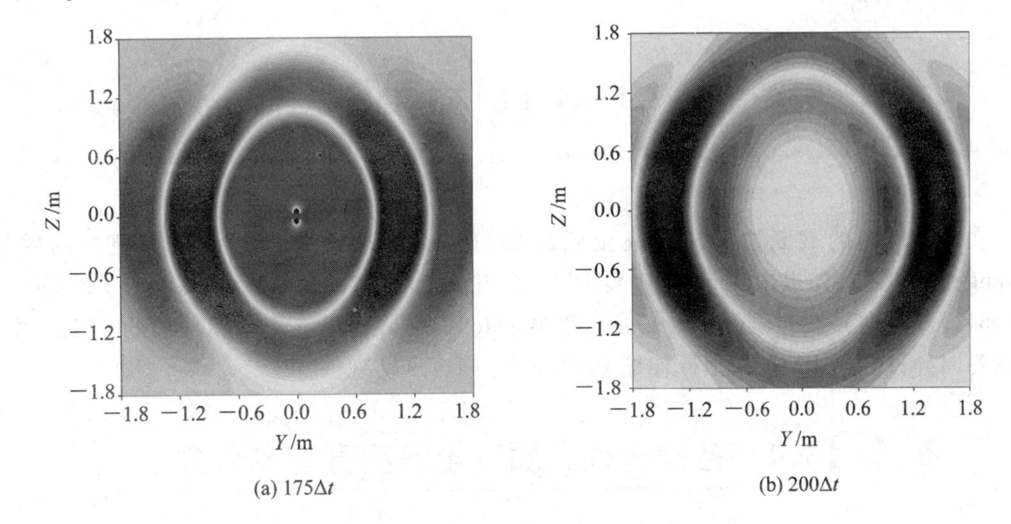

图 6－19　电偶极子辐射近场分布

第7章 完全匹配层

在开域问题的截断边界应用完全匹配层(PML)来吸收外向行波会有更好的效果。Berenger(1994)首先提出场分量分裂 PML 理论，几乎在同时，Sacks (1995)和 Gedney (1996)提出各向异性介质 PML，Chew 和 Weedon(1994)提出基于坐标伸缩的 PML。本章讨论各向异性介质 PML 和坐标伸缩 PML 及其 FDTD 实现。

7.1 各向异性介质完全匹配层基本公式

7.1.1 平面波入射到半空间单轴介质的反射和透射波

设 $z<0$ 区域为均匀介质，$z>0$ 半空间填充单轴各向异性介质，其本构关系为

$$\begin{cases}\boldsymbol{D}=\varepsilon_1\boldsymbol{\varepsilon}_p\cdot\boldsymbol{E}\\ \boldsymbol{B}=\mu_1\boldsymbol{\mu}_p\cdot\boldsymbol{H}\end{cases}\tag{7-1}$$

$$\boldsymbol{\varepsilon}_p=\begin{bmatrix}a&0&0\\0&a&0\\0&0&b\end{bmatrix},\quad \boldsymbol{\mu}_p=\begin{bmatrix}c&0&0\\0&c&0\\0&0&d\end{bmatrix}\tag{7-2}$$

其晶轴平行于 z 轴。可以证明在单轴介质情形电磁场可区分为 TM($H_y\neq0$, $E_y=0$)波和 TE($E_y\neq0$, $H_y=0$)波。设 TM 平面波入射到界面，入射面为 xOz，如图 7-1 所示，则

$$\boldsymbol{H}_i=\hat{\boldsymbol{y}}H_0\exp(-\mathrm{j}\boldsymbol{k}_i\cdot\boldsymbol{r})=\hat{\boldsymbol{y}}H_0\exp[-\mathrm{j}(k_{ix}x+k_{iz}z)]$$

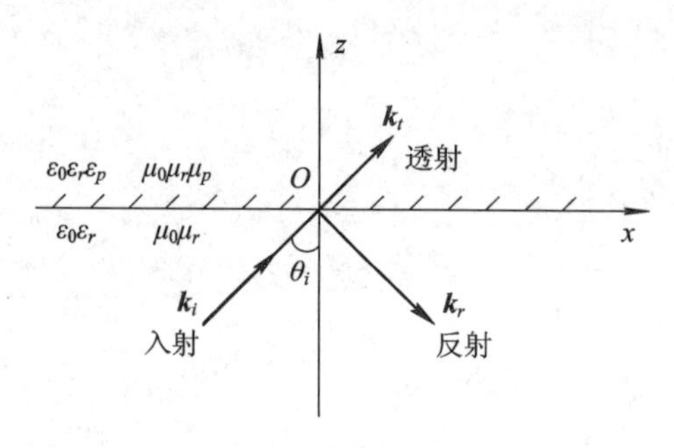

图 7-1　平面波入射到单轴介质表面

在 $z<0$ 区域，电磁场为入射波和反射波之和，即

$$
\begin{cases}
\boldsymbol{H}_1 = \hat{\boldsymbol{y}} H_0 [1 + \Gamma \exp(2\mathrm{j}k_{iz}z)] \exp[-\mathrm{j}(k_{ix}x + k_{iz}z)] \\
\boldsymbol{E}_1 = \dfrac{1}{j\omega\varepsilon_1} \nabla \times \boldsymbol{H}_1
\end{cases}
$$

$$
= \left\{ \hat{\boldsymbol{x}} \frac{k_{iz}}{\omega\varepsilon_1} [1 - \Gamma \exp(2\mathrm{j}k_{iz}z)] - \hat{\boldsymbol{z}} \frac{k_{ix}}{\omega\varepsilon_1} [1 + \Gamma \exp(2\mathrm{j}k_{iz}z)] \right\} H_0 \exp[-\mathrm{j}(k_{ix}x + k_{iz}z)] \tag{7-3}
$$

式中，Γ 为反射系数，$\varepsilon_1 = \varepsilon_0 \varepsilon_r$，$\mu_1 = \mu_0 \mu_r$ 为入射波一侧介质参数。在 $z>0$ 区域，各向异性介质中的 Maxwell 方程为

$$
\begin{cases}
\nabla \times \boldsymbol{E} = -\dfrac{\partial \boldsymbol{B}}{\partial t} = -\mathrm{j}\omega \boldsymbol{B} = -\mathrm{j}\omega\mu_1 \boldsymbol{\mu}_p \cdot \boldsymbol{H} \\
\nabla \times \boldsymbol{H} = \dfrac{\partial \boldsymbol{D}}{\partial t} = \mathrm{j}\omega \boldsymbol{D} = \mathrm{j}\omega\varepsilon_1 \boldsymbol{\varepsilon}_p \cdot \boldsymbol{E}
\end{cases} \tag{7-4}
$$

其平面波解为

$$
\boldsymbol{E}, \boldsymbol{H} \propto \exp(-\mathrm{j}\boldsymbol{k}_t \cdot \boldsymbol{r})
$$

其中，$\boldsymbol{k}_t$ 为透射波矢量。对于平面波，式(7-4)中算子 ∇ 可作如下替换：

$$
\nabla \to -\mathrm{j}\boldsymbol{k}_t
$$

于是，式(7-4)变为

$$
\begin{cases}
\boldsymbol{k}_t \times \boldsymbol{E} = \omega\mu_1 \boldsymbol{\mu}_p \cdot \boldsymbol{H} \\
\boldsymbol{k}_t \times \boldsymbol{H} = -\omega\varepsilon_1 \boldsymbol{\varepsilon}_p \cdot \boldsymbol{E}
\end{cases} \tag{7-5}
$$

由上式可得

$$
\begin{cases}
\boldsymbol{k}_t \times \boldsymbol{\varepsilon}_p^{-1} \cdot (\boldsymbol{k}_t \times \boldsymbol{H}) + k^2 \boldsymbol{\mu}_p \cdot \boldsymbol{H} = 0 \\
\boldsymbol{k}_t \times \boldsymbol{\mu}_p^{-1} \cdot (\boldsymbol{k}_t \times \boldsymbol{E}) + k^2 \boldsymbol{\varepsilon}_p \cdot \boldsymbol{E} = 0
\end{cases} \tag{7-6}
$$

式中，

$$
k^2 = \omega^2 \mu_1 \varepsilon_1 \tag{7-7}
$$

根据相位匹配原理，波矢量在界面的切向分量为连续的，因而有

$$
\boldsymbol{k}_t = \hat{\boldsymbol{x}} k_{ix} + \hat{\boldsymbol{z}} k_{tz}
$$

其中，k_{ix} 为入射波矢量的 x 分量。式(7-6)第一式可写为矩阵形式，即

$$
\begin{bmatrix}
k^2 c - a^{-1} k_{tz}^2 & 0 & a^{-1} k_{ix} k_{tz} \\
0 & k^2 c - a^{-1} k_{tz}^2 - b^{-1} k_{ix}^2 & 0 \\
k_{ix} k_{tz} a^{-1} & 0 & dk^2 - a^{-1} k_{ix}^2
\end{bmatrix}
\begin{bmatrix} H_x \\ H_y \\ H_z \end{bmatrix} = 0 \tag{7-8}
$$

欲使上式有非零解，其系数行列式应当等于零，由此可得

$$
k^2 c - k_{tz}^2 a^{-1} - k_{ix}^2 b^{-1} = 0 \qquad H_y \neq 0,\ E_y = 0 \tag{7-9}
$$

同样地，由式(7-6) 第二式可得

$$
k^2 a - k_{tz}^2 c^{-1} - k_{ix}^2 d^{-1} = 0 \qquad E_y \neq 0,\ H_y = 0 \tag{7-10}
$$

以上二式称为色散关系。

对于 TM 波，透射波磁场为

$$
\boldsymbol{H}_2 = \hat{\boldsymbol{y}} \tau H_0 \exp[-\mathrm{j}(k_{ix}x + k_{tz}z)] \tag{7-11}
$$

式中，τ 为透射系数。由式(7-5)得透射波电场为

$$\boldsymbol{E}_2 = \frac{-1}{\omega\varepsilon_1}\boldsymbol{\varepsilon}_p^{-1} \cdot (\boldsymbol{k}_t \times \boldsymbol{H}_2)$$

$$\boldsymbol{\varepsilon}_p^{-1} = \begin{bmatrix} a^{-1} & 0 & 0 \\ 0 & a^{-1} & 0 \\ 0 & 0 & b^{-1} \end{bmatrix} \tag{7-12}$$

由上式得

$$\boldsymbol{E}_2 = \frac{-1}{\omega\varepsilon_1}\begin{bmatrix} a^{-1} & 0 & 0 \\ 0 & a^{-1} & 0 \\ 0 & 0 & b^{-1} \end{bmatrix}\begin{bmatrix} -k_{tz} \\ 0 \\ k_{ix} \end{bmatrix}\tau H_0 \exp[-\mathrm{j}(k_{ix}x + k_{tz}z)]$$

$$= \frac{\tau}{\omega\varepsilon_1}(\hat{\boldsymbol{x}}k_{tz}a^{-1} - \hat{\boldsymbol{z}}k_{ix}b^{-1})H_0 \exp[-\mathrm{j}(k_{ix}x + k_{tz}z)] \tag{7-13}$$

根据边界条件，在 $z=0$ 界面有

$$H_{1y} = H_{2y}, \quad E_{1x} = E_{2x} \tag{7-14}$$

将式(7-3)、式(7-11)、式(7-13)代入上式得

$$1 + \Gamma = \tau$$

$$k_{iz}(1 - \Gamma) = k_{tz}a^{-1}\tau$$

可解得反射系数为

$$\Gamma = \frac{k_{iz} - k_{tz}a^{-1}}{k_{iz} + k_{tz}a^{-1}} \tag{7-15}$$

透射系数为

$$\tau = \frac{2k_{iz}}{k_{iz} + k_{tz}a^{-1}} \tag{7-16}$$

其中，$k_{iz} = k_i \cos\theta_i$。由式(7-9)可得

$$k_{tz} = \sqrt{a}\sqrt{k^2 c - k_{ix}^2 b^{-1}} = \sqrt{a}\sqrt{k^2 c - k^2 \sin^2\theta_i b^{-1}} \tag{7-17}$$

7.1.2 无反射条件

由式(7-15)可见，反射系数 $\Gamma=0$ 的条件是

$$k_{iz} = k_{tz}a^{-1} \tag{7-18}$$

将此条件代入式(7-9)得

$$k^2 c - k_{iz}^2 a - k_{ix}^2 b^{-1} = 0$$

或

$$k^2 c a^{-1} - k^2 \cos^2\theta_i - k^2 \sin^2\theta_i b^{-1} a^{-1} = 0 \tag{7-19}$$

欲使上式对任何 θ_i 成立，要求

$$\begin{cases} b = a^{-1} \\ c = a \end{cases} \quad \text{TM 波} \tag{7-20}$$

对于 TE 波，同样(对偶性)可得 $\Gamma=0$ 的条件为

$$\begin{cases} d = c^{-1} \\ a = c \end{cases} \quad \text{TE 波} \tag{7-21}$$

合并式(7-20)与式(7-21)得到无反射($\Gamma=0$)条件为

$$a = c = \frac{1}{b} = \frac{1}{d} \tag{7-22}$$

亦即单轴介质的相对本构参数式(7-2)变为

$$\boldsymbol{\varepsilon}_p = \boldsymbol{\mu}_p = \begin{bmatrix} a & 0 & 0 \\ 0 & a & 0 \\ 0 & 0 & \dfrac{1}{a} \end{bmatrix} \tag{7-23}$$

根据入射波一侧介质情形，Gedney(1996)给出上式中参数 a 的两种选择：

$$a = 1 + \frac{\sigma}{\mathrm{j}\omega\varepsilon_0} \qquad \text{入射波一侧为无耗介质} \tag{7-24}$$

或

$$a = \kappa + \frac{\sigma}{\mathrm{j}\omega\varepsilon_0} \qquad \text{入射波一侧为有耗介质} \tag{7-25}$$

显然，式(7-24)可以看作式(7-25)的特殊情形。下面讨论入射波一侧为无耗介质的情形。将式(7-24)代入式(7-18)得

$$k_{tz} = k_{iz}a = k_{iz}\left(1 + \frac{\sigma}{\mathrm{j}\omega\varepsilon_0}\right) = k_{iz} - \mathrm{j}\frac{\sigma}{\omega\varepsilon_0}k_{iz} \tag{7-26}$$

将式(7-26)代入式(7-11)得

$$\boldsymbol{H}_2 = \hat{\boldsymbol{y}}\tau H_0 \exp(-\alpha_z z)\exp[-\mathrm{j}(k_{ix}x + k_{iz}z)] \tag{7-27}$$

其中，

$$\alpha_z = \frac{\sigma}{\omega\varepsilon_0}k_{iz}$$

式(7-27)表明若满足匹配条件式(7-23)，且参数 a 按照式(7-24)选取，则不仅反射系数为零，同时透射波的传播方向和入射波方向完全一致，即沿入射波方向直线前进；且进入各向异性介质层后透射波将以指数衰减。所以满足无反射条件式(7-22)的介质又称为各向异性介质完全匹配层(UPML)。

为了便于进一步分析，将式(7-2)和式(7-23)改写为

$$\mathbf{S}_Z = \begin{bmatrix} s_z & 0 & 0 \\ 0 & s_z & 0 \\ 0 & 0 & s_z^{-1} \end{bmatrix} \tag{7-28}$$

其中，$s_z=a$。以上矩阵称为匹配矩阵。于是，完全匹配层的本构参数可以表示为入射波一侧介质的本构参数乘以匹配矩阵，即

$$\boldsymbol{\varepsilon}_2 = \varepsilon_1\mathbf{S}_Z, \quad \boldsymbol{\mu}_2 = \mu_1\mathbf{S}_Z \tag{7-29}$$

以上二式中下标 z 对应于 UPML 界面垂直于 z 轴。若 UPML 表面垂直于 x 轴，则式(7-29)和式(7-28)改写为

$$\begin{cases} \boldsymbol{\varepsilon}_2 = \varepsilon_1\mathbf{S}_X, \quad \boldsymbol{\mu}_2 = \mu_1\mathbf{S}_X \\ \mathbf{S}_X = \begin{bmatrix} s_x^{-1} & 0 & 0 \\ 0 & s_x & 0 \\ 0 & 0 & s_x \end{bmatrix} \end{cases} \tag{7-30}$$

同样地，当 UPML 表面垂直于 y 轴时有

$$\left.\begin{aligned}&\boldsymbol{\varepsilon}_2=\varepsilon_1\mathbf{S}_Y,\quad \boldsymbol{\mu}_2=\mu_1\mathbf{S}_Y\\&\mathbf{S}_Y=\begin{bmatrix}s_y&0&0\\0&s_y^{-1}&0\\0&0&s_y\end{bmatrix}\end{aligned}\right\}\tag{7-31}$$

7.1.3　棱边和角顶区

FDTD 区域中 UPML 设置在截断边界附近，二维情形如图 7-2 所示，这时有 4 个平面 UPML 区和 4 个棱边区。三维情形如图 7-3 所示，这时有 6 个平面 UPML 区，12 个棱边区和 8 个角顶区。

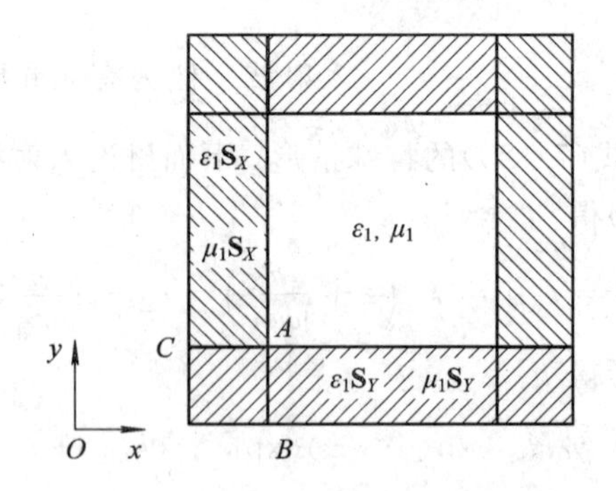

图 7-2　二维 UPML 的平面区和棱边区

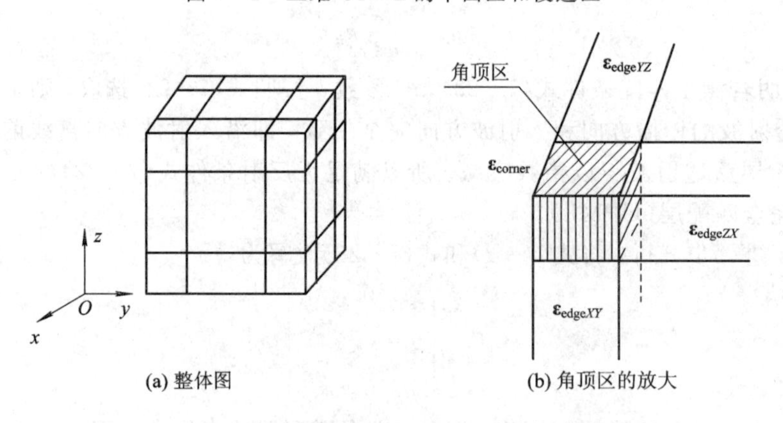

图 7-3　三维 UPML 的平面区，棱边区和角顶区

在图 7-2 所示二维情形的棱边区，出现从一种单轴介质到另一种单轴介质的交界面，如图中 AB 和 AC 边。理论上可以从边界条件出发讨论两种单轴介质界面的无反射条件。这里，应用匹配矩阵概念来简化讨论。图 7-4(a)表示电磁波从介质(ε_1，μ_1)入射到单轴介质($\boldsymbol{\varepsilon}_2$，$\boldsymbol{\mu}_2$)，且界面垂直于 x 轴的情形。如前所述，无反射条件在形式上表现为透射波一侧 UPML 的介质参数等于入射波一侧介质参数乘以匹配矩阵 $\mathbf{S}_X$，即式(7-30)。考虑图 7-2 左下方棱边区，该棱边区中垂直于 x 轴的 UPML 界面 AB，将其重绘如图 7-4(b)所示。这时，该棱边区外侧的 UPML 参数已确定为 $\varepsilon_1\mathbf{S}_Y$ 和 $\mu_1\mathbf{S}_Y$；将其作为入射波一侧介质参数。由于两种 UPML 介质界面 AB 垂直于 x 轴，其匹配矩阵为 $\mathbf{S}_X$，因此棱边区中的 UPML 参

数等于 $\varepsilon_1\mathbf{S}_Y\cdot\mathbf{S}_X$ 和 $\mu_1\mathbf{S}_Y\cdot\mathbf{S}_X$。同样，对于图 7-2 左下方棱边区中垂直于 y 轴的 UPML 界面 AC，将其上侧 UPML 参数 $\varepsilon_1\mathbf{S}_X$ 和 $\mu_1\mathbf{S}_X$ 乘以匹配矩阵 $\mathbf{S}_Y$ 以后，可得棱边区的 UPML 参数为 $\varepsilon_1\mathbf{S}_X\cdot\mathbf{S}_Y$ 和 $\mu_1\mathbf{S}_X\cdot\mathbf{S}_Y$。注意到式(7-30)和式(7-31)所示 $\mathbf{S}_X$ 和 $\mathbf{S}_Y$ 为对角矩阵，故

$$\mathbf{S}_X\cdot\mathbf{S}_Y=\mathbf{S}_Y\cdot\mathbf{S}_X \tag{7-32}$$

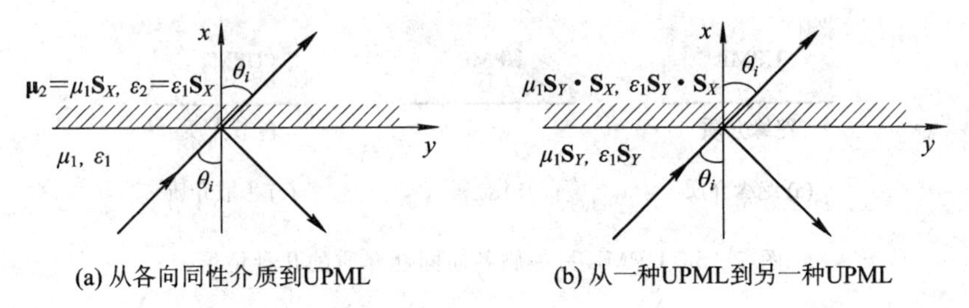

图 7-4 两种 UPML 介质交界面

因而可将棱边区的 UPML 参数重写为

$$\boldsymbol{\varepsilon}_{\mathrm{edge}XY}=\varepsilon_1\mathbf{S}_X\cdot\mathbf{S}_Y\qquad\boldsymbol{\mu}_{\mathrm{edge}XY}=\mu_1\mathbf{S}_X\cdot\mathbf{S}_Y\qquad\text{棱边}\ //z\ \text{轴} \tag{7-33}$$

对于图 7-3(a)所示三维情形，共有 12 个棱边区，分为三种情形，除式(7-33)适用于棱边平行于 z 轴情形外，另外两种棱边的 UPML 参数为

$$\begin{cases}\boldsymbol{\varepsilon}_{\mathrm{edge}YZ}=\varepsilon_1\mathbf{S}_Y\cdot\mathbf{S}_Z\qquad\boldsymbol{\mu}_{\mathrm{edge}YZ}=\mu_1\mathbf{S}_Y\cdot\mathbf{S}_Z\qquad\text{棱边}\ //x\ \text{轴}\\\boldsymbol{\varepsilon}_{\mathrm{edge}ZX}=\varepsilon_1\mathbf{S}_Z\cdot\mathbf{S}_X\qquad\boldsymbol{\mu}_{\mathrm{edge}ZX}=\mu_1\mathbf{S}_Z\cdot\mathbf{S}_X\qquad\text{棱边}\ //y\ \text{轴}\end{cases} \tag{7-34}$$

三维情形中三个棱边相交又形成 8 个角顶区。将上述式(7-33)、式(7-34)分别乘以匹配矩阵 $\mathbf{S}_Z$、$\mathbf{S}_X$、$\mathbf{S}_Y$ 后，可得图 7-3(b)所示角顶区的 UPML 参数为

$$\begin{cases}\boldsymbol{\varepsilon}_{\mathrm{corner}}=\varepsilon_1\mathbf{S}_X\cdot\mathbf{S}_Y\cdot\mathbf{S}_Z=\varepsilon_1\begin{bmatrix}\dfrac{s_ys_z}{s_x}&0&0\\0&\dfrac{s_xs_z}{s_y}&0\\0&0&\dfrac{s_xs_y}{s_z}\end{bmatrix}\\\boldsymbol{\mu}_{\mathrm{corner}}=\mu_1\mathbf{S}_X\cdot\mathbf{S}_Y\cdot\mathbf{S}_Z=\mu_1\begin{bmatrix}\dfrac{s_ys_z}{s_x}&0&0\\0&\dfrac{s_xs_z}{s_y}&0\\0&0&\dfrac{s_xs_y}{s_z}\end{bmatrix}\end{cases} \tag{7-35}$$

从式(7-35)也可过渡到式(7-33)、式(7-34)。例如设 $s_z=1$，便有 $\mathbf{S}_Z=\mathbf{I}$，因而式(7-35)过渡为式(7-33)。

7.2 UPML 的时域公式

实际应用中，UPML 吸收层的另一侧的介质可以是绝缘介质，也可以是导体或色散介质，如图 7-5 所示。对于这几类介质，UPML 参数均可取以下形式(Gedney, 1996)：

$$s_x = \kappa_x + \frac{\sigma_x}{\mathrm{j}\omega\varepsilon_0}, \quad s_y = \kappa_y + \frac{\sigma_y}{\mathrm{j}\omega\varepsilon_0}, \quad s_z = \kappa_z + \frac{\sigma_z}{\mathrm{j}\omega\varepsilon_0} \tag{7-36}$$

这里取时谐因子为 $\exp(\mathrm{j}\omega t)$。以下推导是对于角顶区 UPML 的一般情形，适当选取 s_x，s_y，s_z后可用于棱边区或平面区边界。

图 7-5　UPML 另一侧各向同性介质的几种情形

7.2.1　绝缘介质—UPML 情形

各向异性介质 Maxwell 旋度方程(无源)在时谐场情形为

$$\begin{cases} \nabla \times \boldsymbol{H} = \mathrm{j}\omega\varepsilon \cdot \boldsymbol{E} \\ \nabla \times \boldsymbol{E} = -\mathrm{j}\omega\mu \cdot \boldsymbol{H} \end{cases} \tag{7-37}$$

设 UPML 吸收层的另一侧为绝缘介质，ε_1，μ_1等于常数，将式(7-35)代入式(7-37)第一式得

$$\begin{bmatrix} \dfrac{\partial H_z}{\partial y} - \dfrac{\partial H_y}{\partial z} \\ \dfrac{\partial H_x}{\partial z} - \dfrac{\partial H_z}{\partial x} \\ \dfrac{\partial H_y}{\partial x} - \dfrac{\partial H_x}{\partial y} \end{bmatrix} = \mathrm{j}\omega\varepsilon_1 \begin{bmatrix} \dfrac{s_y s_z}{s_x} & 0 & 0 \\ 0 & \dfrac{s_x s_z}{s_y} & 0 \\ 0 & 0 & \dfrac{s_x s_y}{s_z} \end{bmatrix} \begin{bmatrix} E_x \\ E_y \\ E_z \end{bmatrix} \tag{7-38}$$

上式中，s_x，s_y，s_z取值如式(7-36)所示。为了便于得到时间步进公式，引入中间变量 $\boldsymbol{D}$，令

$$D_x = \varepsilon_1 \frac{s_z}{s_x} E_x, \quad D_y = \varepsilon_1 \frac{s_x}{s_y} E_y, \quad D_z = \varepsilon_1 \frac{s_y}{s_z} E_z \tag{7-39}$$

于是，式(7-38)变为

$$\begin{bmatrix} \dfrac{\partial H_z}{\partial y} - \dfrac{\partial H_y}{\partial z} \\ \dfrac{\partial H_x}{\partial z} - \dfrac{\partial H_z}{\partial x} \\ \dfrac{\partial H_y}{\partial x} - \dfrac{\partial H_x}{\partial y} \end{bmatrix} = j\omega \begin{bmatrix} s_y & 0 & 0 \\ 0 & s_z & 0 \\ 0 & 0 & s_x \end{bmatrix} \begin{bmatrix} D_x \\ D_y \\ D_z \end{bmatrix} \tag{7-40}$$

应用频域到时域算子关系 $\mathrm{j}\omega \to \partial/\partial t$，将式(7-36)代入式(7-40)得

$$\begin{bmatrix} \dfrac{\partial H_z}{\partial y} - \dfrac{\partial H_y}{\partial z} \\ \dfrac{\partial H_x}{\partial z} - \dfrac{\partial H_z}{\partial x} \\ \dfrac{\partial H_y}{\partial x} - \dfrac{\partial H_x}{\partial y} \end{bmatrix} = \frac{\partial}{\partial t} \begin{bmatrix} \kappa_y & 0 & \\ 0 & \kappa_z & 0 \\ 0 & 0 & \kappa_x \end{bmatrix} \begin{bmatrix} D_x \\ D_y \\ D_z \end{bmatrix} + \frac{1}{\varepsilon_0} \begin{bmatrix} \sigma_y & 0 & 0 \\ 0 & \sigma_z & 0 \\ 0 & 0 & \sigma_x \end{bmatrix} \begin{bmatrix} D_x \\ D_y \\ D_z \end{bmatrix} \tag{7-41}$$

上式的 x 分量为

$$\frac{\partial H_z}{\partial y}-\frac{\partial H_y}{\partial z}=\kappa_y\frac{\partial D_x}{\partial t}+\frac{\sigma_y}{\varepsilon_0}D_x \tag{7-42}$$

其它 y 和 z 分量公式可通过 x，y，z 的循环替代得到。上式在形式上与通常 Maxwell 方程直角分量形式相同，便于 FDTD 离散，构成从 $\boldsymbol{H}\to\boldsymbol{D}$ 的时间步进公式。

将式(7-36)代入式(7-39)第一式得

$$\left(\kappa_x+\frac{\sigma_x}{\mathrm{j}\omega\varepsilon_0}\right)D_x=\varepsilon_1\left(\kappa_z+\frac{\sigma_z}{\mathrm{j}\omega\varepsilon_0}\right)E_x \tag{7-43}$$

即

$$\mathrm{j}\omega\kappa_x D_x+\frac{\sigma_x}{\varepsilon_0}D_x=\mathrm{j}\omega\varepsilon_1\kappa_z E_x+\frac{\varepsilon_1}{\varepsilon_0}\sigma_z E_x$$

应用算子关系 $\mathrm{j}\omega\to\partial/\partial t$，上式的时域形式为

$$\kappa_x\frac{\partial D_x}{\partial t}+\frac{\sigma_x}{\varepsilon_0}D_x=\varepsilon_1\kappa_z\frac{\partial E_x}{\partial t}+\frac{\varepsilon_1}{\varepsilon_0}\sigma_z E_x \tag{7-44}$$

这是一个一阶微分方程。y 和 z 分量公式可通过 x，y，z 的循环替代得到。由上式可构成从 $\boldsymbol{D}\to\boldsymbol{E}$ 的时间推进计算。上述式(7-42)和式(7-44)可给出 $\boldsymbol{H}\to\boldsymbol{D}\to\boldsymbol{E}$ 的时间步进公式。

将式(7-35)代入式(7-37)第二式得

$$\begin{bmatrix}\dfrac{\partial E_z}{\partial y}-\dfrac{\partial E_y}{\partial z}\\ \dfrac{\partial E_x}{\partial z}-\dfrac{\partial E_z}{\partial x}\\ \dfrac{\partial E_y}{\partial x}-\dfrac{\partial E_x}{\partial y}\end{bmatrix}=-\mathrm{j}\omega\mu_1\begin{bmatrix}\dfrac{s_y s_z}{s_x} & 0 & 0\\ 0 & \dfrac{s_x s_z}{s_y} & 0\\ 0 & 0 & \dfrac{s_x s_y}{s_z}\end{bmatrix}\begin{bmatrix}H_x\\ H_y\\ H_z\end{bmatrix} \tag{7-45}$$

上式中，s_x，s_y，s_z的取值如式(7-36)。参照式(7-39)引入中间变量 $\boldsymbol{B}$，令

$$B_x=\mu_1\frac{s_z}{s_x}H_x,\quad B_y=\mu_1\frac{s_x}{s_y}H_y,\quad B_z=\mu_1\frac{s_y}{s_z}H_z \tag{7-46}$$

于是式(7-45)变为

$$\begin{bmatrix}\dfrac{\partial E_z}{\partial y}-\dfrac{\partial E_y}{\partial z}\\ \dfrac{\partial E_x}{\partial z}-\dfrac{\partial E_z}{\partial x}\\ \dfrac{\partial E_y}{\partial x}-\dfrac{\partial E_x}{\partial y}\end{bmatrix}=-\mathrm{j}\omega\begin{bmatrix}s_y & 0 & 0\\ 0 & s_z & 0\\ 0 & 0 & s_x\end{bmatrix}\begin{bmatrix}B_x\\ B_y\\ B_z\end{bmatrix} \tag{7-47}$$

应用算子关系 $\mathrm{j}\omega\to\partial/\partial t$ 及式(7-44)得到上式的时域形式为

$$\begin{bmatrix}\dfrac{\partial E_z}{\partial y}-\dfrac{\partial E_y}{\partial z}\\ \dfrac{\partial E_x}{\partial z}-\dfrac{\partial E_z}{\partial x}\\ \dfrac{\partial E_y}{\partial x}-\dfrac{\partial E_x}{\partial y}\end{bmatrix}=-\frac{\partial}{\partial t}\begin{bmatrix}\kappa_y & 0 & 0\\ 0 & \kappa_z & 0\\ 0 & 0 & \kappa_x\end{bmatrix}\begin{bmatrix}B_x\\ B_y\\ B_z\end{bmatrix}-\frac{1}{\varepsilon_0}\begin{bmatrix}\sigma_y & 0 & 0\\ 0 & \sigma_z & 0\\ 0 & 0 & \sigma_x\end{bmatrix}\begin{bmatrix}B_x\\ B_y\\ B_z\end{bmatrix} \tag{7-48}$$

其 x 分量为

$$\frac{\partial E_z}{\partial y}-\frac{\partial E_y}{\partial z}=-\kappa_y\frac{\partial B_x}{\partial t}-\frac{\sigma_y}{\varepsilon_0}B_x \tag{7-49}$$

上式与式(7-42)形式一样。将式(7-36)代入式(7-46)第一式得

$$\left(\kappa_x+\frac{\sigma_x}{\mathrm{j}\omega\varepsilon_0}\right)B_x=\mu_1\left(\kappa_z+\frac{\sigma_z}{\mathrm{j}\omega\varepsilon_0}\right)H_x \tag{7-50}$$

应用算子关系 $\mathrm{j}\omega\to\partial/\partial t$ 可将上式过渡到时域形式：

$$\kappa_x\frac{\partial B_x}{\partial t}+\frac{\sigma_x}{\varepsilon_0}B_x=\mu_1\kappa_z\frac{\partial H_x}{\partial t}+\frac{\mu_1}{\varepsilon_0}\sigma_z H_x \tag{7-51}$$

上式为一阶微分方程。上述式(7-49)和式(7-51)可给出 $\boldsymbol{E}\to\boldsymbol{B}\to\boldsymbol{H}$ 的时间步进公式。

7.2.2　导电介质—UPML 情形

设 UPML 的另一侧为导电介质，其电导率为 σ_1，如图 7-5(b)所示。这时用复数介电系数 $\varepsilon_1+\sigma_1/(\mathrm{j}\omega)$ 代替式(7-38)中的 ε_1，可得

$$\begin{bmatrix}\dfrac{\partial H_z}{\partial y}-\dfrac{\partial H_y}{\partial z}\\ \dfrac{\partial H_x}{\partial z}-\dfrac{\partial H_z}{\partial x}\\ \dfrac{\partial H_y}{\partial x}-\dfrac{\partial H_x}{\partial y}\end{bmatrix}=(\mathrm{j}\omega\varepsilon_1+\sigma_1)\begin{bmatrix}\dfrac{s_y s_z}{s_x}&0&0\\0&\dfrac{s_x s_z}{s_y}&0\\0&0&\dfrac{s_x s_y}{s_z}\end{bmatrix}\begin{bmatrix}E_x\\E_y\\E_z\end{bmatrix} \tag{7-52}$$

上式中，ε_1 等于常数。引入中间变量 $\boldsymbol{P}'$，令

$$P'_x=\frac{s_z s_y}{s_x}E_x,\quad P'_y=\frac{s_x s_z}{s_y}E_y,\quad P'_z=\frac{s_y s_x}{s_z}E_z \tag{7-53}$$

式(7-52)变为

$$\begin{bmatrix}\dfrac{\partial H_z}{\partial y}-\dfrac{\partial H_y}{\partial z}\\ \dfrac{\partial H_x}{\partial z}-\dfrac{\partial H_z}{\partial x}\\ \dfrac{\partial H_y}{\partial x}-\dfrac{\partial H_x}{\partial y}\end{bmatrix}=\mathrm{j}\omega\varepsilon_1\begin{bmatrix}P'_x\\P'_y\\P'_z\end{bmatrix}+\sigma_1\begin{bmatrix}P'_x\\P'_y\\P'_z\end{bmatrix} \tag{7-54}$$

过渡到时域形式为

$$\begin{bmatrix}\dfrac{\partial H_z}{\partial y}-\dfrac{\partial H_y}{\partial z}\\ \dfrac{\partial H_x}{\partial z}-\dfrac{\partial H_z}{\partial x}\\ \dfrac{\partial H_y}{\partial x}-\dfrac{\partial H_x}{\partial y}\end{bmatrix}=\varepsilon_1\frac{\partial}{\partial t}\begin{bmatrix}P'_x\\P'_y\\P'_z\end{bmatrix}+\sigma_1\begin{bmatrix}P'_x\\P'_y\\P'_z\end{bmatrix} \tag{7-55}$$

上式的 x 分量为

$$\frac{\partial H_z}{\partial y}-\frac{\partial H_y}{\partial z}=\varepsilon_1\frac{\partial P'_x}{\partial t}+\sigma_1 P'_x \tag{7-56}$$

与通常 Maxwell 方程直角分量式相似。再引入中间变量 P，令

$$P_x = \frac{1}{s_y}P'_x, \quad P_y = \frac{1}{s_z}P'_y, \quad P_z = \frac{1}{s_x}P'_z \tag{7-57}$$

将式(7-36)代入式(7-57)第一式得

$$P'_x = \left(\kappa_y + \frac{\sigma_y}{\mathrm{j}\omega\varepsilon_0}\right)P_x \tag{7-58}$$

其时域形式为

$$\frac{\partial P'_x}{\partial t} = \kappa_y \frac{\partial P_x}{\partial t} + \frac{\sigma_y}{\varepsilon_0}P_x \tag{7-59}$$

最后，由式(7-53)和式(7-57)有

$$P_x = \frac{s_z}{s_x}E_x, \quad P_y = \frac{s_x}{s_y}E_y, \quad P_z = \frac{s_y}{s_z}E_z$$

将式(7-36)代入上式第一式得

$$\left(\kappa_x + \frac{\sigma_x}{\mathrm{j}\omega\varepsilon_0}\right)P_x = \left(\kappa_z + \frac{\sigma_z}{\mathrm{j}\omega\varepsilon_0}\right)E_x \tag{7-60}$$

其时域形式为

$$\kappa_x \frac{\partial P_x}{\partial t} + \frac{\sigma_x}{\varepsilon_0}P_x = \kappa_z \frac{\partial E_x}{\partial t} + \frac{\sigma_z}{\varepsilon_0}E_x \tag{7-61}$$

式(7-56)、式(7-59)和式(7-61)可给出 $\boldsymbol{H}\to\boldsymbol{P}'\to\boldsymbol{P}\to\boldsymbol{E}$ 的时间步进公式。

在不考虑磁损耗时，经过与7.2.1节相同的分析可得 $\boldsymbol{E}\to\boldsymbol{B}\to\boldsymbol{H}$ 的时间步进公式，即式(7-49)和式(7-51)。

上面是由UPML角顶区一般情形导出的公式。三维FDTD计算区域边界上的UPML层有8个角顶区、12个棱边区和6个平面区。从角顶区退化为棱边区及平面区时的匹配矩阵中参数的取值见表7-1。

表7-1 从角顶区退化为棱边区及平面区时匹配矩阵中的参数取值

UPML区域		UPML中的匹配矩阵参数取值
角顶区(共8个)		$s_x=\kappa_x+\frac{\sigma_x}{\mathrm{j}\omega\varepsilon_0}$, $s_y=\kappa_y+\frac{\sigma_y}{\mathrm{j}\omega\varepsilon_0}$, $s_z=\kappa_z+\frac{\sigma_z}{\mathrm{j}\omega\varepsilon_0}$
棱边区(共12个)	棱边 // z 轴	$s_z=1$, 即 $\kappa_z=1$, $\sigma_z=0$
	棱边 // x 轴	$s_x=1$, 即 $\kappa_x=1$, $\sigma_x=0$
	棱边 // y 轴	$s_y=1$, 即 $\kappa_y=1$, $\sigma_y=0$
平面区(共6个)	表面 ⊥ z 轴	$s_x=1$, 即 $\kappa_x=1$, $\sigma_x=0$ $s_y=1$, 即 $\kappa_y=1$, $\sigma_y=0$
	表面 ⊥ x 轴	$s_y=1$, 即 $\kappa_y=1$, $\sigma_y=0$ $s_z=1$, 即 $\kappa_z=1$, $\sigma_z=0$
	表面 ⊥ y 轴	$s_z=1$, 即 $\kappa_z=1$, $\sigma_z=0$ $s_x=1$, 即 $\kappa_x=1$, $\sigma_x=0$

7.2.3　一维 UPML 的时域公式

对于沿 z 轴传播的一维 TEM 波，仅有 E_x, H_y。这时 UPML 就是表 7－1 中平面区表面垂直于 z 轴的情形。设 UPML 的另一侧为绝缘介质 ε_1, μ_1，于是，式(7－38)变为

$$
\begin{aligned}
-\frac{\partial H_y}{\partial z} &= \mathrm{j}\omega\varepsilon_1 s_z E_x = \mathrm{j}\omega\varepsilon_1\left(\kappa_z + \frac{\sigma_z}{\mathrm{j}\omega\varepsilon_0}\right)E_x \\
&= \mathrm{j}\omega\varepsilon_1\kappa_z E_x + \frac{\varepsilon_1}{\varepsilon_0}\sigma_z E_x
\end{aligned}
\tag{7-62}
$$

其时域形式为

$$
-\frac{\partial H_y}{\partial z} = \varepsilon_1\kappa_z\frac{\partial E_x}{\partial t} + \frac{\varepsilon_1}{\varepsilon_0}\sigma_z E_x \tag{7-63}
$$

上式可给出 $H_y \to E_x$ 的时间步进公式。另外，由式(7－45)可得

$$
\begin{aligned}
\frac{\partial E_x}{\partial z} &= -\mathrm{j}\omega\mu_1 s_z H_y = -\mathrm{j}\omega\mu_1\left(\kappa_z + \frac{\sigma_z}{\mathrm{j}\omega\varepsilon_0}\right)H_y \\
&= -\mathrm{j}\omega\mu_1\kappa_z H_y - \frac{\mu_1}{\varepsilon_0}\sigma_z H_y
\end{aligned}
\tag{7-64}
$$

其时域形式为

$$
\frac{\partial E_x}{\partial z} = -\mu_1\kappa_z\frac{\partial H_y}{\partial t} - \frac{\mu_1}{\varepsilon_0}\sigma_z H_y \tag{7-65}
$$

上式可给出从 $E_x \to H_y$ 的时间步进公式。

若 UPML 的另一侧为导电介质($\varepsilon_1, \mu_1, \sigma_1$)，引入中间变量 P_x，令

$$
P_x = s_z E_x = \left(\kappa_z + \frac{\sigma_z}{\mathrm{j}\omega\varepsilon_0}\right)E_x \tag{7-66}
$$

式(7－54)变为

$$
-\frac{\partial H_y}{\partial z} = (\mathrm{j}\omega\varepsilon_1 + \sigma_1)P_x \tag{7-67}
$$

其时域形式为

$$
-\frac{\partial H_y}{\partial z} = \varepsilon_1\frac{\partial P_x}{\partial t} + \sigma_1 P_x \tag{7-68}
$$

另外，式(7－66)的时域形式为

$$
\frac{\partial P_x}{\partial t} = \kappa_z\frac{\partial E_x}{\partial t} + \frac{\sigma_z}{\varepsilon_0}E_x \tag{7-69}
$$

以上二式给出 $H_y \to P_x \to E_x$ 的时间步进公式。由于介质没有磁损耗，因而 $E_x \to H_y$ 的步进公式仍为式(7－65)。

7.3　UPML 的 FDTD 实现

在 UPML 理论与时域微分方程的基础上，以下讨论 UPML 的 FDTD 实现，包括 FDTD 的时域步进计算公式和 PML 层参数的设置。

7.3.1　UPML时域微分方程特点

为了便于分析UPML时域微分方程特点，将7.2节有关公式汇集如表7-2所示，表中只给出了矢量公式的一个分量，其它分量公式可通过x，y，z循环替代得到。在导出UPML时域微分方程过程中，引入了若干中间变量，例如$\boldsymbol{D}$，$\boldsymbol{P}$，$\boldsymbol{B}$等。归纳起来，UPML有关公式中涉及的量可以分为两类，其中$\boldsymbol{E}$，$\boldsymbol{D}$，$\boldsymbol{P}$和$\boldsymbol{P}'$称为电类量，$\boldsymbol{H}$，$\boldsymbol{B}$称为磁类量。由表7-2可见，从电类量过渡到磁类量，或从磁类量过渡到电类量时，例如$\boldsymbol{E}\to\boldsymbol{B}$，$\boldsymbol{H}\to\boldsymbol{D}$，$\boldsymbol{H}\to\boldsymbol{P}'$等，其时域微分方程类型相同，它们均与Maxwell旋度方程的直角分量形式相同，这里称为第Ⅰ类方程。而在电类量(或磁类量)本身内部过渡时，例如$\boldsymbol{D}\to\boldsymbol{E}$，$\boldsymbol{P}'\to\boldsymbol{P}$，$\boldsymbol{B}\to\boldsymbol{H}$等，其时域微分方程又是另外一类，称为第Ⅱ类方程。第Ⅰ类方程是将电(磁)类量的空间导数与磁(电)类量的时间导数相互关联；而第Ⅱ类方程则是将同一类量中两个量的时间导数彼此相互关联。显然，这两类方程在FDTD离散时有不同形式。但第Ⅰ类或第Ⅱ类方程本身在FDTD离散时，却会有相同的数学格式。这种分类会使得UPML时域微分方程的FDTD公式推导简化。第Ⅰ类方程的FDTD离散又可以直接利用Maxwell旋度方程的FDTD离散结果。

表7-2　UPML的时域微分方程

计算问题维数	与UPML相邻介质	参量之间的过渡	时间推进计算公式 (表中只给出矢量式的一个分量，其它分量公式可通过x，y，z循环替代得到)	方程类型
三维情形	绝缘介质—UPML	$\boldsymbol{H}\to\boldsymbol{D}$	$\frac{\partial H_z}{\partial y}-\frac{\partial H_y}{\partial z}=\kappa_y\frac{\partial D_x}{\partial t}+\frac{\sigma_y}{\varepsilon_0}D_x$	Ⅰ
		$\boldsymbol{D}\to\boldsymbol{E}$	$\kappa_x\frac{\partial D_x}{\partial t}+\frac{\sigma_x}{\varepsilon_0}D_x=\varepsilon_1\kappa_z\frac{\partial E_x}{\partial t}+\frac{\varepsilon_1}{\varepsilon_0}\sigma_z E_x$	Ⅱ
		$\boldsymbol{E}\to\boldsymbol{B}$	$\frac{\partial E_z}{\partial y}-\frac{\partial E_y}{\partial z}=-\kappa_y\frac{\partial B_x}{\partial t}-\frac{\sigma_y}{\varepsilon_0}B_x$	Ⅰ
		$\boldsymbol{B}\to\boldsymbol{H}$	$\kappa_x\frac{\partial B_x}{\partial t}+\frac{\sigma_x}{\varepsilon_0}B_x=\mu_1\kappa_z\frac{\partial H_x}{\partial t}+\frac{\mu_1}{\varepsilon_0}\sigma_z H_x$	Ⅱ
	导电介质—UPML	$\boldsymbol{H}\to\boldsymbol{P}'$	$\frac{\partial H_z}{\partial y}-\frac{\partial H_y}{\partial z}=\varepsilon_1\frac{\partial P'_x}{\partial t}+\sigma_1 P'_x$	Ⅰ
		$\boldsymbol{P}'\to\boldsymbol{P}$	$\frac{\partial P'_x}{\partial t}=\kappa_y\frac{\partial P_x}{\partial t}+\frac{\sigma_y}{\varepsilon_0}P_x$	Ⅱ
		$\boldsymbol{P}\to\boldsymbol{E}$	$\kappa_x\frac{\partial P_x}{\partial t}+\frac{\sigma_x}{\varepsilon_0}P_x=\kappa_z\frac{\partial E_x}{\partial t}+\frac{\sigma_z}{\varepsilon_0}E_x$	Ⅱ
		$\boldsymbol{E}\to\boldsymbol{B}$	同绝缘介质—UPML情形	Ⅰ
		$\boldsymbol{B}\to\boldsymbol{H}$	同绝缘介质—UPML情形	Ⅱ

续表

计算问题维数	与 UPML 相邻介质	参量之间的过渡	时间推进计算公式 (表中只给出矢量式的一个分量，其它分量公式可通过 x，y，z 循环替代得到)	方程类型
二维 TM 情形	绝缘介质—UPML	$\left.\begin{matrix}H_x\\H_y\end{matrix}\right\}\rightarrow D_z$	$\frac{\partial H_y}{\partial x}-\frac{\partial H_x}{\partial y}=\kappa_x\frac{\partial D_z}{\partial t}+\frac{\sigma_x}{\varepsilon_0}D_z$	Ⅰ
		$D_z\rightarrow E_z$	$\frac{\partial D_z}{\partial t}=\varepsilon_1\kappa_y\frac{\partial E_z}{\partial t}+\varepsilon_1\frac{\sigma_y}{\varepsilon_0}E_z$	Ⅱ
		$E_z\rightarrow\left\{\begin{matrix}B_x\\B_y\end{matrix}\right.$	$\frac{\partial E_z}{\partial y}=-\kappa_y\frac{\partial B_x}{\partial t}-\frac{\sigma_y}{\varepsilon_0}B_x$	Ⅰ
		$B_x\rightarrow H_x$ $B_y\rightarrow H_y$	$\kappa_x\frac{\partial B_x}{\partial t}+\frac{\sigma_x}{\varepsilon_0}B_x=\mu_1\frac{\partial H_x}{\partial t}$	Ⅱ
	导电介质—UPML	$\left.\begin{matrix}H_x\\H_y\end{matrix}\right\}\rightarrow P'_z$	$\frac{\partial H_y}{\partial x}-\frac{\partial H_x}{\partial y}=\varepsilon_1\frac{\partial P'_z}{\partial t}+\sigma_1 P'_z$	Ⅰ
		$P'_z\rightarrow P_z$	$\frac{\partial P'_z}{\partial t}=\kappa_x\frac{\partial P_z}{\partial t}+\frac{\sigma_x}{\varepsilon_0}P_z$	Ⅱ
		$P_z\rightarrow E_z$	$\frac{\partial P_z}{\partial t}=\kappa_y\frac{\partial E_z}{\partial t}+\frac{\sigma_y}{\varepsilon_0}E_z$	Ⅱ
		$E_z\rightarrow\left\{\begin{matrix}B_x\\B_y\end{matrix}\right.$	同绝缘介质—UPML 情形	Ⅰ
		$B_x\rightarrow H_x$ $B_y\rightarrow H_y$	同绝缘介质—UPML 情形	Ⅱ
一维 TEM 情形	绝缘介质—UPML	$H_y\rightarrow E_x$	$-\frac{\partial H_y}{\partial z}=\varepsilon_1\kappa_z\frac{\partial E_x}{\partial t}+\frac{\varepsilon_1}{\varepsilon_0}\sigma_z E_x$	Ⅰ
		$E_x\rightarrow H_y$	$\frac{\partial E_x}{\partial z}=-\mu_1\kappa_z\frac{\partial H_y}{\partial t}-\frac{\mu_1}{\varepsilon_0}\sigma_z H_y$	Ⅰ
	导电介质—UPML	$H_y\rightarrow P_x$	$-\frac{\partial H_y}{\partial z}=\varepsilon_1\frac{\partial P_x}{\partial t}+\sigma_1 P_x$	Ⅰ
		$P_x\rightarrow E_x$	$\frac{\partial P_x}{\partial t}=\kappa_z\frac{\partial E_x}{\partial t}+\frac{\sigma_z}{\varepsilon_0}E_x$	Ⅱ
		$E_x\rightarrow H_y$	同绝缘介质—UPML 情形	Ⅰ

说明：类型Ⅰ为空间一阶导数与时间一阶导数微分方程；类型Ⅱ为时间一阶导数微分方程。

7.3.2　绝缘介质—UPML 情形

根据 7.2.1 节，当 UPML 的另一侧为绝缘介质时，其时间推进步骤为 $\boldsymbol{H}\rightarrow\boldsymbol{D}\rightarrow\boldsymbol{E}\rightarrow\boldsymbol{B}\rightarrow\boldsymbol{H}$，相应公式为式(7-42)、式(7-44)、式(7-49)和式(7-51)。由表 7-2 可见，

式(7-42)和式(7-49)属于第I类方程，而式(7-51)和式(7-44)属于第II类方程。

为了得到式(7-42)的FDTD公式，将式(7-42)与Maxwell旋度方程式(5-3)第一式比较，二者有以下对应关系：

$$E_x \to D_x,\quad \varepsilon \to \kappa_y,\quad \sigma \to \frac{\sigma_y}{\varepsilon_0}$$

注意到Yee元胞中**D**和**E**分量节点空间位置相同，参照式(5-9)，利用上述对应关系可得式(7-42)的FDTD形式为

$$\begin{aligned} D_x^{n+1}\left(i+\frac{1}{2},j,k\right) &= CA(m)D_x^n\left(i+\frac{1}{2},j,k\right) \\ &+ CB(m)\cdot\left[\frac{H_z^{n+\frac{1}{2}}\left(i+\frac{1}{2},j+\frac{1}{2},k\right)-H_z^{n+\frac{1}{2}}\left(i+\frac{1}{2},j-\frac{1}{2},k\right)}{\Delta y}\right. \\ &\left.-\frac{H_y^{n+\frac{1}{2}}\left(i+\frac{1}{2},j,k+\frac{1}{2}\right)-H_y^{n+\frac{1}{2}}\left(i+\frac{1}{2},j,k-\frac{1}{2}\right)}{\Delta z}\right] \end{aligned} \tag{7-70}$$

其中，

$$CA(m)=\frac{\dfrac{\kappa_y(m)}{\Delta t}-\dfrac{\sigma_y(m)}{2\varepsilon_0}}{\dfrac{\kappa_y(m)}{\Delta t}+\dfrac{\sigma_y(m)}{2\varepsilon_0}},\quad CB(m)=\frac{1}{\dfrac{\kappa_y(m)}{\Delta t}+\dfrac{\sigma_y(m)}{2\varepsilon_0}} \tag{7-71}$$

式中，$m=(i+1/2,\ j,\ k)$，与D_x标号相同。其它y和z分量公式可通过x，y，z及$(i,\ j,\ k)$的循环替代得到。

将式(7-49)与Maxwell旋度方程式(5-3)第四式比较可得以下对应关系：

$$H_x \to B_x,\quad \mu \to \kappa_y,\quad \sigma_m \to \frac{\sigma_y}{\varepsilon_0}$$

参照式(5-12)，注意到B和H分量节点空间位置相同，利用上述对应关系可得式(7-49)的FDTD形式为

$$\begin{aligned} B_x^{n+\frac{1}{2}}\left(i,j+\frac{1}{2},k+\frac{1}{2}\right) &= CP(m)B_x^{n-\frac{1}{2}}\left(i,j+\frac{1}{2},k+\frac{1}{2}\right) \\ &- CQ(m)\cdot\left[\frac{E_z^n\left(i,j+1,k+\frac{1}{2}\right)-E_z^n\left(i,j,k+\frac{1}{2}\right)}{\Delta y}\right. \\ &\left.-\frac{E_y^n\left(i,j+\frac{1}{2},k+1\right)-E_y^n\left(i,j+\frac{1}{2},k\right)}{\Delta z}\right] \end{aligned} \tag{7-72}$$

其中，

$$CP(m)=\frac{\dfrac{\kappa_y(m)}{\Delta t}-\dfrac{\sigma_y(m)}{2\varepsilon_0}}{\dfrac{\kappa_y(m)}{\Delta t}+\dfrac{\sigma_y(m)}{2\varepsilon_0}},\quad CQ(m)=\frac{1}{\dfrac{\kappa_y(m)}{\Delta t}+\dfrac{\sigma_y(m)}{2\varepsilon_0}} \tag{7-73}$$

式中，$m=(i,\ j+1/2,\ k+1/2)$，与B_x标号相同。其它y和z分量公式可通过x，y，z及$(i,\ j,\ k)$的循环替代得到。

下面导出属于第Ⅱ类方程的式(7-44)的FDTD形式。将式(7-44)进行差分离散后得

$$\kappa_x\left(i+\frac{1}{2},j,k\right)\cdot\frac{D_x^{n+1}\left(i+\frac{1}{2},j,k\right)-D_x^{n}\left(i+\frac{1}{2},j,k\right)}{\Delta t}+\frac{\sigma_x\left(i+\frac{1}{2},j,k\right)}{\varepsilon_0}\cdot\frac{D_x^{n+1}\left(i+\frac{1}{2},j,k\right)+D_x^{n}\left(i+\frac{1}{2},j,k\right)}{2}$$

$$=\varepsilon_1\kappa_z\left(i+\frac{1}{2},j,k\right)\cdot\frac{E_x^{n+1}\left(i+\frac{1}{2},j,k\right)-E_x^{n}\left(i+\frac{1}{2},j,k\right)}{\Delta t}+\frac{\varepsilon_1\sigma_z\left(i+\frac{1}{2},j,k\right)}{\varepsilon_0}\cdot\frac{E_x^{n+1}\left(i+\frac{1}{2},j,k\right)+E_x^{n}\left(i+\frac{1}{2},j,k\right)}{2}$$

整理后得

$$D_x^{n+1}\left(i+\frac{1}{2},j,k\right)\left[\frac{\kappa_x\left(i+\frac{1}{2},j,k\right)}{\Delta t}+\frac{\sigma_x\left(i+\frac{1}{2},j,k\right)}{2\varepsilon_0}\right]-D_x^{n}\left(i+\frac{1}{2},j,k\right)\left[\frac{\kappa_x\left(i+\frac{1}{2},j,k\right)}{\Delta t}-\frac{\sigma_x\left(i+\frac{1}{2},j,k\right)}{2\varepsilon_0}\right]$$

$$=E_x^{n+1}\left(i+\frac{1}{2},j,k\right)\left[\frac{\varepsilon_1\kappa_z\left(i+\frac{1}{2},j,k\right)}{\Delta t}+\frac{\varepsilon_1\sigma_z\left(i+\frac{1}{2},j,k\right)}{2\varepsilon_0}\right]-E_x^{n}\left(i+\frac{1}{2},j,k\right)\left[\frac{\varepsilon_1\kappa_z\left(i+\frac{1}{2},j,k\right)}{\Delta t}-\frac{\varepsilon_1\sigma_z\left(i+\frac{1}{2},j,k\right)}{2\varepsilon_0}\right]$$

即

$$E_x^{n+1}\left(i+\frac{1}{2},j,k\right)=C1(m)E_x^{n}\left(i+\frac{1}{2},j,k\right)+C2(m)D_x^{n+1}\left(i+\frac{1}{2},j,k\right)-C3(m)D_x^{n}\left(i+\frac{1}{2},j,k\right)\tag{7-74}$$

其中，

$$\begin{cases}C1(m)=\dfrac{\dfrac{\kappa_z(m)}{\Delta t}-\dfrac{\sigma_z(m)}{2\varepsilon_0}}{\dfrac{\kappa_z(m)}{\Delta t}+\dfrac{\sigma_z(m)}{2\varepsilon_0}}\\[2ex] C2(m)=\dfrac{\dfrac{\kappa_x(m)}{\Delta t}+\dfrac{\sigma_x(m)}{2\varepsilon_0}}{\dfrac{\varepsilon_1\kappa_z(m)}{\Delta t}+\dfrac{\varepsilon_1\sigma_z(m)}{2\varepsilon_0}}\\[2ex] C3(m)=\dfrac{\dfrac{\kappa_x(m)}{\Delta t}-\dfrac{\sigma_x(m)}{2\varepsilon_0}}{\dfrac{\varepsilon_1\kappa_z(m)}{\Delta t}+\dfrac{\varepsilon_1\sigma_z(m)}{2\varepsilon_0}}\end{cases}\tag{7-75}$$

以上二式中 $m=(i+1/2, j, k)$，与 E_x 标号相同。其它 y 和 z 分量公式可通过 x，y，z 及 (i, j, k) 的循环替代得到。

比较式(7-44)和式(7-51)可见二者有以下对应关系：

$$D_x \to B_x, \quad E_x \to H_x, \quad \varepsilon_1 \to \mu_1 \tag{7-76}$$

据此，参照式(7-74)并注意 Yee 元胞中 $\boldsymbol{H}$ 和 $\boldsymbol{E}$ 分量节点空间位置的不同，可得式(7-51)的 FDTD 形式为

$$\begin{aligned} H_x^{n+\frac{1}{2}}\left(i,j+\frac{1}{2},k+\frac{1}{2}\right) = & C1(m)H_x^{n-\frac{1}{2}}\left(i,j+\frac{1}{2},k+\frac{1}{2}\right) \\ & + C2(m)B_x^{n+\frac{1}{2}}\left(i,j+\frac{1}{2},k+\frac{1}{2}\right) - C3(m)B_x^{n-\frac{1}{2}}\left(i,j+\frac{1}{2},k+\frac{1}{2}\right) \end{aligned} \tag{7-77}$$

其中，

$$\begin{cases} C1(m) = \dfrac{\dfrac{\kappa_z(m)}{\Delta t} - \dfrac{\sigma_z(m)}{2\varepsilon_0}}{\dfrac{\kappa_z(m)}{\Delta t} + \dfrac{\sigma_z(m)}{2\varepsilon_0}} \\ C2(m) = \dfrac{\dfrac{\kappa_x(m)}{\Delta t} + \dfrac{\sigma_x(m)}{2\varepsilon_0}}{\dfrac{\mu_1\kappa_z(m)}{\Delta t} + \dfrac{\mu_1\sigma_z(m)}{2\varepsilon_0}} \\ C3(m) = \dfrac{\dfrac{\kappa_x(m)}{\Delta t} - \dfrac{\sigma_x(m)}{2\varepsilon_0}}{\dfrac{\mu_1\kappa_z(m)}{\Delta t} + \dfrac{\mu_1\sigma_z(m)}{2\varepsilon_0}} \end{cases} \tag{7-78}$$

以上二式中，$m=(i, j+1/2, k+1/2)$，与 H_x 标号相同。其它 y 和 z 分量公式可通过 x，y，z 及 (i, j, k) 的循环替代得到。

归纳起来，与绝缘介质相邻的 UPML 中 FDTD 步进计算步骤如下：

(1) $\boldsymbol{H}\to\boldsymbol{D}$，用式(7-70)。

(2) $\boldsymbol{D}\to\boldsymbol{E}$，用式(7-74)。

(3) $\boldsymbol{E}\to\boldsymbol{B}$，用式(7-72)。

(4) $\boldsymbol{B}\to\boldsymbol{H}$，用式(7-77)。

7.3.3　导电介质—UPML 情形

根据 7.2.2 节，当 UPML 的另一侧为导电介质时，其时间推进步骤为 $\boldsymbol{H}\to\boldsymbol{P}'\to\boldsymbol{P}\to\boldsymbol{E}$ 和 $\boldsymbol{E}\to\boldsymbol{B}\to\boldsymbol{H}$，分别用到式(7-56)、式(7-59)、式(7-61) 以及式(7-49)和式(7-51)。由表 7-2 可见，式(7-56)和式(7-49)属于第Ⅰ类方程，而式(7-59)、式(7-61)和式(7-51)则属于第Ⅱ类方程。

将式(7-56)与 Maxwell 旋度方程式(5-3)第一式比较可得以下对应关系：

$$\varepsilon \to \varepsilon_1, \quad \sigma \to \sigma_1, \quad E_x \to P'_x$$

参照式(5-9)，利用上述对应关系可得式(7-56)的FDTD形式为

$$\begin{aligned}P'^{n+1}_x\left(i+\frac{1}{2},j,k\right) = & CA(m)\cdot P'^{n}_x\left(i+\frac{1}{2},j,k\right) \\ & + CB(m)\cdot\left[\frac{H_z^{n+\frac{1}{2}}\left(i+\frac{1}{2},j+\frac{1}{2},k\right)-H_z^{n+\frac{1}{2}}\left(i+\frac{1}{2},j-\frac{1}{2},k\right)}{\Delta y}\right. \\ & \left. -\frac{H_y^{n+\frac{1}{2}}\left(i+\frac{1}{2},j,k+\frac{1}{2}\right)-H_y^{n+\frac{1}{2}}\left(i+\frac{1}{2},j,k-\frac{1}{2}\right)}{\Delta z}\right]\end{aligned} \tag{7-79}$$

式中，

$$CA(m)=\frac{\dfrac{\varepsilon_1(m)}{\Delta t}-\dfrac{\sigma_1(m)}{2}}{\dfrac{\varepsilon_1(m)}{\Delta t}+\dfrac{\sigma_1(m)}{2}}, \quad CB(m)=\frac{1}{\dfrac{\varepsilon_1(m)}{\Delta t}+\dfrac{\sigma_1(m)}{2}} \tag{7-80}$$

上式中标号$m=(i+1/2, j, k)$。如上节所述，式(7-49)的FDTD形式为式(7-72)。其它y和z分量公式可通过x，y，z及(i, j, k)的循环替代得到。

将式(7-59)与式(7-44)比较可得以下对应关系：

$$D_x \to P'_x, \quad E_x \to P_x, \quad \kappa_x \to 1, \quad \sigma_x \to 0, \quad \varepsilon_1 \to 1, \quad \kappa_z \to \kappa_y, \quad \sigma_z \to \sigma_y$$

参照式(7-74)，利用上述对应关系可得式(7-59)的FDTD形式为

$$\begin{aligned}P^{n+1}_x\left(i+\frac{1}{2},j,k\right)= & C1\left(i+\frac{1}{2},j,k\right)P^n_x\left(i+\frac{1}{2},j,k\right) \\ & + C2\left(i+\frac{1}{2},j,k\right)\cdot\left[P'^{n+1}_x\left(i+\frac{1}{2},j,k\right)-P'^{n}_x\left(i+\frac{1}{2},j,k\right)\right]\end{aligned} \tag{7-81}$$

其中，

$$C1(m)=\frac{\dfrac{\kappa_y(m)}{\Delta t}-\dfrac{\sigma_y(m)}{2\varepsilon_0}}{\dfrac{\kappa_y(m)}{\Delta t}+\dfrac{\sigma_y(m)}{2\varepsilon_0}}, \quad C2(m)=\frac{\dfrac{1}{\Delta t}}{\dfrac{\kappa_y(m)}{\Delta t}+\dfrac{\sigma_y(m)}{2\varepsilon_0}} \tag{7-82}$$

上式中$m=(i+1/2, j, k)$。其它y和z分量公式可通过x，y，z及(i, j, k)的循环替代得到。

将式(7-61)与式(7-44)比较可得以下对应关系：

$$D_x \to P_x, \quad \varepsilon_1 \to 1$$

参照式(7-74)，利用上述对应关系可得式(7-61)的FDTD形式为

$$\begin{aligned}E^{n+1}_x\left(i+\frac{1}{2},j,k\right)= & C1\left(i+\frac{1}{2},j,k\right)E^n_x\left(i+\frac{1}{2},j,k\right) \\ & + C2\left(i+\frac{1}{2},j,k\right)P^{n+1}_x\left(i+\frac{1}{2},j,k\right)-C3\left(i+\frac{1}{2},j,k\right)P^n_x\left(i+\frac{1}{2},j,k\right)\end{aligned} \tag{7-83}$$

其中，

$$\begin{cases} C1(m)=\dfrac{\dfrac{\kappa_z(m)}{\Delta t}-\dfrac{\sigma_z(m)}{2\varepsilon_0}}{\dfrac{\kappa_z(m)}{\Delta t}+\dfrac{\sigma_z(m)}{2\varepsilon_0}} \\ C2(m)=\dfrac{\dfrac{\kappa_x(m)}{\Delta t}+\dfrac{\sigma_x(m)}{2\varepsilon_0}}{\dfrac{\kappa_z(m)}{\Delta t}+\dfrac{\sigma_z(m)}{2\varepsilon_0}} \\ C3(m)=\dfrac{\dfrac{\kappa_x(m)}{\Delta t}-\dfrac{\sigma_x(m)}{2\varepsilon_0}}{\dfrac{\kappa_z(m)}{\Delta t}+\dfrac{\sigma_z(m)}{2\varepsilon_0}} \end{cases} \tag{7-84}$$

上式中，$m=(i+1/2, j, k)$。其它 y 和 z 分量公式可通过 x，y，z 及(i, j, k)的循环替代得到。

最后，如上节所述，式(7-51)的 FDTD 形式为式(7-77)。其它 y 和 z 分量公式可通过 x，y，z 及(i, j, k)的循环替代得到。

归纳起来，与导电介质相邻的 UPML 中 FDTD 步进计算的推进步骤为

(1) $\boldsymbol{H}\rightarrow\boldsymbol{P}'$，用式(7-79)；

(2) $\boldsymbol{P}'\rightarrow\boldsymbol{P}$，用式(7-81)；

(3) $\boldsymbol{P}\rightarrow\boldsymbol{E}$，用式(7-83)；

(4) $\boldsymbol{E}\rightarrow\boldsymbol{B}$，用式(7-72)；

(5) $\boldsymbol{B}\rightarrow\boldsymbol{H}$，用式(7-77)。

7.3.4 一维 UPML 的 FDTD 公式

当 UPML 的另一侧为绝缘介质，TEM 波 H_y 和 E_x 之间的时间推进计算公式(7-63)和公式(7-65)均属于第Ⅰ类方程。比较式(7-63)与式(5-23)第一式可得以下对应关系：

$$\varepsilon\rightarrow\varepsilon_1\kappa_z,\quad \sigma\rightarrow\frac{\varepsilon_1}{\varepsilon_0}\sigma_z$$

于是，由式(5-24)第一式得到

$$E_x^{n+1}(k)=CA(k)\cdot E_x^n(k)-CB(k)\cdot\frac{H_y^{n+\frac{1}{2}}\left(k+\frac{1}{2}\right)-H_y^{n+\frac{1}{2}}\left(k-\frac{1}{2}\right)}{\Delta z} \tag{7-85}$$

其中，

$$CA(k)=\frac{\dfrac{\kappa_z(k)}{\Delta t}-\dfrac{\sigma_z(k)}{2\varepsilon_0}}{\dfrac{\kappa_z(k)}{\Delta t}+\dfrac{\sigma_z(k)}{2\varepsilon_0}},\quad CB(k)=\frac{1}{\dfrac{\varepsilon_1\kappa_z(k)}{\Delta t}+\dfrac{\varepsilon_1\sigma_z(k)}{2\varepsilon_0}} \tag{7-86}$$

比较式(7-65)与式(5-23)第二式可得以下对应关系：

$$\mu\rightarrow\mu_1\kappa_z,\quad \sigma_m\rightarrow\frac{\mu_1}{\varepsilon_0}\sigma_z$$

于是，由式(5-24)第二式得到

$$H_y^{n+\frac{1}{2}}\left(k+\frac{1}{2}\right)=CP(m)\cdot H_y^{n-\frac{1}{2}}\left(k+\frac{1}{2}\right)-CQ(m)\cdot\frac{E_x^n(k+1)-E_x^n(k)}{\Delta z}\tag{7-87}$$

其中，

$$CP(m)=\frac{\dfrac{\kappa_z(m)}{\Delta t}-\dfrac{\sigma_z(m)}{2\varepsilon_0}}{\dfrac{\kappa_z(m)}{\Delta t}+\dfrac{\sigma_z(m)}{2\varepsilon_0}},\quad CQ(m)=\frac{1}{\dfrac{\mu_1\kappa_z(m)}{\Delta t}+\dfrac{\mu_1\sigma_z(m)}{2\varepsilon_0}}\tag{7-88}$$

以上二式中 m 与 H_y 标号相同。

归纳起来，对于一维 TEM 波，与绝缘介质相邻的 UPML 中 FDTD 步进计算步骤为

(1) $H_y\to E_x$，用式(7-85)；

(2) $E_x\to H_y$，用式(7-87)。

当 UPML 的另一侧为导电介质，TEM 波 $H_y\to P_x\to E_x$ 和 $E_x\to H_y$ 的时间推进计算公式为式(7-68)、式(7-69)和式(7-65)，其中式(7-68)和式(7-65)属于第Ⅰ类方程，式(7-69)则属于第Ⅱ类方程。

比较式(7-68)和式(5-23)第一式可得以下对应关系：

$$E_x\to P_x,\quad \varepsilon\to\varepsilon_1,\quad \sigma\to\sigma_1$$

于是，由式(5-24)第一式得到

$$P_x^{n+1}(k)=CA(k)\cdot P_x^n(k)-CB(k)\cdot\frac{H_y^{n+\frac{1}{2}}\left(k+\frac{1}{2}\right)-H_y^{n+\frac{1}{2}}\left(k-\frac{1}{2}\right)}{\Delta z}\tag{7-89}$$

其中，

$$CA(k)=\frac{\dfrac{\varepsilon_1(k)}{\Delta t}-\dfrac{\sigma_1(k)}{2}}{\dfrac{\varepsilon_1(k)}{\Delta t}+\dfrac{\sigma_1(k)}{2}},\quad CB(k)=\frac{1}{\dfrac{\varepsilon_1(k)}{\Delta t}+\dfrac{\sigma_1(k)}{2}}\tag{7-90}$$

比较式(7-69)和式(7-44)可得以下对应关系：

$$D_x\to P_x,\quad \kappa_x\to 1,\quad \sigma_x\to 0,\quad \varepsilon_1\to 1$$

于是，由式(7-74)可得

$$E_x^{n+1}(k)=C1(k)E_x^n(k)+C2(k)\left[P_x^{n+1}(k)-P_x^n(k)\right]\tag{7-91}$$

其中，

$$C1(k)=\frac{\dfrac{\kappa_z(k)}{\Delta t}-\dfrac{\sigma_z(k)}{2\varepsilon_0}}{\dfrac{\kappa_z(k)}{\Delta t}+\dfrac{\sigma_z(k)}{2\varepsilon_0}},\quad C2(k)=\frac{\dfrac{1}{\Delta t}}{\dfrac{\kappa_z(k)}{\Delta t}+\dfrac{\sigma_z(k)}{2\varepsilon_0}}\tag{7-92}$$

归纳起来，对于一维 TEM 波，与导电介质相邻情形的 UPML 中 FDTD 的推进步骤为

(1) $H_y\to P_x$，用式(7-89)；

(2) $P_x\to E_x$，用式(7-91)；

(3) $E_x\to H_y$，用式(7-87)。

7.3.5 PML 的设置

FDTD 计算中 PML 的设置不可能是半无限空间方式。通常是以理想导体为 PML 层的

最外侧截断边界，且取 $\sigma_z(z)$ 为非均匀分层，例如：

$$\sigma_z(z) = \frac{\sigma_{\max} |z - z_0|^m}{d^m} \tag{7-93}$$

其中，d 为 PML 层的厚度，z_0 为 PML 层靠近 FDTD 区的界面位置，m 为整数。研究表明，当 $m=4$ 时为最佳，且 $\sigma_{\max}$ 的最佳值(Gedney，1996)取为

$$\sigma_{\max} = \frac{m+1}{\sqrt{\varepsilon_r}150\pi\delta} \tag{7-94}$$

其中，δ 为 FDTD 元胞尺寸。这样设置的 PML 层有较好的吸收效果。各向异性介质 PML 在 FDTD 计算中常用作高有耗介质或有倏逝波时的吸收边界。

7.4 坐标伸缩完全匹配层

完全匹配层的另一种理论由 Chew 和 Weedon(1994)提出。该理论基于坐标伸缩 Maxwell 方程得出平面波在分界面的无反射条件。以下先讨论频域情形，然后给出其时域形式。

7.4.1 坐标伸缩 Maxwell 方程及平面波

引入坐标伸缩因子后，设修正的 Maxwell 方程具有以下形式：

$$\begin{cases} \nabla_s \times \boldsymbol{E} = -\mathrm{j}\omega\mu\boldsymbol{H} \\ \nabla_s \times \boldsymbol{H} = \mathrm{j}\omega\varepsilon\boldsymbol{E} \\ \nabla_s \cdot (\varepsilon\boldsymbol{E}) = 0 \\ \nabla_s \cdot (\mu\boldsymbol{H}) = 0 \end{cases} \tag{7-95}$$

其中，算子 ∇_s 定义为

$$\nabla_s = \hat{\boldsymbol{x}}\frac{1}{s_x}\frac{\partial}{\partial x} + \hat{\boldsymbol{y}}\frac{1}{s_y}\frac{\partial}{\partial y} + \hat{\boldsymbol{z}}\frac{1}{s_z}\frac{\partial}{\partial z} \tag{7-96}$$

式中，

$$s_x = s_x(x), \quad s_y = s_y(y), \quad s_z = s_z(z)$$

称为伸缩因子。所以 ∇_s 可看作是常规算子 ∇ 的各直角分量对坐标 x，y 和 z 分别乘以伸缩因子 s_x，s_y，s_z 所形成的新算子。显然，当 $s_x=s_y=s_z=1$ 时，式(7-95)还原为通常 Maxwell 方程。

设平面波为

$$\begin{cases} \boldsymbol{E} = \boldsymbol{E}_0 \exp(-\mathrm{j}\boldsymbol{k}\cdot\boldsymbol{r}) = \boldsymbol{E}_0 \exp[-\mathrm{j}(k_x x + k_y y + k_z z)] \\ \boldsymbol{H} = \boldsymbol{H}_0 \exp(-\mathrm{j}\boldsymbol{k}\cdot\boldsymbol{r}) = \boldsymbol{H}_0 \exp[-\mathrm{j}(k_x x + k_y y + k_z z)] \end{cases} \tag{7-97}$$

由式(7-96)和式(7-97)可得

$$\begin{aligned} \nabla_s \cdot \boldsymbol{E} &= \nabla_s \cdot \{\boldsymbol{E}_0 \exp[-\mathrm{j}(k_x x + k_y y + k_z z)]\} \\ &= \left(\hat{\boldsymbol{x}}\frac{1}{s_x}\frac{\partial}{\partial x} + \hat{\boldsymbol{y}}\frac{1}{s_y}\frac{\partial}{\partial y} + \hat{\boldsymbol{z}}\frac{1}{s_z}\frac{\partial}{\partial z}\right)\cdot \{\boldsymbol{E}_0 \exp[-\mathrm{j}(k_x x + k_y y + k_z z)]\} \\ &= -\mathrm{j}\left(\hat{\boldsymbol{x}}\frac{k_x}{s_x} + \hat{\boldsymbol{y}}\frac{k_y}{s_y} + \hat{\boldsymbol{z}}\frac{k_z}{s_z}\right)\cdot \{\boldsymbol{E}_0 \exp[-\mathrm{j}(k_x x + k_y y + k_z z)]\} \\ &= -\mathrm{j}\boldsymbol{k}_s \cdot \boldsymbol{E} \end{aligned} \tag{7-98}$$

其中，

$$\boldsymbol{k}_s = \hat{\boldsymbol{x}}\frac{k_x}{s_x} + \hat{\boldsymbol{y}}\frac{k_y}{s_y} + \hat{\boldsymbol{z}}\frac{k_z}{s_z} \tag{7-99}$$

为坐标伸缩后的波矢量。经过同样运算可得

$$\nabla_s \times \boldsymbol{E} = -\mathrm{j}\boldsymbol{k}_s \times \boldsymbol{E} \tag{7-100}$$

上式表明，伸缩坐标算子对于平面波的作用可以看作以下算子对应关系：

$$\nabla_s \to -\mathrm{j}\boldsymbol{k}_s \tag{7-101}$$

因而伸缩因子 Maxwell 方程式(7－95)在平面波情形变为

$$\begin{cases} \boldsymbol{k}_s \times \boldsymbol{E} = \omega\mu \boldsymbol{H} \\ -\boldsymbol{k}_s \times \boldsymbol{H} = \omega\varepsilon \boldsymbol{E} \\ \boldsymbol{k}_s \cdot \boldsymbol{E} = 0 \\ \boldsymbol{k}_s \cdot \boldsymbol{H} = 0 \end{cases} \tag{7-102}$$

由上式第一、二式可得

$$\boldsymbol{k}_s \times (\boldsymbol{k}_s \times \boldsymbol{E}) = \omega\mu \boldsymbol{k}_s \times \boldsymbol{H} = -\omega^2\mu\varepsilon \boldsymbol{E} \tag{7-103}$$

将式(7－102)第三式代入上式得

$$(\boldsymbol{k}_s \cdot \boldsymbol{k}_s)\boldsymbol{E} = \omega^2\mu\varepsilon \boldsymbol{E} \tag{7-104}$$

由上式及式(7－99)可得

$$\boldsymbol{k}_s \cdot \boldsymbol{k}_s = \left(\frac{k_x}{s_x}\right)^2 + \left(\frac{k_y}{s_y}\right)^2 + \left(\frac{k_z}{s_z}\right)^2 = \omega^2\mu\varepsilon = \kappa^2 \tag{7-105}$$

上式的一个解为

$$\begin{cases} k_x = \kappa s_x \sin\theta \cos\varphi = k_{sx} s_x \\ k_y = \kappa s_y \sin\theta \sin\varphi = k_{sy} s_y \\ k_z = \kappa s_z \cos\theta = k_{sz} s_z \end{cases} \tag{7-106}$$

显然，如果伸缩因子 s_x，s_y，s_z是复数，则式(7－97)所示平面波将出现衰减。

又由式(7－102)第四式可见 $\boldsymbol{H} \perp \boldsymbol{k}_s$，所以式(7－102)第二式得到$|\boldsymbol{k}_s| \cdot |\boldsymbol{H}| = \omega\varepsilon |\boldsymbol{E}|$，或者$\left|\frac{\boldsymbol{E}}{\boldsymbol{H}}\right| = \frac{|\boldsymbol{k}_s|}{\omega\varepsilon}$。可见波阻抗为

$$\eta = \left|\frac{\boldsymbol{E}}{\boldsymbol{H}}\right| = \frac{|\boldsymbol{k}_s|}{\omega\varepsilon} = \frac{\omega\mu}{|\boldsymbol{k}_s|} = \sqrt{\frac{\mu}{\varepsilon}} \tag{7-107}$$

亦即伸缩因子不影响平面波的波阻抗。

7.4.2　半空间界面的反射系数和无反射条件

设分界面两侧具有不同坐标伸缩因子，入射面为 yOz 面，如图 7－6 所示。对于 TE 波，入射、反射和透射波分别为

$$\begin{cases} \boldsymbol{E}^i = \hat{\boldsymbol{x}}E_0 \exp(-\mathrm{j}\boldsymbol{k}^i \cdot \boldsymbol{r}) = \hat{\boldsymbol{x}}E_0 \exp(-\mathrm{j}k_{1y}y - \mathrm{j}k_{1z}z) \\ \boldsymbol{E}^r = \hat{\boldsymbol{x}}RE_0 \exp(-\mathrm{j}\boldsymbol{k}^r \cdot \boldsymbol{r}) = \hat{\boldsymbol{x}}RE_0 \exp(-\mathrm{j}k_{1y}y + \mathrm{j}k_{1z}z) \\ \boldsymbol{E}^t = \hat{\boldsymbol{x}}TE_0 \exp(-\mathrm{j}\boldsymbol{k}^t \cdot \boldsymbol{r}) = \hat{\boldsymbol{x}}TE_0 \exp(-\mathrm{j}k_{2y}y - \mathrm{j}k_{2z}z) \end{cases} \tag{7-108}$$

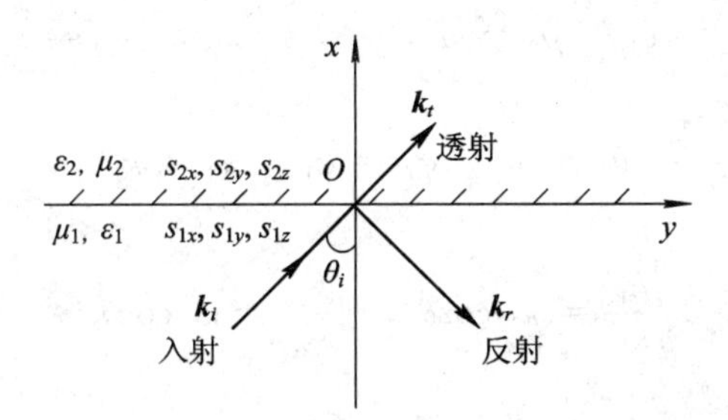

图 7-6 平面波入射到不同伸缩因子分界面

根据相位匹配条件，波矢量切向分量连续，即

$$k_{2y} = k_{1y} \tag{7-109}$$

由式(7-102)可得磁场为

$$\boldsymbol{H} = \frac{\boldsymbol{k}_s \times \boldsymbol{E}}{\omega\mu} = \frac{1}{\omega\mu}(\hat{\boldsymbol{y}}k_{sz}E_x - \hat{\boldsymbol{z}}k_{sy}E_x) \tag{7-110}$$

在界面上电场和磁场的切向分量为连续，于是由式(7-108)～式(7-110)得到

$$\begin{cases} 1 + R = T \\ \dfrac{k_{1sz} - k_{1sz}R}{\omega\mu_1} = \dfrac{k_{2sz}T}{\omega\mu_2} \end{cases} \tag{7-111}$$

即

$$\begin{cases} 1 + R = T \\ 1 - R = \dfrac{\mu_1 k_{2sz}}{\mu_2 k_{1sz}}T \end{cases} \tag{7-112}$$

上式可解得

$$\begin{cases} R = \dfrac{\mu_2 k_{1sz} - \mu_1 k_{2sz}}{\mu_2 k_{1sz} + \mu_1 k_{2sz}} \\ T = \dfrac{2\mu_2 k_{1sz}}{\mu_2 k_{1sz} + \mu_1 k_{2sz}} \end{cases} \tag{7-113}$$

将式(7-106)代入可得 TE 波反射系数为

$$R^{\mathrm{TE}} = \frac{\mu_2 k_{1sz} - \mu_1 k_{2sz}}{\mu_2 k_{1sz} + \mu_1 k_{2sz}} = \frac{\dfrac{\mu_2 k_{1z}}{s_{1z}} - \dfrac{\mu_1 k_{2z}}{s_{2z}}}{\dfrac{\mu_2 k_{1z}}{s_{1z}} + \dfrac{\mu_1 k_{2z}}{s_{2z}}} = \frac{\mu_2 k_{1z} s_{2z} - \mu_1 k_{2z} s_{1z}}{\mu_2 k_{1z} s_{2z} + \mu_1 k_{2z} s_{1z}} \tag{7-114}$$

同样可得 TM 波反射系数为

$$R^{\mathrm{TM}} = \frac{\varepsilon_2 k_{1z} s_{2z} - \varepsilon_1 k_{2z} s_{1z}}{\varepsilon_2 k_{1z} s_{2z} + \varepsilon_1 k_{2z} s_{1z}} \tag{7-115}$$

将式(7-106)代入式(7-109)得

$$\begin{cases} \kappa_2 s_{2y} \sin\theta_2 \sin\varphi_2 = \kappa_1 s_{1y} \sin\theta_1 \sin\varphi_1 \\ \kappa_2 s_{2x} \sin\theta_2 \cos\varphi_2 = \kappa_1 s_{1x} \sin\theta_1 \cos\varphi_1 \end{cases} \tag{7-116}$$

注意式(7-105)，如果选择分界面两侧介质满足

$$\varepsilon_2=\varepsilon_1,\quad \mu_2=\mu_1,\quad s_{2x}=s_{1x},\quad s_{2y}=s_{1y} \tag{7-117}$$

则由式(7-116)有

$$\theta_2=\theta_1,\quad \varphi_2=\varphi_1,\quad \kappa_2=\kappa_1 \tag{7-118}$$

由式(7-106)得到

$$\frac{k_{1z}}{s_{1z}}=\kappa_1\cos\theta_1,\quad \frac{k_{2z}}{s_{2z}}=\kappa_2\cos\theta_2 \tag{7-119}$$

以上二式给出

$$\frac{k_{1z}}{s_{1z}}=\frac{k_{2z}}{s_{2z}} \tag{7-120}$$

于是有

$$R^{\text{TE}}=0,\quad R^{\text{TM}}=0 \tag{7-121}$$

由此可见，式(7-117)为无反射条件。无反射条件只要求界面两侧介质参数相同，横向伸缩因子相等；和界面两侧的纵向伸缩因子 s_{2z}，s_{1z} 无关，和频率及入射角也无关。

7.4.3　坐标伸缩因子的复数频率移位形式

设计算区域中为常规 Maxwell 方程，它的伸缩因子均等于 1，又设伸缩坐标 PML 的分界面垂直于 z 轴。根据无反射条件，对于伸缩坐标 PML，其介质参数应当和计算域的介质相同，其横向伸缩因子 s_x，s_y 和计算域也相同，但纵向伸缩因子 s_z 为复数，即

$$s_x=s_y=1,\quad s_z=s'-\text{j}s'' \tag{7-122}$$

其中，$s_z=s'-\text{j}s''$ 可以适当选取。对于垂直于 y 轴和 z 轴的伸缩坐标 PML 有类似结果，如图 7-7(a)所示。对于三维棱边和角顶区域，伸缩因子的取值如图 7-7(b)所示。

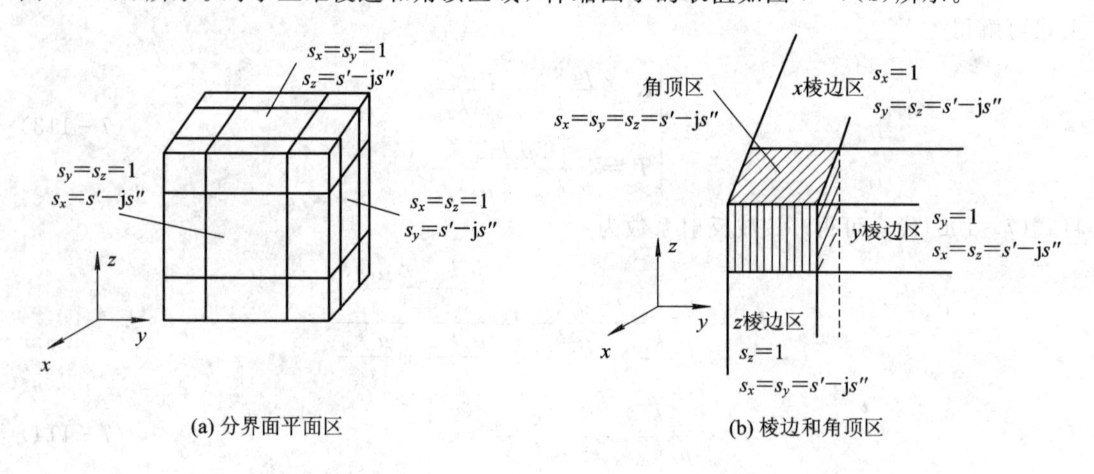

(a) 分界面平面区　　(b) 棱边和角顶区

图 7-7　伸缩坐标 PML 中坐标伸缩因子的取值

可以证明，伸缩坐标 PML 和单轴各向异性 PML(UPML)是等价的。但是应用坐标伸缩因子 PML 时，在三维棱边和角顶区域不会出现应用 UPML 时如图 7-3 所示 s_ys_z/s_x 的复杂因子。对于边界面、棱边或角顶区都只有单一的 s_w，$w=x$，y，z 因子，处理较为方便；只是取值不同，如图 7-7(a)和(b)所示。如前所述，选取坐标伸缩因子 s_w 为复数，使得进入 PML 的电磁波呈指数形式衰减。s_w 的选择可以和 UPML 所采用的(7-36)一样，即

$$s_w = \kappa_w + \frac{\sigma_w}{\mathrm{j}\omega\varepsilon_0}$$

研究表明，为了改善对倏逝波和低频波的吸收，Gedney 提出可将以上形式进一步修改为

$$s_w = \kappa_w + \frac{\sigma_w}{a_w + \mathrm{j}\omega\varepsilon_0} \tag{7-123}$$

上式相当于式(7－36)中频率取为复数，故称为复数频率移位张量系数(Complex Frequency Shifted tensor coefficient，CFS)。当坐标伸缩因子采用复数频率移位形式时，也可以应用7.3节的辅助微分方程(ADE)方法导出其FDTD时域步进公式；以下将采用色散介质FDTD中的循环卷积(RC)方法来推导。当伸缩坐标PML中 s_w，$w=x, y, z$ 采用CFS形式时，其中伸缩坐标Maxwell旋度方程的时域形式出现卷积运算，因此也称之为CPML。在CPML中角顶区、棱边区及平面区坐标伸缩因子的取值如表7－3所示。

表7－3　角顶区、棱边区及平面区坐标伸缩因子的取值

CPML 区域		CPML 中的坐标伸缩因子取值
角顶区(共8个)		$s_x=\kappa_x+\frac{\sigma_x}{a_x+\mathrm{j}\omega\varepsilon_0}$，$s_y=\kappa_y+\frac{\sigma_y}{a_y+\mathrm{j}\omega\varepsilon_0}$，$s_z=\kappa_z+\frac{\sigma_z}{a_z+\mathrm{j}\omega\varepsilon_0}$
棱边区(共12个)	棱边 // z 轴	$s_z=1$，$s_x=\kappa_x+\frac{\sigma_x}{a_x+\mathrm{j}\omega\varepsilon_0}$，$s_y=\kappa_y+\frac{\sigma_y}{a_y+\mathrm{j}\omega\varepsilon_0}$
	棱边 // x 轴	$s_x=1$，$s_y=\kappa_y+\frac{\sigma_y}{a_y+\mathrm{j}\omega\varepsilon_0}$，$s_z=\kappa_z+\frac{\sigma_z}{a_z+\mathrm{j}\omega\varepsilon_0}$
	棱边 // y 轴	$s_y=1$，$s_z=\kappa_z+\frac{\sigma_z}{a_z+\mathrm{j}\omega\varepsilon_0}$，$s_x=\kappa_x+\frac{\sigma_x}{a_x+\mathrm{j}\omega\varepsilon_0}$
平面区(共6个)	表面 ⊥z 轴	$s_x=1$，$s_y=1$，$s_z=\kappa_z+\frac{\sigma_z}{a_z+\mathrm{j}\omega\varepsilon_0}$
	表面 ⊥x 轴	$s_y=1$，$s_z=1$，$s_x=\kappa_x+\frac{\sigma_x}{a_x+\mathrm{j}\omega\varepsilon_0}$
	表面 ⊥y 轴	$s_z=1$，$s_x=1$，$s_y=\kappa_y+\frac{\sigma_y}{a_y+\mathrm{j}\omega\varepsilon_0}$

7.4.4　CPML 时域步进公式的离散循环卷积式

以图7－7(b)所示角顶区的一般情形考虑，将式(7－96)代入式(7－95)第二式磁场旋度方程得

$$\begin{aligned}\mathrm{j}\omega\boldsymbol{D} &= \left(\hat{\boldsymbol{x}}\frac{1}{s_x}\frac{\partial}{\partial x}+\hat{\boldsymbol{y}}\frac{1}{s_y}\frac{\partial}{\partial y}+\hat{\boldsymbol{z}}\frac{1}{s_z}\frac{\partial}{\partial z}\right)\times\boldsymbol{H}\\ &= \hat{\boldsymbol{x}}\left(\frac{1}{s_y}\frac{\partial H_z}{\partial y}-\frac{1}{s_z}\frac{\partial H_y}{\partial z}\right)+\hat{\boldsymbol{y}}\left(\frac{1}{s_z}\frac{\partial H_x}{\partial z}-\frac{1}{s_x}\frac{\partial H_z}{\partial x}\right)+\hat{\boldsymbol{z}}\left(\frac{1}{s_x}\frac{\partial H_y}{\partial x}-\frac{1}{s_y}\frac{\partial H_x}{\partial y}\right)\end{aligned} \tag{7-124}$$

由于上式中伸缩因子 s_w，$w=x, y, z$ 和频率有关，所以在过渡到时域时上式右端出现卷积。设 s_w 如式(7-123)，为了获得时域形式引入辅助变量，令

$$\bar{s}_w(\omega)=\frac{1}{s_w}=\frac{1}{\kappa_w+\dfrac{\sigma_w}{a_w+\mathrm{j}\omega\varepsilon_0}}=\frac{1}{\kappa_w}+p(\omega) \tag{7-125}$$

其中，$p(\omega)$为待求函数。为了求得 $p(\omega)$，重写上式为

$$\frac{1}{\kappa_w+\dfrac{\sigma_w}{a_w+\mathrm{j}\omega\varepsilon_0}}=\frac{1}{\kappa_w}+p(\omega)=\frac{1+\kappa_w p(\omega)}{\kappa_w}$$

即有

$$\begin{aligned}\kappa_w&=[1+\kappa_w p(\omega)]\left(\kappa_w+\frac{\sigma_w}{a_w+\mathrm{j}\omega\varepsilon_0}\right)\\&=\kappa_w+\kappa_w^2 p(\omega)+\frac{\sigma_w}{a_w+\mathrm{j}\omega\varepsilon_0}+\frac{\sigma_w\kappa_w p(\omega)}{a_w+\mathrm{j}\omega\varepsilon_0}\end{aligned}$$

或者

$$0=\frac{\sigma_w}{a_w+\mathrm{j}\omega\varepsilon_0}+\left[\kappa_w^2+\frac{\sigma_w\kappa_w}{a_w+\mathrm{j}\omega\varepsilon_0}\right]p(\omega)$$

于是

$$\begin{aligned}p(\omega)&=\frac{\dfrac{-\sigma_w}{a_w+\mathrm{j}\omega\varepsilon_0}}{\kappa_w^2+\dfrac{\sigma_w\kappa_w}{a_w+\mathrm{j}\omega\varepsilon_0}}=\frac{-\sigma_w}{\sigma_w\kappa_w+\kappa_w^2(a_w+\mathrm{j}\omega\varepsilon_0)}\\&=\frac{\dfrac{-\sigma_w}{\varepsilon_0\kappa_w^2}}{\mathrm{j}\omega+\dfrac{\sigma_w\kappa_w+a_w\kappa_w^2}{\varepsilon_0\kappa_w^2}}=\frac{\dfrac{-\sigma_w}{\varepsilon_0\kappa_w^2}}{\mathrm{j}\omega+\left(\dfrac{\sigma_w}{\varepsilon_0\kappa_w}+\dfrac{a_w}{\varepsilon_0}\right)}\end{aligned}$$

上式代入式(7-125)得到

$$\bar{s}_w(\omega)=\frac{1}{s_w}=\frac{1}{\kappa_w+\dfrac{\sigma_w}{a_w+\mathrm{j}\omega\varepsilon_0}}=\frac{1}{\kappa_w}+\frac{\dfrac{-\sigma_w}{\varepsilon_0\kappa_w^2}}{\mathrm{j}\omega+\left(\dfrac{\sigma_w}{\varepsilon_0\kappa_w}+\dfrac{a_w}{\varepsilon_0}\right)} \tag{7-126}$$

根据 IETD 部分中表 1-3 所示 Fourier 变换对：

$$1\Leftrightarrow\delta(t)$$

$$\frac{1}{\alpha+\mathrm{j}\omega}\Leftrightarrow\exp(-\alpha t)u(t)$$

可以获得将式(7-126)作 Fourier 变换后到时域形式为

$$\begin{cases}\bar{s}_w(t)=\dfrac{\delta(t)}{\kappa_w}+\zeta_w(t)\\[2ex]\zeta_w(t)=\dfrac{-\sigma_w}{\varepsilon_0\kappa_w^2}\exp(-\alpha t)u(t),\quad \alpha=\dfrac{\sigma_w}{\varepsilon_0\kappa_w}+\dfrac{a_w}{\varepsilon_0}\end{cases} \tag{7-127}$$

注意到含 $\delta(t)$函数的卷积公式 $\delta(t)*f(t)=f(t)$，于是式(7-124)由频域变换到时域为

$$\begin{aligned}\frac{\partial \boldsymbol{D}}{\partial t}=&\hat{\boldsymbol{x}}\left(\bar{s}_y(t)*\frac{\partial H_z(t)}{\partial y}-\bar{s}_z(t)*\frac{\partial H_y(t)}{\partial z}\right)\\&+\hat{\boldsymbol{y}}\left(\bar{s}_z(t)*\frac{\partial H_x(t)}{\partial z}-\bar{s}_x(t)*\frac{\partial H_z(t)}{\partial x}\right)\\&+\hat{\boldsymbol{z}}\left(\bar{s}_x(t)*\frac{\partial H_y(t)}{\partial x}-\bar{s}_y(t)*\frac{\partial H_x(t)}{\partial y}\right)\\=&\hat{\boldsymbol{x}}\left(\frac{1}{\kappa_y}\frac{\partial H_z}{\partial y}-\frac{1}{\kappa_z}\frac{\partial H_y}{\partial z}+\zeta_y(t)*\frac{\partial H_z}{\partial y}-\zeta_z(t)*\frac{\partial H_y}{\partial z}\right)\\&+\hat{\boldsymbol{y}}\left(\frac{1}{\kappa_z}\frac{\partial H_x}{\partial z}-\frac{1}{\kappa_x}\frac{\partial H_z}{\partial x}+\zeta_z(t)*\frac{\partial H_x}{\partial z}-\zeta_x(t)*\frac{\partial H_z}{\partial x}\right)\\&+\hat{\boldsymbol{z}}\left(\frac{1}{\kappa_x}\frac{\partial H_y}{\partial x}-\frac{1}{\kappa_y}\frac{\partial H_x}{\partial y}+\zeta_x(t)*\frac{\partial H_y}{\partial x}-\zeta_y(t)*\frac{\partial H_x}{\partial y}\right)\end{aligned}\tag{7-128}$$

上式右端共12项，其中六项形式均为$\dfrac{1}{\kappa_v}\dfrac{\partial H_w}{\partial v}$，$w$，$v$代表$x$，$y$或$z$，它们的FDTD离散和常规FDTD方式相同。式(7-128)右端的另外六项为形式相同的卷积，其中$\zeta_w(t)$为式(7-127)所示的指数形式。以下推导表明，含有指数函数的卷积可以写成循环卷积(RC)形式。先将卷积项写成离散形式，记$\psi_{wv}(n)\equiv\psi_{wv}(n\Delta t)$，并假设时间间隔$\Delta t$内场量为常数，则有

$$\begin{aligned}\psi_{wv}(n)\equiv&\left[\zeta_w(t)*\frac{\partial H_v}{\partial w}\right]_{t=n\Delta t}=\int_0^{n\Delta t}\zeta_w(\tau)\frac{\partial H_v(n\Delta t-\tau)}{\partial w}\mathrm{d}\tau\\\simeq&\sum_{m=0}^{n-1}\frac{\partial H_v(n-m)}{\partial w}\int_{m\Delta t}^{(m+1)\Delta t}\zeta_w(\tau)\mathrm{d}\tau\\\simeq&\sum_{m=0}^{n-1}\frac{\partial H_v(n-m)}{\partial w}Z_w(m)\end{aligned}\tag{7-129}$$

式中，

$$\begin{aligned}Z_w(m)\equiv&\int_{m\Delta t}^{(m+1)\Delta t}\zeta_w(\tau)\mathrm{d}\tau\\=&\frac{\sigma_w}{\varepsilon_0\kappa_w^2}\int_{m\Delta t}^{(m+1)\Delta t}\exp(-\alpha\tau)\mathrm{d}\tau=c_w\exp(-\alpha m\Delta t)\end{aligned}\tag{7-130}$$

其中，

$$c_w=\frac{\sigma_w}{\sigma_w\kappa_w+\kappa_w^2a_w}\left\{\exp\left[-\left(\frac{\sigma_w}{\varepsilon_0\kappa_w}+\frac{a_w}{\varepsilon_0}\right)\Delta t\right]-1\right\}\tag{7-131}$$

由于式(7-129)需要全部以往时间步的场值，不便于FDTD步进计算，需要改写。由式(7-130)可得

$$\begin{aligned}Z_w(0)&=c_w\\Z_w(m)&=c_w\exp(-\alpha m\Delta t)\\&=c_w\exp[-\alpha(m-1)\Delta t]\exp(-\alpha\Delta t)\\&=Z_w(m-1)\cdot\exp(-\alpha\Delta t)\end{aligned}$$

于是式(7-129)可以写为

$$\begin{aligned}\psi_{wv}(n) &\simeq \sum_{m=0}^{n-1} Z_w(m)\frac{\partial H_v(n-m)}{\partial w}\\&= Z_w(0)\frac{\partial H_v(n)}{\partial w}+\sum_{m=1}^{n-1} Z_w(m)\frac{\partial H_v(n-m)}{\partial w}\\&= c_w\frac{\partial H_v(n)}{\partial w}+\sum_{m'=0}^{n-2} Z_w(m'+1)\frac{\partial H_v(n-m'-1)}{\partial w}\\&= c_w\frac{\partial H_v(n)}{\partial w}+\sum_{m'=0}^{n-2} Z_w(m')\cdot\exp(-\alpha\Delta t)\frac{\partial H_v(n-1-m')}{\partial w}\\&= c_w\frac{\partial H_v(n)}{\partial w}+\exp(-\alpha\Delta t)\sum_{m'=0}^{n-2} Z_w(m')\frac{\partial H_v(n-1-m')}{\partial w}\\&= c_w\frac{\partial H_v(n)}{\partial w}+\exp(-\alpha\Delta t)\psi_{wv}(n-1)\end{aligned}\tag{7-132}$$

至此，将式(7-128)中卷积项写成离散循环卷积(RC)形式，便于FDTD时域步进计算。关于离散循环卷积还将在第9章色散介质FDTD中作进一步研究。

根据CPML分界面反射系数为零的条件式(7-117)，CPML和截断介质(计算域介质)的匹配条件可以分为两方面：一是两侧介质本构参数相等，二是两侧横向伸缩因子彼此相同。若计算域为常规介质，则CPML的横向伸缩因子和常规介质一样，也等于1。观察CPML方程式(7-124)和式(7-128)，其左端PML介质本构参数要求等于计算域介质的本构参数，即式(7-128)左端可以改写为

$$\frac{\partial \boldsymbol{D}}{\partial t}=\varepsilon\frac{\partial \boldsymbol{E}}{\partial t}$$

其中，ε 为计算域的介质参数。因而方程式(7-128)左端的编程和计算域介质有关。式(7-124)和式(7-128)右端中的伸缩因子 s_w，$w=x$，y，z 只有纵向因子是复数，横向因子等于1；在CPML的平面区、棱边区和角顶区的伸缩因子取值可见图7-7。实际上，仅在角顶区 s_x，s_y，s_z 三者全都是复数；在棱边区中有两个是复数，一个横向因子等于1；在平面区只有一个纵向因子是复数，其余两个横向因子等于1。因此，在CPML编程时，方程右端的卷积和截断介质(计算域介质)无关，方便了程序的编写。

对于CPML，方程式(7-95)第一式电场旋度方程的离散处理和式(7-95)第二式磁场旋度方程类似，不再推导。

如果在作离散循环卷积处理时，不是假设时间间隔 Δt 内场量为常数，而是假设场量在时间间隔 Δt 内为分段线性，可以改善计算精度，具体分析见第9章色散介质讨论。

如果截断介质(计算域介质)为导电介质，可将式(7-124)左端改为 $\mathrm{j}\omega\varepsilon\boldsymbol{E}+\sigma\boldsymbol{E}$，而式(7-128)左端改为 $\partial(\varepsilon\boldsymbol{E})/\partial t+\sigma\boldsymbol{E}$，并进行离散。如果计算域介质为色散介质，可将式(7-124)左端改为 $\mathrm{j}\omega\varepsilon(\omega)\boldsymbol{E}$，而式(7-128)左端改为 $\partial[\varepsilon(t)*\boldsymbol{E}(t)]/\partial t$，其中 $\varepsilon(t)$ 和色散介质性质有关。此外，截断介质(计算域介质)也可以是其它复杂介质，例如各向异性介质或非线性介质，这时只需要将式(7-124)、式(7-128)左端作相应改变即可。

第 8 章 近场—远场外推和平面波加入方法

本章讨论应用 FDTD 近场数据外推远场的方法，以及将平面波引入到计算区域的总场散射场区方法。

8.1 等效原理

由于 FDTD 只能计算空间有限区域的电磁场，要获得远区的散射或辐射场就必须应用等效原理。结合近—远场外推的要求，等效原理简述如下：在散射体周围引入虚拟界面 A，如图 8-1 (a)所示。设 A 面外为真空。如果保持界面 A 处场 $\boldsymbol{E}$、$\boldsymbol{H}$ 的切向分量不变，而令 A 面内的场为零，如图 8-1(b)所示，则根据唯一性定理，图(a)与图(b)两种情形在面 A 以外的场 $\boldsymbol{E}$、$\boldsymbol{H}$ 有相同的分布。

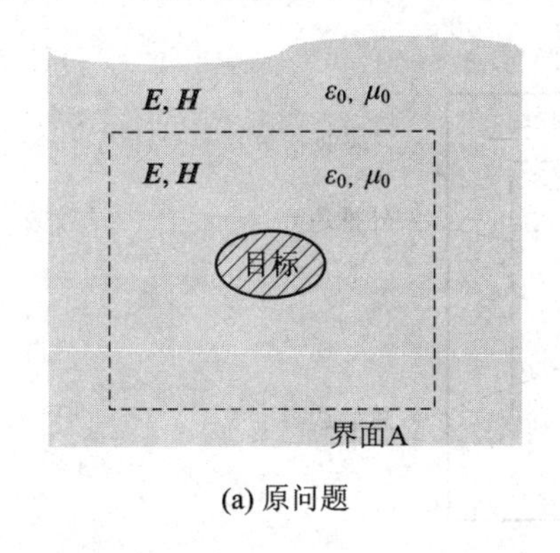

(a) 原问题

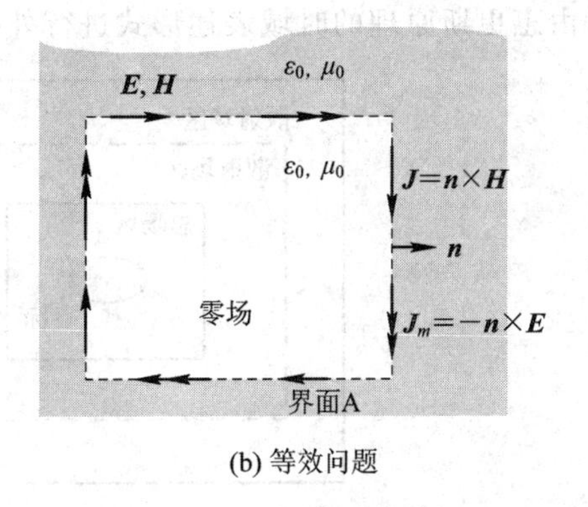

(b) 等效问题

图 8-1　等效原理

根据边界条件，图 8-1(b)所示情形中 A 面处存在等效面电流 $\boldsymbol{J}$ 与面磁流 $\boldsymbol{J}_m$，它们等于

$$\begin{cases}\boldsymbol{J}=\boldsymbol{n}\times\boldsymbol{H}\\ \boldsymbol{J}_m=-\boldsymbol{n}\times\boldsymbol{E}\end{cases} \tag{8-1}$$

式中，$\boldsymbol{n}$ 为面 A 的外法向。因此，通过 A 面上 $\boldsymbol{E}$、$\boldsymbol{H}$ 的切向分量，或者说 A 面上的等效电流 $\boldsymbol{J}$ 与等效磁流 $\boldsymbol{J}_m$ 就可以确定 A 面外的场 $\boldsymbol{E}$、$\boldsymbol{H}$。

由于图 8-1(b)中 A 面内为零场，可以将 A 面内填充和 A 面外相同的介质，这里设为真空。于是，原问题变为 A 面处面电流 $\boldsymbol{J}$ 与面磁流 $\boldsymbol{J}_m$ 在全空间为均匀介质(这里为真空)时的辐射问题。

对于时谐场情形，具有电流与磁流的 Maxwell 方程为

$$\begin{cases}\nabla\times\boldsymbol{E}=-\mathrm{j}\omega\mu\boldsymbol{H}-\boldsymbol{J}_m\\ \nabla\times\boldsymbol{H}=\mathrm{j}\omega\varepsilon\boldsymbol{E}+\boldsymbol{J}\end{cases}\tag{8-2}$$

均匀介质中电流与磁流的辐射场为

$$\begin{cases}\boldsymbol{E}=-\nabla\times\boldsymbol{F}+\dfrac{1}{\mathrm{j}\omega\varepsilon}\nabla\times\nabla\times\boldsymbol{A}=-\nabla\times\boldsymbol{F}-\mathrm{j}\omega\mu\boldsymbol{A}+\dfrac{1}{\mathrm{j}\omega\varepsilon}\nabla(\nabla\cdot\boldsymbol{A})\\ \boldsymbol{H}=\nabla\times\boldsymbol{A}+\dfrac{1}{\mathrm{j}\omega\mu}\nabla\times\nabla\times\boldsymbol{F}=\nabla\times\boldsymbol{A}-\mathrm{j}\omega\varepsilon\boldsymbol{F}+\dfrac{1}{\mathrm{j}\omega\mu}\nabla(\nabla\cdot\boldsymbol{F})\end{cases}\tag{8-3}$$

其中，$\boldsymbol{A}$ 和 $\boldsymbol{F}$ 为矢量势函数，它们和电流、磁流之间满足推迟势公式，即

$$\begin{cases}\boldsymbol{A}(\boldsymbol{r})=\displaystyle\iint_A\boldsymbol{J}(\boldsymbol{r}')G(\boldsymbol{r},\boldsymbol{r}')\mathrm{d}s'\\ \boldsymbol{F}(\boldsymbol{r})=\displaystyle\iint_A\boldsymbol{J}_m(\boldsymbol{r}')G(\boldsymbol{r},\boldsymbol{r}')\mathrm{d}s'\end{cases}\tag{8-4}$$

式中，$G(\boldsymbol{r},\boldsymbol{r}')$为自由空间格林(Green)函数。三维或二维情形下格林函数有不同形式，将在以下节次中讨论。

FDTD 用于散射计算时，通常将 FDTD 区域划分为总场区和散射场区，如图 8-2 所示。为了计算 FDTD 区域以外的散射场，在总场边界(或称为连接边界)和吸收边界之间的散射场区设置散射数据存储边界，或称为外推边界，即图 8-1 所示等效原理中的 A 面。对于时谐场情形，在计算达到稳态后提取外推边界上场的幅值和相位(提取方法见 8.2 节)，然后用时谐场外推公式进行外推。对于瞬态情形，需要记录数据外推边界上各个时刻的场值，然后由惠更斯原理的时域表述形式进行外推。

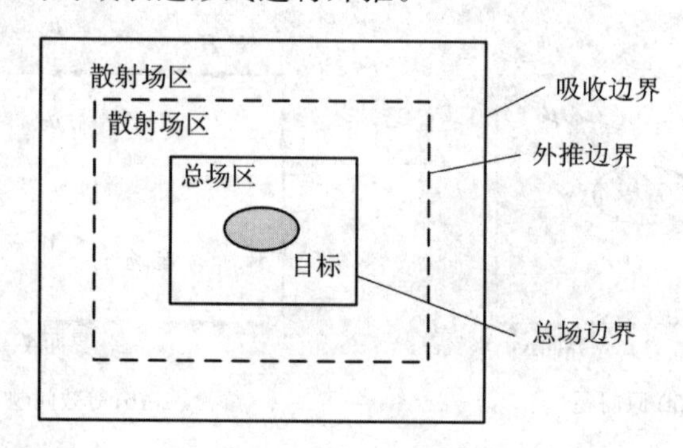

图 8-2　FDTD 区域及各种边界

8.2　时谐场振幅和相位的提取

设入射波为正弦波，由于 FDTD 是时域算法，所给出的是电磁场的瞬时值。对于时谐场，空间一点的电场或磁场可以写为

$$f(\boldsymbol{r},t)=f_0(\boldsymbol{r})\sin[\omega t+\phi(\boldsymbol{r})]\tag{8-5}$$

上式中，$\phi(\boldsymbol{r})$是观察点处的初相位。通常以坐标原点处入射波相位为参考相位。下面考虑由 FDTD 计算值提取幅值 f_0 和初相位 ϕ 的方法。

8.2.1　峰值检测法

注意到时谐场在峰值（无论是正峰值还是负峰值）处场量对时间的导数为零，也就是说，在峰值两侧的导数变号。因此，若记录相邻三个时刻的场量值为 f^{n-1}, f^{n}, f^{n+1}，则判定 f^{n} 为峰值的条件为

$$\frac{f^{n+1}-f^{n}}{\Delta t}\cdot\frac{f^{n}-f^{n-1}}{\Delta t}<0$$

即

$$(f^{n+1}-f^{n})(f^{n}-f^{n-1})<0 \tag{8-6}$$

进一步，f^{n} 为正峰值 f_0^+ 的条件是

$$f^{n}-f^{n-1}>0$$

反之为负峰值 f_0^-。由于 f^{n} 可能并不正好是正峰值或负峰值，为了消除零点漂移的影响，取 $(f_0^+ + f_0^-)/2$ 为零电平，则振幅为

$$f_0 = f_0^+ - \frac{f_0^+ + f_0^-}{2} = \frac{f_0^+ - f_0^-}{2} \tag{8-7}$$

设记录正峰值 f_0^+ 出现的时刻为 $n_p\Delta t$，由式(8-5)有

$$\omega\cdot n_p\Delta t+\phi = 2k\pi+\frac{\pi}{2}$$

由此可得观察点处的初相位为

$$\phi = 2\pi\left(k - f\cdot n_p\Delta t+\frac{1}{4}\right) \tag{8-8}$$

上式中 $\omega=2\pi f$。适当选取 k 值，可使 $\phi\in(-\pi,\pi]$。

8.2.2　相位滞后法

对于时谐场，空间某一点的场采用复数表示法有

$$\tilde{f}(t) = f_0\exp[\mathrm{j}(\omega t+\phi)] \tag{8-9}$$

其中，f_0 为振幅，ϕ 为初相位。若记

$$\tilde{f}(t) = f_R(t)+\mathrm{j}f_I(t) \tag{8-10}$$

则其实部和虚部分别为

$$\begin{cases} f_R(t) = f_0\cos(\omega t+\phi) \\ f_I(t) = f_0\sin(\omega t+\phi) = f_0\cos\left(\omega t+\phi-\dfrac{\pi}{2}\right) = f_R\left(t-\dfrac{T}{4}\right) \end{cases} \tag{8-11}$$

上式表明，实部和虚部彼此相差四分之一周期。根据这一特性，在 FDTD 达到时谐场稳态后，对于计算域中某一观察点输出一个值，记为 $f_I(t)$；然后让程序继续向前推进 1/4 周期，再输出另外一个值则为 $f_R(t)$。将这两次输出值构成复数 $\tilde{f}(t)=f_R(t)+\mathrm{j}f_I(t)$。于是可以方便地求出时谐场的振幅：

$$f_0 = |\tilde{f}(t)| = \sqrt{f_R^2(t)+f_I^2(t)} \tag{8-12}$$

相位的提取需要选择参考点。通常选入射波在原点的初相位为参考相位。设原点处入射波为

$$\tilde{f}^{inc}(t)=f_R^{inc}(t)+\mathrm{j}f_I^{inc}(t)=f_0^{inc}\exp[\mathrm{j}(\omega t+\phi_0^{inc})] \tag{8-13}$$

输出 FDTD 计算中两次相隔 1/4 周期时原点处的入射波值，便可以得到入射波的虚部 $f_I^{inc}(t)$和实部 $f_R^{inc}(t)$，并构成复数 $\tilde{f}^{inc}(t)=f_R^{inc}(t)+\mathrm{j}f_I^{inc}(t)$。由式(8-9)和式(8-13)可得相位差为

$$\phi-\phi_0^{inc}=\arctan\left[\frac{\mathrm{Im}\left\{\frac{\tilde{f}(t)}{\tilde{f}^{inc}(t)}\right\}}{\mathrm{Re}\left\{\frac{\tilde{f}(t)}{\tilde{f}^{inc}(t)}\right\}}\right] \tag{8-14}$$

上式中观察点和原点的输出应当取相同时刻。在应用相位滞后法获取时谐场的复数振幅时，为了减小误差，应当选取适当的时间步长 Δt，使其整数倍等于时谐场周期的四分之一。

8.3　时谐场的外推

8.3.1　三维情形基本公式

三维情形自由空间的时谐场格林函数为

$$G(\boldsymbol{r},\boldsymbol{r}')=\frac{\exp(-\mathrm{j}k|\boldsymbol{r}-\boldsymbol{r}'|)}{4\pi|\boldsymbol{r}-\boldsymbol{r}'|} \tag{8-15}$$

其中，$\boldsymbol{r}$，$\boldsymbol{r}'$分别为观察点和源点位置矢，如图 8-3 所示。

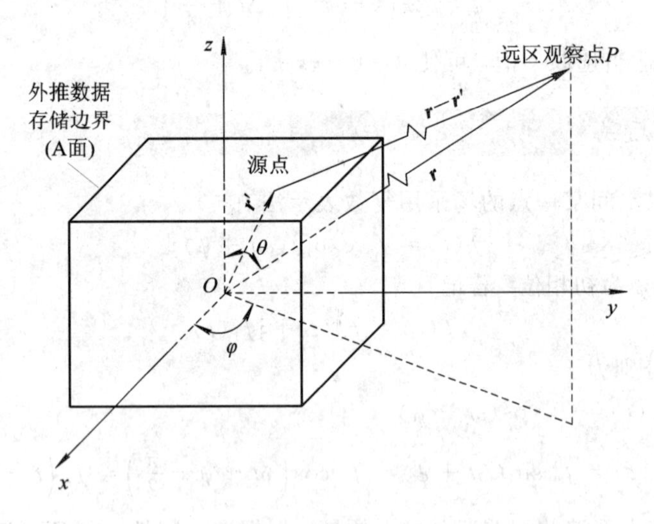

图 8-3　由数据存储边界外推远区场(三维)

对于远区场，有以下近似：

$$|\boldsymbol{r}-\boldsymbol{r}'|\simeq r-\boldsymbol{r}'\cdot\hat{\boldsymbol{r}} \tag{8-16}$$

其中，$\hat{\boldsymbol{r}}$ 为 r 方向单位矢量，$r=|\boldsymbol{r}|$。于是，格林函数在远区可近似为

$$G(\boldsymbol{r},\boldsymbol{r}')\simeq\frac{\exp(-\mathrm{j}kr)}{4\pi r}\exp(\mathrm{j}k\boldsymbol{r}'\cdot\hat{\boldsymbol{r}}) \tag{8-17}$$

代入式(8-4)得到

$$\begin{cases} \boldsymbol{A}(\boldsymbol{r}) = \dfrac{\exp(-\mathrm{j}kr)}{4\pi r}\iint_A \boldsymbol{J}(\boldsymbol{r}')\exp(\mathrm{j}k\boldsymbol{r}'\cdot\hat{\boldsymbol{r}})\mathrm{d}s' \\ \boldsymbol{F}(\boldsymbol{r}) = \dfrac{\exp(-\mathrm{j}kr)}{4\pi r}\iint_A \boldsymbol{J}_m(\boldsymbol{r}')\exp(\mathrm{j}k\boldsymbol{r}'\cdot\hat{\boldsymbol{r}})\mathrm{d}s' \end{cases} \tag{8-18}$$

上式右端积分号外为远区场的球面波因子，积分项代表方位角因子。令

$$\begin{cases} \boldsymbol{f}(\theta,\varphi) = \iint_A \boldsymbol{J}(\boldsymbol{r}')\exp(\mathrm{j}\boldsymbol{k}\cdot\boldsymbol{r}')\mathrm{d}s' \\ \boldsymbol{f}_m(\theta,\varphi) = \iint_A \boldsymbol{J}_m(\boldsymbol{r}')\exp(\mathrm{j}\boldsymbol{k}\cdot\boldsymbol{r}')\mathrm{d}s' \end{cases} \tag{8-19}$$

分别称为电流矩和磁流矩，式中，

$$\boldsymbol{k} = k\hat{\boldsymbol{r}}$$

为散射波矢量。对于远区场，式(8-3)中算子∇可以代之以$(-\mathrm{j}\boldsymbol{k})$，因此有

$$\begin{cases} \boldsymbol{E} = \mathrm{j}\boldsymbol{k}\times\boldsymbol{F} - \mathrm{j}\omega\mu\boldsymbol{A} - \dfrac{\boldsymbol{k}}{\mathrm{j}\omega\varepsilon}(\boldsymbol{k}\cdot\boldsymbol{A}) \\ \boldsymbol{H} = -\mathrm{j}\boldsymbol{k}\times\boldsymbol{A} - \mathrm{j}\omega\varepsilon\boldsymbol{F} - \dfrac{\boldsymbol{k}}{\mathrm{j}\omega\mu}(\boldsymbol{k}\cdot\boldsymbol{F}) \end{cases} \tag{8-20}$$

式(8-20)第一式右端各项写成球坐标分量形式得

$$\mathrm{j}\omega\mu\boldsymbol{A} + \frac{\boldsymbol{k}}{\mathrm{j}\omega\varepsilon}(\boldsymbol{k}\cdot\boldsymbol{A}) = \mathrm{j}\omega\mu\boldsymbol{A} + \hat{\boldsymbol{r}}\frac{k^2}{\mathrm{j}\omega\varepsilon}A_r = \mathrm{j}\omega\mu(\hat{\boldsymbol{\theta}}A_\theta + \hat{\boldsymbol{\varphi}}A_\varphi)$$

以及

$$\mathrm{j}\boldsymbol{k}\times\boldsymbol{F} = \mathrm{j}k\hat{\boldsymbol{r}}\times(\hat{\boldsymbol{r}}F_r + \hat{\boldsymbol{\theta}}F_\theta + \hat{\boldsymbol{\varphi}}F_\varphi) = \mathrm{j}k(\hat{\boldsymbol{\varphi}}F_\theta - \hat{\boldsymbol{\theta}}F_\varphi)$$

从而得到

$$\begin{cases} E_\theta = -\mathrm{j}kF_\varphi - \mathrm{j}\omega\mu A_\theta \\ E_\varphi = \mathrm{j}kF_\theta - \mathrm{j}\omega\mu A_\varphi \end{cases} \tag{8-21}$$

同理，由式(8-20)第二式得到

$$\begin{cases} H_\theta = \mathrm{j}kA_\varphi - \mathrm{j}\omega\varepsilon F_\theta \\ H_\varphi = -\mathrm{j}kA_\theta - \mathrm{j}\omega\varepsilon F_\varphi \end{cases} \tag{8-22}$$

注意到式(8-18)和式(8-19)，可以将式(8-21)用电流矩和磁流矩表示为

$$\begin{cases} E_\theta = \dfrac{\exp(-\mathrm{j}kr)}{4\pi r}(-\mathrm{j}k)(Zf_\theta + f_{m\varphi}) \\ E_\varphi = \dfrac{\exp(-\mathrm{j}kr)}{4\pi r}(\mathrm{j}k)(-Zf_\varphi + f_{m\theta}) \end{cases} \tag{8-23}$$

式中，$Z=\sqrt{\mu/\varepsilon}$为波阻抗。由于远区 $\boldsymbol{E}$ 和 $\boldsymbol{H}$ 之间的关系如同平面波，故不再写出磁场公式。

设观察点方向为 φ，θ，则

$$\boldsymbol{k}\cdot\boldsymbol{r}' = kx'\sin\theta\cos\varphi + ky'\sin\theta\sin\varphi + kz'\cos\theta$$

假设 FDTD 计算近场是在直角坐标系下进行的，则式(8-19)得到的 $\boldsymbol{f}$，$\boldsymbol{f}_m$是直角坐标分量，即

$$\begin{cases} f_{\zeta} = \iint\limits_{A} J_{\zeta}(\boldsymbol{r}')\exp(\mathrm{j}kx'\sin\theta\cos\varphi + \mathrm{j}ky'\sin\theta\sin\varphi + \mathrm{j}kz'\cos\theta)\mathrm{d}s' \\ f_{m,\zeta} = \iint\limits_{A} J_{m,\zeta}(\boldsymbol{r}')\exp(\mathrm{j}kx'\sin\theta\cos\varphi + \mathrm{j}ky'\sin\theta\sin\varphi + \mathrm{j}kz'\cos\theta)\mathrm{d}s' \end{cases} \tag{8-24}$$

其中，$\zeta=x$，y，z 表示直角坐标的三个分量。而 J_{ζ}，$J_{m\zeta}$ 可以由外推面上的切向电磁场得到。时谐场情形 J_{ζ}，$J_{m\zeta}$ 都是复数，其提取方法见 8.2 节。此外，由于 Yee 元胞中电场和磁场各分量节点的空间和时间取样彼此不同，在外推计算中需要将它们(外推面上电场和磁场的切向分量)的空间取样换算到外推面上的相同位置(例如元胞面元的中心点)；并且，还需将它们彼此相差 $\Delta t/2$ 的时间取样换算到相同时刻。根据直角坐标和球坐标之间的变换关系：

$$\begin{cases} f_{\theta} = f_x\cos\theta\cos\varphi + f_y\cos\theta\sin\varphi - f_z\sin\theta \\ f_{\varphi} = -f_x\sin\varphi + f_y\cos\varphi \end{cases} \tag{8-25}$$

则式(8-23)变为

$$\begin{cases} E_{\theta} = -\mathrm{j}k\dfrac{\exp(-\mathrm{j}kr)}{4\pi r}[Z(f_x\cos\theta\cos\varphi + f_y\cos\theta\sin\varphi - f_z\sin\theta) + (-f_{mx}\sin\varphi + f_{my}\cos\varphi)] \\ E_{\varphi} = \mathrm{j}k\dfrac{\exp(-\mathrm{j}kr)}{4\pi r}[Z(f_x\sin\varphi - f_y\cos\varphi) + (f_{mx}\cos\theta\cos\varphi + f_{my}\cos\theta\sin\varphi - f_{mz}\sin\theta)] \end{cases} \tag{8-26}$$

这就是三维远区电场的基本计算公式(频域)。远区磁场 $\boldsymbol{H}$ 和 $\boldsymbol{E}$ 之间的关系和平面波相同，故不再写出磁场公式。

8.3.2 封闭面积分计算的平均值方法

远区电场式(8-26)中的电流矩和磁流矩直角分量按照式(8-24)计算，其积分封闭面为长方体表面，如图 8-3 所示，共有 6 个面，各面上的面电磁流分量如表 8-1 所示。

表 8-1 三维外推面上的面电磁流

外推封闭面	切向场分量	$\boldsymbol{J}=\boldsymbol{n}\times\boldsymbol{H}$			$\boldsymbol{J}_m=-\boldsymbol{n}\times\boldsymbol{E}$		
		J_x	J_y	J_z	J_{mx}	J_{my}	J_{mz}
后界面 $i_0\Delta x$	E_y, E_z		H_z	$-H_y$		$-E_z$	E_y
前界面 $i_a\Delta x$	H_y, H_z		$-H_z$	H_y		E_z	$-E_y$
左界面 $j_0\Delta y$	E_z, E_x	$-H_z$		H_x	E_z		$-E_x$
右界面 $j_b\Delta y$	H_z, H_x	H_z		$-H_x$	$-E_z$		E_x
下界面 $k_0\Delta z$	E_x, E_y	H_y	$-H_x$		$-E_y$	E_x	
上界面 $k_c\Delta z$	H_x, H_y	$-H_y$	H_x		E_y	$-E_x$	

注意 Yee 元胞中电磁场分量节点的分布，上表中所用到的 $\boldsymbol{E}$ 切向分量节点均位于封闭面 A 上，而 $\boldsymbol{H}$ 切向分量节点则与封闭面 A 相距半个网格，如图 8-4 所示，图中分别记为 A 和 A_H 面。因此，式(8-24)沿封闭面 A 的积分对 $\boldsymbol{H}$ 切向分量需取平均值，如表 8-2 所

示，平均后的 $\boldsymbol{H}$ 切向分量记为 $\widetilde{H}_x$，$\widetilde{H}_y$，$\widetilde{H}_z$ 位于封闭面 A 上。由表 8-2、表 8-1 和 Yee 元胞场分量节点分布可见，长方体表面前、后界面上平均后的 $\widetilde{H}_y$ 节点与 $E_z(i,j,k+1/2)$ 节点位置一致，$\widetilde{H}_z$ 节点与 $E_y(i,j+1/2,k)$ 节点一致；长方体表面左、右界面上 $\widetilde{H}_z$ 节点与 $E_x(i+1/2,j,k)$ 节点位置一致，$\widetilde{H}_x$ 与 $E_z(i,j,k+1/2)$ 节点位置一致；长方体表面上、下界面上 $\widetilde{H}_x$ 与 $E_y(i,j+1/2,k)$ 节点一致，$\widetilde{H}_y$ 与 $E_x(i+1/2,j,k)$ 节点位置一致。这一特征在完成式(8-24)中积分数值计算时将用到。

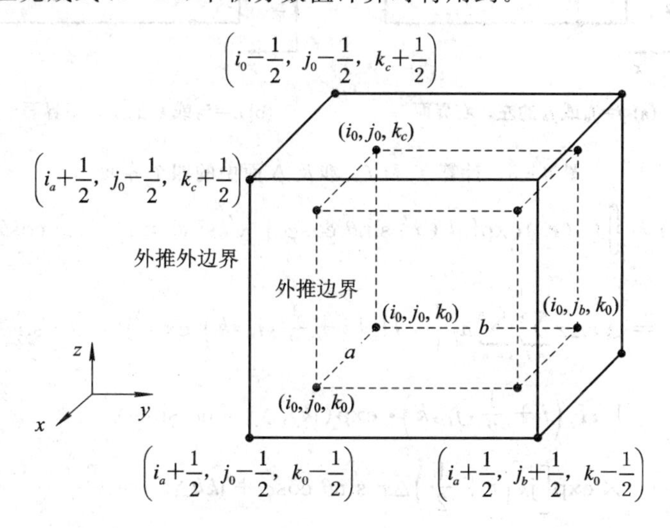

图 8-4　外推面区 A 和与其相距半个网格的 A_H 面

表 8-2　封闭面 A 处 $\boldsymbol{H}$ 切向分量的平均

外推封闭面	$\boldsymbol{H}$ 切向分量及其平均
后界面 $i_0\Delta x$ 前界面 $i_a\Delta x$	$\frac{1}{2}\left[H_y\left(i+\frac{1}{2},j,k+\frac{1}{2}\right)+H_y\left(i-\frac{1}{2},j,k+\frac{1}{2}\right)\right]=\widetilde{H}_y\left(i,j,k+\frac{1}{2}\right)$ $\frac{1}{2}\left[H_z\left(i+\frac{1}{2},j+\frac{1}{2},k\right)+H_z\left(i-\frac{1}{2},j+\frac{1}{2},k\right)\right]=\widetilde{H}_z\left(i,j+\frac{1}{2},k\right)$
左界面 $j_0\Delta y$ 右界面 $j_b\Delta y$	$\frac{1}{2}\left[H_z\left(i+\frac{1}{2},j+\frac{1}{2},k\right)+H_z\left(i+\frac{1}{2},j-\frac{1}{2},k\right)\right]=\widetilde{H}_z\left(i+\frac{1}{2},j,k\right)$ $\frac{1}{2}\left[H_x\left(i,j+\frac{1}{2},k+\frac{1}{2}\right)+H_x\left(i,j-\frac{1}{2},k+\frac{1}{2}\right)\right]=\widetilde{H}_x\left(i,j,k+\frac{1}{2}\right)$
下界面 $k_0\Delta z$ 上界面 $k_c\Delta z$	$\frac{1}{2}\left[H_x\left(i,j+\frac{1}{2},k+\frac{1}{2}\right)+H_x\left(i,j+\frac{1}{2},k-\frac{1}{2}\right)\right]=\widetilde{H}_x\left(i,j+\frac{1}{2},k\right)$ $\frac{1}{2}\left[H_y\left(i+\frac{1}{2},j,k+\frac{1}{2}\right)+H_y\left(i+\frac{1}{2},j,k-\frac{1}{2}\right)\right]=\widetilde{H}_y\left(i+\frac{1}{2},j,k\right)$

下面以电磁流矩 f_x 和 f_{mx} 分量的计算为例，f_x 和 f_{mx} 的计算涉及外推面中的 4 个面，即 $y=j_0\Delta y, j_b\Delta y$ 和 $z=k_0\Delta z$，$k_c\Delta z$，如图 8-5 所示。由式(8-24)及表 8-1、表 8-2 并参见图 8-5，将积分改用求和代替(注意：在本节以下离散式中，为了避免符号混淆，将时谐场复数表示中的 $\exp(\mathrm{j}kr)$ 改写为 $\exp(\tilde{\mathrm{j}}kr)$)，根据离散后的节点位置可得

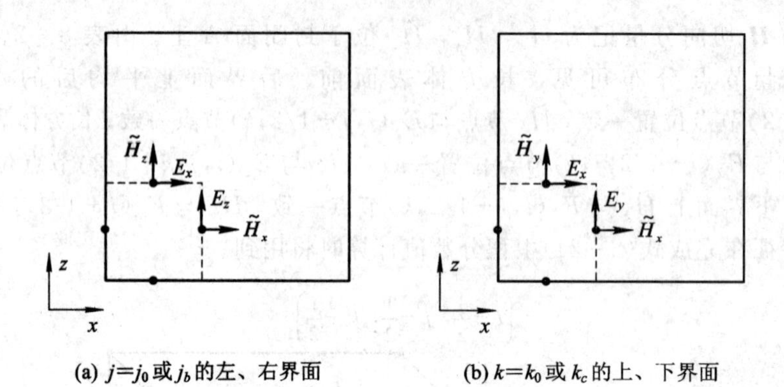

(a) $j=j_0$或j_b的左、右界面　　(b) $k=k_0$或k_c的上、下界面

图 8-5 计算 f_x和 f_{mx}涉及 A 面中的四个界面

$$\begin{aligned} f_x(\theta,\varphi) &= \iint_A J_x(\boldsymbol{r}')\exp[\mathrm{j}\widetilde{k}(x'\sin\theta\cos\varphi + y'\sin\theta\sin\varphi + z'\cos\theta)]\mathrm{d}s' \\ &= \Delta x\Delta z\sum_{i=i_0}^{i_a-1}\sum_{k=k_0}^{k_c} a_k\left\{-\widetilde{H}_z\left(i+\frac{1}{2},j_0,k\right)\exp(\mathrm{j}\widetilde{k}j_0\Delta y\sin\theta\sin\varphi)\right. \\ &\quad \left.+\widetilde{H}_z\left(i+\frac{1}{2},j_b,k\right)\cdot\exp(\mathrm{j}\widetilde{k}j_b\Delta y\sin\theta\sin\varphi)\right\} \\ &\quad \times\exp\left[\mathrm{j}\widetilde{k}\left(i+\frac{1}{2}\right)\Delta x\sin\theta\cos\varphi + \mathrm{j}\widetilde{k}k\Delta z\cos\theta\right] \\ &\quad +\Delta x\Delta y\sum_{i=i_0}^{i_a-1}\sum_{j=j_0}^{j_b} a_j\left\{\widetilde{H}_y\left(i+\frac{1}{2},j,k_0\right)\exp(\mathrm{j}\widetilde{k}k_0\Delta z\cos\theta)\right. \\ &\quad \left.-\widetilde{H}_y\left(i+\frac{1}{2},j,k_c\right)\cdot\exp(\mathrm{j}\widetilde{k}k_c\Delta z\cos\theta)\right\} \\ &\quad \times\exp\left[\mathrm{j}\widetilde{k}\left(i+\frac{1}{2}\right)\Delta x\sin\theta\cos\varphi + \mathrm{j}\widetilde{k}\mathrm{j}\ \Delta y\sin\theta\sin\varphi\right] \end{aligned} \tag{8-27}$$

式中，积分采用梯形近似时的系数为

$$a_k = \begin{cases}0.5, & k=k_0,k_c \\ 1, & \text{其它}\end{cases},\quad a_j = \begin{cases}0.5, & j=j_0,j_b \\ 1, & \text{其它}\end{cases},\quad a_i = \begin{cases}0.5, & i=i_0,i_a \\ 1, & \text{其它}\end{cases}$$

同样有

$$\begin{aligned} f_{mx}(\theta,\varphi) &= \iint_A J_{mx}(\boldsymbol{r}')\exp[\mathrm{j}\widetilde{k}(x'\sin\theta\cos\varphi + y'\sin\theta\sin\varphi + z'\cos\theta)]\mathrm{d}s' \\ &= \Delta x\Delta z\sum_{i=i_0}^{i_a}\sum_{k=k_0}^{k_c-1} a_i\left\{E_z\left(i,j_0,k+\frac{1}{2}\right)\exp(\mathrm{j}\widetilde{k}j_0\Delta y\sin\theta\sin\varphi)\right. \\ &\quad \left.-E_z\left(i,j_b,k+\frac{1}{2}\right)\exp(\mathrm{j}\widetilde{k}j_b\Delta y\sin\theta\sin\varphi)\right\} \\ &\quad \times\exp\left[\mathrm{j}\widetilde{k}i\Delta x\sin\theta\cos\varphi + \mathrm{j}\widetilde{k}\left(k+\frac{1}{2}\right)\Delta z\cos\theta\right] \\ &\quad +\Delta x\Delta y\sum_{i=i_0}^{i_a}\sum_{j=j_0}^{j_b-1} a_i\left\{-E_y\left(i,j+\frac{1}{2},k_0\right)\exp(\mathrm{j}\widetilde{k}k_0\Delta z\cos\theta)\right. \end{aligned}$$

$$+E_y\left(i,j+\frac{1}{2},k_c\right)\exp(\mathrm{j}\widetilde{k}k_c\Delta z\cos\theta)\Big\}$$

$$\times\exp\left[\mathrm{j}\widetilde{k}i\Delta x\sin\theta\cos\varphi+\mathrm{j}\widetilde{k}\left(j+\frac{1}{2}\right)\Delta y\sin\theta\sin\varphi\right] \tag{8-28}$$

对于 f_y，f_{my}，f_z，f_{mz} 有类似公式。应当注意以上二式中 E_x，E_y，E_z，$\widetilde{H}_x$，$\widetilde{H}_y$，$\widetilde{H}_z$ 均为时谐场复数表示形式。在 FDTD 计算中，如果入射波为时谐场，可用 8.2 节所述相位滞后法提取幅值和相位。如果入射波为脉冲波形，可用 8.5 节离散 Fourier 变换法提取指定频率下的幅值和相位。此外，还需将相差 $\Delta t/2$ 时间步的电场和磁场分量换算到相同时刻。

8.3.3 二维情形时谐场的外推

二维情形的时谐场格林函数为

$$G(\boldsymbol{r},\boldsymbol{r}')=\frac{1}{4\mathrm{j}}H_0^{(2)}(k|\boldsymbol{r}-\boldsymbol{r}'|) \tag{8-29}$$

其中，$H_0^{(2)}(\cdot)$表示第二类零阶 Hankel 函数。对于远区观察点，利用 Hankel 函数大宗量近似，即

$$H_0^{(2)}(z)\simeq\sqrt{\frac{2}{\pi z}}\exp\left[-\mathrm{j}\left(z-\frac{\pi}{4}\right)\right] \tag{8-30}$$

上式当 $|z|\gg1$ 时近似成立。于是，二维格林函数的远区近似为

$$G(\boldsymbol{r},\boldsymbol{r}')\simeq\frac{1}{2}\sqrt{\frac{1}{2\mathrm{j}\pi k|\boldsymbol{r}-\boldsymbol{r}'|}}\exp(-\mathrm{j}k|\boldsymbol{r}-\boldsymbol{r}'|) \tag{8-31}$$

其成立的条件是 $k|\boldsymbol{r}-\boldsymbol{r}'|\gg1$，或者 $2\pi|\boldsymbol{r}-\boldsymbol{r}'|/\lambda\gg1$。注意上式中指数项与三维格林函数式(8-17)有类似形式，因此上节所作远区近似式(8-16)仍然成立。于是式(8-31)可进一步近似为

$$G(\boldsymbol{r},\boldsymbol{r}')\simeq\frac{\exp(-\mathrm{j}kr)}{2\sqrt{2\mathrm{j}\pi kr}}\exp(\mathrm{j}\boldsymbol{k}\cdot\boldsymbol{r}') \tag{8-32}$$

设二维外推封闭面为 l，如图 8-6 所示。将上式代入式(8-4)得

$$\begin{cases}\boldsymbol{A}(\boldsymbol{r})=\dfrac{\exp(-\mathrm{j}kr)}{2\sqrt{2\mathrm{j}\pi kr}}\displaystyle\int_l\boldsymbol{J}(\boldsymbol{r}')\exp(\mathrm{j}\boldsymbol{k}\cdot\boldsymbol{r}')\mathrm{d}l'\\ \boldsymbol{F}(\boldsymbol{r})=\dfrac{\exp(-\mathrm{j}kr)}{2\sqrt{2\mathrm{j}\pi kr}}\displaystyle\int_l\boldsymbol{J}_m(\boldsymbol{r}')\exp(\mathrm{j}\boldsymbol{k}\cdot\boldsymbol{r}')\mathrm{d}l'\end{cases} \tag{8-33}$$

同样令

$$\begin{cases}\boldsymbol{f}(\varphi)=\displaystyle\int_l\boldsymbol{J}(\boldsymbol{r}')\exp(\mathrm{j}\boldsymbol{k}\cdot\boldsymbol{r}')\mathrm{d}l'\\ \boldsymbol{f}_m(\varphi)=\displaystyle\int_l\boldsymbol{J}_m(\boldsymbol{r}')\exp(\mathrm{j}\boldsymbol{k}\cdot\boldsymbol{r}')\mathrm{d}l'\end{cases} \tag{8-34}$$

分别称为电流矩和磁流矩。

在远区，式(8-3)中算子 ∇ 可以代之以($-\mathrm{j}\boldsymbol{k}$)，将式(8-3)中有关项写成柱坐标形式有

$$\mathrm{j}\omega\mu\boldsymbol{A}-\frac{1}{\mathrm{j}\omega\varepsilon}\nabla(\nabla\cdot\boldsymbol{A})=\mathrm{j}\omega\mu\boldsymbol{A}+\frac{\boldsymbol{k}}{\mathrm{j}\omega\varepsilon}(\boldsymbol{k}\cdot\boldsymbol{A})=\mathrm{j}\omega\mu\boldsymbol{A}+\hat{\boldsymbol{r}}\frac{k^2}{\mathrm{j}\omega\varepsilon}A_r=\mathrm{j}\omega\mu(\hat{\boldsymbol{z}}A_z+\hat{\boldsymbol{\varphi}}A_\varphi)$$

以及

$$-\nabla\times\boldsymbol{F}=\mathrm{j}\boldsymbol{k}\times\boldsymbol{F}=\mathrm{j}k\hat{\boldsymbol{r}}\times(\hat{\boldsymbol{z}}F_z+\hat{\boldsymbol{r}}F_r+\hat{\boldsymbol{\varphi}}F_\varphi)=\mathrm{j}k(-\hat{\boldsymbol{\varphi}}F_z+\hat{\boldsymbol{z}}F_\varphi)$$

从而得到

$$\begin{cases}E_z=\mathrm{j}kF_\varphi-\mathrm{j}\omega\mu A_z\\E_\varphi=-\mathrm{j}kF_z-\mathrm{j}\omega\mu A_\varphi\end{cases}\tag{8-35}$$

同理可得

$$\begin{cases}H_z=-\mathrm{j}kA_\varphi-\mathrm{j}\omega\varepsilon F_z\\H_\varphi=\mathrm{j}kA_z-\mathrm{j}\omega\varepsilon F_\varphi\end{cases}\tag{8-36}$$

利用电流矩和磁流矩式(8-34)，以上二式的纵向分量可写成

$$\begin{cases}E_z=\dfrac{\exp(-\mathrm{j}kr)}{2\sqrt{2\mathrm{j}\pi kr}}(\mathrm{j}k)(-Zf_z+f_{m\varphi})\\[2ex]H_z=\dfrac{\exp(-\mathrm{j}kr)}{2\sqrt{2\mathrm{j}\pi kr}}(-\mathrm{j}k)\left(f_\varphi+\dfrac{1}{Z}f_{mz}\right)\end{cases}\tag{8-37}$$

式中，$Z=\sqrt{\mu/\varepsilon}$为波阻抗。以上分别对应于二维情形的TM波和TE波，其它横向场分量可以用纵向分量表示，故不再写出。

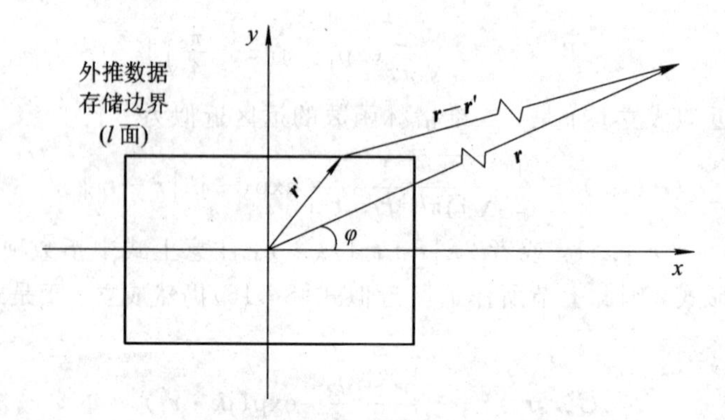

图 8-6 由数据存储边界外推远区场(二维)

设远区观察点的方位角为 φ，则

$$\boldsymbol{k}\cdot\boldsymbol{r}'=kx'\cos\varphi+ky'\sin\varphi$$

则在直角坐标下，有

$$\begin{cases}f_\zeta=\displaystyle\int_l J_\zeta(\boldsymbol{r}')\exp(\mathrm{j}kx'\cos\varphi+\mathrm{j}ky'\sin\varphi)\,\mathrm{d}l'\\[2ex]f_{m,\zeta}=\displaystyle\int_l J_{m,\zeta}(\boldsymbol{r}')\exp(\mathrm{j}kx'\cos\varphi+\mathrm{j}ky'\sin\varphi)\,\mathrm{d}l'\end{cases}\tag{8-38}$$

其中，$\zeta=x,y,z$ 表示直角坐标的三个分量。利用直角坐标和柱坐标之间的变换关系，有

$$\begin{cases}f_\varphi=-f_x\sin\varphi+f_y\cos\varphi\\f_{m\varphi}=-f_{mx}\sin\varphi+f_{my}\cos\varphi\end{cases}\tag{8-39}$$

式(8-37)可写为

$$\begin{cases}E_z=\dfrac{1}{2}\sqrt{\dfrac{\mathrm{j}k}{2\pi r}}\exp(-\mathrm{j}kr)(-Zf_z-f_{mx}\sin\varphi+f_{my}\cos\varphi)\\[2ex]H_z=-\dfrac{1}{2}\sqrt{\dfrac{\mathrm{j}k}{2\pi r}}\exp(-\mathrm{j}kr)\left(-f_x\sin\varphi+f_y\cos\varphi+\dfrac{1}{Z}f_{mz}\right)\end{cases}\tag{8-40}$$

以上分别对应于二维 TM 波和 TE 波。同样，在应用二维外推公式(8-40)时需要注意时谐场情形输出边界切向电磁场幅值和相位的提取，以及 Yee 元胞中电场和磁场各分量的样本点都应当用插值方法换算到外推数据存储面上各元胞面的中点。并且，需要将计算时间相差 $\Delta t/2$ 的电场和磁场分量换算到相同时刻。

8.4 瞬态场的外推

8.4.1 三维情形基本公式

如果 FDTD 的入射波是时域脉冲，就需要考虑如何将时域近场数据外推到计算域以外的情形。对于远区场，由式(8-21)得到(Yee, Ingham and Shlager, 1991)

$$\begin{cases} E_\theta = -\mathrm{j}k(ZA_\theta + F_\varphi) = -(ZW_\theta + U_\varphi) \\ E_\varphi = -\mathrm{j}k(ZA_\varphi - F_\theta) = -(ZW_\varphi - U_\theta) \end{cases} \tag{8-41}$$

下面讨论将以上频域公式通过 Fourier 变换转换到时域。为此，在频域令

$$\begin{cases} \boldsymbol{W} = \mathrm{j}k\boldsymbol{A}(\boldsymbol{r}) = \mathrm{j}k\,\dfrac{\exp(-\mathrm{j}kr)}{4\pi r}\displaystyle\iint_A \boldsymbol{J}(\boldsymbol{r}')\exp(\mathrm{j}k\boldsymbol{r}'\cdot\hat{\boldsymbol{r}})\mathrm{d}s' \\ \boldsymbol{U} = \mathrm{j}k\boldsymbol{F}(\boldsymbol{r}) = \mathrm{j}k\,\dfrac{\exp(-\mathrm{j}kr)}{4\pi r}\displaystyle\iint_A \boldsymbol{J}_m(\boldsymbol{r}')\exp(\mathrm{j}k\boldsymbol{r}'\cdot\hat{\boldsymbol{r}})\mathrm{d}s' \end{cases} \tag{8-42}$$

注意上式中 $k=\dfrac{\omega}{c}$，以及 $\boldsymbol{J}(\boldsymbol{r}')\equiv\boldsymbol{J}(\boldsymbol{r}',\omega)$，$\boldsymbol{J}_m(\boldsymbol{r}')\equiv\boldsymbol{J}_m(\boldsymbol{r}',\omega)$，记其逆 Fourier 变换为

$$\begin{cases} \boldsymbol{j}(\boldsymbol{r}',t) = \dfrac{1}{2\pi}\displaystyle\int \boldsymbol{J}(\boldsymbol{r}',\omega)\exp(\mathrm{j}\omega t)\mathrm{d}\omega \\ \boldsymbol{j}_m(\boldsymbol{r}',t) = \dfrac{1}{2\pi}\displaystyle\int \boldsymbol{J}_m(\boldsymbol{r}',\omega)\exp(\mathrm{j}\omega t)\mathrm{d}\omega \end{cases} \tag{8-43}$$

根据 Fourier 变换性质，有

$$\begin{cases} \dfrac{\partial}{\partial t}\boldsymbol{j}(\boldsymbol{r}',t) = \dfrac{1}{2\pi}\displaystyle\int \mathrm{j}\omega\boldsymbol{J}(\boldsymbol{r}',\omega)\exp(\mathrm{j}\omega t)\mathrm{d}\omega \\ \dfrac{\partial}{\partial t}\boldsymbol{j}_m(\boldsymbol{r}',t) = \dfrac{1}{2\pi}\displaystyle\int \mathrm{j}\omega\boldsymbol{J}_m(\boldsymbol{r}',\omega)\exp(\mathrm{j}\omega t)\mathrm{d}\omega \end{cases} \tag{8-44}$$

将式(8-43)中 t 替换为 $\left(t-\dfrac{r}{c}+\dfrac{\hat{\boldsymbol{e}}_r\cdot\boldsymbol{r}'}{c}\right)$，得

$$\begin{cases} \boldsymbol{j}\left(\boldsymbol{r}',t-\dfrac{r}{c}+\dfrac{\hat{\boldsymbol{r}}\cdot\boldsymbol{r}'}{c}\right) = \dfrac{1}{2\pi}\displaystyle\int \boldsymbol{J}(\boldsymbol{r}',\omega)\exp(-\mathrm{j}kr)\exp(\mathrm{j}\boldsymbol{k}\cdot\boldsymbol{r}')\exp(\mathrm{j}\omega t)\mathrm{d}\omega \\ \boldsymbol{j}_m\left(\boldsymbol{r}',t-\dfrac{r}{c}+\dfrac{\hat{\boldsymbol{r}}\cdot\boldsymbol{r}'}{c}\right) = \dfrac{1}{2\pi}\displaystyle\int \boldsymbol{J}_m(\boldsymbol{r}',\omega)\exp(-\mathrm{j}kr)\exp(\mathrm{j}\boldsymbol{k}\cdot\boldsymbol{r}')\exp(\mathrm{j}\omega t)\mathrm{d}\omega \end{cases} \tag{8-45}$$

对式(8-42)作逆 Fourier 变换并应用式(8-43)～式(8-45)可以得到

$$\begin{cases} \boldsymbol{w}(t) = \dfrac{1}{4\pi rc}\dfrac{\partial}{\partial t}\iint_A \boldsymbol{j}\left(\boldsymbol{r}', t+\dfrac{\hat{\boldsymbol{r}}\cdot\boldsymbol{r}'}{c}-\dfrac{r}{c}\right)\mathrm{d}s' \\ \boldsymbol{u}(t) = \dfrac{1}{4\pi rc}\dfrac{\partial}{\partial t}\iint_A \boldsymbol{j}_m\left(\boldsymbol{r}', t+\dfrac{\hat{\boldsymbol{r}}\cdot\boldsymbol{r}'}{c}-\dfrac{r}{c}\right)\mathrm{d}s' \end{cases} \tag{8-46}$$

所以，将式(8-42)代入式(8-41)并作逆 Fourier 变换，得到时域中的关系式为

$$\begin{cases} e_\theta(t) = -u_\varphi(t) - Zw_\theta(t) \\ e_\varphi(t) = u_\theta(t) - Zw_\varphi(t) \end{cases}$$

其中，$\boldsymbol{e}(t)$是电场 $\boldsymbol{E}$ 的逆 Fourier 变换。参照式(8-25)，上式右端也可以写成直角分量形式

$$\begin{cases} e_\theta(t) = (u_x\sin\varphi - u_y\cos\varphi) - Z(w_x\cos\theta\cos\varphi + w_y\cos\theta\sin\varphi - w_z\sin\theta) \\ e_\varphi(t) = (u_x\cos\theta\cos\varphi + u_y\cos\theta\sin\varphi - u_z\sin\theta) + Z(w_x\sin\varphi - w_y\cos\varphi) \end{cases} \tag{8-47}$$

计算的关键是由外推数据存储面上的时域电磁流 $\boldsymbol{j}(\boldsymbol{r}',t)$和 $\boldsymbol{j}_m(\boldsymbol{r}',t)$求 $\boldsymbol{w}(t)$和 $\boldsymbol{u}(t)$。

8.4.2　外推远区场的投盒子方法

下面讨论式(8-46)中的积分在 FDTD 中的计算。设三维的 6 个外推面共有 L 个离散小面元，对面电流或面磁流的任意一个直角分量，式(8-46)中的积分表示成离散形式为

$$q(t) = \iint_A j\left(\boldsymbol{r}', t+\frac{\hat{\boldsymbol{r}}\cdot\boldsymbol{r}'}{c}-\frac{r}{c}\right)\mathrm{d}s' = \sum_{l=1}^{L} j_l(t-\tau_l) \tag{8-48}$$

其中，

$$\tau_l = \frac{r}{c} - \frac{\hat{\boldsymbol{r}}\cdot\boldsymbol{r}'_l}{c} \tag{8-49}$$

为第 l 个面元$\boldsymbol{r}'_l$到远区观察点 $P(\boldsymbol{r})$(方向为 $\hat{\boldsymbol{r}}$)的推迟时间。观察点 $P(\boldsymbol{r})$处的场值为外推封闭面上各点电磁流在不同时刻的值经过一定时间延迟后的贡献的叠加。封闭面上各点到达观察点的推迟时间彼此不同，如图 8-7 所示。假设 $\boldsymbol{r}'_0$为距离 P 点最近的面元，对应的推迟时间为所有面元中最短的，令

$$\tau_{\min} = \min(\tau_l) = \frac{r}{c} - \frac{\hat{\boldsymbol{r}}\cdot\boldsymbol{r}'_0}{c}$$

则 $\boldsymbol{r}'_l$处第 l 面元的推迟时间为

$$\tau_l = \frac{r}{c} - \frac{\hat{\boldsymbol{r}}\cdot\boldsymbol{r}'_l}{c} = \frac{r}{c} - \frac{\hat{\boldsymbol{r}}\cdot\boldsymbol{r}'_0}{c} + \left(\frac{\hat{\boldsymbol{r}}\cdot\boldsymbol{r}'_0}{c} - \frac{\hat{\boldsymbol{r}}\cdot\boldsymbol{r}'_l}{c}\right) = \tau_{\min} + \tau'_l \tag{8-50}$$

其中，τ'_l为面元 $\boldsymbol{r}'_l$相对面元 $\boldsymbol{r}'_0$的推迟时间。

简单直观的方法是记录外推面上各面元电流 $j_l(l=1,2,\cdots,L)$，再按照彼此推迟时间的不同进行叠加。若记录的时间为 $n\Delta t(n=1,2,\cdots,N)$，则至少需要矩阵大小为 $L\times N^+$，其中 $N^+>N$。因为各面元推迟时间不同，到达观察点 P 的波形持续时间将大于 $N\Delta t$。下面介绍一种“投盒子”法来减少内存使用量。

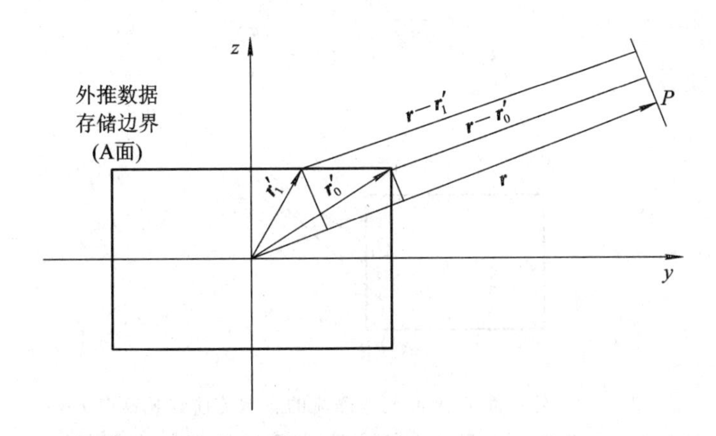

图 8-7　瞬态外推中的时间延迟

如前所述，P 点场值为外推封闭面上各点不同时刻电磁流的贡献经过一定时间延迟后的叠加结果。例如在 FDTD 计算的 $t'=n\Delta t$ 时刻，面元 $\boldsymbol{r}_l'$上电磁流对 P 点场值的贡献的时间延迟为

$$t = t' + \tau_l = n\Delta t + \tau_{\min} + \tau_l' \tag{8-51}$$

忽略常数项 $\tau_{\min}$(它只与点 P 的位置有关)，并离散得到

$$k\Delta t = n\Delta t + \tau_l' \qquad k = 0,1,2,\cdots \tag{8-52}$$

也就是建立起一系列时间“小盒子”$k(k=1,2,\cdots)$，面元 $\boldsymbol{r}_l'$在第 $n\Delta t$ 时刻对 P 点场值的贡献应该投到第 k 个盒子中。注意其中距离 P 点最近的面元 $\boldsymbol{r}_0'$在时刻 $n\Delta t=0$ 时对应的盒子应该为 $k=0$。因此在第 $t'=n\Delta t$ 时间步，由式(8-48)得

$$q(t) = q(\tau_{\min} + \tau_l' + n\Delta t) = q(\tau_{\min} + k\Delta t) = \sum_{l=1}^{L} j_l^k(n\Delta t) \qquad k = 0,1,2,\cdots \tag{8-53}$$

其中，$j_l^k(n\Delta t)$表示面元 l 在第 n 时间步时对盒子 k 的贡献。当然这些贡献可能不正好落在整数 k 的盒子里，这时需要用插值方法将贡献分配到相邻的两个盒子里。由式(8-53)有

$$k = n + \frac{\tau_l'}{\Delta t} \tag{8-54}$$

取小于 1 的数，即

$$\varepsilon = \frac{\tau_l'}{\Delta t} - \text{int}\left(\frac{\tau_l'}{\Delta t}\right) \tag{8-55}$$

式中，int 表示取整数，则可将 j_l分为两部分：

$$\begin{aligned} j_l^k &= (1-\varepsilon)j_l \\ j_l^{k+1} &= \varepsilon j_l \end{aligned} \tag{8-56}$$

随着时间步的推进，各时间盒子中投入值叠加。最后将结果代入式(8-46)和式(8-47)便可以得到远区 P 点处的瞬态场。

远区瞬态场外推的简单方法和投盒子方法的区别在于：前者是从远区观察点 P 的立场收集 A 面上面电磁流的影响；后者则是从外推面 A 的立场考虑 A 面上各面元电磁流的影响传播到观察点 P。如图 8-8 所示，设 A 面上两个面元 Q_1 和 Q_2的影响传播到 P 点所需时间为 τ_1 和 τ_2，即

$$\tau_1 = \frac{\overline{PQ_1}}{c}, \quad \tau_2 = \frac{\overline{PQ_2}}{c} \tag{8-57}$$

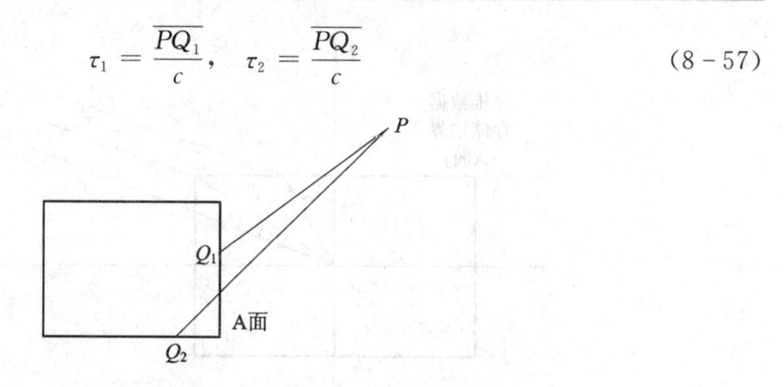

图 8-8　外推面 A 上面元电磁流的影响传播到观察点 P

简单方法示意如图 8-9 所示。$E_P(t)$表示远区观察点 P 的电磁场，$J_{Q_1}(t)$和 $J_{Q_2}(t)$则代表图 8-8 中 A 面上的两个面元 Q_1 和 Q_2 处的面电磁流。计算 $E_P(t)$在 t 时刻的场需要收集 $J_{Q_1}(t)$在$(t-\tau_{Q_1})$以及 $J_{Q_2}(t)$在$(t-\tau_{Q_2})$时刻的电磁流。因此，需要记录 A 面的所有面元上面电磁流的全部时间变化值，然后在 $E_P(t)$计算中选取面 A 上各个 Q 点相应时刻$(t-\tau_Q)$的 $J_Q(t)$值进行迭加，即式(8-49)所示。

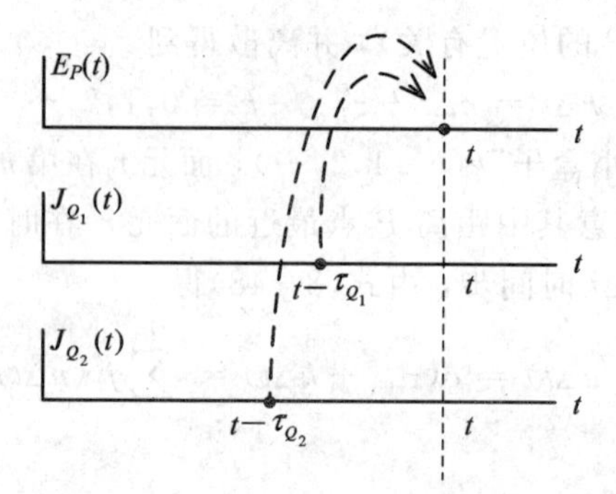

图 8-9　简单方法的示意图

投盒子方法示意如图 8-10 所示。将 A 面上各面元电磁流 $J_{Q_1}(t)$和 $J_{Q_2}(t)$的 t 时刻影响投入到 P 点不同时刻的盒子$(t+\tau_{Q_1})$和$(t+\tau_{Q_2})$中，随着 FDTD 计算时间 t 的逐步推进，将 P 点的各个盒子中的结果累加，直到瞬态过程结束。

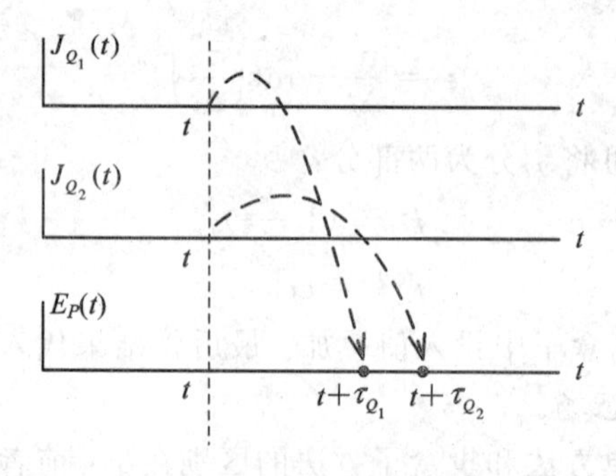

图 8-10　投盒子方法示意图

注意到式(8-46)中面电流和面磁流分别对应于磁场和电场切向分量，而 FDTD 的 Yee 元胞中电场和磁场分量彼此相差半个网格，因此，完成式(8-46)积分时就需要采用

8.3节所述的平均值方法。

另外，编程中还要注意两点：

(1) 根据推迟时间式(8-49)投盒子时，应根据式(8-47)乘以和远区观察方向有关的三角函数因子后再累加到相应远区场“盒子”$e_\theta(t_n)$，$e_\varphi(t_n)$中；

(2) 式(8-46)中的$\partial/\partial t$运算可在投盒子完成以后再用差分近似(例如后向差分)实现。

8.5 瞬态场外推时谐场

如果FDTD计算所用入射波为时谐场，利用8.3节的频域外推公式就可以得到该频率下的空间散射场或辐射场。比较适合于计算双站雷达散射截面(RCS)或天线辐射方向图。如果FDTD计算所用入射波为瞬态脉冲波，利用8.4节时域外推公式及“投盒子”方法可以计算远区场，适合于计算单个方向或若干个方向上的时域散射场或辐射场，经过Fourier变换得到该方向上雷达散射截面(RCS)或辐射特性随频率的变化关系。如果FDTD计算所用入射波为瞬态脉冲波，但希望得到若干个频率下空间任意方向的散射场或辐射场，那么可以应用下面讨论的离散Fourier变换方法。

从瞬态场过渡到频域场需要经过Fourier变换：

$$\boldsymbol{E}(f,\boldsymbol{r})=\int_{-\infty}^{+\infty}\boldsymbol{E}(t,\boldsymbol{r})\exp(-\mathrm{j}2\pi ft)\,\mathrm{d}t \tag{8-58}$$

由于FDTD已计算得到$\boldsymbol{E}(t,\boldsymbol{r})$间隔为$\Delta t$的样点值，将上式右端积分用求和代替，即

$$\boldsymbol{E}(f,\boldsymbol{r})=\Delta t\sum_{n=0}^{N}\boldsymbol{E}(n\Delta t,\boldsymbol{r})\exp(-\mathrm{j}2\pi fn\Delta t) \tag{8-59}$$

式中，n为时间步，N为入射脉冲激励下FDTD计算域得到完整响应所需要的总时间步。显然对于磁场有同样的关系。

在FDTD计算过程中对输出边界上每一个元胞的电场和磁场切向分量都应用式(8-59)，随着计算时间的推进将每一步得到的$\boldsymbol{E}(n\Delta t,\boldsymbol{r})$加入到式(8-59)的求和中，而不必占据存储空间。式(8-59)右端因子$\exp(-\mathrm{j}2\pi fn\Delta t)$中的$f$则取所关心的一个或几个频率。这样FDTD计算完成后便得到输出边界上各元胞电磁场的频域值，然后利用8.3节介绍的频域外推公式便可以得到相应频率点的远区场。

应用这种方法外推远区场时，对每一个所关心的频率，在FDTD计算域输出面的每一个元胞上都要定义一个数组来存储$\boldsymbol{E}(f,\boldsymbol{r})$。显然，如果关心的频率点数目较多，总存储量也会很大。但它的优点是一旦将这些数据存储下来，经过外推就可以方便地得到所有方向的远区散射场或辐射场。因此它比较适合于计算某个固定频率但多个方向上的散射场或辐射场。

8.6 平面波加入的总场边界方法

当辐射源远离物体时，照射到物体上的电磁波可以看做平面波。为了计算平面波照射下物体的散射，通常将FDTD计算域划分为总场区和散射场区，并通过总场边界来设置平面波。

8.6.1 等效原理

电磁散射问题中空间场可以写成入射场和散射场之和，即

$$\boldsymbol{E} = \boldsymbol{E}_{inc} + \boldsymbol{E}_s$$
$$\boldsymbol{H} = \boldsymbol{H}_{inc} + \boldsymbol{H}_s$$

用 FDTD 计算散射问题时通常将计算域划分为总场区和散射场区，如图 8-2 所示。这样，在截断边界附近只有散射场，是外向行波，符合截断边界处的吸收边界条件用于吸收外向行波的要求。散射物体放置在总场区内，物体表面的边界条件是对总场而言的，所以物体表面附近应当是总场。下面讨论如何保证入射波只限制在总场区范围。

首先考虑总场区内没有散射体的情形。设入射波为 $\boldsymbol{E}_{inc}$，$\boldsymbol{H}_{inc}$，如图 8-11(a)所示。为了使入射波限制在图中 A 面内有限区域，根据等效原理，在区域界面 A 上设置等效面电磁流，并设 A 面外的场为零，如图 8-11(b)所示。因而，A 面上的等效电磁流为

$$\begin{cases} \boldsymbol{J} = -\boldsymbol{n} \times \boldsymbol{H}_{inc} \big|_A \\ \boldsymbol{J}_m = \boldsymbol{n} \times \boldsymbol{E}_{inc} \big|_A \end{cases} \tag{8-60}$$

式中，$\boldsymbol{n}$ 为面 A 的外法向。所以，在图 8-2 所示总场一散射场区的分界面上设置入射波电磁场的切向分量便可将入射波只引入到总场区，而在总场区外的散射场区没有入射波。如果总场区内有散射体，它所产生的散射波将既出现在总场区，也分布在散射场区内。

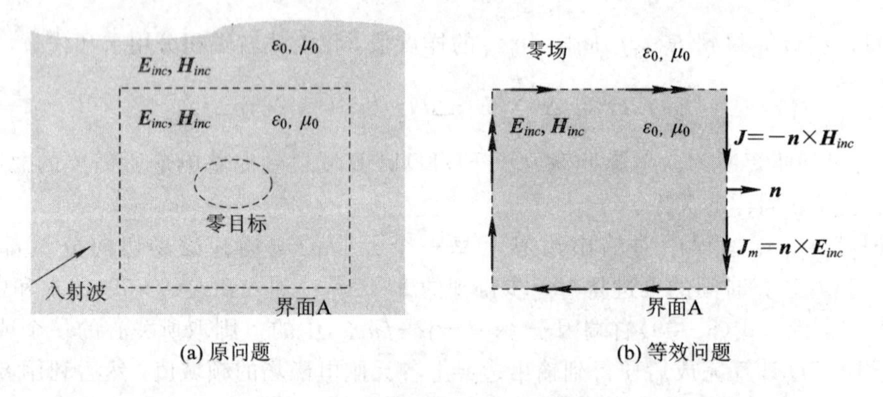

(a) 原问题　　(b) 等效问题

图 8-11 应用等效原理设置入射波示意图

8.6.2 二维情形

下面以二维 TM 波为例进一步说明。无论在总场区或散射场区内部，FDTD 公式形式相同。需要特殊处理的只是总场一散射场边界处场的计算式。如图 8-12 所示，二维总场区范围为 $i_0 \leqslant i \leqslant i_a$，$j_0 \leqslant j \leqslant j_b$。注意，$E_z$ 在总场边界上属于总场区。距离总场边界 1/2 网格处为总场外边界，其上磁场分量 H_x，H_y 属于散射场区。由于散射体位于总场区内，总场边界附近为无源区。

以 $y=j_0\Delta y$ 总场边界为例，如图 8-13 所示。参照式(5-19)，注意：(a) $H_y^{n+\frac{1}{2}}\left(i+\frac{1}{2}, j_0\right)$ 属于总场，计算 $H_y^{n+\frac{1}{2}}\left(i+\frac{1}{2}, j_0\right)$ 时涉及的 E_z 节点均为总场，因此计算公式不变；

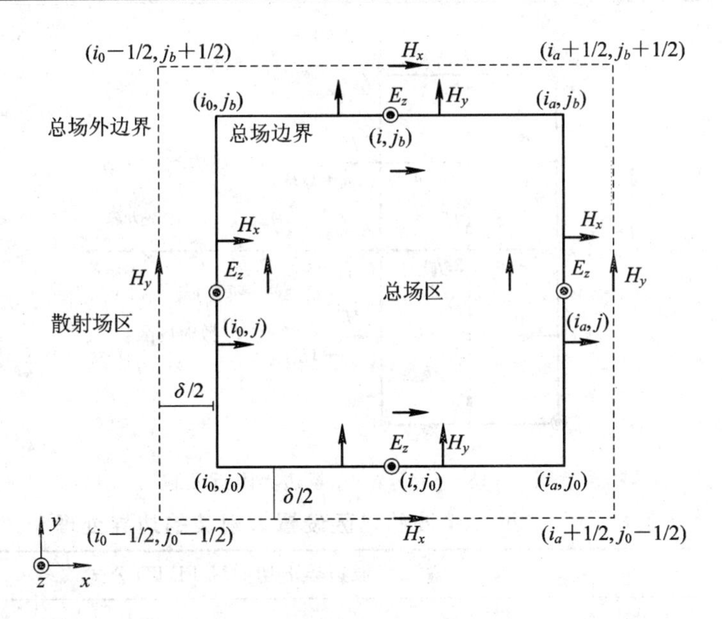

图 8-12　二维总场一散射场边界

(b) $H_x^{n+\frac{1}{2}}\left(i, j_0-\dfrac{1}{2}\right)$属散射场，但计算时涉及的两个 E_z 节点分别为总场及散射场，应在总场节点扣除入射波值；(c) $E_z^{n+1}(i, j_0)$属于总场，计算时涉及的两个 H_x 节点分别为总场及散射场，应在散射场节点加上入射波值，另外两个 H_y 节点均属总场。根据以上分析，FDTD 公式需改写如下：

$$
\left\{
\begin{aligned}
H_x^{n+\frac{1}{2}}\left(i, j_0-\frac{1}{2}\right) &= H_x^{n-\frac{1}{2}}\left(i, j_0-\frac{1}{2}\right)-\frac{\Delta t}{\mu}\cdot\left[\frac{E_z^n(i, j_0)-E_z^n(i, j_0-1)}{\Delta y}\right]+\frac{\Delta t}{\mu}\frac{E_{z,inc}^n(i, j_0)}{\Delta y} \\
&= H_x^{n-\frac{1}{2}}\left(i, j_0-\frac{1}{2}\right)-\frac{\Delta t}{\mu}[\nabla\times\boldsymbol{E}]_x^n+\frac{\Delta t}{\mu}\frac{E_{z,inc}^n(i, j_0)}{\Delta y} \\
H_y^{n+\frac{1}{2}}\left(i+\frac{1}{2}, j_0\right) &= H_y^{n-\frac{1}{2}}\left(i+\frac{1}{2}, j_0\right)+\frac{\Delta t}{\mu}[\nabla\times\boldsymbol{E}]_y^n \\
E_z^{n+1}(i, j_0) &= E_z^n(i, j_0)+\frac{\Delta t}{\varepsilon}\left[\frac{H_y^{n+\frac{1}{2}}\left(i+\frac{1}{2}, j_0\right)-H_y^{n+\frac{1}{2}}\left(i-\frac{1}{2}, j_0\right)}{\Delta x}\right. \\
&\qquad\left.-\frac{H_x^{n+\frac{1}{2}}\left(i, j_0+\frac{1}{2}\right)-H_x^{n+\frac{1}{2}}\left(i, j_0-\frac{1}{2}\right)}{\Delta y}\right]+\frac{\Delta t}{\varepsilon}\frac{H_{x,inc}^{n+\frac{1}{2}}\left(i, j_0-\frac{1}{2}\right)}{\Delta y} \\
&= E_z^n(i, j_0)+\frac{\Delta t}{\varepsilon}[\nabla\times\boldsymbol{H}]_z^{n+\frac{1}{2}}+\frac{\Delta t}{\varepsilon}\frac{H_{x,inc}^{n+\frac{1}{2}}\left(i, j_0-\frac{1}{2}\right)}{\Delta y}
\end{aligned}
\right.
\tag{8-61}
$$

上式中入射场切向分量对应于式(8-60)所示等效面电磁流，因而在总场区引入了入射波。图 8-12 所示总场区的其它几个边界有类似处理，如表 8-3 所示。由式(8-61)可见，入射波的加入只是在总场边界和总场外边界切向场分量的 FDTD 公式中加上相应的等效电流或磁流，而法向场分量公式不变。

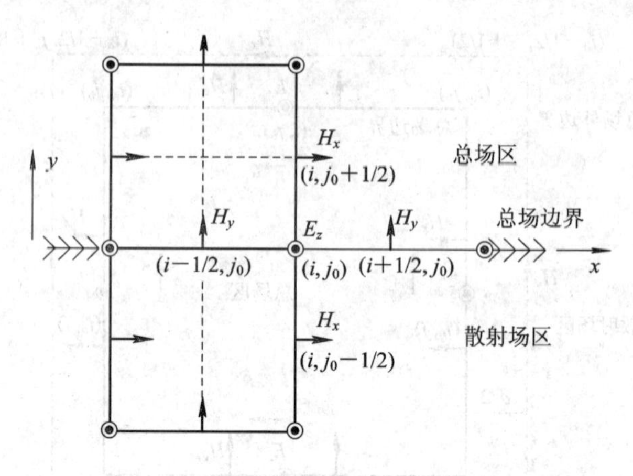

图 8-13　$y=j_0\Delta y$ 总场边界附近元胞

表 8-3　二维 TM 波总场区设置入射波的边界处理

总场边界	总场区域边界上切向场 FDTD 公式
$i_0\Delta x$	$E_z^{n+1}(i_0,j)=E_z^n(i_0,j)+\frac{\Delta t}{\varepsilon}[\nabla\times\boldsymbol{H}]_z^{n+\frac{1}{2}}-\frac{\Delta t}{\varepsilon}\frac{H_{y,inc}^{n+\frac{1}{2}}\left(i_0-\frac{1}{2},j\right)}{\Delta x}$ $H_y^{n+\frac{1}{2}}\left(i_0-\frac{1}{2},j\right)=H_y^{n-\frac{1}{2}}\left(i_0-\frac{1}{2},j\right)-\frac{\Delta t}{\mu}[\nabla\times\boldsymbol{E}]_y^n-\frac{\Delta t}{\mu}\frac{E_{z,inc}^n(i_0,j)}{\Delta x}$
$i_a\Delta x$	$E_z^{n+1}(i_a,j)=E_z^n(i_a,j)+\frac{\Delta t}{\varepsilon}[\nabla\times\boldsymbol{H}]_z^{n+\frac{1}{2}}+\frac{\Delta t}{\varepsilon}\frac{H_{y,inc}^{n+\frac{1}{2}}\left(i_a+\frac{1}{2},j\right)}{\Delta x}$ $H_y^{n+\frac{1}{2}}\left(i_a+\frac{1}{2},j\right)=H_y^{n-\frac{1}{2}}\left(i_a+\frac{1}{2},j\right)-\frac{\Delta t}{\mu}[\nabla\times\boldsymbol{E}]_y^n+\frac{\Delta t}{\mu}\frac{E_{z,inc}^n(i_a,j)}{\Delta x}$
$j_0\Delta y$	$E_z^{n+1}(i,j_0)=E_z^n(i,j_0)+\frac{\Delta t}{\varepsilon}[\nabla\times\boldsymbol{H}]_z^{n+\frac{1}{2}}+\frac{\Delta t}{\varepsilon}\frac{H_{x,inc}^{n+\frac{1}{2}}\left(i,j_0-\frac{1}{2}\right)}{\Delta y}$ $H_x^{n+\frac{1}{2}}\left(i,j_0-\frac{1}{2}\right)=H_x^{n-\frac{1}{2}}\left(i,j_0-\frac{1}{2}\right)-\frac{\Delta t}{\mu}[\nabla\times\boldsymbol{E}]_x^n+\frac{\Delta t}{\mu}\frac{E_{z,inc}^n(i,j_0)}{\Delta y}$
$j_b\Delta y$	$E_z^{n+1}(i,j_b)=E_z^n(i,j_b)+\frac{\Delta t}{\varepsilon}[\nabla\times\boldsymbol{H}]_z^{n+\frac{1}{2}}-\frac{\Delta t}{\varepsilon}\frac{H_{x,inc}^{n+\frac{1}{2}}\left(i,j_b+\frac{1}{2}\right)}{\Delta y}$ $H_x^{n+\frac{1}{2}}\left(i,j_b+\frac{1}{2}\right)=H_x^{n-\frac{1}{2}}\left(i,j_b+\frac{1}{2}\right)-\frac{\Delta t}{\mu}[\nabla\times\boldsymbol{E}]_x^n-\frac{\Delta t}{\mu}\frac{E_{z,inc}^n(i,j_b)}{\Delta y}$

二维 TM 波总场区的四个角点为 E_z 节点，属于总场区。围绕该角点的四个 H_x 和 H_y 节点中有两个位于总场外边界上，属于散射场。以图 8-12 中左下角点(i_0,j_0)为例，这时式(8-61)第三式应改写为

$$E_z^{n+1}(i_0,j_0)=E_z^n(i_0,j_0)+\frac{\Delta t}{\varepsilon}[\nabla\times\boldsymbol{H}]_z^{n+\frac{1}{2}}+\frac{\Delta t}{\varepsilon}\left[\frac{H_{x,inc}^{n+\frac{1}{2}}\left(i_0,j_0-\frac{1}{2}\right)}{\Delta y}-\frac{H_{y,inc}^{n+\frac{1}{2}}\left(i_0-\frac{1}{2},j_0\right)}{\Delta x}\right] \tag{8-62}$$

其它几个角点有类似处理，如表 8-4 所示。二维 TE 波的相应公式可用对偶原理得到。

表 8-4 二维 TM 波总场区角点处理

总场边界的角点	总场区域边界角点上切向场 FDTD 公式
(i_0, j_0)	$E_z^{n+1}(i_0,j_0)=E_z^n(i_0,j_0)+\frac{\Delta t}{\varepsilon}[\nabla\times\boldsymbol{H}]_z^{n+\frac{1}{2}}-\frac{\Delta t}{\varepsilon}\frac{H_{y,inc}^{n+\frac{1}{2}}\left(i_0-\frac{1}{2},j_0\right)}{\Delta x}+\frac{\Delta t}{\varepsilon}\frac{H_{x,inc}^{n+\frac{1}{2}}\left(i_0,j_0-\frac{1}{2}\right)}{\Delta y}$
(i_0, j_b)	$E_z^{n+1}(i_0,j_b)=E_z^n(i_0,j_b)+\frac{\Delta t}{\varepsilon}[\nabla\times\boldsymbol{H}]_z^{n+\frac{1}{2}}-\frac{\Delta t}{\varepsilon}\frac{H_{y,inc}^{n+\frac{1}{2}}\left(i_0-\frac{1}{2},j_b\right)}{\Delta x}-\frac{\Delta t}{\varepsilon}\frac{H_{x,inc}^{n+\frac{1}{2}}\left(i_0,j_b+\frac{1}{2}\right)}{\Delta y}$
(i_a, j_0)	$E_z^{n+1}(i_a,j_0)=E_z^n(i_a,j_0)+\frac{\Delta t}{\varepsilon}[\nabla\times\boldsymbol{H}]_z^{n+\frac{1}{2}}+\frac{\Delta t}{\varepsilon}\frac{H_{y,inc}^{n+\frac{1}{2}}\left(i_a+\frac{1}{2},j_0\right)}{\Delta x}+\frac{\Delta t}{\varepsilon}\frac{H_{x,inc}^{n+\frac{1}{2}}\left(i_a,j_0-\frac{1}{2}\right)}{\Delta y}$
(i_a, j_b)	$E_z^{n+1}(i_a,j_b)=E_z^n(i_a,j_b)+\frac{\Delta t}{\varepsilon}[\nabla\times\boldsymbol{H}]_z^{n+\frac{1}{2}}+\frac{\Delta t}{\varepsilon}\frac{H_{y,inc}^{n+\frac{1}{2}}\left(i_a+\frac{1}{2},j_b\right)}{\Delta x}-\frac{\Delta t}{\varepsilon}\frac{H_{x,inc}^{n+\frac{1}{2}}\left(i_a,j_b+\frac{1}{2}\right)}{\Delta y}$

【算例 8-1】 时谐场 TM 平面波的加入。通过总场边界在总场区加入时谐场 TM 平面波的结果如图 8-14 所示，其中(a)图显示总场区内振幅为均匀，(b)图给出总场区内等相位面为平面，散射场区内的相位是由于入射波“泄漏”的结果。时谐场 TM 平面波达到稳态时场分布见书末彩图 2。

(a) 幅值分布

(b) 相位分布

图 8-14 二维 TM 情形在总场区引入入射平面波：时谐场

8.6.3 三维情形

以上关于二维总场区边界的讨论可推广到三维。三维 6 个总场边界及相应外边界如图

8-15 所示，在每个界面上有两个切向场分量。例如对于 $y=j_0\Delta y$ 或 $y=j_b\Delta y$ 界面上切向场分量为 E_x, E_z，而相应总场外边界 $y=(j_0-1/2)\Delta y$ 或 $y=(j_b+1/2)\Delta y$ 界面上切向场分量为 H_x, H_z。引入入射波时，总场边界面上法向场分量的 FDTD 公式不变，因为计算时所涉及的 4 个相邻场分量节点也属于总场。

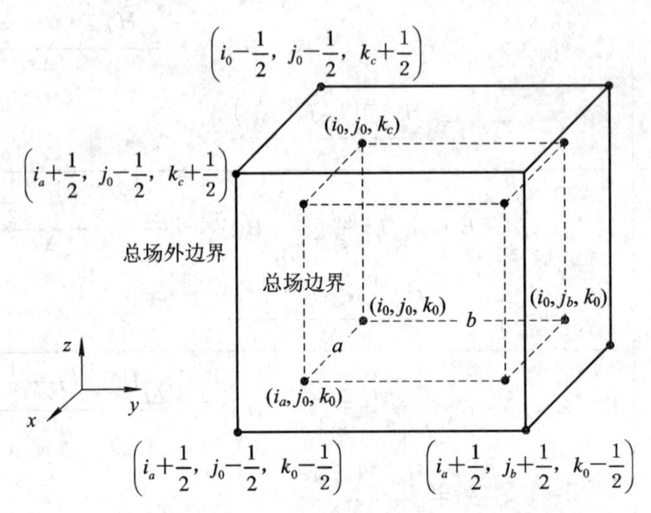

图 8-15 三维情形总场—散射场边界

但是，切向场分量的计算公式需要改变，其结果与式(8-61)类似。例如对于 $y=j_0\Delta y$ 界面的切向场分量 E_z, E_x，它们属于总场。考虑其中 $E_z(i, j_0, k+1/2)$ 的计算，围绕该节点的四个 H_x 和 H_y 节点中有一个 H_x 节点位于总场外边界上，属于散射场，所以 FDTD 公式需改写如下：

$$
\begin{aligned}
&E_z^{n+1}\left(i, j_0, k+\frac{1}{2}\right) \\
&= E_z^n\left(i, j_0, k+\frac{1}{2}\right)+\frac{\Delta t}{\varepsilon}\times\left[\frac{H_y^{n+\frac{1}{2}}\left(i+\frac{1}{2}, j_0, k+\frac{1}{2}\right)-H_y^{n+\frac{1}{2}}\left(i-\frac{1}{2}, j_0, k+\frac{1}{2}\right)}{\Delta x}\right. \\
&\quad\left.-\frac{H_x^{n+\frac{1}{2}}\left(i, j_0+\frac{1}{2}, k+\frac{1}{2}\right)-H_x^{n+\frac{1}{2}}\left(i, j_0-\frac{1}{2}, k+\frac{1}{2}\right)}{\Delta y}\right] \\
&\quad+\frac{\Delta t}{\varepsilon}\frac{H_{x,inc}^{n+\frac{1}{2}}\left(i, j_0-\frac{1}{2}, k+\frac{1}{2}\right)}{\Delta y} \\
&= E_z^n\left(i, j_0, k+\frac{1}{2}\right)+\frac{\Delta t}{\varepsilon}[\nabla\times\boldsymbol{H}]_z^{n+\frac{1}{2}}+\frac{\Delta t}{\varepsilon}\frac{H_{x,inc}^{n+\frac{1}{2}}\left(i, j_0-\frac{1}{2}, k+\frac{1}{2}\right)}{\Delta y}
\end{aligned}
$$

为了表述简明，将上式重写为

$$
E_z^{n+1}(j_0)=E_z^{n+1}(j_0)_{\mathrm{FDTD}}+\frac{\Delta t}{\varepsilon}\frac{H_{x,inc}^{n+\frac{1}{2}}\left(j_0-\frac{1}{2}\right)}{\Delta y} \tag{8-63}
$$

其中，符号 $E_z^{n+1}(j_0)_{\mathrm{FDTD}}$ 代表节点位于 $y=j_0\Delta y$ 界面时通常的 FDTD 公式，即式(5-11)。三维总场区域边界上切向场 FDTD 公式归纳如表 8-5 所示。

表 8－5　三维总场区设置入射波的边界处理

总场边界	总场区域边界上切向场 FDTD 公式	
$i_0\Delta x$	$E_y^{n+1}(i_0)=E_y^{n+1}(i_0)_{\mathrm{FDTD}}+\dfrac{\Delta t}{\varepsilon}\dfrac{H_{z,inc}^{n+\frac{1}{2}}\left(i_0-\frac{1}{2}\right)}{\Delta x}$	$H_y^{n+\frac{1}{2}}\left(i_0-\frac{1}{2}\right)=H_y^{n+\frac{1}{2}}\left(i_0-\frac{1}{2}\right)_{\mathrm{FDTD}}-\dfrac{\Delta t}{\mu}\dfrac{E_{z,inc}^{n}(i_0)}{\Delta x}$
	$E_z^{n+1}(i_0)=E_z^{n+1}(i_0)_{\mathrm{FDTD}}-\dfrac{\Delta t}{\varepsilon}\dfrac{H_{y,inc}^{n+\frac{1}{2}}\left(i_0-\frac{1}{2}\right)}{\Delta x}$	$H_z^{n+\frac{1}{2}}\left(i_0-\frac{1}{2}\right)=H_z^{n+\frac{1}{2}}\left(i_0-\frac{1}{2}\right)_{\mathrm{FDTD}}+\dfrac{\Delta t}{\mu}\dfrac{E_{y,inc}^{n}(i_0)}{\Delta x}$
$i_a\Delta x$	$E_y^{n+1}(i_a)=E_y^{n+1}(i_a)_{\mathrm{FDTD}}-\dfrac{\Delta t}{\varepsilon}\dfrac{H_{z,inc}^{n+\frac{1}{2}}\left(i_a+\frac{1}{2}\right)}{\Delta x}$	$H_y^{n+\frac{1}{2}}\left(i_a+\frac{1}{2}\right)=H_y^{n+\frac{1}{2}}\left(i_a+\frac{1}{2}\right)_{\mathrm{FDTD}}+\dfrac{\Delta t}{\mu}\dfrac{E_{z,inc}^{n}(i_a)}{\Delta x}$
	$E_z^{n+1}(i_a)=E_z^{n+1}(i_a)_{\mathrm{FDTD}}+\dfrac{\Delta t}{\varepsilon}\dfrac{H_{y,inc}^{n+\frac{1}{2}}\left(i_a+\frac{1}{2}\right)}{\Delta x}$	$H_z^{n+\frac{1}{2}}\left(i_a+\frac{1}{2}\right)=H_z^{n+\frac{1}{2}}\left(i_a+\frac{1}{2}\right)_{\mathrm{FDTD}}-\dfrac{\Delta t}{\mu}\dfrac{E_{y,inc}^{n}(i_a)}{\Delta x}$
$j_0\Delta y$	$E_z^{n+1}(j_0)=E_z^{n+1}(j_0)_{\mathrm{FDTD}}+\dfrac{\Delta t}{\varepsilon}\dfrac{H_{x,inc}^{n+\frac{1}{2}}\left(j_0-\frac{1}{2}\right)}{\Delta y}$	$H_z^{n+\frac{1}{2}}\left(j_0-\frac{1}{2}\right)=H_z^{n+\frac{1}{2}}\left(j_0-\frac{1}{2}\right)_{\mathrm{FDTD}}-\dfrac{\Delta t}{\mu}\dfrac{E_{x,inc}^{n}(j_0)}{\Delta y}$
	$E_x^{n+1}(j_0)=E_x^{n+1}(j_0)_{\mathrm{FDTD}}-\dfrac{\Delta t}{\varepsilon}\dfrac{H_{z,inc}^{n+\frac{1}{2}}\left(j_0-\frac{1}{2}\right)}{\Delta y}$	$H_x^{n+\frac{1}{2}}\left(j_0-\frac{1}{2}\right)=H_x^{n+\frac{1}{2}}\left(j_0-\frac{1}{2}\right)_{\mathrm{FDTD}}+\dfrac{\Delta t}{\mu}\dfrac{E_{z,inc}^{n}(j_0)}{\Delta y}$
$j_b\Delta y$	$E_z^{n+1}(j_b)=E_z^{n+1}(j_b)_{\mathrm{FDTD}}-\dfrac{\Delta t}{\varepsilon}\dfrac{H_{x,inc}^{n+\frac{1}{2}}\left(j_b+\frac{1}{2}\right)}{\Delta y}$	$H_z^{n+\frac{1}{2}}\left(j_b+\frac{1}{2}\right)=H_z^{n+\frac{1}{2}}\left(j_b+\frac{1}{2}\right)_{\mathrm{FDTD}}+\dfrac{\Delta t}{\mu}\dfrac{E_{x,inc}^{n}(j_b)}{\Delta y}$
	$E_x^{n+1}(j_b)=E_x^{n+1}(j_b)_{\mathrm{FDTD}}+\dfrac{\Delta t}{\varepsilon}\dfrac{H_{z,inc}^{n+\frac{1}{2}}\left(j_b+\frac{1}{2}\right)}{\Delta y}$	$H_x^{n+\frac{1}{2}}\left(j_b+\frac{1}{2}\right)=H_x^{n+\frac{1}{2}}\left(j_b+\frac{1}{2}\right)_{\mathrm{FDTD}}-\dfrac{\Delta t}{\mu}\dfrac{E_{z,inc}^{n}(j_b)}{\Delta y}$
$k_0\Delta z$	$E_x^{n+1}(k_0)=E_x^{n+1}(k_0)_{\mathrm{FDTD}}+\dfrac{\Delta t}{\varepsilon}\dfrac{H_{y,inc}^{n+\frac{1}{2}}\left(k_0-\frac{1}{2}\right)}{\Delta z}$	$H_x^{n+\frac{1}{2}}\left(k_0-\frac{1}{2}\right)=H_x^{n+\frac{1}{2}}\left(k_0-\frac{1}{2}\right)_{\mathrm{FDTD}}-\dfrac{\Delta t}{\mu}\dfrac{E_{y,inc}^{n}(k_0)}{\Delta z}$
	$E_y^{n+1}(k_0)=E_y^{n+1}(k_0)_{\mathrm{FDTD}}-\dfrac{\Delta t}{\varepsilon}\dfrac{H_{x,inc}^{n+\frac{1}{2}}\left(k_0-\frac{1}{2}\right)}{\Delta z}$	$H_y^{n+\frac{1}{2}}\left(k_0-\frac{1}{2}\right)=H_y^{n+\frac{1}{2}}\left(k_0-\frac{1}{2}\right)_{\mathrm{FDTD}}+\dfrac{\Delta t}{\mu}\dfrac{E_{x,inc}^{n}(k_0)}{\Delta z}$
$k_c\Delta z$	$E_x^{n+1}(k_c)=E_x^{n+1}(k_c)_{\mathrm{FDTD}}-\dfrac{\Delta t}{\varepsilon}\dfrac{H_{y,inc}^{n+\frac{1}{2}}\left(k_c+\frac{1}{2}\right)}{\Delta z}$	$H_x^{n+\frac{1}{2}}\left(k_c+\frac{1}{2}\right)=H_x^{n+\frac{1}{2}}\left(k_c+\frac{1}{2}\right)_{\mathrm{FDTD}}+\dfrac{\Delta t}{\mu}\dfrac{E_{y,inc}^{n}(k_c)}{\Delta z}$
	$E_y^{n+1}(k_c)=E_y^{n+1}(k_c)_{\mathrm{FDTD}}+\dfrac{\Delta t}{\varepsilon}\dfrac{H_{x,inc}^{n+\frac{1}{2}}\left(k_c+\frac{1}{2}\right)}{\Delta z}$	$H_y^{n+\frac{1}{2}}\left(k_c+\frac{1}{2}\right)=H_y^{n+\frac{1}{2}}\left(k_c+\frac{1}{2}\right)_{\mathrm{FDTD}}-\dfrac{\Delta t}{\mu}\dfrac{E_{x,inc}^{n}(k_c)}{\Delta z}$

总场区的 12 条棱边上切向场分量分别为 E_x，E_y 和 E_z，例如平行于 x 轴的四条棱边上切向场分量为 E_x，引进入射波时的计算公式与式(8－62)类似。具体公式如表 8－6 所示。

表 8－6　三维总场区的棱边处理

棱边	棱边位置	总场区域棱边上切向场 FDTD 公式
平行于 x 轴	(j_0, k_0)	$E_x^{n+1}(j_0,k_0)=E_x^{n+1}(j_0,k_0)_{\rm FDTD}-\frac{\Delta t}{\varepsilon}\frac{H_{z,inc}^{n+\frac{1}{2}}\left(j_0\quad\frac{1}{2},k_0\right)}{\Delta y}+\frac{\Delta t}{\varepsilon}\frac{H_{y,inc}^{n+\frac{1}{2}}\left(j_0,k_0-\frac{1}{2}\right)}{\Delta z}$
	(j_b, k_0)	$E_x^{n+1}(j_b,k_0)=E_x^{n+1}(j_b,k_0)_{\rm FDTD}+\frac{\Delta t}{\varepsilon}\frac{H_{z,inc}^{n+\frac{1}{2}}\left(j_b+\frac{1}{2},k_0\right)}{\Delta y}+\frac{\Delta t}{\varepsilon}\frac{H_{y,inc}^{n+\frac{1}{2}}\left(j_b,k_0-\frac{1}{2}\right)}{\Delta z}$
	(j_b, k_c)	$E_x^{n+1}(j_b,k_c)=E_x^{n+1}(j_b,k_c)_{\rm FDTD}+\frac{\Delta t}{\varepsilon}\frac{H_{z,inc}^{n+\frac{1}{2}}\left(j_b+\frac{1}{2},k_c\right)}{\Delta y}-\frac{\Delta t}{\varepsilon}\frac{H_{y,inc}^{n+\frac{1}{2}}\left(j_b,k_c+\frac{1}{2}\right)}{\Delta z}$
	(j_0, k_c)	$E_x^{n+1}(j_0,k_c)=E_x^{n+1}(j_0,k_c)_{\rm FDTD}-\frac{\Delta t}{\varepsilon}\frac{H_{z,inc}^{n+\frac{1}{2}}\left(j_0-\frac{1}{2},k_c\right)}{\Delta y}-\frac{\Delta t}{\varepsilon}\frac{H_{y,inc}^{n+\frac{1}{2}}\left(j_0,k_c+\frac{1}{2}\right)}{\Delta z}$
平行于 y 轴	(k_0, i_0)	$E_y^{n+1}(i_0,k_0)=E_y^{n+1}(i_0,k_0)_{\rm FDTD}-\frac{\Delta t}{\varepsilon}\frac{H_{x,inc}^{n+\frac{1}{2}}\left(i_0,k_0-\frac{1}{2}\right)}{\Delta z}+\frac{\Delta t}{\varepsilon}\frac{H_{z,inc}^{n+\frac{1}{2}}\left(i_0-\frac{1}{2},k_0\right)}{\Delta x}$
	(k_c, i_0)	$E_y^{n+1}(i_0,k_c)=E_y^{n+1}(i_0,k_c)_{\rm FDTD}+\frac{\Delta t}{\varepsilon}\frac{H_{x,inc}^{n+\frac{1}{2}}\left(i_0,k_c+\frac{1}{2}\right)}{\Delta z}+\frac{\Delta t}{\varepsilon}\frac{H_{z,inc}^{n+\frac{1}{2}}\left(i_0-\frac{1}{2},k_c\right)}{\Delta x}$
	(k_c, i_a)	$E_y^{n+1}(i_a,k_c)=E_y^{n+1}(i_a,k_c)_{\rm FDTD}+\frac{\Delta t}{\varepsilon}\frac{H_{x,inc}^{n+\frac{1}{2}}\left(i_a,k_c+\frac{1}{2}\right)}{\Delta z}-\frac{\Delta t}{\varepsilon}\frac{H_{z,inc}^{n+\frac{1}{2}}\left(i_a+\frac{1}{2},k_c\right)}{\Delta x}$
	(k_0, i_a)	$E_y^{n+1}(i_a,k_0)=E_y^{n+1}(i_a,k_0)_{\rm FDTD}-\frac{\Delta t}{\varepsilon}\frac{H_{x,inc}^{n+\frac{1}{2}}\left(i_a,k_0-\frac{1}{2}\right)}{\Delta z}-\frac{\Delta t}{\varepsilon}\frac{H_{z,inc}^{n+\frac{1}{2}}\left(i_a+\frac{1}{2},k_0\right)}{\Delta x}$
平行于 z 轴	(i_0, j_0)	$E_z^{n+1}(i_0,j_0)=E_z^{n+1}(i_0,j_0)_{\rm FDTD}-\frac{\Delta t}{\varepsilon}\frac{H_{y,inc}^{n+\frac{1}{2}}\left(i_0-\frac{1}{2},j_0\right)}{\Delta x}+\frac{\Delta t}{\varepsilon}\frac{H_{x,inc}^{n+\frac{1}{2}}\left(i_0,j_0-\frac{1}{2}\right)}{\Delta y}$
	(i_a, j_0)	$E_z^{n+1}(i_a,j_0)=E_z^{n+1}(i_a,j_0)_{\rm FDTD}+\frac{\Delta t}{\varepsilon}\frac{H_{y,inc}^{n+\frac{1}{2}}\left(i_a+\frac{1}{2},j_0\right)}{\Delta x}+\frac{\Delta t}{\varepsilon}\frac{H_{x,inc}^{n+\frac{1}{2}}\left(i_a,j_0-\frac{1}{2}\right)}{\Delta y}$
	(i_a, j_b)	$E_z^{n+1}(i_a,j_b)=E_z^{n+1}(i_a,j_b)_{\rm FDTD}+\frac{\Delta t}{\varepsilon}\frac{H_{y,inc}^{n+\frac{1}{2}}\left(i_a+\frac{1}{2},j_b\right)}{\Delta x}-\frac{\Delta t}{\varepsilon}\frac{H_{x,inc}^{n+\frac{1}{2}}\left(i_a,j_b+\frac{1}{2}\right)}{\Delta y}$
	(i_0, j_b)	$E_z^{n+1}(i_0,j_b)=E_z^{n+1}(i_0,j_b)_{\rm FDTD}-\frac{\Delta t}{\varepsilon}\frac{H_{y,inc}^{n+\frac{1}{2}}\left(i_0-\frac{1}{2},j_b\right)}{\Delta x}-\frac{\Delta t}{\varepsilon}\frac{H_{x,inc}^{n+\frac{1}{2}}\left(i_0,j_b+\frac{1}{2}\right)}{\Delta y}$

8.6.4　一维情形

上述二维和三维的总场边界处理方法也可应用于一维情形。将一维 FDTD 区划分为总场和散射场区，如图 8-16 所示，设总场边界为 $z_0=k_0\Delta z$。总场边界上的 $E_x(k_0)$节点属于总场，而总场外边界处 $H_y(k_0-1/2)$属于散射场。对于总场边界上的 $E_x(k_0)$节点，式(5-24)第一式所涉及的三个节点中 $H_y(k_0-1/2)$属于散射场，应当加上入射场值，即式(5-24)第一式改写为

$$E_x^{n+1}(k_0)=E_x^n(k_0)-\frac{\Delta t}{\varepsilon\Delta z}\left[H_y^{n+\frac{1}{2}}\left(k_0+\frac{1}{2}\right)-H_y^{n+\frac{1}{2}}\left(k_0-\frac{1}{2}\right)\right]+\frac{\Delta t}{\varepsilon\Delta z}H_{y,inc}^{n+\frac{1}{2}}\left(k_0-\frac{1}{2}\right) \tag{8-64}$$

上式可重写为

$$E_x^{n+1}(k_0)=E_x^{n+1}(k_0)_{\text{FDTD}}+\frac{\Delta t}{\varepsilon\Delta z}H_{y,inc}^{n+\frac{1}{2}}\left(k_0-\frac{1}{2}\right) \tag{8-65}$$

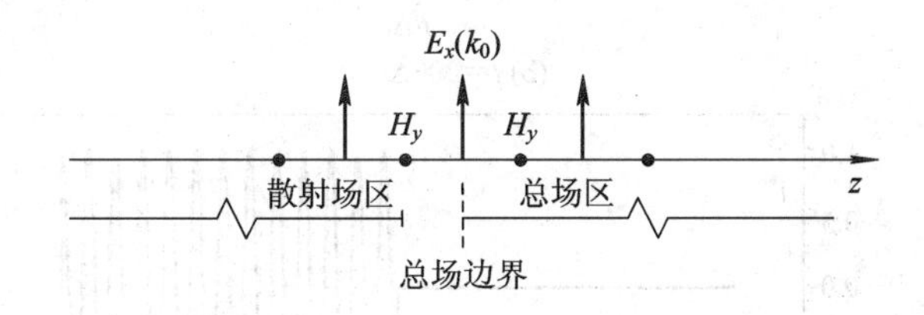

图 8-16　一维总场区和散射场区

总场外边界上关于 $H_y(k_0-1/2)$的式(5-24)第二式所涉及的三个节点中 $E_x(k_0)$属于总场，应当扣除入射场值，于是式(5-24)第二式改写为

$$H_y^{n+\frac{1}{2}}\left(k_0-\frac{1}{2}\right)=H_y^{n-\frac{1}{2}}\left(k_0-\frac{1}{2}\right)-\frac{\Delta t}{\mu\Delta z}[E_x^n(k_0)-E_x^n(k_0-1)]+\frac{\Delta t}{\mu\Delta z}E_{x,inc}^n(k_0) \tag{8-66}$$

或者

$$H_y^{n+\frac{1}{2}}\left(k_0-\frac{1}{2}\right)=H_y^{n+\frac{1}{2}}\left(k_0-\frac{1}{2}\right)_{\text{FDTD}}+\frac{\Delta t}{\mu\Delta z}E_{x,inc}^n(k_0) \tag{8-67}$$

按照上述方法所加入的入射波仅限于 $z>z_0$的总场区。实际上，式(8-65)和式(8-67)也可以直接由表 8-5 第五行 $E_x(k_0)$和 $H_y(k_0-1/2)$的公式得到。

【算例 8-2】　一维总场边界加入入射波。设 $\lambda=1$ m，$\Delta z=\lambda/40$，$\Delta t=\Delta z/(2c)$。吸收边界为一阶 Mur 吸收边界，位于 $z=0$ 和 $1000\Delta z$，总场边界在 $z_0=500\Delta z$。图 8-17 所示为几个不同时间步的场分布。由图可见，入射波从总场边界随时间逐步向总场区内传播；入射波仅分布在 $z\geqslant z_0$总场区内，在 $z<z_0$散射场区没有入射波。

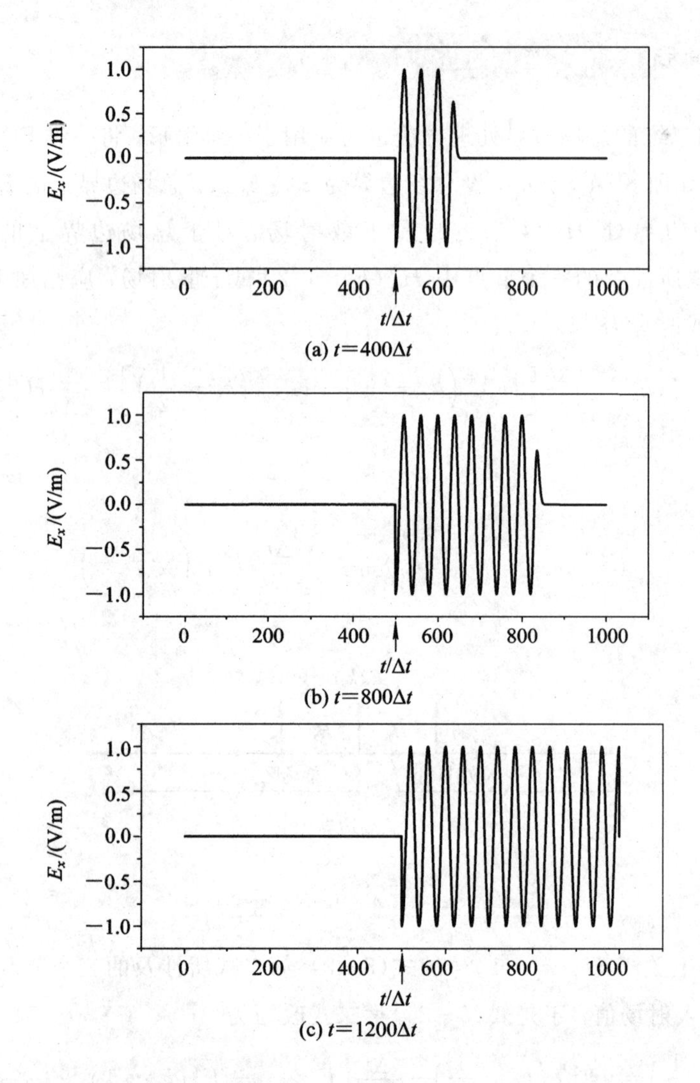

(a) $t=400\Delta t$

(b) $t=800\Delta t$

(c) $t=1200\Delta t$

图 8-17 总场边界加入入射波在不同时刻的场分布

8.7 介质板反射和透射一维算例

【算例 8-3】 无耗介质板的反射与透射。设介质板厚 $d=0.06$ m，介质参数为 $\varepsilon_r=4.0$，$\sigma=0$ S/m，$\mu_r=1.0$。又设 $\Delta z=0.001$ m，$\Delta t=\dfrac{\Delta z}{2c}$，离散后介质板厚度为 $60\Delta z$。入射波采用高斯脉冲波，脉冲宽度 $\tau=40\Delta t$，波形最大值达到的时间 $t_0=0.8\tau$。图 8-18 所示为一维计算区域的示意，注意到反射波和透射波的接收点分别位于散射场区和总场区。图 8-19 给出入射波、反射波和透射波的时域波形及其频谱。图 8-20 所示为介质板的反射和透射系数(模值)随频率的变化。

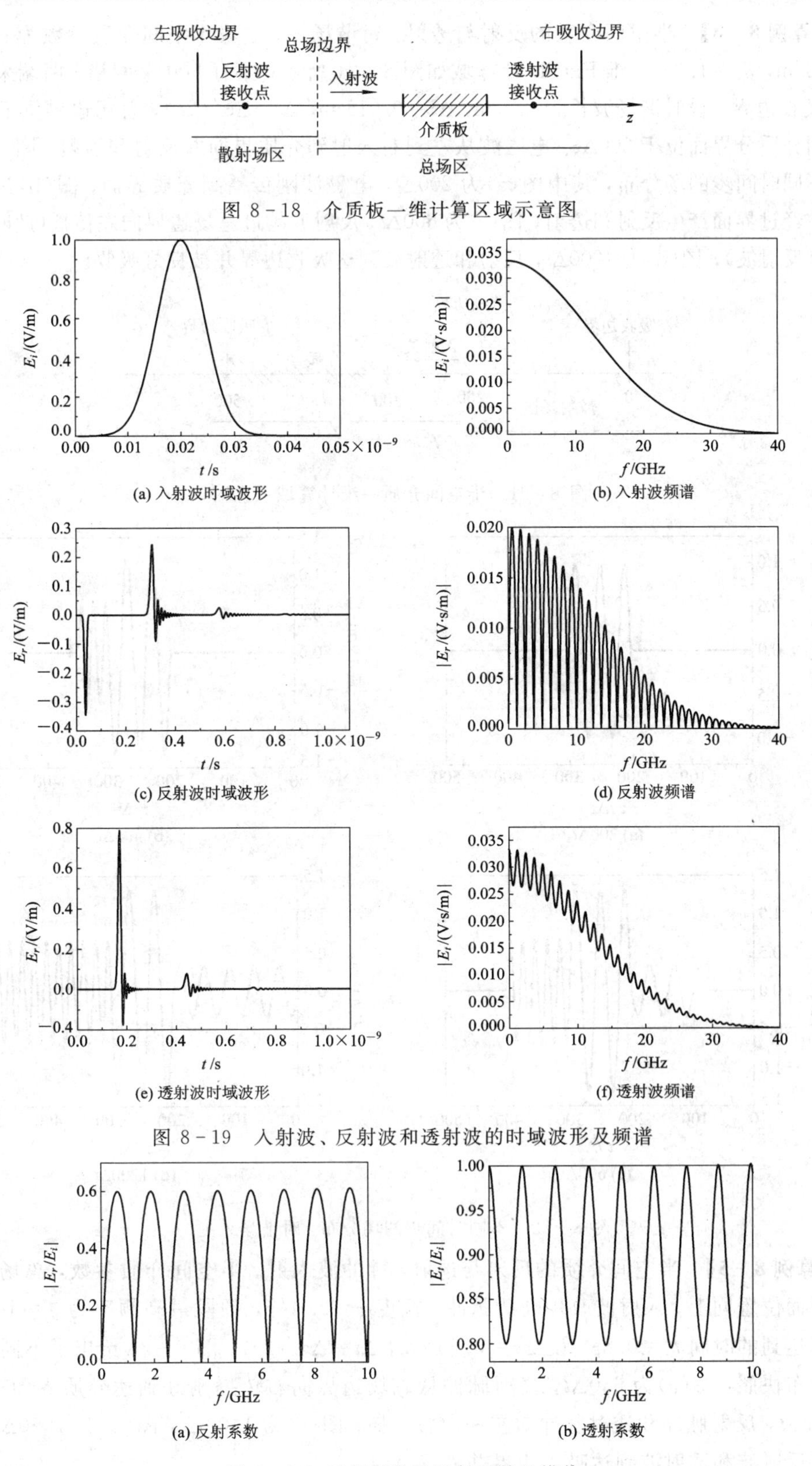

图 8-18　介质板一维计算区域示意图

(a) 入射波时域波形　(b) 入射波频谱

(c) 反射波时域波形　(d) 反射波频谱

(e) 透射波时域波形　(f) 透射波频谱

图 8-19　入射波、反射波和透射波的时域波形及频谱

(a) 反射系数　(b) 透射系数

图 8-20　反射系数及透射系数的模值

【算例 8-4】 半空间介质的反射与透射，时谐场入射。设半空间介质参数为 $\varepsilon_r=4.0$，$\sigma=0$ S/m，$\mu_r=1.0$。一维 FDTD 计算域如图 8-21 所示，共有 500 个网格，两端采用 Mur 一阶吸收边界。设时谐场波长为 0.3 m，$\Delta z=0.015$ m，$\Delta t=\Delta z/(2c)$。总场边界位于 $200\Delta z$，半空间介质分界面位于 $300\Delta z$。电磁波从左到右入射到介质界面并反射和透射。图 8-22 给出了不同时间步的场分布，其中图(a)为 $200\Delta t$，电磁波刚传播到介质界面；图(b)为 $400\Delta t$，电磁波经过界面产生反射和透射；图(c)为 $600\Delta t$，反射波越过总场边界向左传播(此时散射场区仅有反射波)；图(d)为 $1200\Delta t$，反射和透射波到达吸收边界并被良好吸收。

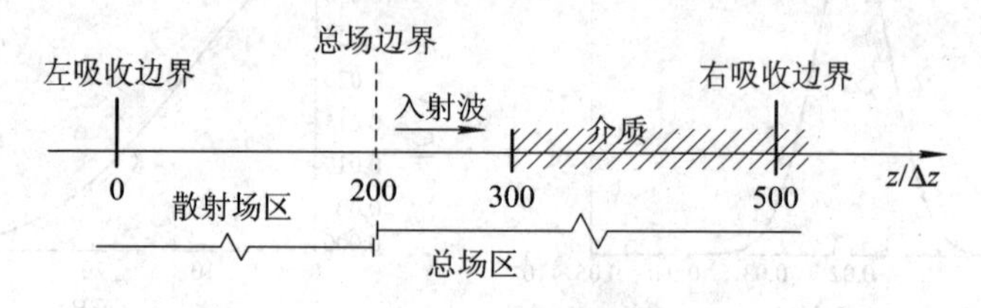

图 8-21 半空间介质一维计算域示意图

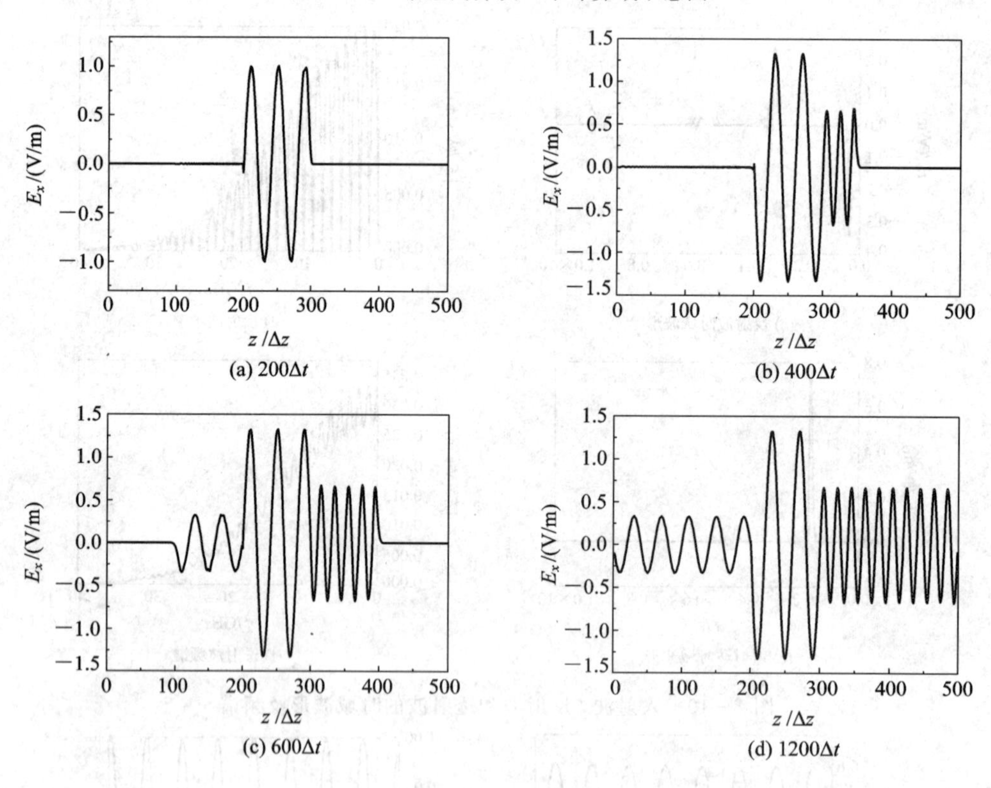

图 8-22 不同时间步的场分布：时谐场入射

【算例 8-5】 半空间介质的反射与透射，脉冲波入射。半空间介质参数，总场边界和介质界面位置同上。入射波改用高斯脉冲，宽度 $\tau=2.0/f$，频段最高频率为 $f=10$ GHz，最大值达到的时间 $t_0=0.8\tau$。设 $\Delta z=0.05$ cm，$\Delta t=\Delta z/(2c)$。图 8-23 给出了不同时间步的场分布快照：图(a)为 $650\Delta t$，高斯脉冲从总场边界向右传播刚好到达介质界面；图(b)为 $1200\Delta t$，反射脉冲和透射脉冲向左和向右传播；图(c)为 $1400\Delta t$，图(d)为 $1550\Delta t$，分别显示了反射波和透射波到达吸收边界并良好吸收。

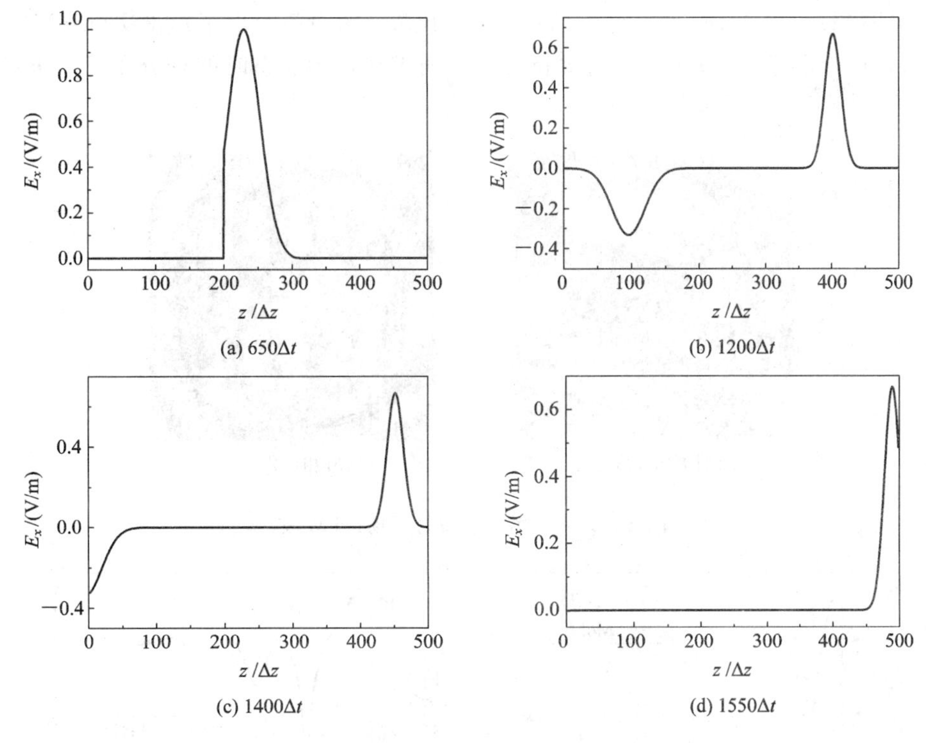

图 8-23　不同时间步的场分布：高斯脉冲入射

8.8　雷达散射宽度和二维算例

8.8.1　雷达散射宽度的定义

设二维情形时谐场入射和远区散射场分别为 $E_i(f)$和 $E_s(f)$，二维雷达散射宽度(散射截面，RCS)的定义为

$$\text{RCS}(f)=10\ \lg\left(2\pi r\left|\frac{E_s(f)}{E_i(f)}\right|^2\right)(\text{dBm})\tag{8-68}$$

对波长归一的 RCS 为

$$\text{RCS}(f)=10\ \lg\left(\frac{2\pi r}{\lambda}\left|\frac{E_s(f)}{E_i(f)}\right|^2\right)(\text{dB})\tag{8-69}$$

其中，$\lambda=c/f$ 为真空波长，c 为自由空间波速。

8.8.2　二维时谐场算例

【算例 8-6】　金属圆柱。设圆柱半径 $a=\lambda$，$\lambda=1\times10^{-2}$ m，$\delta=\lambda/40$。平面波从左边入射到目标。总场边界为 −100，100；−100，100(单位为 δ)。截断边界为 −150，150；−150，150。图 8-24 给出了 TM 波情形 E_z 近场的振幅和相位分布。由图可见，金属圆柱内部场为零，在圆柱右侧有一个阴影区。图中总场边界处场为不连续的，这是因为在总场边界以内为总场，以外为散射场。图 8-25 给出了目标的双站 RCS(用波长归一化)，包括

TM 波(见图(a))和 TE 波(见图(b))情形。为了比较，图中还给出了矩量法(MoM)的计算结果，两者符合很好。TM 平面波金属圆柱散射时谐场达到稳态时的场分布见书末彩图 3。TE 高斯脉冲平面波金属圆柱散射的场分布见书末彩图 5。

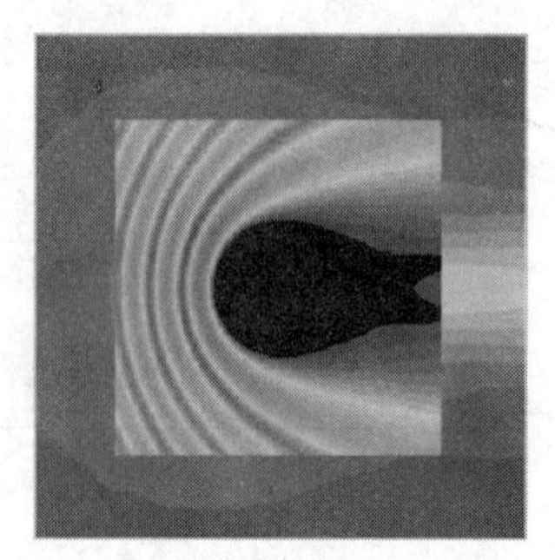

(a) 时谐场幅值分布

(b) 相位分布

图 8-24 金属圆柱散射近场：TM 波

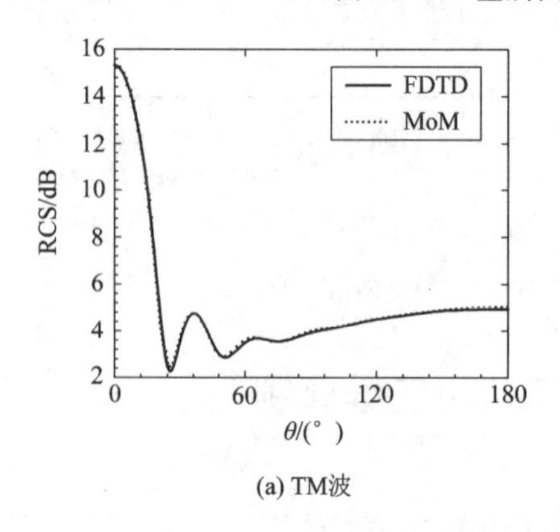

(a) TM波

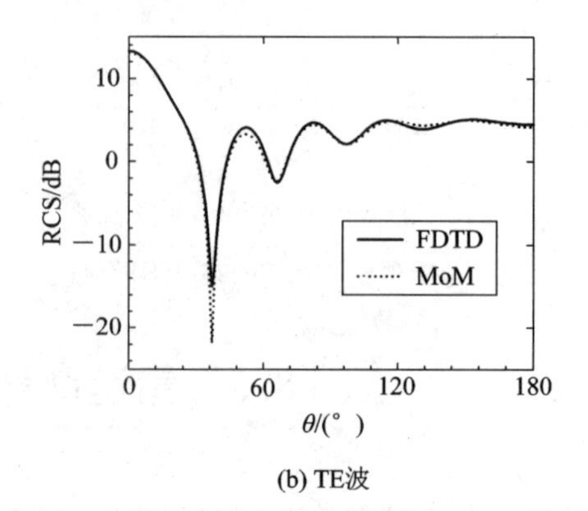

(b) TE波

图 8-25 金属圆柱的双站 RCS

【算例 8-7】 金属方柱散射。方柱边长为 $a=2\lambda$，$\lambda=1\times10^{-2}$ m，$\delta=\lambda/40$。平面波从左边入射到目标。图 8-26 给出了方柱的双站 RCS(用波长归一化)，包括 TM 波(见图(a))和 TE 波(见图(b))情形。图中还给出了 MoM 计算结果，两者符合很好。TE 高斯脉冲平面波金属和介质方柱散射的场分布快照见书末彩图 6。

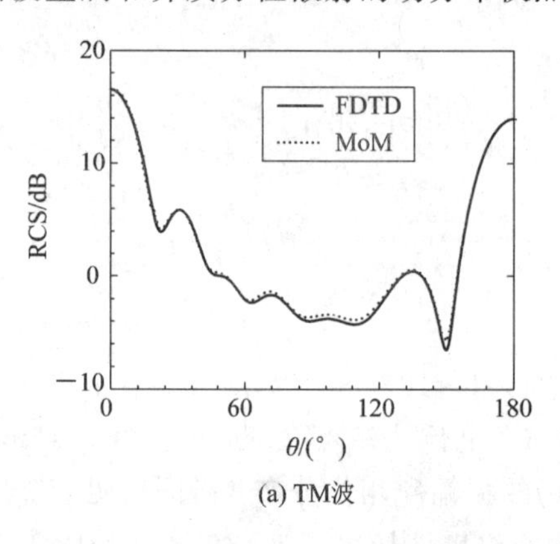

(a) TM波

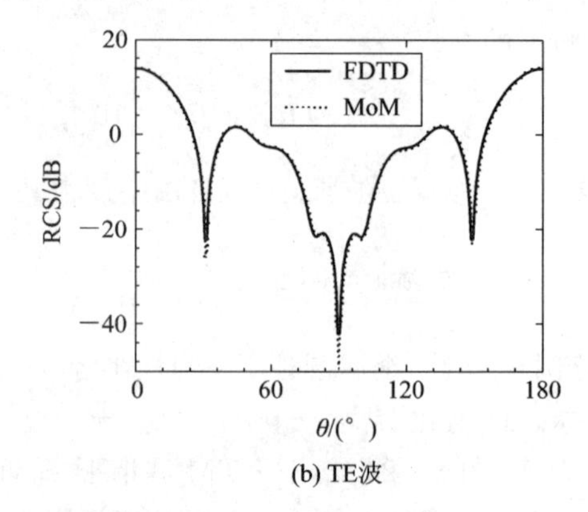

(b) TE波

图 8-26 金属方柱的双站 RCS

【算例 8 - 8】 介质圆柱散射。圆柱半径 $a=2\lambda$，$\lambda=1\times10^{-6}$ m，$\delta=\lambda/40$，$\varepsilon_r=3.5$，$\sigma=0$，$\mu_r=1$。平面波从左面入射，运行 1600 时间步达到稳态。总场边界为−90，90；−90，90(单位为 δ)。图 8 - 27 为 TM 波 E_z 近场的振幅和相位分布，图 8 - 28 为 TE 波 H_z 近场的振幅和相位分布。从图中可以看出，介质圆柱对电磁波有聚焦作用，即在圆柱内部波速变慢，并且向中心线处聚合。TM 平面波介质圆柱散射时谐场达到稳态时的场分布见书末彩图 4。

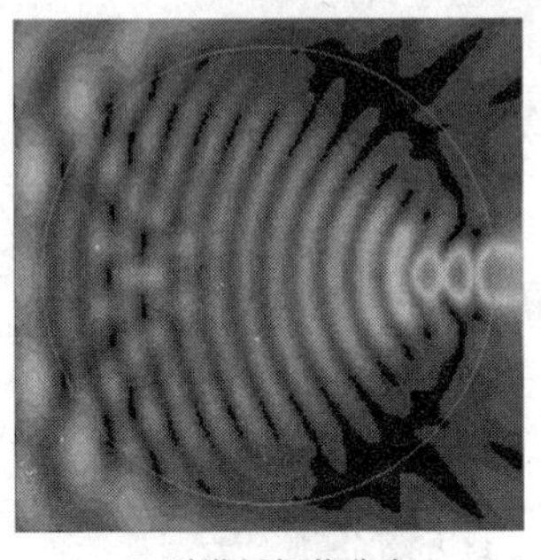
(a) 时谐场幅值分布

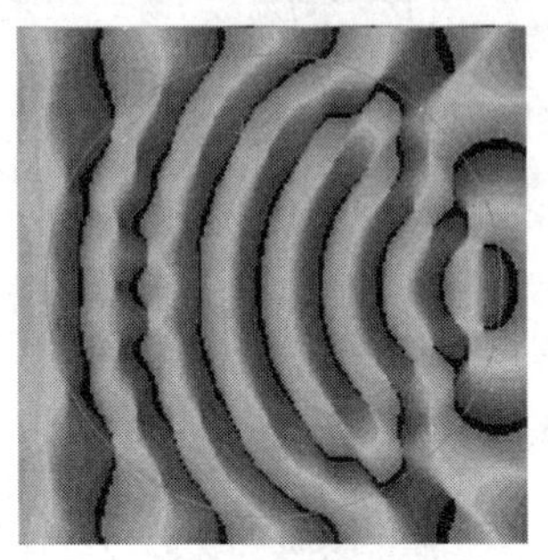
(b) 相位分布

图 8 - 27　介质圆柱近场：TM 波

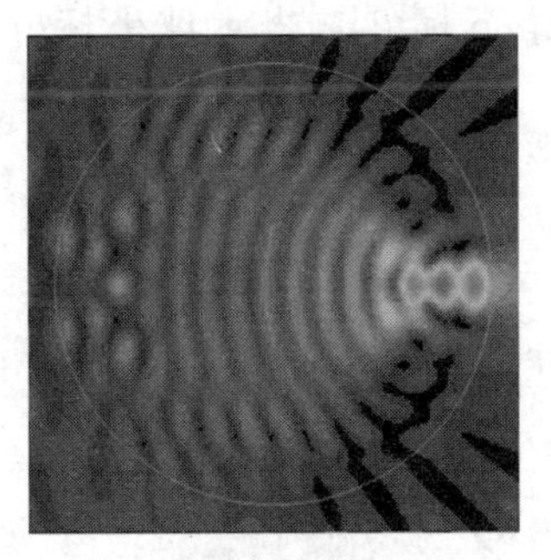
(a) 时谐场幅值分布

(b) 相位分布

图 8 - 28　介质圆柱近场：TE 波

【算例 8 - 9】 金属角反射器的散射。目标边长 $a=2\lambda$，$\lambda=1\times10^{-2}$ m，$\delta=\lambda/40$。平面波从右上角入射，运行 1100 时间步达到稳态。总场边界为−90，90；−90，90(单位为 δ)。图 8 - 29(a)为 TM 波 E_z 的振幅分布，(b)为 TE 波 H_z 的振幅分布。由图可见，入射和散射波的相干叠加形成驻波。由于 TM 波显示的是 E_z 分量，它在金属表面为零，因此金属表面是波节。而对于 TE 波，图中显示的是 H_z，它在金属表面处为波腹。

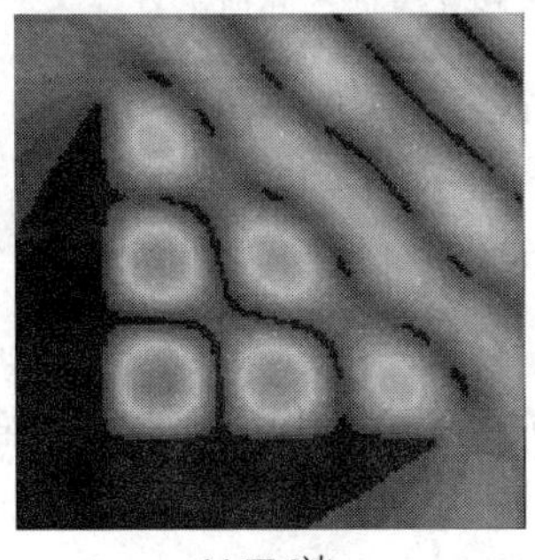
(a) TM波

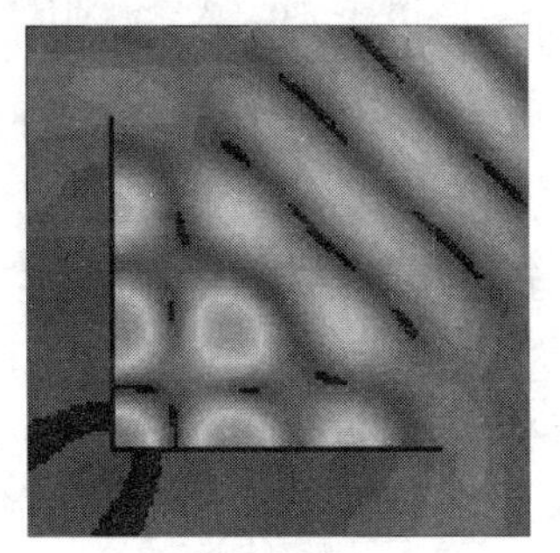
(b) TE波

图 8 - 29　金属角反射器时谐场的幅值分布

8.9 雷达散射截面和三维算例

8.9.1 雷达散射截面定义

设三维情形时谐场入射波和远区散射波分别为 $E_i(f)$ 和 $E_s(f)$，三维雷达散射截面(RCS)定义为

$$\mathrm{RCS}(f)=10\ \lg\left(4\pi r^2\left|\frac{E_s(f)}{E_i(f)}\right|^2\right)(\mathrm{dBsm}) \tag{8-70}$$

对波长平方归一的 RCS 为

$$\mathrm{RCS}(f)=10\ \lg\left(\frac{4\pi r^2}{\lambda^2}\left|\frac{E_s(f)}{E_i(f)}\right|^2\right)(\mathrm{dB}) \tag{8-71}$$

其中，$\lambda=c/f$，c 为自由空间波速。上式中的入射波和散射波电场均为场的模值，即 $|E_s|^2=|E_{s\theta}|^2+|E_{s\varphi}|^2$ 和 $|E_i|^2=|E_{i\theta}|^2+|E_{i\varphi}|^2$，其中下标 θ,φ 表示球坐标分量，如图 8-30 所示。

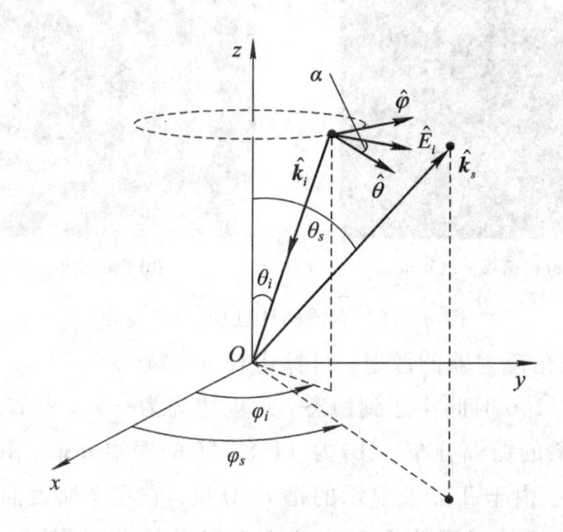

图 8-30 入射波和散射方向及极化方向的几何示意

在实际应用中，根据入射波和散射波的极化状态，还可以进一步定义同极化和交叉极化的 RCS。

设物体位于坐标原点附近，建立球坐标如图 8-30 所示。三维散射计算中用到的参数和术语如下：

入射角 θ_i,φ_i——入射平面波波矢量 $\boldsymbol{k}_i$ 的负方向在球坐标系中的方位角。

散射角 θ_s,φ_s——散射观察点的方位角，即远区场散射波矢量 $\boldsymbol{k}_s$ 的方位角。

入射面——入射波矢量 $\boldsymbol{k}_i$ 和 z 轴所决定的平面。

散射面——散射波(观察点)方向和 z 轴所决定的平面。

入射波的极化角 α——入射波电场和球坐标 $\hat{\boldsymbol{\theta}}$ 之间的夹角，$\alpha=0°$为 θ 极化，$\alpha=90°$为 φ 极化。

同极化散射——入射波电场为 θ(或 φ)极化时，考虑散射波电场的 θ(或 φ)分量。注意，在同极化散射情形，对于球坐标，散射波电场和入射波电场二者并不彼此平行。

交叉极化散射——入射波电场为 θ(或 φ)极化时，考虑散射波电场的 φ(或 θ)分量。注意，在交叉极化散射情形，对于球坐标，散射波电场和入射波电场二者并不相互垂直。

由此可以定义同极化和交叉极化的 RCS 如下：

$$\mathrm{RCS}_{\theta\theta}(f)=10\lg\left(\frac{4\pi r^2}{\lambda^2}\left|\frac{E_{s\theta}(f)}{E_{i\theta}(f)}\right|^2\right)(\mathrm{dB})$$

$$\mathrm{RCS}_{\varphi\varphi}(f)=10\lg\left(\frac{4\pi r^2}{\lambda^2}\left|\frac{E_{s\varphi}(f)}{E_{i\varphi}(f)}\right|^2\right)(\mathrm{dB})$$

$$\mathrm{RCS}_{\theta\varphi}(f)=10\lg\left(\frac{4\pi r^2}{\lambda^2}\left|\frac{E_{s\theta}(f)}{E_{i\varphi}(f)}\right|^2\right)(\mathrm{dB})$$

$$\mathrm{RCS}_{\varphi\theta}(f)=10\lg\left(\frac{4\pi r^2}{\lambda^2}\left|\frac{E_{s\varphi}(f)}{E_{i\theta}(f)}\right|^2\right)(\mathrm{dB})$$

根据实际测试中发射和接收天线的位置，还用到单站散射和双站散射的概念。如果发射和接收天线在同一位置，散射波方向和入射波方向刚好相反，即$(\theta_s,\varphi_s)=(\theta_i,\varphi_i)$，称为单站 RCS。其它散射波方向则称为双站 RCS。

8.9.2　三维时谐场算例

【算例 8-10】　金属角反射器的散射。几何模型如图 8-31(a)所示，角反射器的边长 $L=2\lambda$，入射波频率为 5.96 GHz，入射方位角为 $\theta=135°$，$\varphi=225°$，极化角(如图 8-30)为 $\alpha=0°$。正弦波入射时达到稳态的计算步数为 312 时间步，双站 RCS 见图 8-31(b)，图中观察方向为 $\theta=45°$，$\varphi=0\sim360°$。设 $\delta=\lambda/12$，FDTD 计算结果用实线表示，MoM 结果用圆圈表示。由图可见，除弱散射区外(即图中 225°附近，正对角反射器外边棱处)，其余部分符合很好。

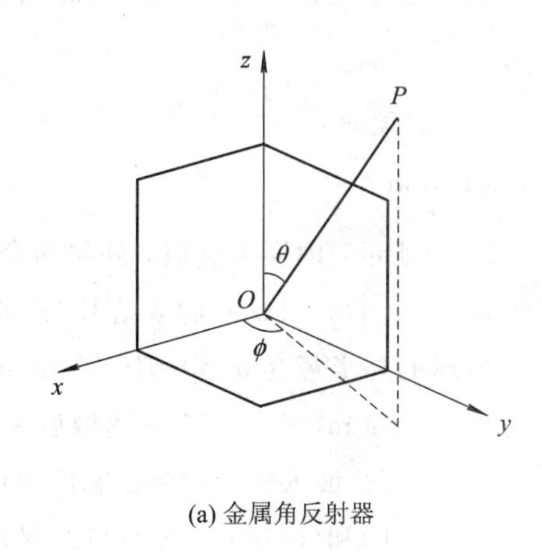

(a) 金属角反射器

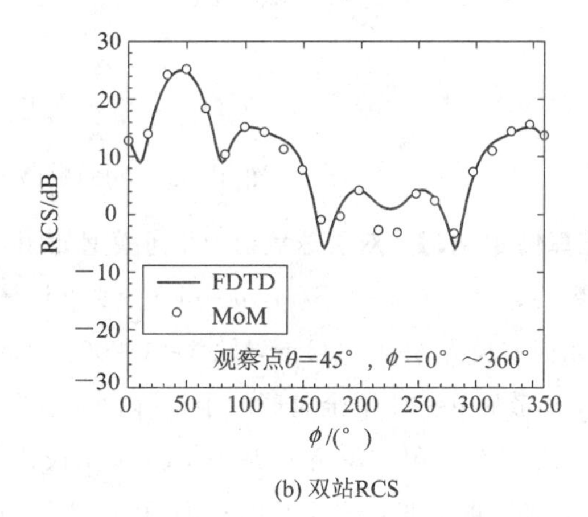

(b) 双站RCS

图 8-31　金属角反射器

【算例 8-11】 介质球散射。几何模型如图 8-32(a)所示，设半径 $a=0.015$ m，介质参数为 $\varepsilon_r=4.0$，$\sigma=0$ S/m，$\mu_r=1.0$，要求计算频率 $f=9.375$ GHz 时的双站 RCS。时谐场的相应波长为 $\lambda=0.032$ m，取 $\delta=\lambda/42$，离散后球的半径为 20δ。设高斯脉冲波入射，$E_i(t)=\exp\left[\dfrac{-4\pi(t-t_0)}{\tau^2}\right]$，取 $\tau=100\Delta t$，$\Delta t=\dfrac{\delta}{(2c)}=1.270\times10^{-12}$ s，其频率上限为 $f_{\max}=\dfrac{2}{\tau}=15.70\times10^9$ Hz，设入射方位角为 $\theta=0°$，$\varphi=0°$，极化角 $\alpha=0°$。FDTD 计算时间步为 2500 步，设本例应用 8.5 节瞬态场外推时谐场方法得到频率 $f=9.375$ GHz 的双站 RCS，远区 E 面(入射波电场和入射方向所决定的平面)和 H 面(入射波磁场和入射方向所决定的平面)的 RCS 如图 8-32(b)和(c)所示，图中 FDTD 结果用实线表示，Mie 级数解用“△”表示。由图可见二者相符。

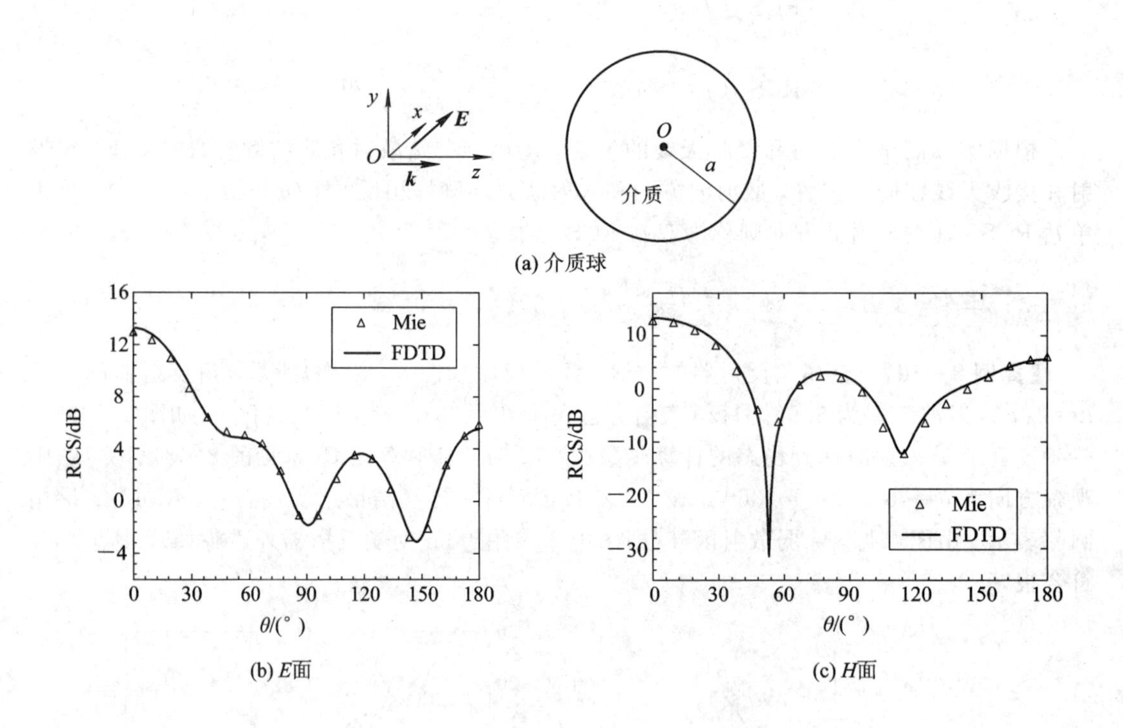

图 8-32 介质球($ka=3$)的双站 RCS

【算例 8-12】 双层球散射。几何模型如图 8-33(a)所示，内层为金属，外层为介质，电参数为 $\varepsilon_r=4.0$，$\sigma=0$ S/m，$\mu_r=1.0$。要求计算频率 $f=9.375$ GHz 时的双站 RCS。时谐场的相应波长为 $\lambda=0.032$ m，取 $\delta=\lambda/200$。涂覆介质球的外半径为 $a=0.015\ 28$ m($ka=3.0$)，离散后 $a=94\delta$；金属球的半径(内半径)为 $b=0.003\ 82$ m($kb=0.75$)，离散后为 $b=24\delta$。入射波的入射方位角为 $\theta=0°$，$\varphi=0°$，极化角 $\alpha=0°$。正弦波入射时达到稳态的总计算步数为 1200 时间步，远区 E 面和 H 面的 RCS 如图 8-33(b)和(c)所示。FDTD 结果用实线表示，Mie 级数解用“△”表示。由图可见二者一致。

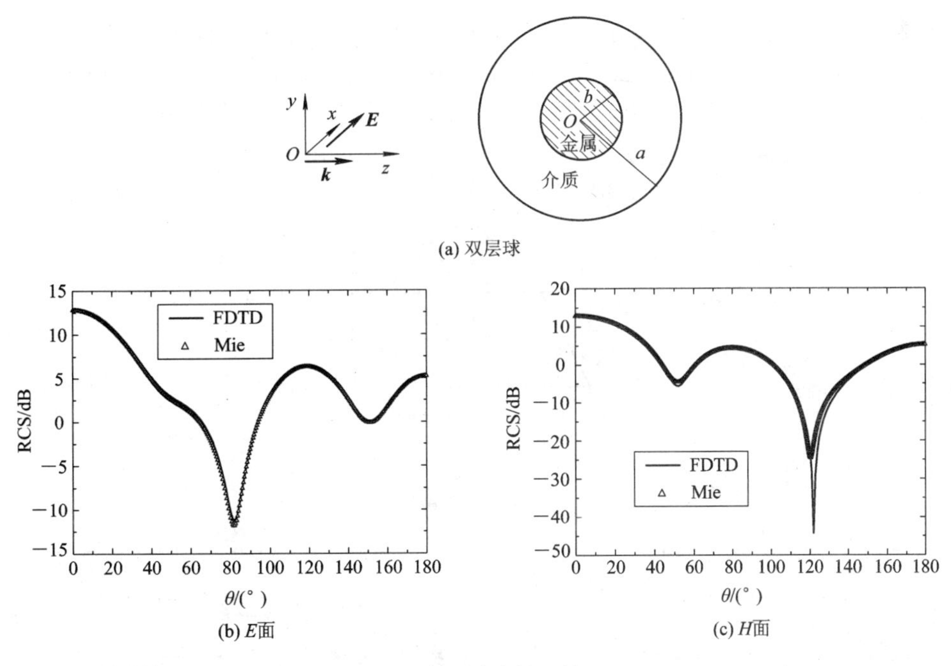

图 8-33　双层球的双站 RCS

8.9.3　三维瞬态场算例

【算例 8-13】　金属球散射。如图 8-34(a)所示，球半径为 1 m，$\delta=0.05$ m，$\Delta t=\delta/2c$，目标区域为 $40\times40\times40\delta^3$，入射波采用高斯脉冲(见算例 8-11)，其中 $\tau=30\Delta t$。图 8-34(b)所示为球的后向远区散射电场随时间的变化，将它和入射脉冲分别作 Fourier 变换，由式(8-70)可得金属球的单站 RCS 随频率的变化，如图 8-34(c)所示。作为比较，图中还给出了 Mie 级数解，由图可见二者符合很好。

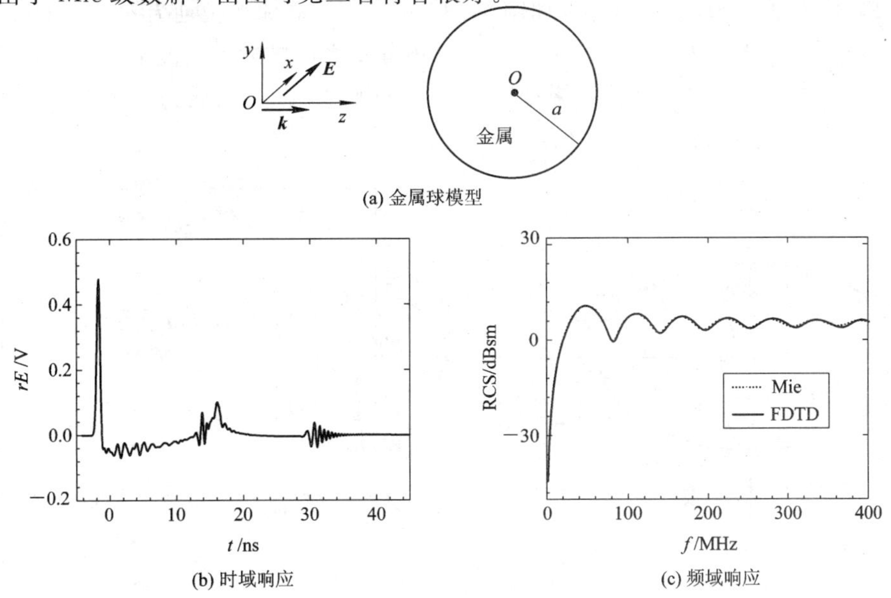

图 8-34　金属球的远区后向散射

【算例 8-14】 金属平板散射。如图 8-35(a)所示，平板为方形，边长为 29 cm，厚度为 1 cm。FDTD 网格 $\delta=1$ cm，$\Delta t=\delta/(2c)$，入射波为高斯脉冲，$\tau=30\Delta t$，入射波沿 z 方向传播，电场 E 分量沿 x 方向极化。图 8-35(b)给出了其后向远区散射电场随时间的变化，图(c)给出了经 Fourier 变换后得到的单站 RCS 随频率的变化。为了对照，图中还给出了 MoM 结果，可见二者符合很好。

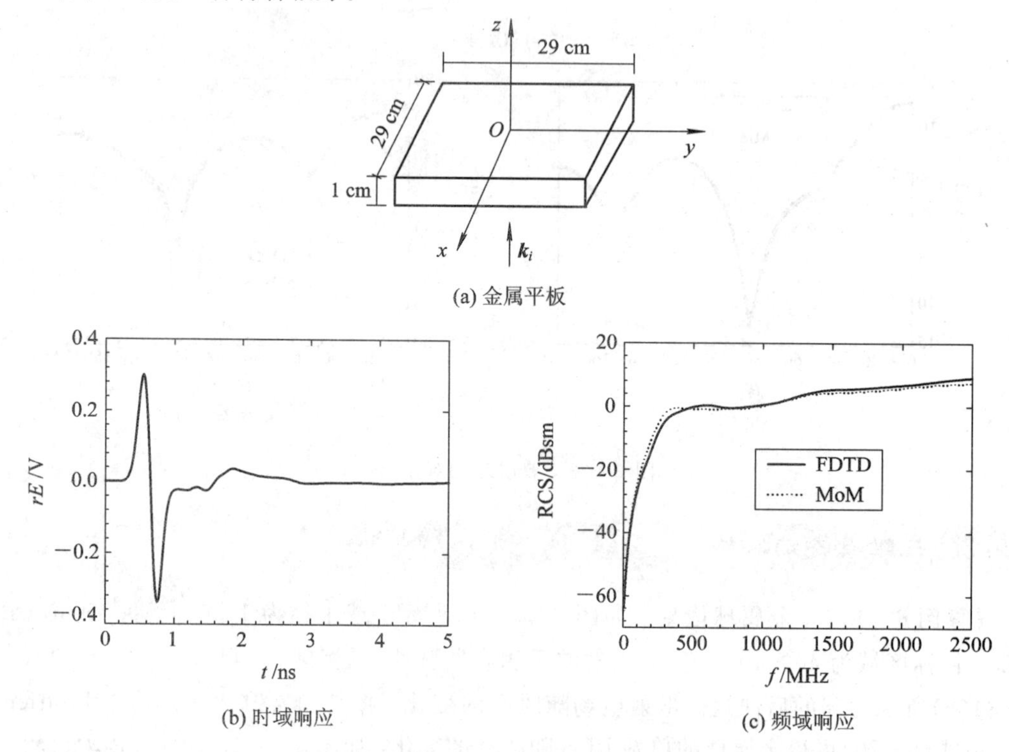

图 8-35　金属平板的远区后向散射

【算例 8-15】 金属椭球散射。如图 8-36(a)所示，椭球半长轴为 $a=b=1$ m，半短轴为 $d=0.5$ m。FDTD 网格 $\delta=0.05$ m，$\Delta t=1/60$ ns。高斯脉冲平面波沿 z 轴方向入射，入射波电场为 x 方向线极化，计算结果如图 8-36(b)所示，图中实线为 FDTD 计算结果，* 为 MoM 结果，由图可见二者符合很好。

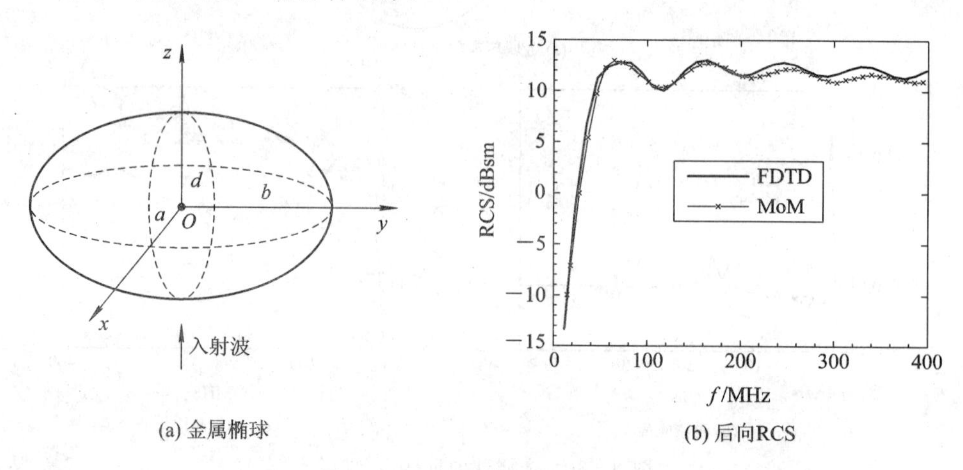

图 8-36　金属椭球的后向 RCS

第 9 章

共形网格与色散介质的处理方法

常规 FDTD 差分格式所能模拟的最小尺度为一个网格，小于一个网格时需要近似为一个网格。这样会给计算带来误差，称为阶梯近似误差。另外，许多介质的介电系数或其它本构参数随频率而变化，这一类介质称为色散介质。本章介绍 FDTD 应用中处理弯曲表面和色散介质的几种方法。

9.1　理想导体弯曲表面共形网格技术

9.1.1　二维情形理想导体共形网格

先考虑二维 TE 情形。图 9-1 是一个理想导体的部分截面示意图。区域 1(空心点网格)为理想导体，区域 2(实心点网格)为导体外区域，其中阴影部分代表位于导体表面附近的网格，需要进行共形处理。对于常规矩形网格的电场和磁场，可用一般 FDTD 步进公式。对于理想导体共形网格，其电场节点的步进公式不变，仍按照常规 FDTD 计算，例如

$$E_x^{n+1}\left(i,j+\frac{1}{2}\right)=E_x^n\left(i,j+\frac{1}{2}\right)+\frac{\Delta t}{\varepsilon\delta}\left[H_z^{n+\frac{1}{2}}(i,j+1)-H_z^{n+\frac{1}{2}}(i,j)\right] \tag{9-1}$$

而对于共形网格的磁场节点，则需特殊处理。首先设磁场节点仍处于相应矩形网格的中心，不管该中心是处于区域 2 或区域 1。由 Maxwell 方程积分形式

$$\oint_l \boldsymbol{E}\cdot\mathrm{d}\boldsymbol{l}=-\frac{\mathrm{d}}{\mathrm{d}t}\iint_s \boldsymbol{B}\cdot\mathrm{d}s \tag{9-2}$$

上式回路积分中理想导体内的电场为零，仅需考虑该网格中理想导体以外部分的电场贡献。于是可得到 TE 波二维 FDTD 步进公式

$$\begin{aligned}H_z^{n+\frac{1}{2}}(i,j)=H_z^{n-\frac{1}{2}}(i,j)+\frac{\Delta t}{\mu S(i,j)}\Big[&E_x^n\left(i,j+\frac{1}{2}\right)l_x(i,j)-E_x^n\left(i,j-\frac{1}{2}\right)l_x(i,j-1)\\&-E_y^n\left(i+\frac{1}{2},j\right)l_y(i,j)+E_y^n\left(i-\frac{1}{2},j\right)l_y(i-1,j)\Big]\end{aligned} \tag{9-3}$$

其中，$l_x\leqslant\Delta x$ 和 $l_y\leqslant\Delta y$ 分别为 E_x 和 E_y 节点对应棱边在导体外部(电场不为零)的长度；S 为相应元胞在导体外部的面积。以上磁场公式中以共形网格在导体外部的有效回路长度和有效回路面积代替了整个回路长度和面积。显然，当式(9-3)中 $l_x=\Delta x$，$l_y=\Delta y$ 和 $S(i,j)=\Delta x\Delta y$ 时，该式就是通常矩形网格的磁场步进公式。

上述共形网格处理(Conformal FDTD，CFDTD)受到变形网格特性的制约。根据文献(Dey and Mittra，1998)，变形网格应该满足以下两个条件(共形条件)：

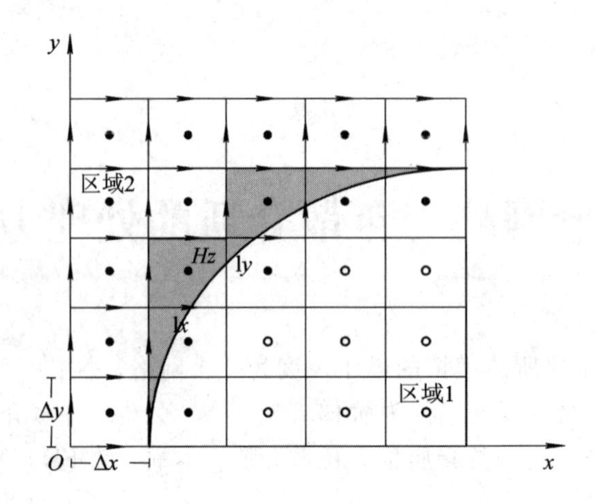

图 9-1　FDTD 共形网格

(1) 共形网格在导体外部的面积应该大于网格面积的 5%。

(2) 共形网格中的最长相对边长与该网格相对面积之比应小于 12。这里先引入相对长度和相对面积的概念，即

$$l'(i,j)=\frac{l(i,j)}{\delta},\quad S'(i,j)=\frac{S(i,j)}{\delta^2} \tag{9-4}$$

相对长度和相对面积为无量纲量。利用上式，共形网格磁场递推公式(9-3)可改写为以下形式：

$$\begin{aligned}H_z^{n+\frac{1}{2}}(i,j)=H_z^{n-\frac{1}{2}}(i,j)+\frac{\Delta t}{\mu\delta}\Big[&E_x^n\left(i,j+\frac{1}{2}\right)\frac{l'_x(i,j)}{S'}-E_x^n\left(i,j-\frac{1}{2}\right)\frac{l'_x(i,j-1)}{S'}\\&-E_y^n\left(i+\frac{1}{2},j\right)\frac{l'_y(i,j)}{S'}+E_y^n\left(i-\frac{1}{2},j\right)\frac{l'_y(i-1,j)}{S'}\Big]\end{aligned} \tag{9-5}$$

由上式可见，当比值 l'/S' 过大时，电场和磁场的数量级就会相差很大，从而影响程序的稳定性。算例计算表明当满足以下条件：

$$\frac{\max[l'_x(i,j),l'_x(i,j-1),l'_y(i,j),l'_y(i-1,j)]}{S'(i,j)}<12 \tag{9-6}$$

时，程序的稳定性很好。

对于不满足共形条件的变形网格，可以采用下述后向加权平均的修正共形方法(Modified CFDTD, MCFDTD)克服计算不稳定问题。首先，用式(9-3)计算 $n+1/2$ 时刻磁场值 $H_z^{n+\frac{1}{2}}(i,j)$；然后按照下式取平均：

$$H_z^{n+\frac{1}{2}}(i,j)=\frac{H_z^{n+\frac{1}{2}}(i,j)+H_z^{n-\frac{1}{2}}(i,j)}{2} \tag{9-7}$$

对于电场，也做类似处理。这样可以提高计算的稳定性。

至此，MCFDTD 计算过程可以归纳如下：

(1) 根据曲面的形状和网格尺寸，对模型进行预处理，生成共形网格；

(2) 对于变形网格按步进公式(9-5)处理，对于规则网格则按常规情形处理；

(3) 对于不满足共形条件的变形网格，按式(9-7)所示后向加权平均方法进行计算。

【算例 9－1】 金属圆柱散射。设圆柱半径为 1 m，TE 平面波入射角为 45°，波长 $\lambda=1$ m。网格尺寸 $\Delta x=\Delta y=\lambda/32$。RCS 计算结果如图 9－2 所示，图中还给出 MoM 结果作为比较，二者符合较好。

(a) 直角坐标表示　　(b) 极坐标表示

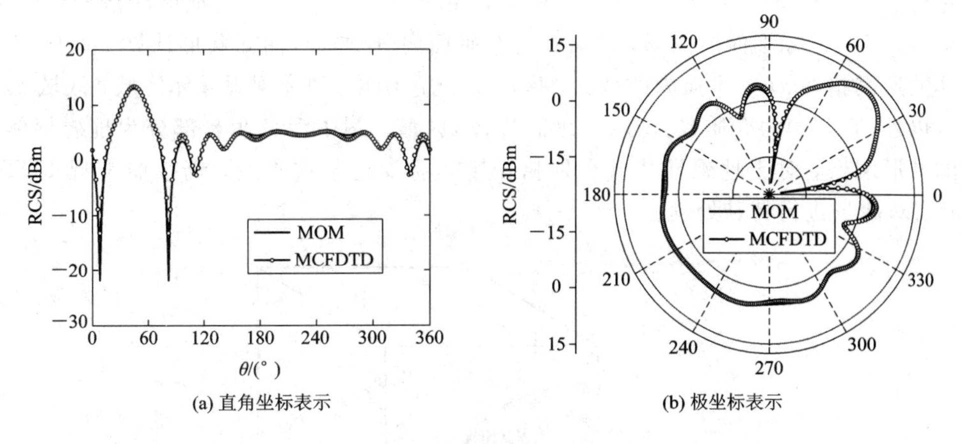

图 9－2　金属圆柱的雷达散射截面

【算例 9－2】 双弧柱散射。几何外形如图 9－3 所示，入射波为时谐场，频率 $f=3$ GHz，FDTD 程序和共形网格计算中空间离散间隔 $\delta=2$ mm。计算结果如图 9－4 所示，图中还给出了测量结果，以及用阶梯近似 FDTD 计算所得 RCS。由图可见，MCFDTD 比常规 FDTD 有所改进，与测量值符合很好。

(a) 剖面图(单位：mm)　　(b) 侧视图

图 9－3　双弧柱的几何示意图

(a) 直角坐标表示　　(b) 极坐标表示

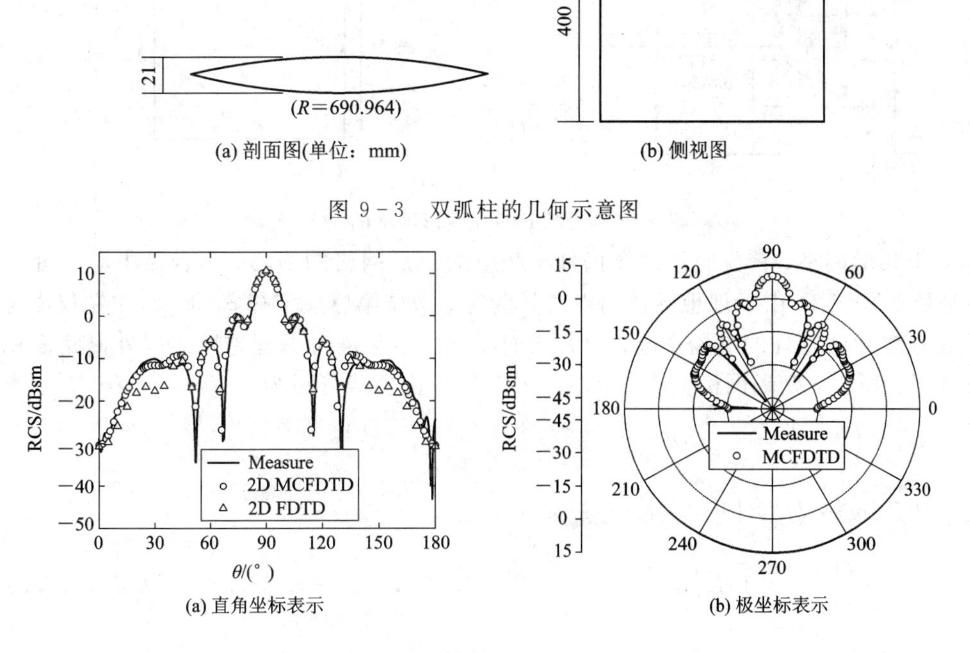

图 9－4　双弧柱后向 RCS

9.1.2　三维情形理想导体共形网格

考虑直角坐标系中的一个三维共形网格，如图 9-5 所示。首先把该网格分别向 yOz、zOx、xOy 三个坐标平面内投影，然后在三个平面内分别进行曲面共形计算。图 9-6 为理想导体共形网格在 xOy 平面内的截面。区域 1(浅色阴影区)为理想导体区域，区域 2(浅色阴影区以外的部分)为介质或真空(非理想导体)区域。图中深色阴影部分为理想导体表面附近的共形网格。对于理想导体共形网格，其电场步进公式不变，仍按照常规 FDTD 计算；但需对磁场进行特殊处理。

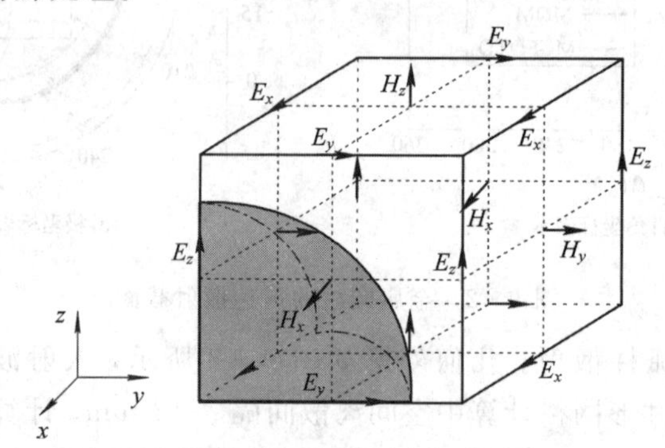

图 9-5　三维 FDTD 共形网格

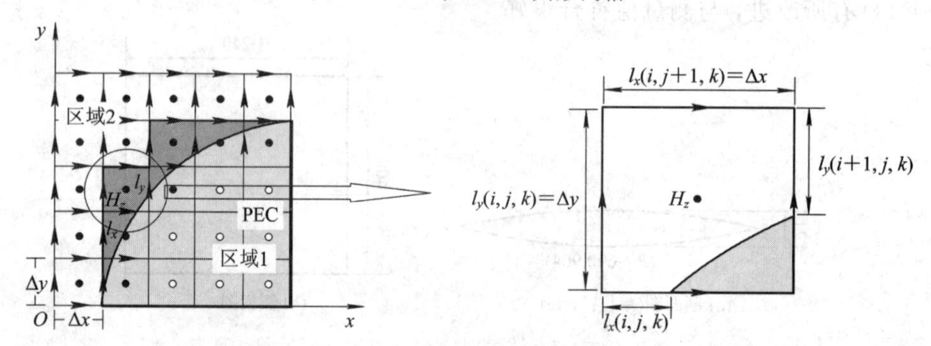

图 9-6　三维 FDTD 共形网格的 xOy 面

对于共形网格，首先假设磁场仍处于相应的矩形网格的中心，不管该中心是处于区域 1 还是处于区域 2。由于理想导体内电磁场为零，法拉第感应定律式(9-2)左端仅需考虑回路位于理想导体以外的电场贡献；而右端面积分中也只需考虑理想导体以外回路面积内的磁场贡献。所以，变形网格上磁场 H_z 的 FDTD 步进公式可写为

$$\begin{aligned}
&H_z^{n+\frac{1}{2}}\left(i+\frac{1}{2},j+\frac{1}{2},k\right)\\
&=CP(m)\cdot H_z^{n-\frac{1}{2}}\left(i+\frac{1}{2},j+\frac{1}{2},k\right)\\
&\quad-\frac{CQ(m)}{S_{xy}(i,j,k)}\left[E_y^n\left(i+1,j+\frac{1}{2},k\right)l_y(i+1,j,k)-E_y^n\left(i,j+\frac{1}{2},k\right)l_y(i,j,k)\right.\\
&\quad\left.-E_x^n\left(i+\frac{1}{2},j+1,k\right)l_x(i,j+1,k)+E_x^n\left(i+\frac{1}{2},j,k\right)l_x(i,j,k)\right]
\end{aligned}\tag{9-8}$$

上式中，系数 $CP(m)$ 和 $CQ(m)$ 与常规 FDTD 相同；l_x 和 l_y 分别为弯曲表面处变形网格(i,

j, k)中网格棱边在理想导体以外的长度，$S_{xy}(i, j, k)$为该共形网格在 xOy 面内理想导体以外部分的面积。显然，当 $l_x(i, j, k)=l_x(i, j+1, k)=\Delta x$，$l_y(i, j, k)=l_y(i+1, j, k)=\Delta y$ 时，$S_{xy}(i, j, k)=\Delta x\Delta y$，相应的网格为规则网格，此时式(9-8)退化为常规 FDTD 的磁场步进公式。

下面引入相对长度和相对面积的概念。将式(9-8)中变形网格的相对边长和相对面积写为

$$\begin{cases} l'_x(i,j,k)=\dfrac{l_x(i,j,k)}{\Delta x} \\ l'_y(i,j,k)=\dfrac{l_y(i,j,k)}{\Delta y} \\ S'_{xy}(i,j,k)=\dfrac{S_{xy}(i,j,k)}{\Delta x\Delta y} \end{cases} \tag{9-9}$$

引入相对长度和相对面积后，共形网格磁场递推公式(9-8)可改写为

$$\begin{aligned} H_z^{n+\frac{1}{2}}\left(i+\frac{1}{2},j+\frac{1}{2},k\right)= & CP(m)\cdot H_z^{n-\frac{1}{2}}\left(i+\frac{1}{2},j+\frac{1}{2},k\right) \\ & -\frac{CQ(m)}{S'_{xy}(i,j,k)}\left[\frac{E_y^n\left(i+1,j+\frac{1}{2},k\right)l'_y(i+1,j,k)-E_y^n\left(i,j+\frac{1}{2},k\right)l'_y(i,j,k)}{\Delta x}\right. \\ & \left.-\frac{E_x^n\left(i+\frac{1}{2},j+1,k\right)l'_x(i,j+1,k)-E_x^n\left(i+\frac{1}{2},j,k\right)l'_x(i,j,k)}{\Delta y}\right] \end{aligned} \tag{9-10}$$

同理，另外两个磁场分量 H_x 和 H_y 可分别在 yOz、zOx 平面内进行分析。

以上共形网格磁场步进公式的基本形式与常规 FDTD 相似。关于三维共形网格计算的稳定性问题以及为改善稳定性的后向加权平均方案与二维情形相同。研究表明，对式(9-9)中相对面积小于 1/6 的变形网格，将其面积近似为规则网格的 1/6 进行计算，可以改善计算稳定性，称之为 SC-FDTD。

【算例 9-3】 理想导体球散射。球半径 $a=0.15$ m。入射高斯脉冲波的时域形式为

$$E_i(t)=\exp\left(-\frac{4\pi(t-t_0)^2}{\tau^2}\right) \tag{9-11}$$

其中，τ 为常数，决定了高斯脉冲的宽度。脉冲峰值出现在 $t=t_0$ 时刻。通常可取 $f=2/\tau$ 为高斯脉冲的频宽，这时频谱为最大值的 4.3%；在 $f=1/\tau$ 时为最大值的 45.6%；大约在 $f=1.7/\tau$ 时为最大值的 10%。

下面取高斯脉冲的上限频率为 $f_{\max}=2$ GHz，相应真空中最小波长 $\lambda_{\min}=c/f_{\max}=0.15$ m，c 为真空中波速。取 $\delta=\lambda_{\min}/15=0.01$ m，$\Delta t=\delta/(2c)$，$\tau=1/f_{\max}=30\Delta t$，$t_0=0.8\tau$。计算中采用 4 层 UPML 吸收边界。FDTD 计算域为(−35，34；−35，34；−35，34)。图 9-7(a)中实线和“◦”分别为 FDTD 和 SC-FDTD 计算得到的理想导体球远区后向散射场的时域波形，图 9-7(b)实线为 Mie 级数解，“☆”和“◦”分别为 FDTD 和 SC-FDTD 计算的结果。由图 9-7(b)可见，SC-FDTD 改善了 FDTD 结果，与 Mie 级数解符合较好。

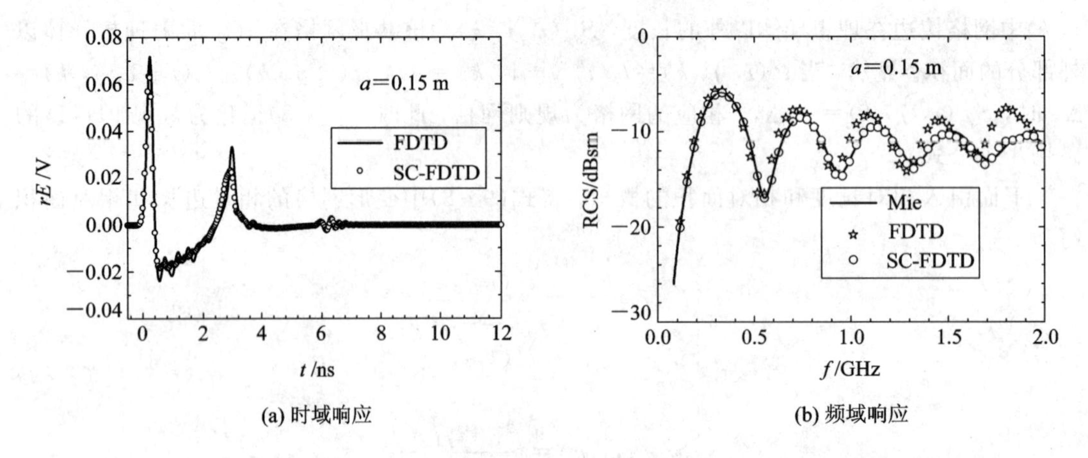

(a) 时域响应 (b) 频域响应

图 9-7 理想导体球 $a=0.15$ m 的远区后向散射

【算例 9-4】 金属椭球散射。椭球如图 9-8(a)所示，坐标原点位于椭球中心，设椭球的半长轴为 $a=b=1$ m，半短轴为 $d=0.5$ m。FDTD 网格尺寸 $\delta=0.05$ m，$\Delta t=\delta/(2c)$，c 为真空中光速。高斯脉冲平面波式(9-11)沿 z 轴正向入射，脉冲宽度 $\tau=60\Delta t$。入射波电场为 x 方向线极化，计算结果如图 9-8 所示。其中图(b)为时域响应，图(c)为频域响应。图(c)中实线为 MoM 结果，“◦”为 FDTD 计算结果，“☆”为 SC-FDTD 计算结果。由图可见，与 FDTD 结果相比，SC-FDTD 结果与 MoM 符合得更好。

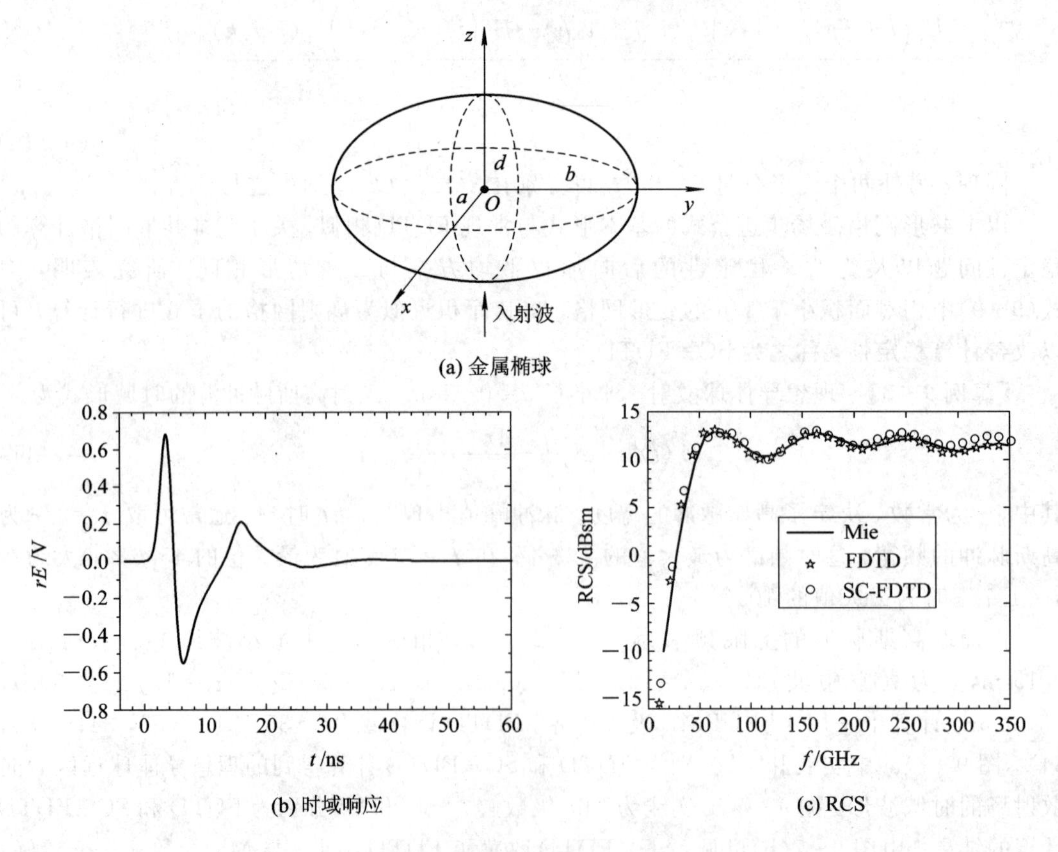

(a) 金属椭球

(b) 时域响应 (c) RCS

图 9-8 金属椭球远区后向散射

9.2　色散介质基本模型

许多介质的介电系数或其它本构参数随频率而变化，例如等离子体、水、生物肌体组织和雷达吸波材料等，这类介质称为色散介质。这里介绍常用色散模型，在此基础上讨论 FDTD 对于色散介质处理的循环卷积方法和移位算子方法。

线性各向同性介质 Maxwell 旋度方程为

$$\begin{cases}\nabla\times\boldsymbol{H}=\dfrac{\partial\boldsymbol{D}}{\partial t}+\sigma\boldsymbol{E}\\[2ex]\nabla\times\boldsymbol{E}=-\dfrac{\partial\boldsymbol{B}}{\partial t}-\sigma_m\boldsymbol{H}\end{cases}\tag{9-12}$$

其中，σ 和 σ_m 分别为电导率和磁导率，代表介质的电和磁损耗。在色散介质的分析中也可将介质损耗归入到介电系数和导磁系数中，因而上式变为

$$\begin{cases}\nabla\times\boldsymbol{H}=\dfrac{\partial\boldsymbol{D}}{\partial t}\\[2ex]\nabla\times\boldsymbol{E}=-\dfrac{\partial\boldsymbol{B}}{\partial t}\end{cases}\tag{9-13}$$

上式的 FDTD 离散得到

$$\begin{cases}(\nabla\times\boldsymbol{H})^{n+\frac{1}{2}}_{\text{FDTD}}=\dfrac{\boldsymbol{D}^{n+1}-\boldsymbol{D}^{n}}{\Delta t}\\[2ex](\nabla\times\boldsymbol{E})^{n}_{\text{FDTD}}=-\dfrac{\boldsymbol{B}^{n+\frac{1}{2}}-\boldsymbol{B}^{n-\frac{1}{2}}}{\Delta t}=-\mu\dfrac{\boldsymbol{H}^{n+\frac{1}{2}}-\boldsymbol{H}^{n-\frac{1}{2}}}{\Delta t}\end{cases}\tag{9-14}$$

这里设 $\boldsymbol{B}=\mu\boldsymbol{H}$，其中导磁系数 μ 与频率无关。

考虑介电系数为色散的介质，其本构关系在频域表示为

$$\begin{cases}\boldsymbol{D}(\omega)=\varepsilon(\omega)\boldsymbol{E}(\omega)\\\boldsymbol{B}(\omega)=\mu\boldsymbol{H}(\omega)\end{cases}\tag{9-15}$$

其中，$\varepsilon(\omega)$ 为介电系数，是频率的函数。当介质的导磁系数 μ 和频率无关时，由式(9-14)第二式可以得到由 $\boldsymbol{E}\rightarrow\boldsymbol{H}$ 的时域步进公式。但是当介电系数 $\varepsilon(\omega)$ 和频率有关时，由式(9-14)第一式不易得到 $\boldsymbol{H}\rightarrow\boldsymbol{E}$ 的时域步进公式，因为本构关系式(9-15)第一式由频域变换到时域将成为卷积形式，使得 $\boldsymbol{H}\rightarrow\boldsymbol{E}$ 的时域递推式变得复杂。

介电系数 $\varepsilon(\omega)$ 也可写为

$$\varepsilon(\omega)=\varepsilon_0(\varepsilon_\infty+\chi(\omega))\tag{9-16}$$

其中，ε_0 是真空介电系数，ε_∞ 为无限大频率时的相对介电常数，$\chi(\omega)$ 是极化率函数。ε_∞ 和 χ 均为无量纲的参数。

9.2.1　色散介质的频域模型

介质的色散特性一般要通过频域测量得到。在色散介质研究中常用到的色散频域模型有以下几种：

(1) 德拜(Debye)模型。Debye 模型的极化率函数表示为一阶有理分式相加的形式，即

$$\varepsilon^{\text{Debye}}(\omega)=\varepsilon_0(\varepsilon_\infty+\chi(\omega))=\varepsilon_0\varepsilon_\infty+\varepsilon_0\sum_{p=1}^{P}\chi_p(\omega)$$
$$=\varepsilon_0\varepsilon_\infty+\varepsilon_0\sum_{p=1}^{P}\frac{\Delta\varepsilon_p}{1+\mathrm{j}\omega\tau_p} \tag{9-17}$$

其中，$\Delta\varepsilon_p=\varepsilon_{s,p}-\varepsilon_{\infty,p}$，$\varepsilon_{s,p}$为静态或零频时的相对介电系数，$\varepsilon_{\infty,p}$为无穷大频率时的相对介电系数，$\tau_p$为极点驰豫时间。$\chi_p(\omega)$为第 p 个极点对应的极化率函数。Debye 模型经常用于土壤、水、人体组织等介质的色散特性描述。

(2) 洛伦兹(Lorentz)模型。Lorentz 模型的极化率函数表示为二阶有理分式相加的形式，即

$$\varepsilon^{\text{Lorentz}}(\omega)=\varepsilon_0(\varepsilon_\infty+\chi(\omega))=\varepsilon_0\varepsilon_\infty+\varepsilon_0\sum_{p=1}^{P}\chi_p(\omega)$$
$$=\varepsilon_0\varepsilon_\infty+\varepsilon_0\sum_{p=1}^{P}\frac{\Delta\varepsilon_p\omega_p^2}{\omega_p^2+2\mathrm{j}\omega\delta_p-\omega^2} \tag{9-18}$$

其中，$\Delta\varepsilon_p$和$\chi_p(\omega)$含义同上，ω_p为极点频率，δ_p为阻尼系数。Lorentz 模型经常用于生物组织、人工介质、光学材料等介质的色散特性描述。

(3) 德鲁特(Drude)模型。Drude 模型可以看做一种有耗的 Debye 模型，其介电系数$\varepsilon(\omega)$可以表示为

$$\varepsilon^{\text{Drude}}(\omega)=\varepsilon_0(\varepsilon_\infty+\chi(\omega))=\varepsilon_0\varepsilon_\infty+\varepsilon_0\sum_{p=1}^{P}\chi_p(\omega)$$
$$=\varepsilon_0\varepsilon_\infty-\varepsilon_0\sum_{p=1}^{P}\frac{\omega_p^2}{\omega^2-\mathrm{j}\omega\nu_{c,p}} \tag{9-19}$$

其中，ε_∞、ω_p和$\chi_p(\omega)$含义同上，$\nu_{c,p}$为极点驰豫时间的倒数。Drude 模型常用于等离子体、金属等介质的色散特性描述。

在实际应用中如果所关心频率范围较宽，可以采用上述 Debye、Lorentz 和 Drude 模型的联合描述，或其它更为复杂的模型，如 Cole-Cole 模型等。

9.2.2　介质极化率的时域表示式

三种常用色散介质模型的极化率函数的频域公式具有求和形式，通过 Fourier 变换可以得到介质极化率的时域表示式。以下给出其单项情形的时域表示式，由此可以得到求和项的结果。

(1) Debye 模型。极化率函数频域公式单项情形为

$$\chi^{\text{Debye}}(\omega)=\frac{(\varepsilon_s-\varepsilon_\infty)}{1+\mathrm{j}\omega\tau_p}=\frac{\Delta\varepsilon_p}{1+\mathrm{j}\omega\tau_p} \tag{9-20}$$

其时域表达式为

$$\chi^{\text{Debye}}(t)=\frac{\Delta\varepsilon}{\tau_p}\exp\left(-\frac{t}{\tau_p}\right)U(t) \tag{9-21}$$

(2) Lorentz 模型。极化率函数频域公式单项情形为

$$\chi^{\text{Lorentx}}(\omega)=(\varepsilon_s-\varepsilon_\infty)\frac{\omega_q^2}{\omega_q^2+\mathrm{j}2\omega\delta_q-\omega^2}=\frac{\Delta\varepsilon_q\omega_q^2}{\omega_q^2+\mathrm{j}2\omega\delta_q-\omega^2} \tag{9-22}$$

对应的时域函数为

$$\chi^{\text{Lorentz}}(t)=\frac{\Delta\varepsilon_q\omega_q^2}{\sqrt{\omega_q^2-\delta_q^2}}\exp(-\delta_q t)\sin\left(\sqrt{\omega_q^2-\delta_q^2}t\right)U(t) \tag{9-23}$$

(3) Drude 模型。极化率函数频域公式单项情形为

$$\chi^{\text{Drude}}(\omega)=\frac{\omega_p^2}{\omega(\mathrm{j}\nu_c-\omega)}=\frac{\omega_p^2/\nu_c}{\mathrm{j}\omega}-\frac{\omega_p^2/\nu_c}{\nu_c+\mathrm{j}\omega} \tag{9-24}$$

非磁化等离子体通常用 Drude 模型描写，所以 ω_p 也称为等离子体角频率，ν_c 是等离子碰撞频率。对应的时域表达式为

$$\chi^{\text{Drude}}(t)=\frac{\omega_p^2}{\nu_c}[1-\exp(-\nu_c t)]U(t) \tag{9-25}$$

9.3　色散介质 RC - FDTD

如前所述，对于电色散介质，由式(9 - 13)第二式的离散可以得到 **E→H** 的时域 FDTD 步进公式。但是由于介电系数 ε(ω)和频率有关，由式(9 - 13)第一式的离散只可导出 **H→D** 的时域步进公式。为了获得 **D→E** 的递推式，需要用到本构关系式(9 - 15)。

注意，根据 Fourier 变换理论，两个频域函数的乘积经过 Fourier 变换后成为两个函数相应时域形式的卷积。于是，将式(9 - 16)代入式(9 - 15)再进行 Fourier 变换得到本构关系的时域形式为

$$\begin{aligned}\boldsymbol{D}(t)&=\varepsilon_0\varepsilon_\infty\boldsymbol{E}(t)+\varepsilon_0\chi(t)*\boldsymbol{E}(t)\\&=\varepsilon_0\varepsilon_\infty\boldsymbol{E}(t)+\varepsilon_0\int_0^t\boldsymbol{E}(t-\tau)\chi(\tau)\mathrm{d}\tau\end{aligned} \tag{9-26}$$

上式中假设时域电磁场符合因果律，即 $\boldsymbol{D}(t)=\boldsymbol{E}(t)=0$，$t<0$。对式(9 - 26)进行时域离散，设 $t=n\Delta t$，记 $\boldsymbol{D}^n=\boldsymbol{D}(n\Delta t)$，$\boldsymbol{E}^n=\boldsymbol{E}(n\Delta t)$，上式变为

$$\boldsymbol{D}(n\Delta t)=\varepsilon_0\varepsilon_\infty\boldsymbol{E}(n\Delta t)+\varepsilon_0\int_0^{n\Delta t}\boldsymbol{E}(n\Delta t-\tau)\chi(\tau)\mathrm{d}\tau \tag{9-27}$$

9.3.1　分段常数循环卷积法

假设电场在各个时间段 Δt 中为常量，式(9 - 27)中的积分可以写成求和形式：

$$\boldsymbol{D}^n\simeq\varepsilon_0\varepsilon_\infty\boldsymbol{E}^n+\varepsilon_0\sum_{m=0}^{n-1}\boldsymbol{E}^{n-m}\int_{m\Delta t}^{(m+1)\Delta t}\chi(\tau)\mathrm{d}\tau \tag{9-28}$$

将上式中 $n\to n+1$，得到

$$\boldsymbol{D}^{n+1}\simeq\varepsilon_0\varepsilon_\infty\boldsymbol{E}^{n+1}+\varepsilon_0\sum_{m=0}^{n}\boldsymbol{E}^{n-m+1}\int_{m\Delta t}^{(m+1)\Delta t}\chi(\tau)\mathrm{d}\tau \tag{9-29}$$

将上式中的求和项改写为

$$\begin{aligned}\sum_{m=0}^{n}\boldsymbol{E}^{n-m+1}\int_{m\Delta t}^{(m+1)\Delta t}\chi(\tau)\mathrm{d}\tau&=\boldsymbol{E}^{n+1}\int_0^{\Delta t}\chi(\tau)\mathrm{d}\tau+\sum_{m=1}^{n}\boldsymbol{E}^{n-m+1}\int_{m\Delta t}^{(m+1)\Delta t}\chi(\tau)\mathrm{d}\tau\\&=\boldsymbol{E}^{n+1}\int_0^{\Delta t}\chi(\tau)\mathrm{d}\tau+\sum_{m=0}^{n-1}\boldsymbol{E}^{n-m}\int_{(m+1)\Delta t}^{(m+2)\Delta t}\chi(\tau)\mathrm{d}\tau\end{aligned}$$

式(9-29)减去式(9-28)后将上式代入，得

$$\begin{aligned}\boldsymbol{D}^{n+1}-\boldsymbol{D}^{n}=&\varepsilon_0\varepsilon_\infty(\boldsymbol{E}^{n+1}-\boldsymbol{E}^{n})\\&+\varepsilon_0\sum_{m=0}^{n}\boldsymbol{E}^{n-m+1}\int_{m\Delta t}^{(m+1)\Delta t}\chi(\tau)\mathrm{d}\tau-\varepsilon_0\sum_{m=0}^{n-1}\boldsymbol{E}^{n-m}\int_{m\Delta t}^{(m+1)\Delta t}\chi(\tau)\mathrm{d}\tau\\=&\varepsilon_0\varepsilon_\infty(\boldsymbol{E}^{n+1}-\boldsymbol{E}^{n})+\varepsilon_0\boldsymbol{E}^{n+1}\int_0^{\Delta t}\chi(\tau)\mathrm{d}\tau\\&+\varepsilon_0\left\{\sum_{m=0}^{n-1}\boldsymbol{E}^{n-m}\int_{(m+1)\Delta t}^{(m+2)\Delta t}\chi(\tau)\mathrm{d}\tau-\sum_{m=0}^{n-1}\boldsymbol{E}^{n-m}\int_{m\Delta t}^{(m+1)\Delta t}\chi(\tau)\mathrm{d}\tau\right\}\\=&\varepsilon_0\varepsilon_\infty(\boldsymbol{E}^{n+1}-\boldsymbol{E}^{n})+\varepsilon_0\boldsymbol{E}^{n+1}\int_0^{\Delta t}\chi(\tau)\mathrm{d}\tau\\&+\varepsilon_0\sum_{m=0}^{n-1}\boldsymbol{E}^{n-m}\left\{\int_{(m+1)\Delta t}^{(m+2)\Delta t}\chi(\tau)\mathrm{d}\tau-\int_{m\Delta t}^{(m+1)\Delta t}\chi(\tau)\mathrm{d}\tau\right\}\end{aligned}\tag{9-30}$$

为了公式简明，记

$$\chi_m=\int_{m\Delta t}^{(m+1)\Delta t}\chi(\tau)\mathrm{d}\tau\tag{9-31}$$

于是得

$$\begin{aligned}\boldsymbol{D}^{n+1}-\boldsymbol{D}^{n}&=\varepsilon_0\varepsilon_\infty(\boldsymbol{E}^{n+1}-\boldsymbol{E}^{n})+\varepsilon_0\boldsymbol{E}^{n+1}\chi_0+\varepsilon_0\sum_{m=0}^{n-1}\boldsymbol{E}^{n-m}(\chi_{m+1}-\chi_m)\\&=\varepsilon_0(\varepsilon_\infty+\chi_0)\boldsymbol{E}^{n+1}-\varepsilon_0\varepsilon_\infty\boldsymbol{E}^{n}-\varepsilon_0\sum_{m=0}^{n-1}\boldsymbol{E}^{n-m}(\chi_m-\chi_{m+1})\end{aligned}\tag{9-32}$$

再令

$$\Delta\chi_m=\chi_m-\chi_{m+1}\tag{9-33}$$

式(9-32)变为

$$\boldsymbol{D}^{n+1}-\boldsymbol{D}^{n}=\varepsilon_0(\varepsilon_\infty+\chi_0)\boldsymbol{E}^{n+1}-\varepsilon_0\varepsilon_\infty\boldsymbol{E}^{n}-\varepsilon_0\sum_{m=0}^{n-1}\boldsymbol{E}^{n-m}\Delta\chi_m\tag{9-34}$$

上式可写为

$$\boldsymbol{E}^{n+1}=\frac{\varepsilon_\infty}{\varepsilon_\infty+\chi_0}\boldsymbol{E}^{n}+\frac{1}{\varepsilon_\infty+\chi_0}\sum_{m=0}^{n-1}\boldsymbol{E}^{n-m}\Delta\chi_m+\frac{1}{\varepsilon_0(\varepsilon_\infty+\chi_0)}[\boldsymbol{D}^{n+1}-\boldsymbol{D}^{n}]\tag{9-35}$$

以上是 $\boldsymbol{D}\rightarrow\boldsymbol{E}$ 在离散时域的步进公式。注意到以上公式需要 $\boldsymbol{E}$ 的全部以往时间值，这给计算带来不便。为了将上式转换为循环计算形式，引入辅助变量

$$\psi^{n}=\sum_{m=0}^{n-1}\boldsymbol{E}^{n-m}\Delta\chi_m\tag{9-36}$$

式(9-35)可重写为

$$\boldsymbol{E}^{n+1}=\frac{\varepsilon_\infty}{\varepsilon_\infty+\chi_0}\boldsymbol{E}^{n}+\frac{1}{\varepsilon_\infty+\chi_0}\psi^{n}+\frac{1}{\varepsilon_0(\varepsilon_\infty+\chi_0)}[\boldsymbol{D}^{n+1}-\boldsymbol{D}^{n}]\tag{9-37}$$

将式(9-14)第一式代入上式可得

$$\boldsymbol{E}^{n+1}=\frac{\varepsilon_\infty}{\varepsilon_\infty+\chi_0}\boldsymbol{E}^{n}+\frac{1}{\varepsilon_\infty+\chi_0}\psi^{n}+\frac{\Delta t}{\varepsilon_0(\varepsilon_\infty+\chi_0)}(\nabla\times\boldsymbol{H})_{\mathrm{FDTD}}^{n+\frac{1}{2}}\tag{9-38}$$

下面以单个极点 Debye 介质为例给出以上公式的循环计算形式。由式(9-17)有

$$\varepsilon^{\text{Debye}}(\omega)=\varepsilon_0(\varepsilon_\infty+\chi(\omega))=\varepsilon_0\varepsilon_\infty+\varepsilon_0\frac{\varepsilon_s-\varepsilon_\infty}{1+\mathrm{j}\omega\tau_0} \tag{9-39}$$

即

$$\chi(\omega)=\frac{\varepsilon_s-\varepsilon_\infty}{1+\mathrm{j}\omega\tau_0}$$

其时域形式为

$$\chi(t)=\frac{\varepsilon_s-\varepsilon_\infty}{\tau_0}\exp\left(-\frac{t}{\tau_0}\right)U(t) \tag{9-40}$$

其中，$U(t)$为阶梯函数。将上式代入式(9－31)得

$$\begin{aligned}\chi_m&=\int_{m\Delta t}^{(m+1)\Delta t}\chi(\tau)\mathrm{d}\tau=\frac{\varepsilon_s-\varepsilon_\infty}{\tau_0}\int_{m\Delta t}^{(m+1)\Delta t}\exp\left(-\frac{\tau}{\tau_0}\right)\mathrm{d}\tau\\&=-(\varepsilon_s-\varepsilon_\infty)\left[\exp\left(-\frac{(m+1)\Delta t}{\tau_0}\right)-\exp\left(-\frac{m\Delta t}{\tau_0}\right)\right]\\&=(\varepsilon_s-\varepsilon_\infty)\exp\left(-\frac{m\Delta t}{\tau_0}\right)\left[1-\exp\left(-\frac{\Delta t}{\tau_0}\right)\right]\end{aligned} \tag{9-41}$$

所以式(9－32)和式(9－33)中：

$$\chi_0=(\varepsilon_s-\varepsilon_\infty)\left[1-\exp\left(-\frac{\Delta t}{\tau_0}\right)\right] \tag{9-42}$$

$$\Delta\chi_m=\chi_m-\chi_{m+1}=(\varepsilon_s-\varepsilon_\infty)\exp\left(-\frac{m\Delta t}{\tau_0}\right)\left[1-\exp\left(-\frac{\Delta t}{\tau_0}\right)\right]^2 \tag{9-43}$$

由此可以化简式(9－35)中的求和计算。另外，根据式(9－43)有

$$\Delta\chi_{m+1}=(\varepsilon_s-\varepsilon_\infty)\exp\left(-\frac{(m+1)\Delta t}{\tau_0}\right)\left[1-\exp\left(-\frac{\Delta t}{\tau_0}\right)\right]^2=\exp\left(-\frac{\Delta t}{\tau_0}\right)\Delta\chi_m \tag{9-44}$$

于是当 $n\geqslant 2$ 时，式(9－36)可以写为

$$\begin{aligned}\boldsymbol{\psi}^n&=\sum_{m=0}^{n-1}\boldsymbol{E}^{n-m}\Delta\chi_m=\boldsymbol{E}^n\Delta\chi_0+\sum_{m=1}^{n-1}\boldsymbol{E}^{n-m}\Delta\chi_m\\&=\boldsymbol{E}^n\Delta\chi_0+\sum_{m=0}^{n-2}\boldsymbol{E}^{n-m-1}\Delta\chi_{m+1}=\boldsymbol{E}^n\Delta\chi_0+\exp\left(-\frac{\Delta t}{\tau_0}\right)\sum_{m=0}^{n-2}\boldsymbol{E}^{n-m-1}\Delta\chi_m\\&=\boldsymbol{E}^n\Delta\chi_0+\exp\left(-\frac{\Delta t}{\tau_0}\right)\boldsymbol{\psi}^{n-1}\end{aligned} \tag{9-45}$$

根据时域场的因果性，即 $\boldsymbol{E}(t<0)=0$，式(9－36)所定义辅助变量的初始条件为

$$\boldsymbol{\psi}^0=\boldsymbol{\psi}^1=0 \tag{9-46}$$

至此，Debye 色散介质的 FDTD 时域步进计算步骤可以归结如下：

(1) 由 $\boldsymbol{E}\to\boldsymbol{H},\boldsymbol{\psi}$，用式(9－14)第二式和式(9－45)；

(2) 由 $\boldsymbol{H},\boldsymbol{\psi}\to\boldsymbol{E}$，用式(9－38)。

对于 Lorentz 和 Drude 模型也可以得到以上类似公式。由此可见，对于上述几种色散介质模型，根据其极化率函数的时域形式可以将卷积计算转化为离散的循环卷积计算，无需用到 $\boldsymbol{E}$ 的全部以往时间值。以上式(9－27)卷积积分计算中假设电场 $\boldsymbol{E}$ 在各分段中为常数，故称为分段常数循环卷积法，简称 RC－FDTD 法。

9.3.2 分段线性循环卷积法

为了提高计算精度，在式(9-27)的卷积积分计算中，可以假设在各个时间段 Δt 中电场 $\boldsymbol{E}$ 为时间 t 的线性函数，即在给定间隔$[i\Delta t,\ (i+1)\Delta t]$中取

$$\boldsymbol{E}(t)=\boldsymbol{E}^i+\frac{(\boldsymbol{E}^{i+1}-\boldsymbol{E}^i)}{\Delta t}(t-i\Delta t) \tag{9-47}$$

称为分段线性近似。首先将式(9-27)中的卷积积分可以写成求和形式：

$$\begin{aligned}\boldsymbol{D}(n\Delta t)&=\varepsilon_0\varepsilon_\infty\boldsymbol{E}(n\Delta t)+\varepsilon_0\int_0^{n\Delta t}\boldsymbol{E}(n\Delta t-\tau)\chi(\tau)\mathrm{d}\tau\\&=\varepsilon_0\varepsilon_\infty\boldsymbol{E}(n\Delta t)+\varepsilon_0\sum_{m=0}^{n-1}\int_{m\Delta t}^{(m+1)\Delta t}\boldsymbol{E}(n\Delta t-\tau)\chi(\tau)\mathrm{d}\tau\end{aligned} \tag{9-48}$$

其中，$\boldsymbol{E}(n\Delta t-\tau)$的区间为$[(n-m)\Delta t,\ (n-m-1)\Delta t]$。然后按照式(9-47)，将上式中被积函数取线性近似为

$$\boldsymbol{E}(n\Delta t-\tau)=\boldsymbol{E}^{n-m}+\frac{(\boldsymbol{E}^{n-m-1}-\boldsymbol{E}^{n-m})}{\Delta t}(\tau-m\Delta t) \tag{9-49}$$

代入并完成积分后得到

$$\boldsymbol{D}^n=\varepsilon_0\varepsilon_\infty\boldsymbol{E}^n+\varepsilon_0\sum_{m=0}^{n-1}\left\{\boldsymbol{E}^{n-m}\chi_m+(\boldsymbol{E}^{n-m-1}-\boldsymbol{E}^{n-m})\xi_m\right\} \tag{9-50}$$

其中，

$$\begin{cases}\chi_m=\displaystyle\int_{m\Delta t}^{(m+1)\Delta t}\chi(\tau)\mathrm{d}\tau\\ \xi_m=\displaystyle\frac{1}{\Delta t}\int_{m\Delta t}^{(m+1)\Delta t}(\tau-m\Delta t)\chi(\tau)\mathrm{d}\tau\end{cases} \tag{9-51}$$

将上式中 $n\to n+1$，得到

$$\begin{aligned}\boldsymbol{D}^{n+1}&=\varepsilon_0\varepsilon_\infty\boldsymbol{E}^{n+1}+\varepsilon_0\sum_{m=0}^{n}\left\{\boldsymbol{E}^{n+1-m}\chi_m+(\boldsymbol{E}^{n-m}-\boldsymbol{E}^{n+1-m})\xi_m\right\}\\&=\varepsilon_0\varepsilon_\infty\boldsymbol{E}^{n+1}+\varepsilon_0\boldsymbol{E}^{n+1}\chi_0+\varepsilon_0(\boldsymbol{E}^n-\boldsymbol{E}^{n+1})\xi_0+\varepsilon_0\sum_{m=1}^{n}\left\{\boldsymbol{E}^{n+1-m}\chi_m+(\boldsymbol{E}^{n-m}-\boldsymbol{E}^{n+1-m})\xi_m\right\}\\&=\varepsilon_0(\varepsilon_\infty+\chi_0-\xi_0)\boldsymbol{E}^{n+1}+\varepsilon_0\xi_0\boldsymbol{E}^n+\varepsilon_0\sum_{m=0}^{n-1}\left\{\boldsymbol{E}^{n-m}\chi_{m+1}+(\boldsymbol{E}^{n-m-1}-\boldsymbol{E}^{n-m})\xi_{m+1}\right\}\end{aligned} \tag{9-52}$$

式(9-52)减去式(9-50)得

$$\begin{aligned}\boldsymbol{D}^{n+1}-\boldsymbol{D}^n=&\varepsilon_0(\varepsilon_\infty+\chi_0-\xi_0)\boldsymbol{E}^{n+1}+\varepsilon_0(\xi_0-\varepsilon_\infty)\boldsymbol{E}^n\\&+\varepsilon_0\sum_{m=0}^{n-1}\left\{\boldsymbol{E}^{n-m}(\chi_{m+1}-\chi_m)+(\boldsymbol{E}^{n-m-1}-\boldsymbol{E}^{n-m})(\xi_{m+1}-\xi_m)\right\}\end{aligned} \tag{9-53}$$

令

$$\begin{cases}\Delta\chi_m=\chi_m-\chi_{m+1}\\ \Delta\xi_m=\xi_m-\xi_{m+1}\end{cases} \tag{9-54}$$

将式(9-54)、式(9-33)代入式(9-53)，得

$$\begin{aligned}\boldsymbol{D}^{n+1}-\boldsymbol{D}^n=&\varepsilon_0(\varepsilon_\infty+\chi_0-\xi_0)\boldsymbol{E}^{n+1}+\varepsilon_0(\xi_0-\varepsilon_\infty)\boldsymbol{E}^n\\&-\varepsilon_0\sum_{m=0}^{n-1}\left\{\boldsymbol{E}^{n-m}\Delta\chi_m+(\boldsymbol{E}^{n-m-1}-\boldsymbol{E}^{n-m})\Delta\xi_m\right\}\end{aligned} \tag{9-55}$$

上式可写为

$$\boldsymbol{E}^{n+1}=\frac{\varepsilon_\infty-\xi_0}{\varepsilon_\infty+\chi_0-\xi_0}\boldsymbol{E}^n+\frac{1}{\varepsilon_\infty+\chi_0-\xi_0}\sum_{m=0}^{n-1}\{\boldsymbol{E}^{n-m}\Delta\chi_m+(\boldsymbol{E}^{n-m-1}-\boldsymbol{E}^{n-m})\Delta\xi_m\}$$
$$+\frac{1}{\varepsilon_0(\varepsilon_\infty+\chi_0-\xi_0)}[\boldsymbol{D}^{n+1}-\boldsymbol{D}^n] \tag{9-56}$$

以上是 $\boldsymbol{D}\to\boldsymbol{E}$ 在离散时域的步进公式。注意到以上公式需要 $\boldsymbol{E}$ 的全部以往时间值，这给计算带来不便。为了将上式转换为循环计算形式，引入辅助变量

$$\boldsymbol{\psi}^n=\sum_{m=0}^{n-1}[\boldsymbol{E}^{n-m}\Delta\chi_m+(\boldsymbol{E}^{n-m-1}-\boldsymbol{E}^{n-m})\Delta\xi_m] \tag{9-57}$$

于是式(9-56)可重写为

$$\boldsymbol{E}^{n+1}=\frac{\varepsilon_\infty-\xi_0}{\varepsilon_\infty+\chi_0-\xi_0}\boldsymbol{E}^n+\frac{1}{\varepsilon_\infty+\chi_0-\xi_0}\boldsymbol{\psi}^n+\frac{1}{\varepsilon_0(\varepsilon_\infty+\chi_0-\xi_0)}(\boldsymbol{D}^{n+1}-\boldsymbol{D}^n) \tag{9-58}$$

将式(9-14)第一式代入上式可得

$$\boldsymbol{E}^{n+1}=\frac{\varepsilon_\infty-\xi_0}{\varepsilon_\infty+\chi_0-\xi_0}\boldsymbol{E}^n+\frac{1}{\varepsilon_\infty+\chi_0-\xi_0}\boldsymbol{\psi}^n+\frac{\Delta t}{\varepsilon_0(\varepsilon_\infty+\chi_0-\xi_0)}(\nabla\times\boldsymbol{H})_{\text{FDTD}}^{n+\frac{1}{2}} \tag{9-59}$$

下面仍以单个极点 Debye 模型为例给出以上公式的循环计算形式。对于 Debye 介质，以上 χ_m、χ_0、$\Delta\chi_m$、$\Delta\chi_{m+1}$ 如式(9-41)、式(9-42)、式(9-43)和式(9-44)。将式(9-40)代入式(9-51)，得

$$\begin{cases}\xi_m=\dfrac{1}{\Delta t}\displaystyle\int_{m\Delta t}^{(m+1)\Delta t}(\tau-m\Delta t)\chi(\tau)\mathrm{d}\tau=-(\varepsilon_s-\varepsilon_\infty)\dfrac{\tau_0}{\Delta t}\left[\left(\dfrac{\Delta t}{\tau_0}+1\right)\exp\left(-\dfrac{\Delta t}{\tau_0}\right)-1\right]\exp\left(-\dfrac{m\Delta t}{\tau_0}\right)\\ \xi_0=-(\varepsilon_s-\varepsilon_\infty)\dfrac{\tau_0}{\Delta t}\left[\left(\dfrac{\Delta t}{\tau_0}+1\right)\exp\left(-\dfrac{\Delta t}{\tau_0}\right)-1\right]\end{cases}$$

以及

$$\begin{cases}\Delta\xi_m=\xi_m-\xi_{m+1}=-(\varepsilon_s-\varepsilon_\infty)\dfrac{\tau_0}{\Delta t}\left[\left(\dfrac{\Delta t}{\tau_0}+1\right)\exp\left(-\dfrac{\Delta t}{\tau_0}\right)-1\right]\exp\left(-\dfrac{m\Delta t}{\tau_0}\right)\left[1-\exp\left(-\dfrac{\Delta t}{\tau_0}\right)\right]\\ \Delta\xi_{m+1}=\exp\left(-\dfrac{\Delta t}{\tau_0}\right)\Delta\xi_m\end{cases} \tag{9-60}$$

此外由式(9-57)，有

$$\begin{aligned}\boldsymbol{\psi}^n&=\sum_{m=0}^{n-1}[\boldsymbol{E}^{n-m}\Delta\chi_m+(\boldsymbol{E}^{n-m-1}-\boldsymbol{E}^{n-m})\Delta\xi_m]\\&=[\boldsymbol{E}^n\Delta\chi_0+(\boldsymbol{E}^{n-1}-\boldsymbol{E}^n)\Delta\xi_0]+\sum_{m=1}^{n-1}[\boldsymbol{E}^{n-m}\Delta\chi_m+(\boldsymbol{E}^{n-m-1}-\boldsymbol{E}^{n-m})\Delta\xi_m]\\&=[\boldsymbol{E}^n(\Delta\chi_0-\Delta\xi_0)+\boldsymbol{E}^{n-1}\Delta\xi_0]+\sum_{m=0}^{n-2}[\boldsymbol{E}^{n-m-1}\Delta\chi_{m+1}+(\boldsymbol{E}^{n-m-2}-\boldsymbol{E}^{n-m-1})\Delta\xi_{m+1}]\\&=[\boldsymbol{E}^n(\Delta\chi_0-\Delta\xi_0)+\boldsymbol{E}^{n-1}\Delta\xi_0]+\sum_{m=0}^{n-2}[\boldsymbol{E}^{n-m-1}\Delta\chi_m+(\boldsymbol{E}^{n-m-2}-\boldsymbol{E}^{n-m-1})\Delta\xi_m]\exp\left(-\frac{\Delta t}{\tau_0}\right)\\&=[\boldsymbol{E}^n(\Delta\chi_0-\Delta\xi_0)+\boldsymbol{E}^{n-1}\Delta\xi_0]+\boldsymbol{\psi}^{n-1}\exp\left(-\frac{\Delta t}{\tau_0}\right)\end{aligned} \tag{9-61}$$

将式(9-57)代入式(9-56)，得

$$\boldsymbol{E}^{n+1}=\frac{\varepsilon_\infty-\xi_0}{\varepsilon_\infty+\chi_0-\xi_0}\boldsymbol{E}^n+\frac{1}{\varepsilon_\infty+\chi_0-\xi_0}\boldsymbol{\psi}^n+\frac{1}{\varepsilon_0(\varepsilon_\infty+\chi_0-\xi_0)}(\boldsymbol{D}^{n+1}-\boldsymbol{D}^n)\tag{9-62}$$

将式(9-14)第一式代入上式，可得

$$E^{n+1}=\frac{\varepsilon_\infty-\xi_0}{\varepsilon_\infty+\chi_0-\xi_0}\boldsymbol{E}^n+\frac{1}{\varepsilon_\infty+\chi_0-\xi_0}\boldsymbol{\psi}^n+\frac{\Delta t}{\varepsilon_0(\varepsilon_\infty+\chi_0-\xi_0)}(\nabla\times\boldsymbol{H})_{\mathrm{FDTD}}^{n+\frac{1}{2}}\tag{9-63}$$

根据场的因果性，即 $\boldsymbol{E}(t<0)=0$，式(9-57)所定义辅助变量的初始条件为

$$\boldsymbol{\psi}^0=\boldsymbol{\psi}^1=0\tag{9-64}$$

至此，Debye 色散介质的 FDTD 时间步进计算步骤可以归结如下：

(1) 由 $\boldsymbol{E}\to\boldsymbol{H},\boldsymbol{\psi}$，用式(9-14)第二式和式(9-61)；

(2) 由 $\boldsymbol{H},\boldsymbol{\psi}\to\boldsymbol{E}$，用式(9-63)。

对于 Lorentz 和 Drude 模型也可以得到以上类似公式。以上式(9-48)卷积积分计算中假设电场 $\boldsymbol{E}$ 在各分段中为线性函数，故称为分段线性循环卷积法，简称 PLRC-FDTD 法。

9.4　色散介质移位算子 FDTD

9.4.1　介电系数的有理分式函数形式

可以证明，色散介质的三种基本模型，即 Debye、Lorentz 和 Drude 模型的相对介电系数均可归结为以下有理分式函数形式：

$$\varepsilon_r(\omega)=\frac{\sum_{n=0}^{m}p_n(\mathrm{j}\omega)^n}{\sum_{n=0}^{m}q_n(\mathrm{j}\omega)^n}\tag{9-65}$$

首先考虑 Debye 模型。由式(9-17)有

$$\varepsilon_r(\omega)=\varepsilon_\infty+\sum_{p=1}^{P}\frac{\varepsilon_{s,p}-\varepsilon_{\infty,p}}{1+\mathrm{j}\omega\tau_p}\equiv\varepsilon_\infty+\sum_{p=1}^{P}\frac{\Delta\varepsilon_p}{1+\mathrm{j}\omega\tau_p}\tag{9-66}$$

采用归纳法证明。当 $P=1$ 时，有

$$\varepsilon_{r,1}(\omega)=\varepsilon_\infty+\frac{\Delta\varepsilon_1}{1+\mathrm{j}\omega\tau_1}=\frac{(\varepsilon_\infty+\Delta\varepsilon_1)\cdot(\mathrm{j}\omega)^0+\tau_1\varepsilon_\infty(\mathrm{j}\omega)^1}{(\mathrm{j}\omega)^0+\tau_1(\mathrm{j}\omega)^1}\tag{9-67}$$

可见，当 $P=1$ 时，Debye 模型式(9-66)可以写成式(9-65)的形式。设当 $P=n(n\geqslant1)$时，式(9-66)可以写成式(9-65)的形式，即

$$\varepsilon_{r,n}(\omega)=\varepsilon_\infty+\sum_{p=1}^{P}\frac{\Delta\varepsilon_n}{1+\mathrm{j}\omega\tau_p}=\frac{\sum_{n=0}^{m}p_n(\mathrm{j}\omega)^n}{\sum_{n=0}^{m}q_n(\mathrm{j}\omega)^n}$$

对于 $P=n+1$，有

$$\varepsilon_{r,n+1}(\omega)=\varepsilon_{r,n}+\frac{\Delta\varepsilon_{n+1}}{1+\mathrm{j}\omega\tau_{n+1}}=\frac{\sum_{n=0}^{m}p_n(\mathrm{j}\omega)^n}{\sum_{n=0}^{m}q_n(\mathrm{j}\omega)^n}+\frac{\Delta\varepsilon_{n+1}(\mathrm{j}\omega)^0}{(\mathrm{j}\omega)^0+\tau_{n+1}(\mathrm{j}\omega)^1}$$

令 $a=\dfrac{\Delta\varepsilon_{n+1}(\mathrm{j}\omega)^0}{\varepsilon_0}$，$b=(\mathrm{j}\omega)^0$，$c=\tau_{n+1}$，并将上式通分化简、整理得到

$$\begin{aligned}\varepsilon_{r,n+1}(\omega)=&\ [(p_0b+q_0a)\cdot(\mathrm{j}\omega)^0+(p_1b+p_0c+q_1a)\cdot(\mathrm{j}\omega)^1+(p_2b+p_1c+q_2a)\cdot(\mathrm{j}\omega)^2\\&+\cdots+(p_mb+p_{m-1}c+q_ma)\cdot(\mathrm{j}\omega)^m+p_mc(\mathrm{j}\omega)^{m+1}]\\&\times[q_0b\cdot(\mathrm{j}\omega)^0+(q_1b+q_0c)\cdot(\mathrm{j}\omega)^1+(q_2b+q_1c)\cdot(\mathrm{j}\omega)^2\\&+\cdots+(q_mb+q_{m-1}c)\cdot(\mathrm{j}\omega)^m+q_mc(\mathrm{j}\omega)^{m+1}]^{-1}\end{aligned}$$

故 $\varepsilon_{r,n+1}(\omega)$也可以写成有理分式形式。因此，无论 P 取何值，Debye 模型式(9－66)都可以写成(9－65)的形式。

对于 Lorentz 模型和 Drude 模型，同样可采用归纳法证明它们的相对介电系数也可以写成式(9－65)所示的有理分式形式。

9.4.2 移位算子法

设频域中本构关系为(以 x 分量为例)

$$D_x(\omega)=\varepsilon_0\varepsilon_r(\omega)E_x(\omega)\tag{9-68}$$

利用频域到时域的算子转换关系 $\mathrm{j}\omega\rightarrow\dfrac{\partial}{\partial t}$，将介电系数有理分式形式(9－65)代入式(9－68)，并过渡到时域得到时域本构关系

$$D_x(t)=\varepsilon_0\varepsilon_r\left(\frac{\partial}{\partial t}\right)E_x(t)\tag{9-69}$$

其中，$\varepsilon_r\left(\dfrac{\partial}{\partial t}\right)$为介电系数的时域算子形式

$$\varepsilon_r\left(\frac{\partial}{\partial t}\right)=\frac{\sum_{l=0}^{N}p_l\left(\frac{\partial}{\partial t}\right)^l}{\sum_{l=0}^{M}q_l\left(\frac{\partial}{\partial t}\right)^l}\tag{9-70}$$

将式(9－70)代入式(9－69)，并将分母上的求导运算移到等式左边，可得

$$\left[\sum_{l=0}^{M}q_l\left(\frac{\partial}{\partial t}\right)^l\right]D_x(t)=\varepsilon_0\left[\sum_{l=0}^{N}p_l\left(\frac{\partial}{\partial t}\right)^l\right]E_x(t)\tag{9-71}$$

式(9－71)是时域中含时间导数算子的本构关系，这是一个微分方程。

下面讨论时间导数算子在离散时域中的形式。设函数

$$y(t)=\frac{\partial f(t)}{\partial t}\tag{9-72}$$

上式在$(n+1/2)\Delta t$ 的中心差分近似为

$$\frac{y^{n+1}+y^n}{2}=\frac{f^{n+1}-f^n}{\Delta t} \tag{9-73}$$

上式左端取平均值近似。引进离散时域的移位算子 z_t，定义为

$$z_t f^n = f^{n+1} \tag{9-74}$$

则合并式(9-73)与式(9-74)，可得

$$\frac{z_t+1}{2}y^n=\frac{z_t-1}{\Delta t}f^n \tag{9-75}$$

或者

$$y^n=\frac{2}{\Delta t}\cdot\frac{z_t-1}{z_t+1}f^n \tag{9-76}$$

比较式(9-72)和式(9-76)，有

$$\frac{\partial}{\partial t}\rightarrow\frac{2}{\Delta t}\cdot\frac{z_t-1}{z_t+1} \tag{9-77}$$

上式给出时间微分算子过渡到离散时域时的移位算子表示式。应用归纳法可以证明对于高阶导数，有

$$\left(\frac{\partial}{\partial t}\right)^l\rightarrow\left(\frac{2}{\Delta t}\cdot\frac{z_t-1}{z_t+1}\right)^l \tag{9-78}$$

将式(9-78)代入式(9-71)整理后并令 $h=\dfrac{2}{\Delta t}$，可得

$$\left[\sum_{l=0}^{M}q_l\left(h\,\frac{z_t-1}{z_t+1}\right)^l\right]D_x^n=\varepsilon_0\left[\sum_{l=0}^{N}p_l\left(h\,\frac{z_t-1}{z_t+1}\right)^l\right]E_x^n \tag{9-79}$$

将上式两边乘 $(z_t+1)^N$，得

$$\left[\sum_{l=0}^{M}q_l h^l(z_t+1)^{N-l}(z_t-1)^l\right]D_x^n=\varepsilon_0\left[\sum_{l=0}^{N}p_l h^l(z_t+1)^{N-l}(z_t-1)^l\right]E_x^n \tag{9-80}$$

上式为离散时域中含移位算子的本构关系。以上公式适用于三种模型，具有通用性，称为移位算子(Shift Oprator，SO)方法。

9.4.3 有理分式表示中 $M=N=1$ 和 $M=N=2$ 的情形

情形 1。令式(9-80)中 $M=N=1$，整理得

$$[(q_0+q_1h)z_t+(q_0-q_1h)]D_x^n=\varepsilon_0[(p_0+p_1h)z_t+(p_0-p_1h)]E_x^n \tag{9-81}$$

根据式(9-74)有 $z_tD_x^n=D_x^{n+1}z_tE_x^n=E_x^{n+1}$，于是上式可写为

$$E_x^{n+1}=\frac{\left[a_0\left(\dfrac{D_x^{n+1}}{\varepsilon_0}\right)+a_1\left(\dfrac{D_x^n}{\varepsilon_0}\right)-b_1E_x^n\right]}{b_0} \tag{9-82}$$

式(9-82)给出了从 $D\rightarrow E$ 的递推式，其中

$$\begin{cases}a_0=q_0+q_1h, & a_1=q_0-q_1h\\ b_0=p_0+p_1h, & b_1=p_0-p_1h\end{cases} \tag{9-83}$$

情形 2。令式(9-80)中 $M=N=2$，整理得

$$\{[q_0+q_1h+q_2h^2]z_t^2+[2q_0-2q_2h^2]z_t+[q_0-q_1h+q_2h^2]\}D_x^n$$
$$=\{[p_0+p_1h+p_2h^2]z_t^2+[2p_0-2p_2h^2]z_t+[p_0-p_1h+p_2h^2]\}\varepsilon_0E_x^n \tag{9-84}$$

根据式(9-74)，上式可写为

$$E_x^{n+1}=\frac{\left[a_0\left(\frac{D_x^{n+1}}{\varepsilon_0}\right)+a_1\left(\frac{D_x^n}{\varepsilon_0}\right)+a_2\left(\frac{D_x^{n-1}}{\varepsilon_0}\right)-b_1E_x^n-b_2E_x^{n-1}\right]}{b_0} \tag{9-85}$$

式(9-85)给出了从 $D\to E$ 的递推式，其中

$$\begin{cases}a_0=q_0+q_1h+q_2h^2, & a_1=2q_0-2q_2h^2, & a_2=q_0-q_1h+q_2h^2\\ b_0=p_0+p_1h+p_2h^2, & b_1=2p_0-2p_2h^2, & b_2=p_0-p_1h+p_2h^2\end{cases} \tag{9-86}$$

以上可应用于 Debye、Lorentz 和 Drude 三种色散介质式(9-17)和式(9-18)低阶模型的分析。

例如等离子体的相对介电系数可用 Drude 模型式(9-24)，即

$$\varepsilon_r(\omega)=1+\frac{\omega_p^2}{\omega(\mathrm{j}\nu_c-\omega)}=\frac{(\mathrm{j}\omega)^2+\nu_c(\mathrm{j}\omega)+\omega_p^2}{(\mathrm{j}\omega)^2+\nu_c(\mathrm{j}\omega)}$$

其中，ω_p为等离子体频率，ν_c为电子平均碰撞频率。与式(9-65)比较，可得 $N=2$，以及

$$\begin{cases}p_0=\omega_p^2,\ p_1=\nu_c,\ p_2=1\\ q_0=0,\ q_1=\nu_c,\ q_2=1\end{cases}$$

将上式代入式(9-86)，可得

$$\begin{cases}a_0=\dfrac{2\nu_c}{\Delta t}+\left(\dfrac{2}{\Delta t}\right)^2, & a_1=-\dfrac{8}{\Delta t^2}, & a_2=-\dfrac{2\nu_c}{\Delta t}+\left(\dfrac{2}{\Delta t}\right)^2\\ b_0=\omega_p^2+\dfrac{2\nu_c}{\Delta t}+\left(\dfrac{2}{\Delta t}\right)^2, & b_1=2\omega_p^2-\dfrac{8}{\Delta t^2}, & b_2=\omega_p^2-\dfrac{2\nu_c}{\Delta t}+\left(\dfrac{2}{\Delta t}\right)^2\end{cases} \tag{9-87}$$

应用移位算子 FDTD 分析等离子体问题时只需将以上系数代入式(9-85)即可计算。

9.5　色散介质物体散射算例

以下给出色散介质物体散射的几个算例。

【算例 9-5】 导体柱表面具有等离子体覆盖层的双站散射。这是一个二维算例。设等离子体电子密度 $N_e=1.0\times10^{17}\ \mathrm{m}^{-3}$，等离子体固有频率 $\omega_p=\sqrt{\dfrac{N_ee^2}{m\varepsilon_0}}=1.78\times10^{10}\ \mathrm{s}^{-1}$，碰撞频率 $\nu_c=10$ GHz，即 $f_p=2.84$ GHz。导体圆柱半径 $a=0.2$ m，其表面等离子体覆盖层厚度 $d=b-a$。TM 平面波垂直入射，频率 $f=6$ GHz。FDTD 计算中取 $\delta=\dfrac{\lambda}{40}=1.25\times10^{-3}$ m，$\Delta t=\dfrac{\delta}{(2c)}=2.08\times10^{-12}$ s。把 ω_p、ν_c、Δt 代入式(9-87)，再应用式(9-85)编程计算，得到双站 RCS 结果，如图 9-9 所示，其中等离子体覆盖层厚分别为(a) $d=0.05$ m，

(b) d=0.1 m 时的双站 RCS，图中圆圈“∘”表示色散介质 Z 变换方法(Sullivan，2000)的计算结果，实线表示移位算子 FDTD 的结果，比较可见两者符合很好。

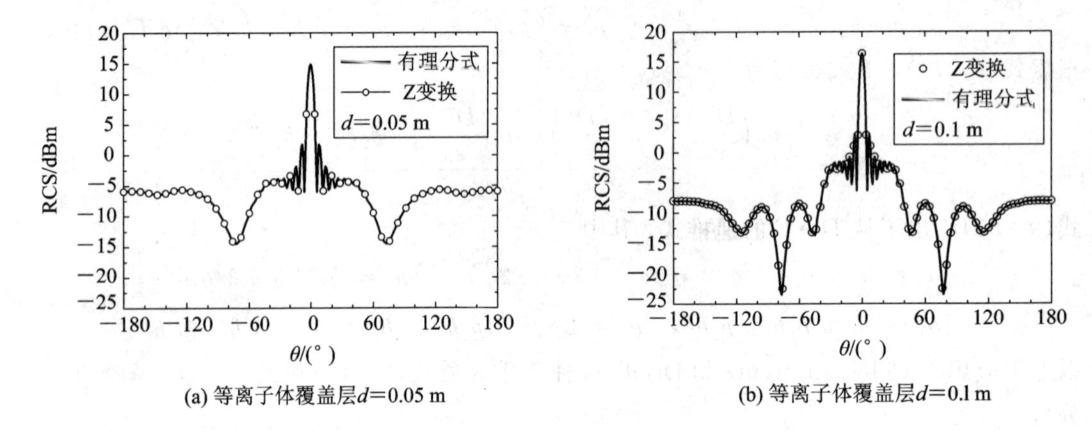

图 9-9　导体柱有等离子体覆盖层的双站 RCS

【算例 9-6】　吸波介质球的散射。设吸波介质球半径为 0.25 m，其色散特性可采用有耗 Debye 模型描述，复数相对介电常数可以表示为

$$\varepsilon_r(\omega)=\varepsilon_\infty+\frac{\varepsilon_s-\varepsilon_\infty}{1+\mathrm{j}\omega t_0}+\frac{\sigma}{\mathrm{j}\omega\varepsilon_0} \tag{9-88}$$

其中，静态频率的相对介电常数 ε_s=1.16，无限大频率时的相对介电常数 ε_∞=1.01，电导率 σ=2.95×10^{-4} Ω，计算中 δ=3.3×10^{-3} m，高斯脉冲入射 τ=60Δt，t_0=4.497×10^{-10} s。图 9-10 是该介质球的后向 RCS，其中实线为 SO-FDTD 计算结果，空心圆圈为 Mie 级数解。由图可见二者相符。

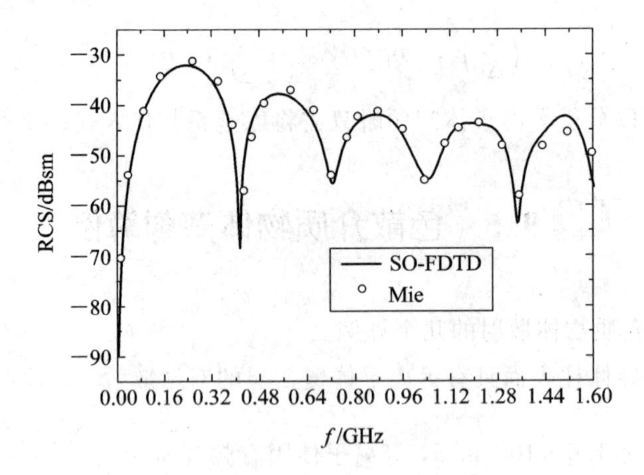

图 9-10　Debye 介质球的后向 RCS

【算例 9-7】　等离子体球的后向 RCS。设等离子体球半径为 3.75 mm，等离子体的色散特性用 Drude 模型描述，其相对介电系数为

$$\varepsilon_r(\omega)=1+\frac{\omega_p^2}{\omega(\mathrm{j}\nu_c-\omega)}=\frac{(\mathrm{j}\omega)^2+\nu_c(\mathrm{j}\omega)+\omega_p^2}{(\mathrm{j}\omega)^2+\nu_c(\mathrm{j}\omega)} \tag{9-89}$$

其中，ω_p=1.8×10^{11} s^{-1}为等离子体频率，ν_c=2.0×10^{10} Hz 为电子平均碰撞频率。计算中

$\delta=5.0\times10^{-2}$ mm，高斯脉冲入射 $\tau=60\Delta t$。图 9-11 为等离子体球的后向 RCS。其中实线为 SO-FDTD 计算结果，空心圆圈为 Mie 级数解。由图可见二者相符。

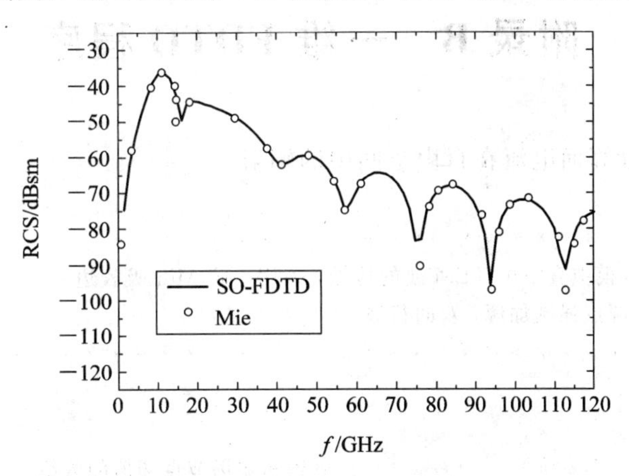

图 9-11　等离子体球的后向 RCS

附录 B　一维 FDTD 程序

以下程序用于计算面电流在自由空间中的辐射。

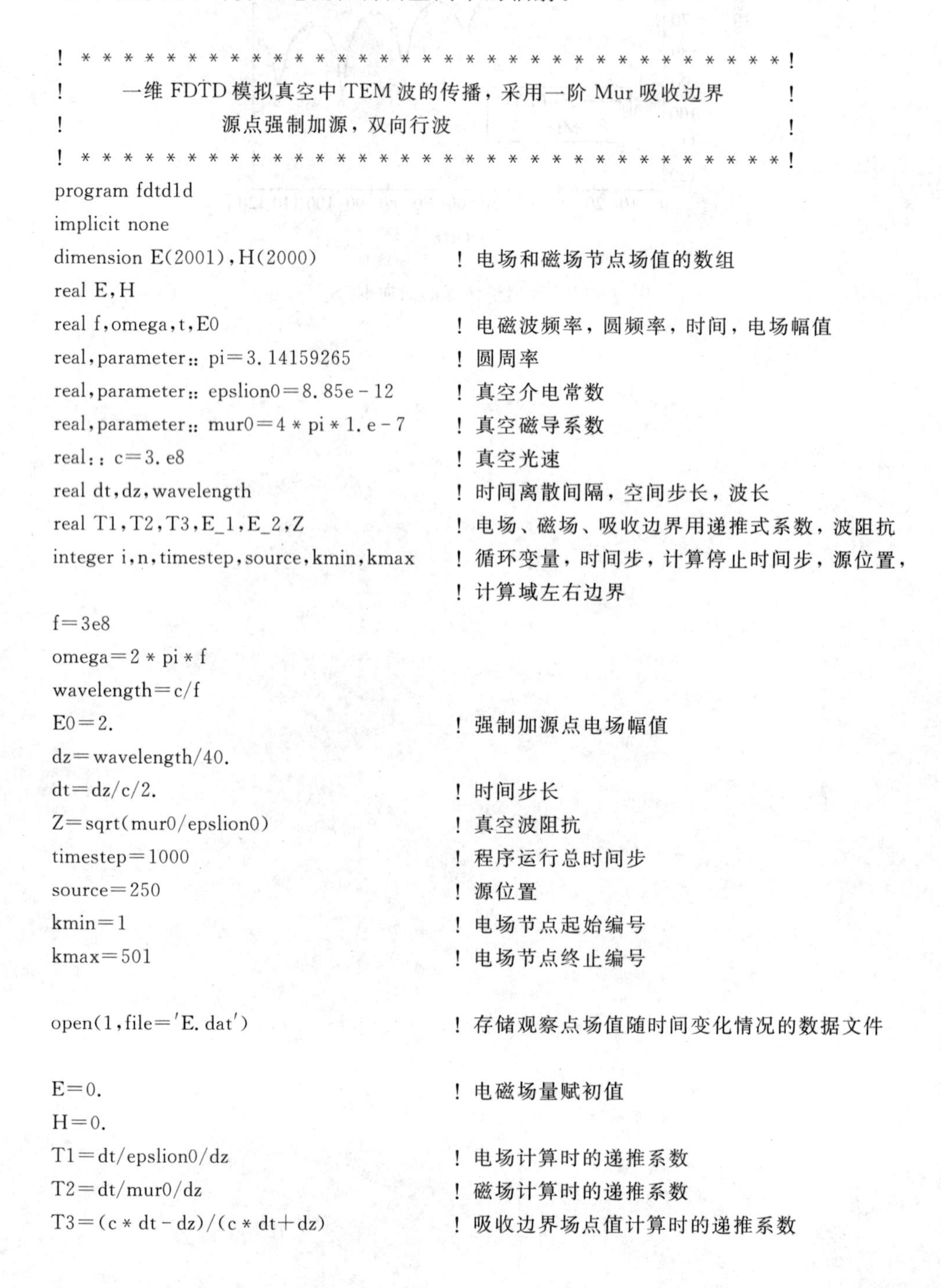

```
! * * * * * * * * * * * * * * * * * * * * * * * * * * * * * * * * * * * * * * * * * !
!      一维 FDTD 模拟真空中 TEM 波的传播，采用一阶 Mur 吸收边界               !
!                源点强制加源，双向行波                                        !
! * * * * * * * * * * * * * * * * * * * * * * * * * * * * * * * * * * * * * * * * * !
program fdtd1d
implicit none
dimension E(2001),H(2000)                   ! 电场和磁场节点场值的数组
real E,H
real f,omega,t,E0                           ! 电磁波频率，圆频率，时间，电场幅值
real,parameter:: pi=3.14159265              ! 圆周率
real,parameter:: epslion0=8.85e-12          ! 真空介电常数
real,parameter:: mur0=4*pi*1.e-7            ! 真空磁导系数
real:: c=3.e8                               ! 真空光速
real dt,dz,wavelength                       ! 时间离散间隔，空间步长，波长
real T1,T2,T3,E_1,E_2,Z                     ! 电场、磁场、吸收边界用递推式系数，波阻抗
integer i,n,timestep,source,kmin,kmax       ! 循环变量，时间步，计算停止时间步，源位置，
                                            ! 计算域左右边界
f=3e8
omega=2*pi*f
wavelength=c/f
E0=2.                                       ! 强制加源点电场幅值
dz=wavelength/40.
dt=dz/c/2.                                  ! 时间步长
Z=sqrt(mur0/epslion0)                       ! 真空波阻抗
timestep=1000                               ! 程序运行总时间步
source=250                                  ! 源位置
kmin=1                                      ! 电场节点起始编号
kmax=501                                    ! 电场节点终止编号

open(1,file='E.dat')                        ! 存储观察点场值随时间变化情况的数据文件

E=0.                                        ! 电磁场量赋初值
H=0.
T1=dt/epslion0/dz                           ! 电场计算时的递推系数
T2=dt/mur0/dz                               ! 磁场计算时的递推系数
T3=(c*dt-dz)/(c*dt+dz)                      ! 吸收边界场点值计算时的递推系数
```

```
do n=0,timestep                          ! 随时间步变化的主循环

   E(source)=E0 * sin(omega * n * dt)    ! 源点场值随时间变化的情况

! 电场采样点场值计算

      do i=kmin+1,kmax-1
            E(i)=E(i)-T1 * (H(i)-H(i-1))
      enddo

! 吸收边界电场值计算

      E(kmax) = E_1+T3 * (E(kmax-1)-E(kmax))   ! 最右边的 E 使用 Mur 吸收边界条件
      E(kmin) = E_2+T3 * (E(kmin+1)-E(kmin))   ! 最左边的 E 使用 Mur 吸收边界条件

      E_1=E(kmax-1)                     ! 吸收边界用到的上一个时间步的邻近点场值
      E_2=E(kmin+1)

! 吸收边界磁场值的计算
      do i=kmin,kmax-1
            H(i)=H(i)-T2 * (E(i+1)-E(i))
      enddo

      write(1,*)n,E(50)                 ! 写入观察点场值随时间步变化的数据文件

enddo                                   ! 随时间步变化的主循环结束

close(1)

end program
```

FDTD 参考文献

(按照作者姓名汉语拼音或英文字母顺序排列)

[1] Berenger J P. , A perfectly matched layer for the absorption of electromagnetic waves. J. Comput. Phys. , 1994, 114(2): 185～200.

[2] Chew W C, W H Weedon. A 3-D perfectly matched medium for modified Maxwell's equations with coordinates. Micro. Opt. Tech. Lett. , 1994, 7: 257～260.

[3] Chew W C, J M Jin and E Michielssen. Complex coordinate stretching as a generalized absorbing boundary condition. Micro. Opt. Tech. Lett. , 1997, 15: 363～369.

[4] Dey S, R Mittra. A modified locally conformal FDTD algorithm for modeling three-dimensional perfectly conducting objects. IEEE Microwave Opt. Tech. Lett. , 1998, 17(6): 349～352.

[5] Engquist B, A Majda. Absorbing boundary conditions for the numerical simulation of waves. Math. Comput. , 1977, 31(139): 629～651.

[6] 葛德彪，吴跃丽，朱湘琴. 等离子体散射 FDTD 分析的移位算子方法. 电波科学学报，2003, 18(4): 359～362.

[7] 葛德彪，闫玉波. 电磁波时域有限差分方法. 第 3 版. 西安：西安电子科技大学出版社，2011.

[8] Gedney S D. An anisotropic perfectly matched layer absorbing media for the truncation of FDTD lattices. IEEE Trans. Antennas Propagat. , 1996, AP-44(12): 1630～1639.

[9] Harrington R F. Field Computation by Moment Method. New York: MacMillan Company, 1968.

[10] Holland R, J Williams. Total field versus scattered field finite difference codes: a comparative assessment. IEEE Trans. Nuclear Sci. , 1983, NS-30: 4583～4588.

[11] Kelley D F, R J Luebbers. Piecewise linear recursive convolution for dispersive media using FDTD. IEEE Trans. Antennas Propagat. 1996, AP-44(6): 792-797.

[12] Kunz K S, R J Luebbers. The Finite Difference Time Domain Method for Electromagnetics. Boca Raton, FL: CRC Press, 1993.

[13] Mur G. Absorbing boundary conditions for the finite-difference approximation of the time-domain electromagntic field equations. IEEE Trans. Electromagn. Compat. , 1981, EMC-23(4): 377～382.

[14] Sacks Z S, D M Kingsland, D M Lee, J F Lee. A perfectly matched anisotropic absorber for use as an absorbing boundary condition. IEEE Trans. Antennas Propagat. , 1995, AP-43(12): 1460～1463.

[15] Su T, Y Liu, W Yu, R Mittra. A conformal mesh-generating technique for the conformal finite-difference time-domain (CFDTD) method. IEEE Antennas Propagat. Magazine, 2004, 46(1): 37～49.

[16] Sullivan D M. Electromagnetic Simulation Using the FDTD Method. New York: IEEE Press, 2000.

[17] Taflove A. , S C Hagness. Computational Electrodynamics: The Finite Difference Time Domain Method. Second Ed. Norwood, MA: Artech House, 2000.

[18] 王长清，祝西里. 电磁场计算中的时域有限差分方法. 北京：北京大学出版社，1994.

[19] 闫玉波. FDTD 在工程瞬态电磁学中的应用. 西安：西安电子科技大学博士论文，2000.

[20] Yee K S. Numerical solution of initial boundary value problems involving Maxwell equations in isotropic media. IEEE Trans. Antennas Propagat. , 1966, AP-14(3): 302～307.

[21] Yee K S, D Ingham, K Shlager. Time-domain extrapolation to the far field based on FDTD calculations. IEEE Trans. Antennas Propagat. , 1991, AP-39(3): 410～413.

[22] 尹家贤，谭怀英，刘克成. FDTD 微带线激励源设置的新方法. 电波科学学报，2000, 15(2): 204～207.

[23] Young J L, Nelson R O. A summary and systematic analysis of FDTD algorithm for linear dispersive media. IEEE Antennas Propagat. Magazine, 2001, 43(1): 61-77.

[24] Yu W, R Mittra. A new subgridding method for the FDTD algorithm. Microwave Opt. Tech. Lett, 1999, 21(5): 330～333.

索　引

B

C

D

F

G

H

J

L

N

P

Q

S

上 册 附 彩 图

【彩图 1】 FDTD 方法。线电流辐射，TM 波，时谐场，电场 E_z 分布。(f=1 GHz，Δt=2.5×10^{-11} s，δ=0.015 m)

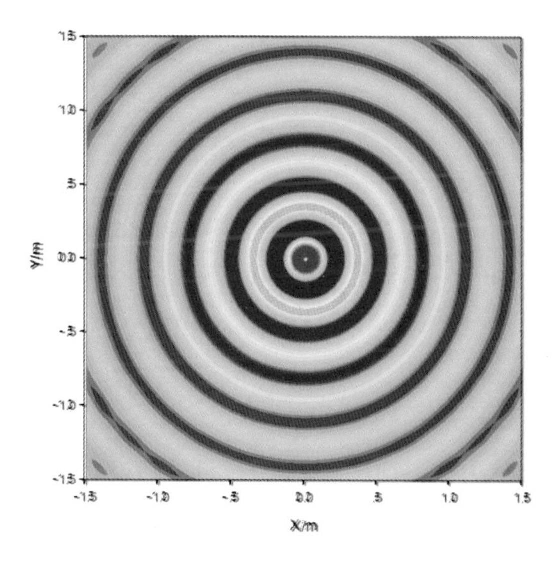

【彩图 2】 FDTD 方法。TM 平面波传播，时谐场，电场 E_z 分布。(λ=0.01 m，δ=λ/40)

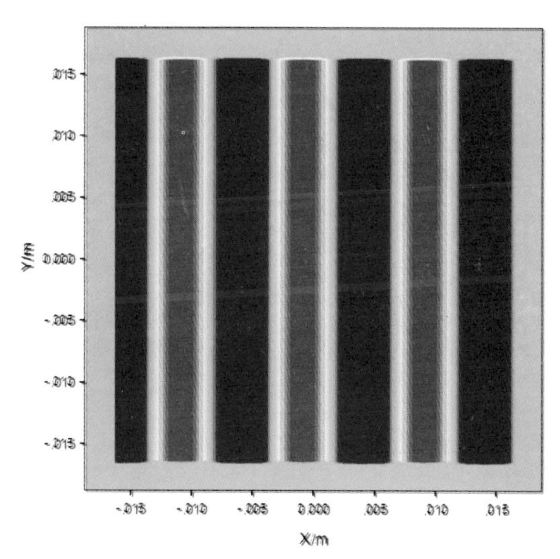

【彩图 3】 FDTD 方法。TM 平面波金属圆柱散射，时谐场，电场 E_z 分布。(圆柱半径 $a=\lambda$，$\lambda=0.01$ m，$\delta=\lambda/40$)

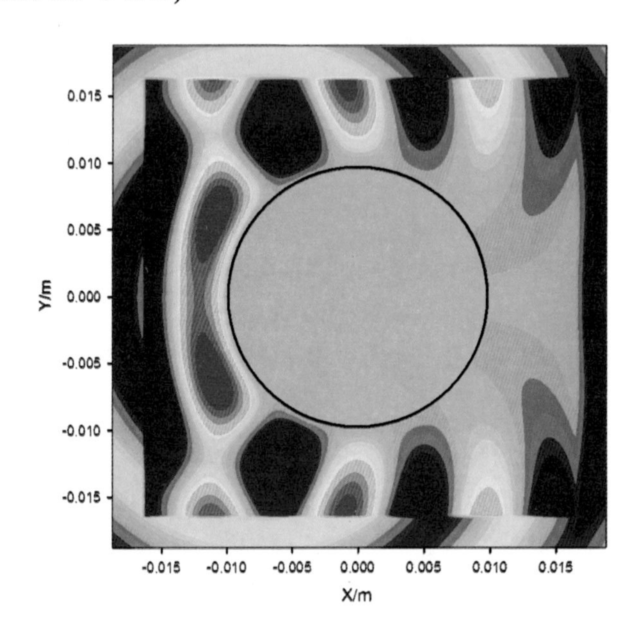

【彩图 4】 FDTD 方法。TM 平面波介质圆柱散射，时谐场，电场 E_z 分布。(圆柱半径 $a=\lambda$，$\varepsilon_r=3.5$，$\lambda=0.01$ m，$\delta=\lambda/40$)

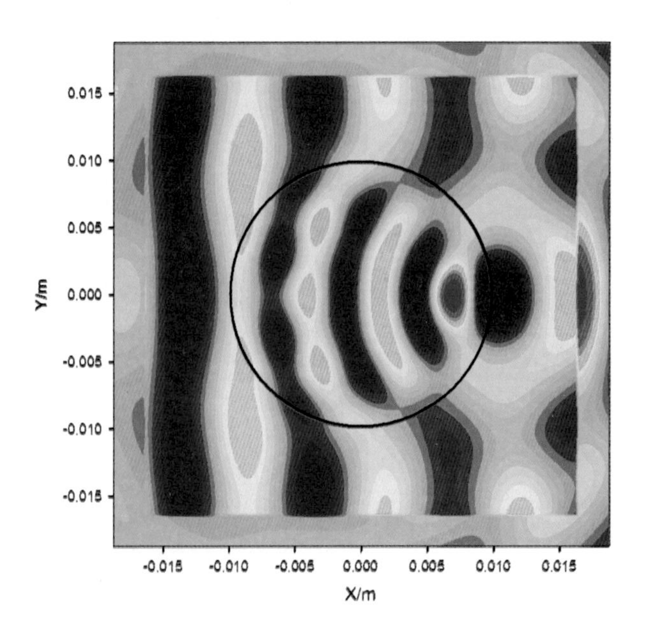

【彩图 5】 FDTD 方法。TE 平面波高斯脉冲，金属圆柱散射，磁场 H_z 分布。(圆柱半径 a=0.01 m，$\delta=a/40$ m，$\Delta t=\delta/(2c)$，高斯脉冲 $\exp\left[-4\pi(t-t_0)^2/\tau^2\right]$，$\tau=t_0=100\Delta t$)

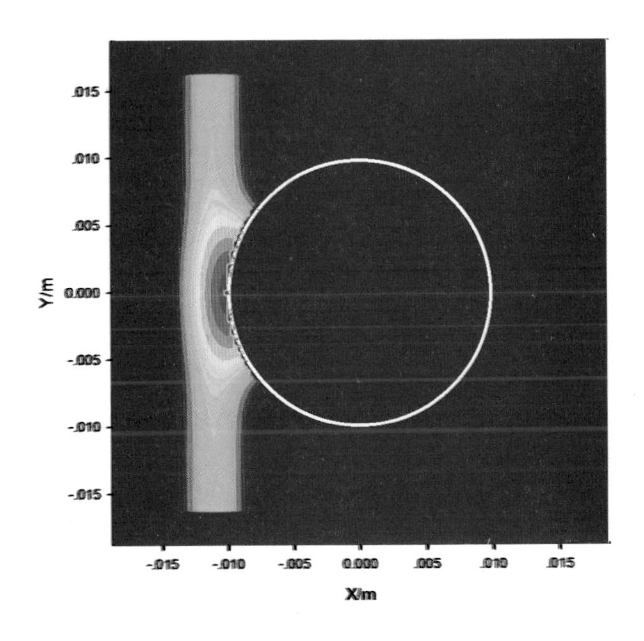

(a) 200Δt

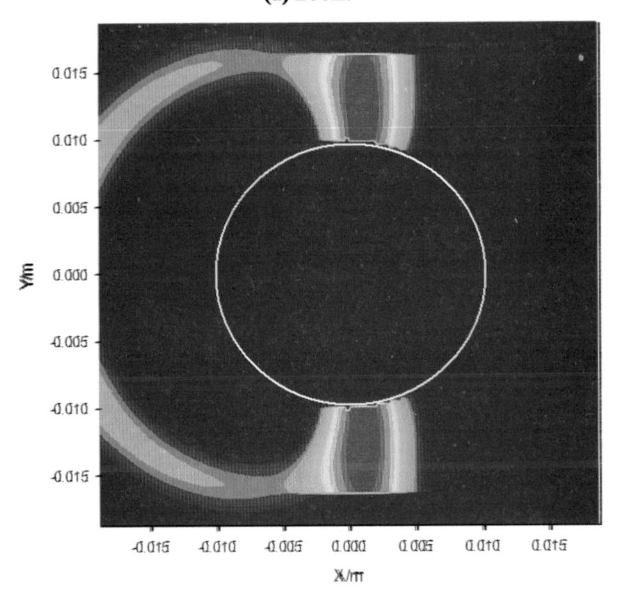

(b) 300Δt

【彩图 6】 FDTD 方法。TE 平面波高斯脉冲，方柱散射，磁场 H_z 分布。(方柱边长 $a=0.02$ m，$\delta=a/40$ m，$\Delta t=\delta/(2c)$，高斯脉冲 $\exp\left[-4\pi(t-t_0)^2/\tau^2\right]$，$\tau=t_0=100\Delta t$)

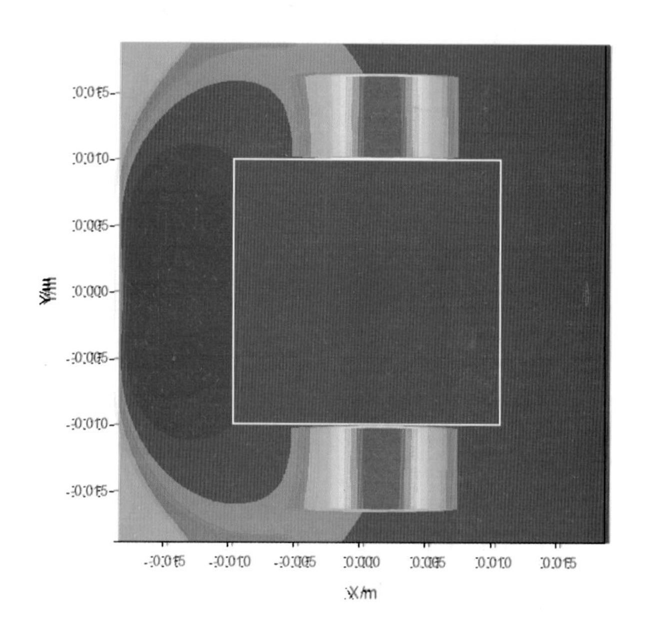

(a) 金属方柱，$300\Delta t$

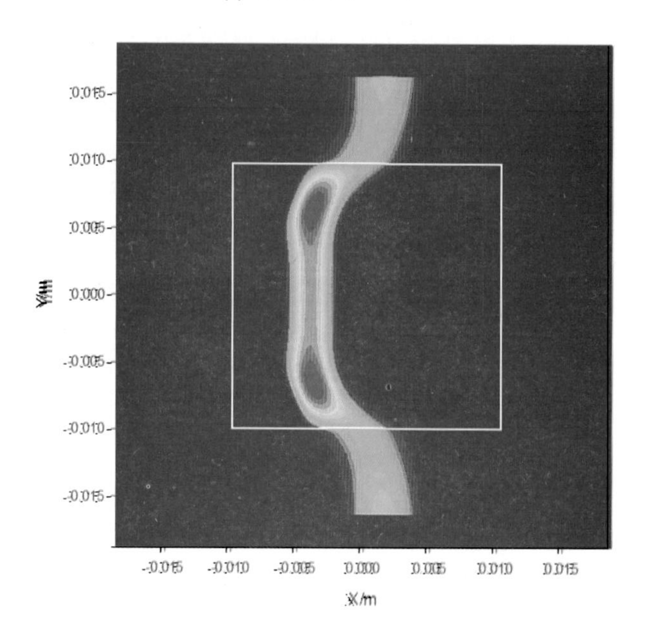

(b) 介质方柱，$\varepsilon_r=3.5$，$300\Delta t$